Elementaranalytik

Springer

Berlin
Heidelberg
New York
Barcelona
Budapest
Hong Kong
London
Mailand
Paris
Santa Clara
Singapur
Tokio

Elementaranalytik

Highlights aus dem Analytiker-Taschenbuch

Herausgegeben von

H. Günzler, A.M. Bahadir, R. Borsdorf, K. Danzer,
W. Fresenius, R. Galensa, W. Huber, I. Lüderwald,
G. Schwedt, G. Tölg, H. Wisser

Mit 135 Abbildungen

Springer

PROF. DR. HELMUT GÜNZLER
Bismarkstraße 4
69469 Weinheim

ISBN 978-3-642-51498-2

Die Deutsche Bibliothek – CIP-Einheitsaufnahme

Elementaranalytik : Highlights aus dem Analytiker-Taschenbuch / hrsg. von H. Günzler ... - Berlin ; Heidelberg ; New York ; Barcelona ; Budapest ; Hong Kong ; London ; Mailand ; Paris ; Santa Clara ; Singapur ; Tokyo : Springer 1996
ISBN 978-3-642-51498-2 ISBN 978-3-642-51497-5 (eBook)
DOI 10.1007/978-3-642-51497-5

NE: Günzler, Helmut [Hrsg.]

Softcover reprint of the hardcover 1st edition 1996

SPIN: 10499201 52/3136 – 5 4 3 2 1 0 – Gedruckt auf säurefreiem Papier

Inhaltsverzeichnis

ICP-Massenspektrometrie

J. A. C. Broekaert

Institut für Spektrochemie
und angewandte Spektroskopie (ISAS)
Bunsen-Kirchhoff-Straße 11, D-44139 Dortmund

1 Einleitung

Die Massenspektrometrie mit verschiedenen Ionenquellen wurde schon früh für die Bestimmung der chemischen Elemente als sehr leistungsfähig erkannt. Bei dieser Methode wird eine elektrische Entladung zur

Ionisierung des Probenmaterials verwendet und die Ionen werden unter Verwendung elektrischer und magnetischer Felder nach ihrer Masse getrennt und detektiert. Für die direkte Spurenanalyse fester Stoffe setzte man zuerst Bögen und Funken als Ionisierungsquellen ein. Diese Funken bzw. Lichtbogen Festkörpermassenspektrometrie, die in der Regel hochauflösende Massenspektrometer verwendet, wird seit den sechziger Jahren bis heute als Multielementmethode zur Analyse hochreiner Metalle, oxidischer und geologischer Proben nach Verpressen mit einem leitenden Metallpulver, wie auch im Bereich der Biologie und der Medizin eingesetzt [1, 2]. Wesentliche Vorteile der Methode sind das hohe Nachweisvermögen (bis in den ng/g Bereich) und die Möglichkeit, alle Elemente erfassen sowie Isotopenverdünnungsanalysen durchführen zu können. Andererseits ist der instrumentelle Aufwand von Spektrometern mit elektrischer und magnetischer Ionentrennung sowohl im Falle von photografischen als auch bei elektrischen Detektionssystemen sehr groß. Auch ist die Analysenpräzision für viele Anwendungen unzureichend. Noch schwerwiegender sind systematische Fehler infolge von Einflüssen der Probenmatrix auf die Ionenerzeugung. Besonders hinsichtlich der beiden letzten Einschränkungen konnten neuerdings durch den Einsatz von Glimmentladungen als Ionenquellen wichtige Fortschritte gemacht werden [2, 3]. Der Einsatz billiger ständig verbesserter Quadrupolmassenfilter ermöglicht es, die Kosten beträchtlich zu reduzieren. Für Multielementbestimmungen in flüssigen Proben bzw. in festen Proben nach Lösen kann die Massenspektrometrie mit Bögen oder Funken ebenfalls eingesetzt werden, indem Lösungen auf einem leitenden Träger eingetrocknet werden. In dieser Hinsicht erreichte besonders für die flüchtigen Elemente die Massenspektrometrie mit thermischer Ionisierung einen hohen Entwicklungsstand. Sie hat ein hohes absolutes Nachweisvermögen (10^{-12} g) [4] wie es auch der Fall ist bei der Felddesorptionstechnik [5].

Elektrische Entladungen bei atmosphärischem Druck wurden als Strahlungsquellen für die Emissionsspektrometrie erprobt und zu leistungsfähigen Verfahren für die Elementspurenanalyse entwickelt [6—8]. Besonders das induktiv gekoppelte Hochfrequenzplasma (ICP: inductively coupled high-frequency plasma), wie es in der Mitte der sechziger Jahre für die Analyse von flüssigen Proben und Lösungen zunächst eingesetzt wurde [9, 10], ist heute zu einem Routineverfahren geworden. Im Plasma werden wegen der hohen kinetischen Temperatur (höher als 4000 K), der besonderen Plasmageometrie und der hohen Verweilzeit der Probensubstanz die Proben größtenteils verdampft und chemische Verbindungen dissoziiert. Wegen der hohen Anregungstemperaturen im Plasma (höher als 5000 K) sind auch die Anregungseffizienz und dementsprechend das Nachweisvermögen hoch. Außerdem wird die Probensubstanz weitgehend ionisiert. Wesentliche Vorteile der Methode sind die Einfachheit der Kalibrierung mit Lösungen und die relativ geringen Einflüsse der Matrixzusammensetzung auf die Atomisierungs- und Anregungsvorgänge im Plasma. Auch ist die Probenzufuhr, die in der Regel mit Hilfe eines pneumatischen Zerstäubers geschieht, einfach. Neben dem ICP wurden auch Gleichstromplasmen und Mikrowellenplasmen entwickelt [11], welche ebenfalls zur Anregung nasser Aerosole — wie sie bei pneumatischen Zerstäubern gebildet werden — oder von trocknen Aerosolen und Dämpfen, eingesetzt werden können. Im Falle der ICP-Emissionsspektrometrie treten aber bei Proben mit linienreichen Matrizes zahlreiche Interferenzen in den Spektren auf, welche zu systematischen Fehlern führen können. Da die Nachweisgrenzen im Bereich 1–100 ng/ml liegen, ist das Nachweisvermögen für Bestimmungen von Elementspuren in festen Proben nach Lösen und besonders in biologischen Matrizes sowie Umweltproben häufig nicht ausreichend.

Ähnlich wie bei Flammen [12] gelang es gegen Ende der siebziger Jahre, auch am ICP die im Plasma gebildeten Ionen zu extrahieren und massenspektrometrisch nachzuweisen. Gray, Houk u. a. [13] wiesen 1980 erstmals auf die analytische Bedeutung dieser Möglichkeit hin. Besonders das im Vergleich zur optischen Emissionsspektrometrie bessere Nachweisvermögen, die Möglichkeit mehr Elemente zu erfassen und auch die Isotope der Elemente nachzuweisen, stimulierten die Entwicklung der massenspektrometrischen Methoden.

2 Instrumentation

In der ICP-Massenspektrometrie wird aus den zu analysierenden Proben, die in der Regel Flüssigkeiten oder in Lösung gebrachte Feststoffe sind, mit Hilfe eines pneumatischen Zerstäubers ein Aerosol erzeugt. Dieses wird dem induktiv gekoppelten Hochfrequenzplasma (ICP) zugeführt. Die gebildeten Ionen werden mit Hilfe einer Apertur aus dem Plasma extrahiert und in einen Zwischenraum gebracht, in dem ein Druck von wenigen mbar herrscht. Durch eine zweite Apertur gelangen die Ionen in das Hochvakuum eines Massenspektrometers und werden nach Massenauftrennung detektiert. In den heute kommerziell erhältlichen Geräten wird ein Quadrupolmassenspektrometer mit den erforderlichen Ionenoptiken und Detektoren eingesetzt; die Gerätesteuerung wie auch die Datenerfassung und Auswertung geschehen mit Hilfe eines Rechners.

2.1 Induktiv gekoppeltes Hochfrequenzplasma

Das induktiv gekoppelte Hochfrequenzplasma wurde zum ersten Mal von Greenfield [9] sowie von Wendt und Fassel [10] zu Beginn der sechziger Jahre als Strahlungsquelle für die optische Emissionsspektrometrie eingesetzt. Es wird bei einer Frequenz zwischen 1 und 100 MHz gearbeitet. Die Hochfrequenzenergie wird mit Hilfe einer Spule auf die in einem Quarzrohrsystem fließenden Gasströme übertragen. Es entsteht bei geeigneten Gasströmen und entsprechenden Durchmessern der Rohre ein toroidales elektrodenloses Plasma (Abb. 1). Wenn man Argondurchflüsse zwischen 6 und 15 l/min sowie ein äußeres Quarzrohr mit einem Innendurchmesser von ca. 18 mm und ein mittleres Quarzrohr mit einem Außendurchmesser von 16 mm benutzt, kann bei einer elektrischen Leistung zwischen 600 W und 2 kW gearbeitet werden. Setzt man hingegen ein zweiatomiges Gas als äußeres Gas ein, kann mit einem Brenner, dessen äußeres Rohr einen Innendurchmesser von 22 mm hat, die Leistung bis auf 5 kW erhöht werden [9]. Das dabei resultierende Plasma ist viel robuster. Auch kann das Plasma ausschließlich mit einem zweiatomigen

Gas (z. B. N_2) betrieben werden [14]. Es kann zwischen dem mittleren Rohr und dem inneren Rohr, durch das das Probenaerosol ins Plasma hineingebracht wird, ein zusätzlicher Argongasstrom (0–2 l/min) verwendet werden. Er dient dazu, um bei Gebrauch von hochsalzhaltigen Lösungen Ablagerungen an dem Rand des mittleren Rohres zu vermeiden. Auch kann er im Falle von organischen Flüssigkeiten der Bildung von Kohlenstoffablagerungen entgegenwirken. Es können sowohl Brenner, deren Rohre verschweißt sind, wie auch demontierbare Brenner, deren Rohre in einer Kunststoffhalterung justierbar gefaßt sind, verwendet werden [15]. Die zur Leistungseinkopplung verwendete Spule kann zwei bis fünf Windungen haben. Für die ICP-MS kann sie in der Mitte — wie es von einem der Hersteller patentiert wurde [16] — oder an der Seite des Samplers geerdet sein. Es kann aber auch u. U. beidseitig geerdet und die Hochfrequenzleistung in der Mitte zugeführt werden, wobei die Hälften mit Hilfe von zwei Kondensatoren getrennt abgestimmt werden können [17]. Diese Spulenanordnungen führen zu Unterschieden in den Ionenenergien und in den Ionenenergieverteilungen [18]. Auch sind das Auftreten von Glimmentladungen im Zwischenraum [19] und damit die Verhältnisse der unterschiedlichen Spezies bei den verschiedenen Anordnungen unterschiedlich, ohne daß gegenwärtig eine Anordnung als die allgemein beste bezeichnet werden könnte.

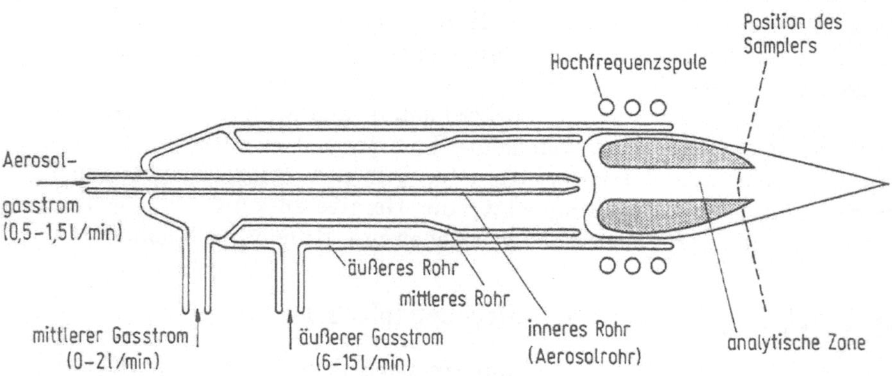

Abb. 1. Induktiv gekoppeltes Hochfrequenzplasma

Für die Eigenschaften des ICP als Ionenquelle ist es wichtig, daß das Plasma im Inneren stromlos ist und daß dort die Temperatur niedriger ist als an der Außenwand. Demzufolge kann ein kaltes und eventuell nasses Aerosol — wie es durch einen pneumatischen Zerstäuber erzeugt wird — mit Hilfe eines niedrigen Gasstromes zentral durch das Plasma hindurchgeführt werden, so daß das anwesende Probenmaterial mit hoher Effizienz getrocknet, dissoziiert und ionisiert wird. Als pneumatische Zerstäuber können konzentrische Zerstäuber — wie z. B. der Meinhard-Zerstäuber, der aus Glas angefertigt ist, der Knierohrzerstäuber, der Babington-Zerstäuber oder eine Fritte verwendet werden (Abb. 2) [11]. Mit Ausnahme des ersten Typs wird bei allen anderen die Probenlösung mit Hilfe einer peristaltischen Pumpe zugeführt. Es wird bei Förderraten von 1–2 ml/min und einem Aerosolgasstrom von 0,5 bis 1,5 l/min gearbeitet.

Die Eigenschaften des ICP wurden vorwiegend in Zusammenhang mit der optischen Emissionsspektrometrie studiert. Anregung und Ionisierung im Falle des Argons geschehen vorwiegend durch Stöße zwischen Argonatomen und Elektronen, welche im Hochfrequenzfeld sehr viel Energie aufnehmen können.

$$Ar + e \longrightarrow Ar^{+} + 2e$$

$$Ar + e \longrightarrow Ar^{m} + e.$$

Ar^{m} ist ein metastabiles Argonatom (Energie: 11,7 eV); es hat eine lange Lebensdauer. Zusammenstöße zwischen Analytatomen und hochenergetischen Elektronen, Argonionen oder Argonmetastabilen (Penning Effekt) verursachen Ionisierung.

$$M + e \longrightarrow M^{+} + 2e$$

$$M + Ar^{+} \longrightarrow M^{+} + Ar$$

$$M + Ar^{m} \longrightarrow M^{+} + Ar.$$

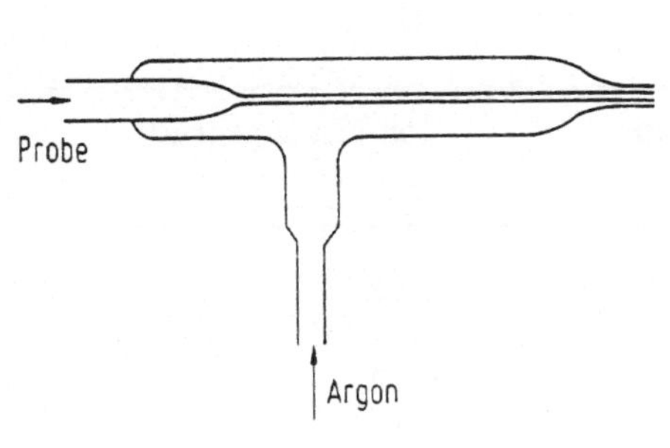

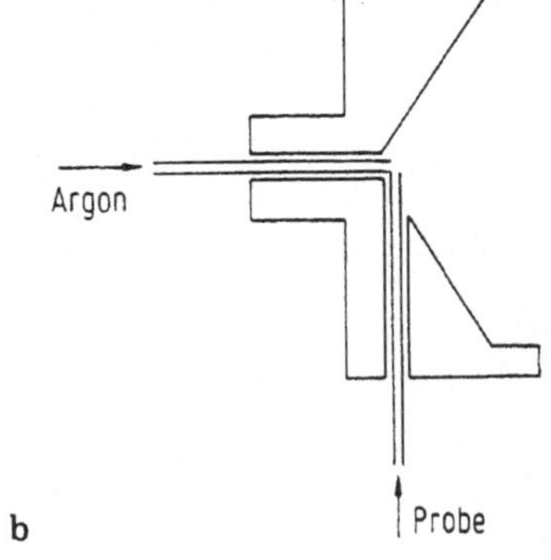

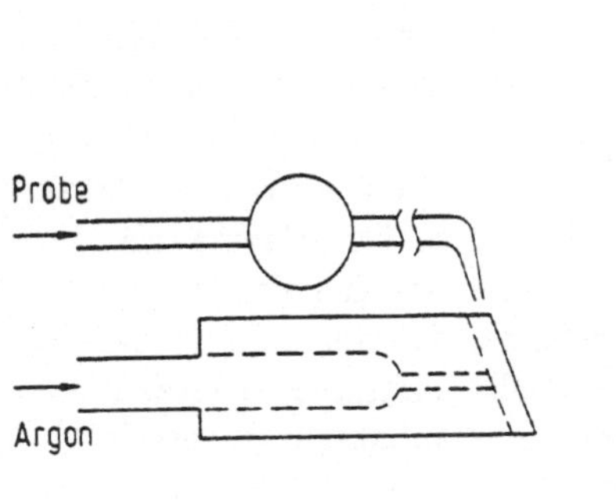

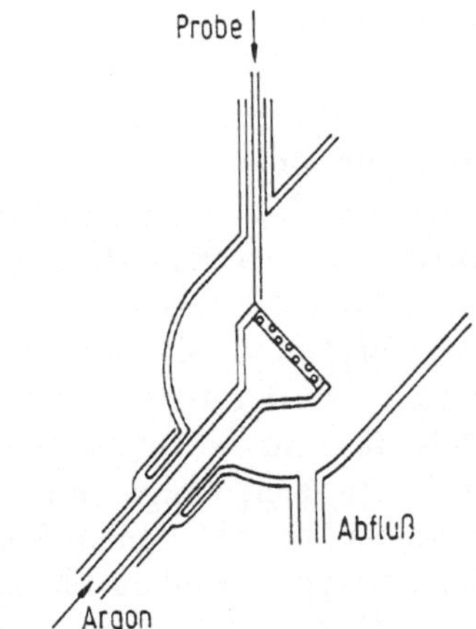

Abb. 2. Pneumatische Zerstäuber für die ICP-Spektrometrie. **a** konzentrischer Zerstäuber, **b** Knierohrzerstäuber, **c** Babington-Zerstäuber, **d** Fritte-Zerstäuber (aus Ref. [11])

Diesen Prozessen zufolge entsteht ein heißes Plasma, in dem eine Elektronentemperatur oberhalb 5000 K [20] und eine kinetische Temperatur der Gasatome von mindestens 4000 K (siehe z. B. Rotationstemperaturen in Ref. [21]) herrschen. Die Elektronendichte ist in der Größenordnung von 10^{14} cm^{-3} [22]. Es treten infolge des unvollständigen Energieaustausches zwischen den verschiedenen Spezies im Plasma Abweichungen vom sogenannten lokal thermischen Gleichgewicht auf, so daß die Ionisierung nur näherungsweise durch die Saha-Eggert-Gleichung beschrieben werden kann. Wie abgeleitet in Ref. [23] ist:

$$\log \frac{n_i \cdot n_e}{n_a} = \frac{3}{2} \log T - \frac{5040}{T} V_i - \log Z_i/Z_a + 15{,}684. \quad (1)$$

n_i ist die Dichte der Ionen eines bestimmten Elementes, n_a die der Atome dieses Elementes, n_e die Elektronendichte, T die Temperatur, V_i die Ionisierungsenergie des Elementes (in eV), und Z_i bzw. Z_a die Zustandssummen der Ionen bzw. der Atome.

Tabelle 1. Ionisierung unterschiedlicher Elemente in einem analytischen ICP (T_i: 6000 K, n_e: 10^{15}, Zustandssummen nach Ref. [24])

Element	Ionisierungsenergie (eV)	Ionisierungsgrad
Barium	5,21	9,986
Chlor	13,01	$1{,}7 \times 10^{-5}$
Eisen	7,87	0,231
Kupfer	7,724	0,637
Natrium	5,138	0,996
Schwefel	10,357	$9{,}7 \times 10^{-3}$
Yttrium	6,51	0,867

Bei den oben erwähnten Temperaturen werden die ins ICP hineingebrachten Elemente teilweise ionisiert. Für Elemente mit sehr hohen Ionisierungsenergien wie die Halogene, Schwefel u. a. ist die Ionisierung aber gering, wie anhand der Beispiele in Tab. 1 deutlich wird. Die Dichte des Analytmaterials nimmt sowohl axial als radial im Plasma ab, im Vergleich zu der Dichte, die an der Stelle herrscht, wo das Probenaerosol durch das innere Quarzrohr ins Plasma gelangt. In der „analytischen Zone", die sich einige mm oberhalb dieser Stelle befindet, besitzen die Ionen der verschiedenen Elemente in der Probensubstanz unterschiedliche Energien. Anders als in der Emissionsspektrometrie wird das ICP in der Massenspektrometrie horizontal betrieben, wegen der dann einfacheren Abführung der entwickelten Wärme. Die verwendeten Gasströme unterscheiden sich kaum von denen die im Falle der ICP-Emissionsspektrometrie benutzt werden.

2.2 Ionenextraktion

In der „analytischen Zone" werden mit Hilfe einer aus Metall angefertigten konusförmigen Lochblende (Sampler), die im Plasma gebildeten Ionen extrahiert. Der Durchmesser der Blende ist zwischen 0,3 und 1 mm. Er wird zu kleineren Werten hin durch eine kritische Dicke der kalten Grenzschicht begrenzt. Unterhalb dieser Schicht ist kein Absaugen der Analytionen aus dem ICP möglich. Nach oben hin wird der Durchmesser durch den Druck im Zwischenraum begrenzt, der nicht höher als einige mbar sein darf. Bei diesen Abmessungen der Blende muß eine leistungsstarke Ölrotationspumpe (Pumpleistung von mindestens 20 L/min) oder eine Diffusionspumpe verwendet werden, damit das o. g. Vakuum aufrecht erhalten werden kann. Der Sampler kann aus verschiedenen Metallen angefertigt werden. In der Literatur wird die Verwendung sowohl von Kupfer wie auch von Nickel [25] erwähnt. Für die Analyse von aggressiven Probenlösungen — wie z. B. HF- und HNO_3-haltige Lösungen bei geologischen Proben — wurde der Einsatz von aus Platin angefertigten Samplern vorgeschlagen [26]. Auch bewährte sich, vor der Analyse aggressiver Lösungen eine Titanlösung während einer längeren Zeitspanne zu zerstäuben. Hierbei bildet sich eine Korrosionsschutzschicht von TiN an der Außenwand des Samplers [26]. Bei der Verwendung eines Samplers mit einem Öffnungswinkel von etwa 120 Grad (Abb. 3) sind die Stabilität des Plasmas und die Ionenentnahme optimal. Der durchgelassene Plasmastrahl expandiert in dem Zwischenraum. Aus ihm wird mit Hilfe einer zweiten Lochblende (Skimmer) ein Teil abgesondert und ins Massenspektrometer geleitet, in dem der Arbeitsdruck bei $< 10^{-5}$ mbar liegt. Der Durchmesser des Skimmers ähnelt dem des Samplers und der Winkel am Konus ist ca. 55 Grad. Das Vakuum im Massenspektrometer wird mit Hilfe einer Diffusionspumpe oder mit Hilfe einer Kryopumpe aufrecht erhalten. Um die Ausbreitung des Plasmastrahls zu begrenzen und eine

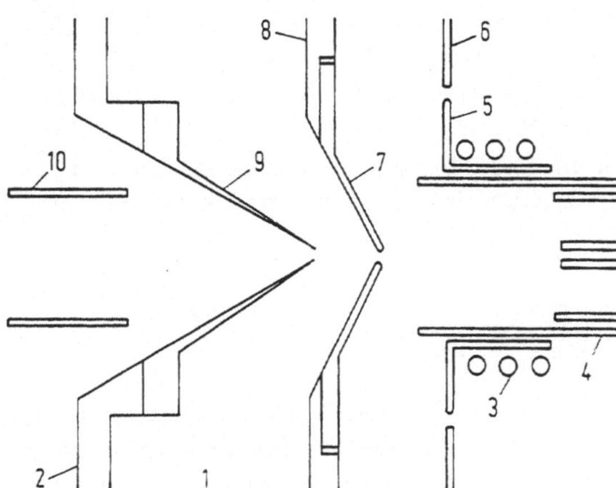

Abb. 3. Ionenextraktion in der ICP-Massenspektrometrie: 1: Zwischenraum, 2: Hochvakuum, 3: Spule, 4: ICP-Brenner, 5: Quarzaufsatz, 6: Brennergehäuse, 7: Sampler, 8: Wassergekühlter Vakuumabschluß, 9: Skimmer, 10: Elektrode (aus Ref. [25])

gute Transmission zu gewährleisten, soll bei den oben erwähnten Drücken die Entfernung der beiden Blenden 5–10 mm sein.

Im Zwischenraum bewegen sich die Teilchen im Plasmastrahl mit hoher Geschwindigkeit. Zugleich finden wegen der Stöße zwischen diesen hochenergetischen Ionen, Atomen, Radikalen und Molekülen eine Reihe von Reaktionen statt. Diese können zur Bildung einer Reihe von Verbindungen führen:

– Metallverbindungen:

$$MO \longrightarrow MO^+ + e$$

$$M + Cl, N, \ldots \longrightarrow MCl^+, MN^+, \ldots$$

– Verbindungen mit Argon:

$$Ar + H_2O \longrightarrow ArO^+, ArH^+, ArOH_2^+$$

$$Ar + Cl, N, \ldots \longrightarrow ArCl^+, ArNH^+, \ldots$$

$$2\,Ar \longrightarrow Ar_2^+ + e$$

Diese sogenannten „Klusterionen" findet man neben den Signalen der Ionen der zu bestimmenden Elemente in dem Massenspektrum. Insbesondere in dem Massengebiet unterhalb von 80 dalton verursachen sie spektrale Interferenzen. Dies ist besonders der Fall, weil Quadrupolmassenspektrometer eingesetzt werden, deren Auflösung nicht mehr als 1 dalton ist. Um diese Interferenzen minimal zu halten, ist bei der Vorbereitung der Meßlösung auf die Auswahl der Säuren zu achten. Möglichst soll der Gebrauch von H_2SO und H_3PO vermieden werden und die Probe soll in HNO_3 und nicht in HCl aufgenommen werden. Auch die Wahl der Entfernung zwischen ICP-Brenner und Sampler, die verwendeten Aerosolgasströme, und die Einstellung der Spannungen an der Ionenoptik beeinflussen das Verhältnis der Analysensignale zu den Klusterionen (siehe z. B. Ref. [27]).

Bis jetzt sind nur wenige systematische Studien über den Plasmastrahl im Zwischenraum durchgeführt worden, da dieser in den kommerziellen Geräten weder für optische noch für elektrische Messungen zugänglich ist. Es existieren aber bereits Modellrechnungen [28] wie auch Messungen von Potentialen im Plasma mit Hilfe einer Langmuirsonde [29]. Jedoch sind die verschiedenen Prozesse im ICP, bei der Ionenextraktion und im Zwischenraum bezüglich der spektralen Interferenzen sowie Signalbeeinflussungen sehr komplex [30].

2.3 Massenspektrometer

Es wurden bis jetzt in den kommerziell erhältlichen Geräten vorwiegend Quadrupolfilter als Massenspektrometer eingesetzt. Im Prinzip können auch hochauflösende, sehr viel teurere Sektorfeldgeräte eingesetzt werden. Mit Bezug auf eine eingehende Diskussion und auf die Literatur über die verschiedenen Typen moderner Massenspektrometer wird auf Ref. [31] verwiesen.

Bei Quadrupolmassenspektrometern können auch, wenn zwischen der

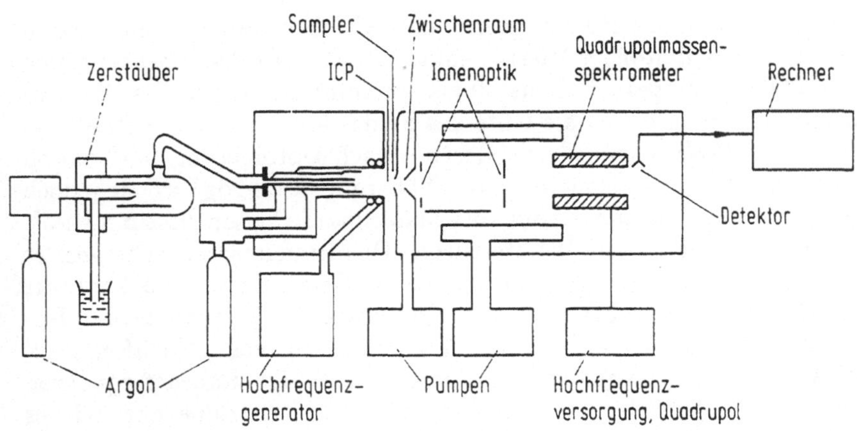

Abb. 4. ICP-Massenspektrometer

HF Spule des ICP und dem „Sampler“ keine Spannungen anliegen, hohe Transmissionen erreicht werden. Im Zwischenraum können — wie bereits erwähnt — Glimmentladungen auftreten, wobei der Anteil an doppelt geladenen Ionen u. U. zunimmt. Wie unlängst von Douglas et al. [32] gezeigt wurde, kann das Auftreten von Glimmentladungen im Zwischenraum vermieden werden, indem der Skimmer isoliert aufgestellt und HF Potentiale hier mit einer Phasenverschiebung angelegt werden. Hinter dem Skimmer befinden sich mehrere Ionenlinsen und eventuell eine Blende zum Abfangen der UV-Strahlung und der neutralen Teilchen („Beam-stop“) (Abb. 4). Durch Änderung der an den Linsen angelegten Spannungen kann zum einen die Transmission des Spektrometers und zum anderen die Massenauflösung für ein Ion, das mit einer bestimmten Energie in das Spektrometer gelangt, optimiert werden. Da die genannten Parameter nicht unabhängig voneinander sind, ist die Optimierung der Arbeitsbedingungen eine komplexe Prozedur. Auch müssen bei einer Optimierung für die simultane Bestimmung mehrerer Elemente Kompromisse eingegangen werden. So werden die optimalen Empfindlichkeiten im Falle einer Einzeloptimierung sich prinzipiell von denen der simultanen Bestimmung mehrerer Elemente unterscheiden. Auch werden die Signalbeeinflussungen in beiden Fällen unterschiedlich ausfallen.

Ein Quadrupolmassenspektrometer besteht aus 4 äquidistant und parallel angeordneten Stäben (Durchmesser von 10—12 mm), an die ein Gleichspannungsfeld und zusätzlich ein Hochfrequenzfeld (Frequenz: bis zu 1 MHz) angelegt werden. Die Gleichspannung am Quadrupol sollte etwas unter der Energie der eintretenden Ionen liegen (meistens ist diese unterhalb von 30 eV). Über die Spannungen an den Ionenlinsen, an der Blende und eventuell auch an dem Gehäuse des Quadrupols können die Auflösung und die Transmission sowie deren Abhängigkeit von der Masse optimiert werden. Die angelegten Spannungen liegen meistens unterhalb von einigen hundert Volt. Ändert man das Quadrupolfeld, verändert sich die Transmission des Spektrometers für eine bestimmte Ionenart. So kann eine bestimmte Masse manuell eingestellt und ein bestimmter Massenbereich rechnergesteuert abgefahren werden. Das Auftasten wird durch die Zeitkonstanten der Hochfrequenz- und Gleichspannungskomponenten auf bis zu 30000 dalton · s^{-1} beschränkt, so daß man den Massenbereich von 0–300 dalton praktisch in 30 ms durchfahren kann. Die Massenauflösung wird u. a. durch die Güte des Feldes bestimmt und beträgt bei den in der ICP-MS verwendeten Geräten nach Optimierung 1–3 dalton [33]. Die Linienprofile sind in erster Näherung dreieckig, wobei jedoch Flügel auftreten. Zusammen mit den Massenhäufigkeiten bestimmen sie die Größe der spektralen Interferenzen. Quadrupolmassenspektrometer sind schnell messende Sequenzspektrometer. Dementsprechend kann die erreichbare Präzision, aber auch die erreichbare Genauigkeit in der Isotopenverdünnungsanalyse durch das Vorhandensein von „Hochfrequenz-Rauschen" im ICP eingeschränkt werden. Derartige Rauschfrequenzen treten beim ICP infolge der Aerodynamik der Gasströme auf, wie es neuerdings durch Hochgeschwindigkeitsfotografie bewiesen wurde [34].

Bei Sektorfeldgeräten, wie sie in der Funkenmassenspektrometrie eingesetzt werden, muß die Ionenquelle dem Massenspektrometer gegenüber auf einem hohen positiven Potential liegen. Dies kann bei einem ICP ebenfalls, jedoch nur bei einer für Gleichspannungen isolierten Aufstellung der Spule geschehen. Man kann dies realisieren, indem zwischen der Arbeitsspule und dem Hochfrequenzgenerator geeignete Kondensatoren angebracht werden. Bei einem solchen Massenspektrometer können mit Hilfe geeigneter Detektoren gleichzeitig verschiedene Massen gemessen werden und die Auflösung bis in den Bereich von $< 0{,}1$ dalton reichen, so daß spektrale Interferenzen in einigen Fällen eliminiert werden können.

2.4 Detektion und Auswertung

Zur Detektion der Ionen werden vorrangig Elektronenvervielfacher und Impulszählung verwendet. Die Signalströme werden einem Vorverstärker zugeführt. Die am Ausgang erhaltenen Signale können direkt dargestellt werden. Zweckmäßiger ist es jedoch, das Spektrometer mit einem Vielkanalanalysator zu koppeln, wodurch ein Aufakkumulieren des Spektrums oder eines Ausschnittes aus dem Spektrum möglich wird. Geeignete Systeme sind von verschiedenen Herstellern erhältlich. Ebenfalls können Detektoren, die auf dem Prinzip der Mikrokanalplatte beruhen, sowie photografische Emulsionen, zur simultanen Detektion von Ionen verschiedener Massen bei der Benutzung geeigneter Massenspektrometer eingesetzt werden.

Die ICP-Massenspektrometer werden von einem Rechner gesteuert. Hierdurch werden die Betriebsparameter des ICPs kontrolliert, das Massenspektrometer gesteuert und eine Reihe von Sicherheitsvorrichtungen bedient. Die Software für die Datenauswertung soll über Routinen für die Errechnung von Kalibrierfunktionen mit Hilfe der linearen Regression, zur Berechnung der Konzentrationen in unbekannten Proben nach dem Zugabeverfahren wie auch durch Kalibration mit synthetischen Proben, zur Korrektur von Schwankungen und zur Verwendung eines inneren Standards sowie zur Auswertung von Isotopenverdünnungsanalysen verfügen. Außerdem muß es möglich sein, grafisch Spektrenausschnitte darzustellen, um spektrale Interferenzen zu erkennen und

Tabelle 2. Kommerziell erhältliche Geräte für die ICP-Massenspektrometrie

Typ/Hersteller	VG Plasmaquad VG Elemental Ion Path, Road Three, Winsford, Cheshire, CW7 3BX (U.K.)	Elan 500 Perkin-Elmer Co. Main Ave. (MS-12) Norwalk, CT06856 (U.S.A.)	Plasmass ICP-MS Nermag Delsi Instr. Quai du Halage ,49, 92500 Rueil Malmaison (France)
Generator	27,12 MHz quarzstabilisiert 2 kW	27,12 MHz quarzstabilisiert 2,5 kW	40,68 MHz „tuned-line" 1,5 kW
Spule	3 Windungen	3 Windungen Mitte geerdet	5 Windungen schwebend
Vakuum			
Zwischenraum	Diffusionspumpe	Diffusionspumpe	Rotationspumpe
1 Quadrupol	—	—	Diffusionspumpe
2 Quadrupol	Diffusionspumpe	Kryopumpe	Diffusionspumpe
Vakuum	($< 5 \times 10^{-6}$)	(bis 10^{-8})	($< 10^{-6}$)
Quadrupol			
Auflösung	1–3 dalton	0,6–1 dalton	1–4 dalton (dual)

Korrekturen von spektralen Interferenzen und Signalbeeinflussungen durchzuführen.

Seit 1982 sind Geräte für die ICP-Massenspektrometrie kommerziell erhältlich. Bei den heute auf dem europäischen Markt vorhandenen Geräten, deren Geräteparameter in Tab. 2 angegeben werden, sind für die Probenzufuhr automatische Probenwechsler oder Techniken wie die Fließinjektion als Zubehör erhältlich. Ihre Steuerung wird von der Software des ICP-Massenspektrometers mit übernommen. Auch ist seit kurzem ein ICP-MS-Gerät mit einem hochauflösenden Sektorfeldmassenspektrometer erhältlich (VG Elemental).

3 Analytische Eigenschaften

Die ICP-Massenspektrometrie hat die Vorteile der einfachen Probenzufuhr, der einfachen Kalibrierung mit synthetischen Lösungen oder Eichzugabe und die Möglichkeiten der schnellen Multielementbestimmung, wie sie aus der ICP-Emissionsspektrometrie [11] bekannt sind. Auch können bei der Massenspektrometrie nahezu alle Elemente bestimmt werden, die Nachweisempfindlichkeit ist hoch und die Nachweisgrenzen sind für die meisten Elemente etwa gleich. Außerdem können Isotopenverdünnungsanalysen durchgeführt werden.

3.1 ICP-Massenspektren

Die in der Tabelle 2 angegebenen ICP-Massenspektrometer verwenden Quadrupolmassenfilter, die bestenfalls eine Auflösung von 1 dalton haben. Dementsprechend können die im Spektrum auftretenden Signale von

Klusterionen spektrale Interferenzen mit den Analytionen verursachen, was besonders im niedrigen Massenbereich der Fall ist. Die Bildung von Klusterionen hat verschiedene Ursachen:

— Lösungsmittel und die darin enthaltenen Säuren:

  H^+, OH^+, H_2O^+, H_3O^+, ..., NO^+, NO^{2+}, ..., Cl^+ (im Falle von HCl), ..., SO^+, SO_2^+, SO_3H^+ (wenn sich Reste von H_2SO_4 in der Meßlösung befinden), ...

— Radikale von Gasen aus der umgebenden Atmosphäre:

  O_2^+, CO^+, CO_2^+, N_2^+, NH^+, NO^+, ...

— Reaktionsprodukte der o. g. Spezies mit Argon:

  ArO^+, $ArOH^+$, ..., $ArCl^+$, ..., Ar_2^+, ...

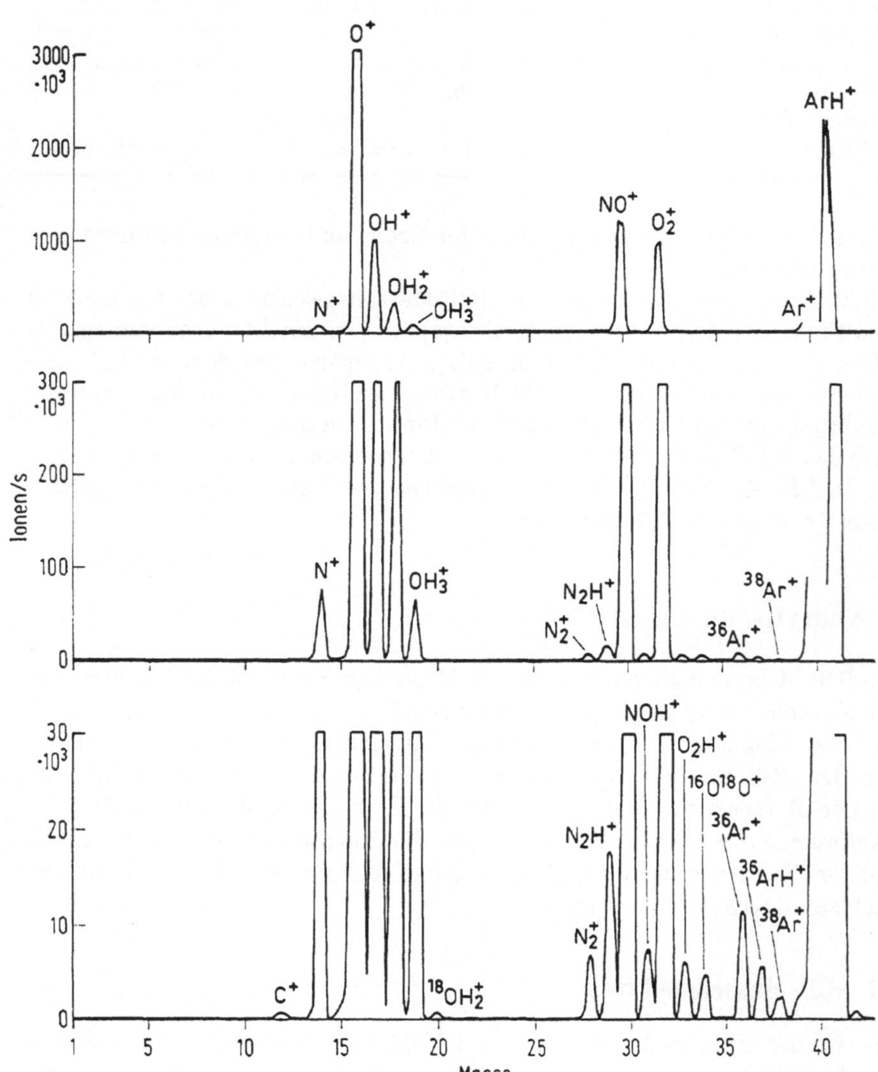

Abb. 5

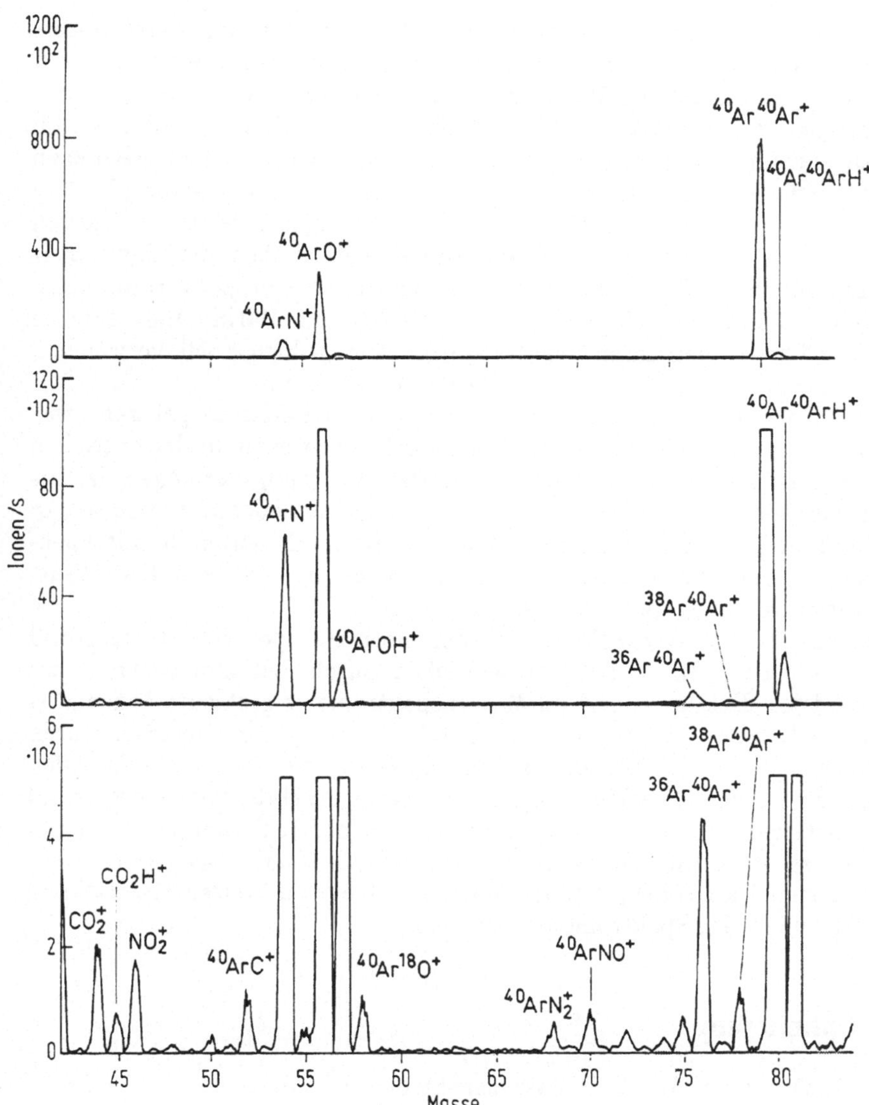

Abb. 5. (Fortsetzung) Untergrund-Spektren in der ICP-MS. Spektren aufgenommen von destilliertem Wasser (1–43 und 42–84 dalton). (Horlick G, Tan SH, Vaughan MA und Shao Y in Ref. [8])

Diese Klusterionen (Abb. 5) verursachen besonders im Massenbereich bis 80 zahlreiche spektrale Interferenzen und können die Bestimmung leichter Elemente sehr erschweren. Im höheren Massenbereich findet man neben den einfach geladenen Ionen der schwereren Elemente auch doppelt geladene Ionen der leichteren Elemente. Diese treten besonders für Elemente mit relativ niedrigem Ionisierungspotential auf.

Weiter treten in den Massenspektren auch eine Reihe von Verbindungen von Analytatomen mit verschiedenen Spezies auf. Dazu gehören MO^+, MCl^+, MOH^+, MOH_2^+, ... Diese Ionen werden aus der Dissoziation von Nitraten, Sulfaten oder Phosphaten im Plasma gebildet oder entstehen aus Reaktionen von Analytionen mit Lösungsmittelresten oder Sauerstoff im Plasma oder eventuell auch im Zwischenraum. Weiterhin hat man festgestellt, daß die Wahl der Absaugzone im Plasma und des Aerosolträgergasstromes, aber auch das Auftreten von Glimmentladungen im Zwischenraum das Auftreten von Klusterionen, von zweifach geladenen Ionen und von Analytklusterionen sehr stark beeinflussen kann [27, 35]. Für jedes der anwesenden Elemente treten die Signale der verschiedenen Isotope auf. Deren Intensitätsverhältnisse entsprechen der Häufigkeit der Isotope in der Probe. Hiervon kann man in der Isotopenverdünnungsanalyse mit stabilen Isotopen Gebrauch machen, um Markierungsversuche durchzuführen. Man kann das Isotopenmuster jedoch auch verwenden, um aufzuspüren, ob spektrale Interferenzen auftreten.

Aus den oben genannten Gründen sind die ICP-Massenspektren zwar einfacher als die linienreichen Emissionsspektren, wie sie in der optischen ICP-Emissionsspektrometrie auftreten. Das Auflösungsvermögen der bis jetzt verwendeten Massenspektrometer ist jedoch ebenfalls niedrig. In Anbetracht der verschiedenen Arten von Klusterionen muß mit spektralen Interferenzen gerechnet werden, und es muß oft von Korrekturverfahren Gebrauch gemacht werden.

In den ICP-Massenspektren ist der normale spektrale Untergrund meistens gering. Er wird im wesentlichen durch den Dunkelstrom des verwendeten Detektors und im Massenspektrometer gestreute Ionen verursacht. Letztere entstehen z. B. durch Streuung am Restgas, durch Feldstörungen an den Enden des Quadrupols sowie durch an den Wänden reflektierte Ionen. Das ICP trägt nur im geringen Maße zum Untergrund bei, im Gegensatz zu dem Störkontinuum in der ICP-Emissionsspektrometrie, zu dem Interaktionen von freien und freien, bzw. freien und gebundenen Elektronen, Molekülbanden, Flügel von breiten Matrixlinien und Streulicht im Spektrometer beitragen.

3.2 Optimierung

Zur Optimierung der ICP-Massenspektrometrie hinsichtlich Nachweisvermögen, minimalen spektralen Interferenzen und Signalbeeinflussungen sowie bester Präzision sind die Betriebsparameter des ICPs — Leistungseinkopplung, Leistung, Gasströme (insbesondere der Zerstäubergasstrom), Brennergeometrie und Position des Samplers — und die ionenoptischen Parameter wichtig. Sie bestimmen die Ionenausbeuten und die Transmission und demzufolge auch die Höhen der Analysen- und Störsignale.

Der äußere und der mittlere Gasstrom haben nur einen geringen Einfluß auf die analytischen Signale. Dahingegen haben der Aerosolgasstrom, die Leistung und die Position des Samplers einen großen Einfluß.

Im Falle der Benutzung eines pneumatischen Zerstäubers nimmt der Tröpfchendurchmesser bei zunehmendem Aerosolgasstrom ab. Der Zusammenhang wird durch die Nukuyama-Tanasawa-Gleichung [36, 37] wiedergegeben:

$$d_0 = \frac{585}{c}\left(\frac{\sigma}{\rho}\right)^{0,5} + 597\left(\frac{\eta}{(\sigma \cdot \rho)^{0,5}}\right)\left(1000\,\frac{Q_1}{Q_0}\right) \quad (2)$$

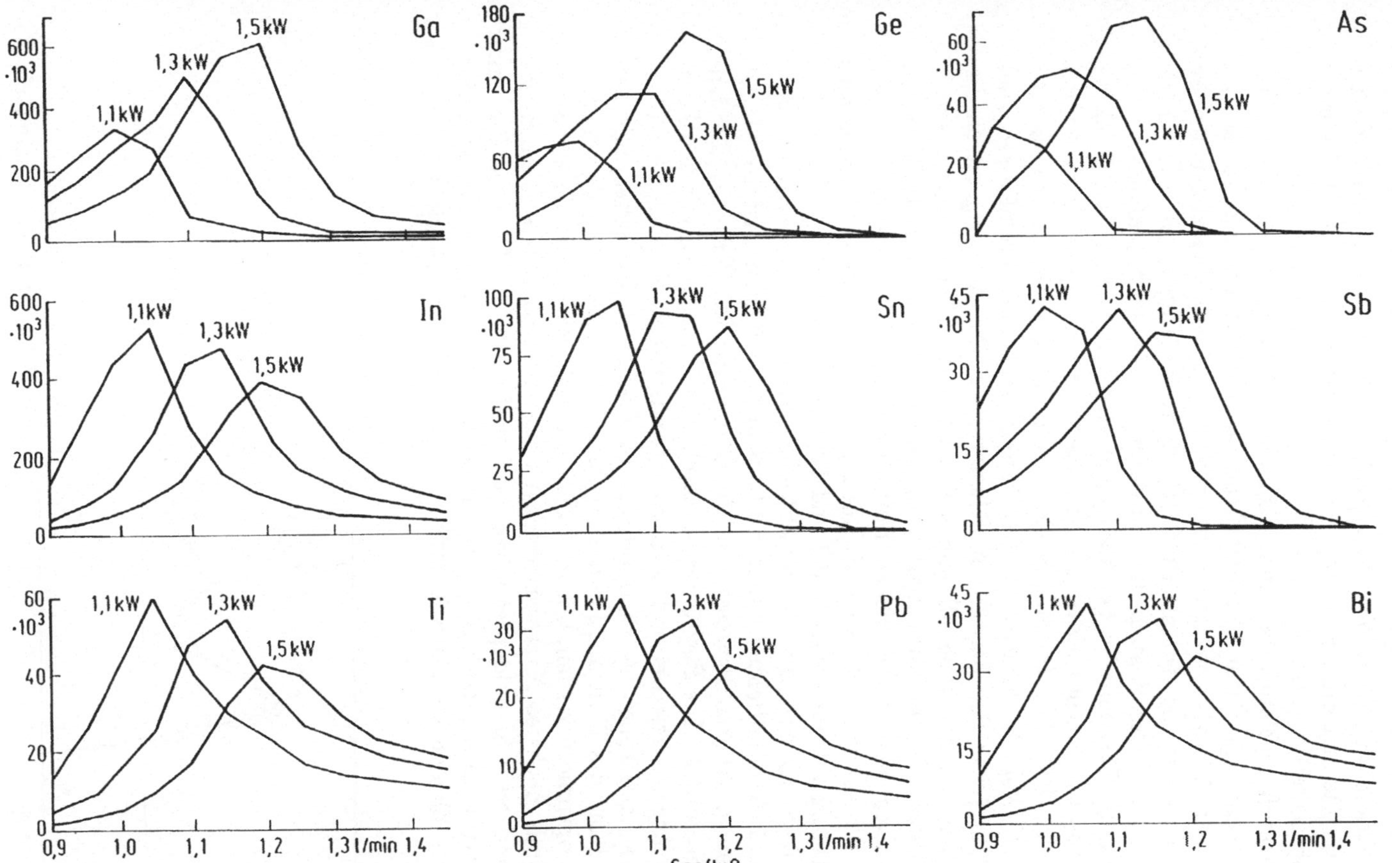

Abb. 6. Einfluß des Aerosolgasstromes und der Leistung auf die Signale von Ga^+, Ge^+, As^+, In^+, Sn^+, Sb^+, Tl^+, Pb^+ und Bi^+ (Position des Samplers: 15 mm über der Spule). (Horlick G, Tan SH, Vaughan MA, und Shao Y in Ref. [8])

d_0 ist der Sauter Durchmesser (Durchmesser der Teilchen wofür das Verhältnis Volumen/Oberfläche das gleiche ist wie für das gesamte Aerosol). ρ ist die Dichte (g/cm³), σ die Oberflächenspannung (dynes/cm), η der Viskositätskoeffizient (dynes/cm²), c die relative Geschwindigkeit zwischen Gas und Flüssigkeit ($c_0 - c_1$) (m/s) und Q_1 bzw. Q_2 die Volumen von Flüssigkeit und Gas.

Demzufolge gelangt bei zunehmendem Aerosolgasstrom mehr Analysensubstanz in Form kleinerer Tröpfchen in das Plasma, so daß die Dichte der Analytatome zunimmt. Gleichzeitig wird bei zunehmendem Aerosolgasstrom die Aufenthaltsdauer im ICP geringer, die Temperatur nimmt ab und damit auch die Ionisierung. Diese gegenläufigen Effekte erklären die Maxima die bei Messungen der Ionensignale als Funktion des Aerosolgasstromes auftreten. Hierüber wird in Optimierungsstudien (siehe z. B. Ref. [38]) für eine große Anzahl von Elementen und Matrizes berichtet (Abb. 6). Änderungen des Aerosolgasstromes beeinflussen auch die Bildung und den Zerfall von Klusterionen. Der Aerosolgasstrom beeinflußt neben der Ionenbildung selbst auch die Ionenenergien, wie es anhand des $^{63}Cu^+$ und des ArO^+ Ions gezeigt wird (Abb. 7) [17]. Weiter hat er auch einen wesentlichen Einfluß auf die Geometrie des Aerosolkanals und somit auf die Ionendichte am Ort des Samplers. Meistens wird ein Aerosolgasstrom zwischen 0,5 und 1,5 l/min gewählt.

Die Leistung bestimmt im wesentlichen das Volumen des ICPs, während die Leistungsdichte weitgehend konstant bleibt. Somit ist die Kinetik der oben erwähnten Prozesse und die Geometrie des ICPs von der Leistung beeinflußt. Die Position des Samplers soll zusammen mit den Parametern Aerosolgasstrom und Leistung optimiert werden.

Durch Änderung der Spannungen an den einzelnen ionenoptischen Linsen kann die Transmission des Massenspektrometers für jede Ionenart einzeln optimiert werden, mit dem Ziel, eine möglichst hohe Transmission und somit höchstes Nachweisvermögen für ein bestimmtes Element zu erreichen, oder Signaldepressionen bzw. spektrale Interferenzen für ein bestimmtes Elementsignal zu minimieren. Im Falle der Bestimmung mehrerer Elemente müssen Kompromißbedingungen ermittelt werden.

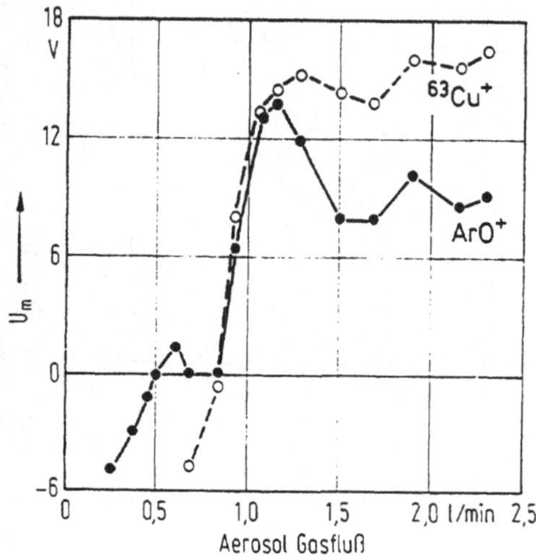

Abb. 7. Energiemaxima für $^{63}Cu^+$- und ArO^+-Ionen als Funktion des Aerosolgasstromes. Leistung: 1,5 kW. (aus Ref. [17])

3.3 Nachweisvermögen

Um höchstes Nachweisvermögen zu erreichen, soll man auf eine möglichst hohe Ionendichte am Ort des Samplers und auf eine hohe Ionisierung hin optimieren. Nach Optimierung des Aerosolgasstromes für die einzelnen Elemente liegen die erhaltenen Nachweisgrenzen im sub-ng/ml Gebiet (siehe Tab. 3), wenn mit einem Argonplasma bei einer Leistung zwischen 0,6 und 2 kW gearbeitet wird. Die optimale Position des Samplers ist etwa 10 bis 15 mm oberhalb der Oberkante des Aerosolrohres. Die Werte, die nach Einzeloptimierung erhalten werden (nach Ref. [39]),

Tabelle 3. Nachweisgrenzen der ICP-MS nach Einzeloptimierung [39] und bei Kompromißbedingungen [25] sowie der ICP-Emissionsspektrometrie [40]

Element	c_L (ng/ml)		
	ICP-MS		ICP-OES [40]
	Einzelelement-optimierung [39]	Multielement-optimierung [25]	
Ag	0,03	0,2	7
Al	—	0,6	23
As	0,04	7	35
Au	0,06	0,2	17
Ba	—	0,3++	0,2
B	0,4	1	5
Cd	0,05	0,5	2
Ce	—	0,2++	50
Co	0,05	0,5	6
Cr	0,06	0,2	6
Cs	—	0,1	—
Ge	0,02	1	40
Hg	0,02	0,1	25
In	0,06	0,2	6
La	0,05	0,2++	10
Li	0,1	3	2
Mg	0,7	0,5	0,1
Mn	0,1	0,8	1
Mo	0,04	—	8
Ni	0,1	—	10
Rb	—	0,2	—
Se	0,7	15	75
Sn	0,06	0,06	25
Te	0,08	0,5	41
Pb	0,05	0,3	42
Th	0,02	0,2++	65
Ti	—	0,3	4
U	0,03	0,4	250
V	—	0,4	30
W	0,05	0,5	30
Zn	0,2	3	2

++ doppelt geladene Ionen

unterscheiden sich u. U. beträchtlich von denen unter Kompromißbedingungen (nach Ref. [25]).

Die erhaltenen Nachweisgrenzen liegen für die meisten Elemente im gleichen Konzentrationsbereich. Für einige Elemente wird das Nachweisvermögen durch isobare Interferenzen eingeschränkt. Dazu gehören Arsen ($^{75}As^+$: Interferenz mit $^{40}Ar^{35}Cl^+$), Selen ($^{80}Se^+$: Interferenz mit $^{40}Ar^{40}Ar^+$), Eisen ($^{56}Fe^+$: Interferenz mit $^{40}Ar^{16}O^+$). Für diese Einschränkungen spielt die Art der Säure in der Meßlösung eine wichtige Rolle. Auch für die im Samplermaterial befindlichen Elemente (z. B. Nickel, Kupfer, ...) muß mit Einschränkungen im Nachweisvermögen gerechnet werden. Für Elemente, die eine hohe Ionisierungsenergie haben, konnte im Einzelfall (z. B. für Chlor) die Nachweisgrenze durch die Detektion von negativen Ionen verbessert werden (für Cl^+ 5 und für Cl^- 1 ng/ml) [41].

3.4 Präzision und Nachwirkungen

Die Präzision wird durch die Stabilität von Aerosolerzeugung, Ionisierung im Plasma, Ionenabsaugung und der Detektion bestimmt. Die relativen Kurzzeitsschwankungen der Analysensignale können bis unter 1% zurückgeführt werden. Für die Aerosolerzeugung ist die Konstanz des Aerosolgasstromes sehr wichtig. Daher empfiehlt es sich, für das Zerstäubergas einen Massendurchflußregler zu verwenden. Zur Verbesserung der Präzision kann wie in der ICP-Emissionsspektrometrie mit einem Bezugselement (interner Standard) gearbeitet werden [42, 118]. Besonders bei Probenlösungen mit hohen Salzkonzentrationen, wie sie z. B. bei Schmelzaufschlüssen von geologischen Proben anfallen, führen Salzablagerungen am Zerstäuber zu Drifterscheinungen. Im Falle eines konzentrischen Ringspaltzerstäubers konnten diese durch Befeuchtung des Aerosolgases weitgehend vermieden werden. Salzablagerungen am Brenner lassen sich z. T. auch durch die Verwendung eines mittleren Gasstromes vermeiden. Größere Schwierigkeiten bereiten u. U. die Ablagerungen am Sampler, welche nur durch eine regelmäßige Reinigung beseitigt werden können. Aus dem zuletzt genannten Grund müssen die Gesamtsalzkonzentrationen je nach anwesenden Salzen auf 0,1—0,5 g/100 ml begrenzt bleiben. Die oben erwähnten Effekte führen nicht nur zu Signalschwankungen, sondern auch zu Nachwirkungen. Diese betragen bei matrixarmen Meßlösungen nur 1—2 Minuten (bis das Signal auf $< 1\%$ der Probe zurückfällt). Sie können bei Verwendung aggressiver Probenlösungen und hoher Salzkonzentrationen zu großen Schwierigkeiten führen und außerdem von Element zu Element unterschiedlich sein.

3.5 Interferenzen

Signalbeeinflussungen durch Matrixänderungen sind auf Einflüsse der Matrix auf die Zerstäubung, auf die Beeinträchtigung der Ionisierung im Plasma und auf Änderungen der Geometrie des Aerosolkanals sowie auf Änderungen der Ionenenergie zurückzuführen.

Säuren und hohe Salzkonzentrationen beeinflussen die Viskosität, die

Dichte und die Oberflächenspannung der Meßlösung und somit die Tröpfchendurchmesser (siehe Gl. 2). Über die Zerstäubungseffizienz ändert sich dann auch die Probenaufnahme in das ICP. Bei einer freien Ansaugung der Meßlösung ist der Zerstäubungseffekt groß. Er kann durch die Verwendung einer peristaltischen Pumpe verringert werden. Während beim freien Ansaugen die Ansaugrate durch das Poiseuillesche Gesetz und somit in großem Maß durch die Viskosität bestimmt wird, ist dies bei Zwangsförderung nicht der Fall. Auch könnte man durch die Verwendung eines relativ hohen Aerosolgasstromes den zweiten Term in Gl. 2 herabsetzen und so den Zerstäubungseffekt weiter verringern.

Durch Erhöhung des Aerosolgasstromes wird außerdem die Geometrie des Aerosolkanales von der Matrix unabhängiger. Dabei wird jedoch das Plasma stärker gekühlt, so daß die Ionisierung nach Gl. 1 zurückgedrängt wird. Dann nehmen aber auch die Signalbeeinflussungen durch die Matrix oder durch leichtionisierbare Elemente [43] zu. In der Literatur wurde gezeigt, daß durch die Matrix auch die Ionenenergien stark beeinflußt werden können [44].

Die Massenspektrometrie liefert Massensignale, und unterscheidet daher zwischen den verschiedenen Isotopen der Elemente. Bei der niedrigen Massenauflösung ($>$ 1 dalton) von Quadrupolmassenspektrometern führt dies zu einer Reihe von isobarischen Interferenzen, die bei der Auswertung der Spektren mit geeigneter Software berücksichtigt werden kann. Diese Art von spektralen Interferenzen wird durch Änderungen der Betriebsparameter nur wenig beeinflußt. Anders ist es aber für die spektralen Störungen, die durch doppelt geladene Ionen, durch Untergrundspezies und durch Klusterionen verursacht werden. Für die Signalintensitäten der letztgenannten Gruppe sind die Betriebsparameter von ausschlaggebender Bedeutung; somit ist auch ihr Einfluß auf die hierauf beruhenden spektralen Interferenzen groß. Die Untergrundspezies im niedrigen Massenbereich [45] führen zu beträchtlichen spektralen Interferenzen z. B. bei $^{28}Si^+$ (mit $^{14}N^{14}N^+$), $^{31}P^+$ (mit $^{16}N^{16}OH^+$), $^{80}Se^+$ (mit $^{40}Ar^{40}Ar^+$). Spezies wie $^{40}Ar^{16}O^+$ geben nicht nur Interferenzen für $^{56}Fe^+$, sondern sie führen aufgrund aller möglichen isotopischen Kombinationen und Hydride zu spektralen Interferenzen für eine ganze Reihe von Übergangselementen (^{52}Cr, ^{53}Cr, ^{54}Cr, ^{54}Fe, ^{55}Mn, ^{56}Fe, ^{57}Fe, ^{58}Ni, ^{58}Fe und ^{59}Co). Im Falle von HCl werden Cl^+, ClO^+, ClN^+, Cl^+ und $ArCl^+$ Spezies für zusätzliche Interferenzen sorgen und weitere Isotope der Übergangsmetalle stören. Bei festen Arbeitsbedingungen werden diese Interferenzen durch leichte Matrixschwankungen nur wenig beeinflußt, so daß man sie über Differenzbildung bei den Signalen der Analytionen in diesem Massenbereich korrigieren muß. Ihn schränkt jedoch für diese Massen das erreichbare Nachweisvermögen ein. Die Wechselwirkungen der Signale von doppelt geladenen Ionen und Klusterionen mit den Signalen des Analyten hängen sowohl von der Leistung wie auch der Größe des Aerosolgasstroms ab. Diese Einflüsse haben besondere Bedeutung für Elemente die relativ niedrige Ionisierungspotentiale haben und thermisch stabile Oxide bilden (wie z. B. Ba, Sr, Mg). Dies wurde insbesondere durch Messungen der Signale von einfach geladenen (M^+) und doppelt geladenen (M^{2+}) Ionen sowie vom Metalloxid (MO^+) und vom Hydroxid (MOH^+) im Fall von Barium deutlich (Abb. 8). Für weitere Elemente werden die entsprechen-

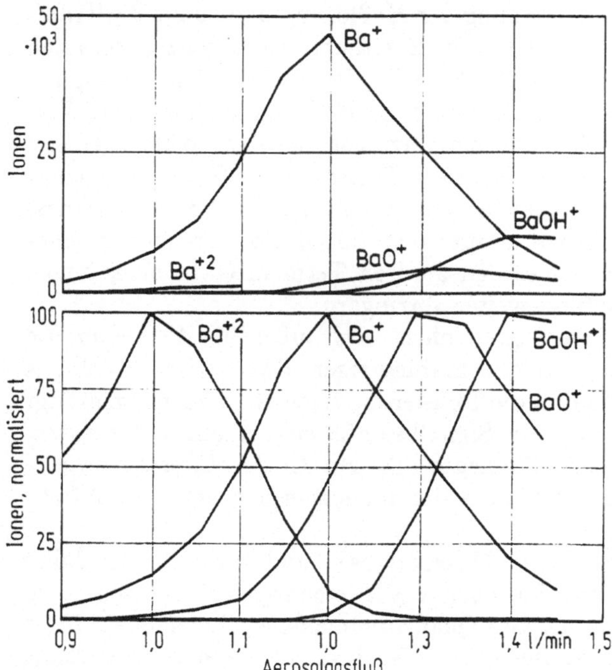

Abb. 8. Relative (**a**) und normierte (**b**) Signale für verschiedene Barium-Spezies als Funktion des Aerosolgasstromes und einer Leistung von 1,3 kW. (Horlick G, Tan SH, Vaughan MA und Shao Y in Ref. [8])

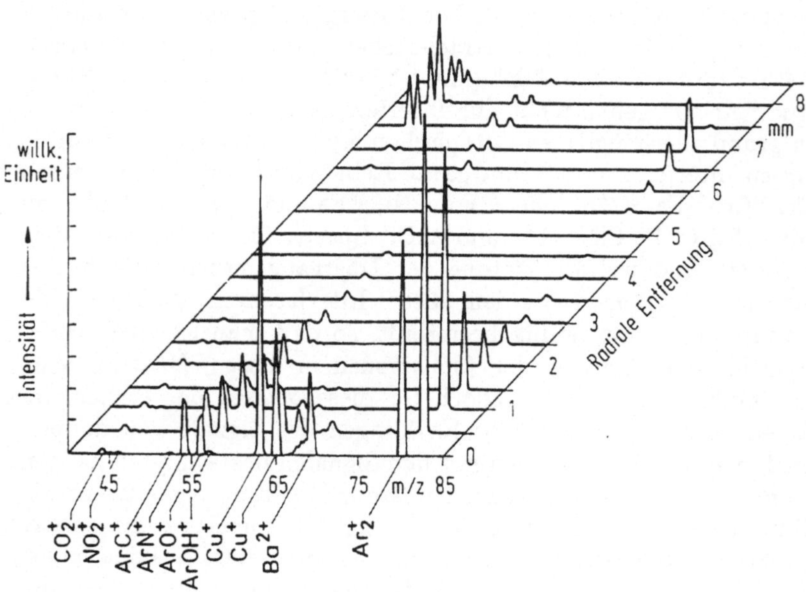

Abb. 9. ICP-Massenspektren im Bereich 42–82 dalton, aufgenommen bei verschiedenen radialen Entfernungen des Samplers. Aerosolgasstrom: 1,2 l/min, Leistung: 1,5 kW (aus Ref. [17])

den Ionen und die damit verbundenen Interferenzen in der Literatur erwähnt [35, 38, 45]. Titan zum Beispiel hat fünf natürliche Isotope ^{46}Ti (7,99%), ^{47}Ti (7,32%), ^{48}Ti (73,98%), ^{49}Ti (5,46%) und ^{50}Ti (5,25%). Die Oxidionen (mit ^{16}O) haben die Massen 62, 63, 64, 65 und 66 und stören $^{62}Ni^+$, $^{63}Cu^+$, $^{64}Zn^+$, $^{65}Cu^+$ und $^{66}Zn^+$. Diese Interferenzen sind besonders komplex, weil die verschiedenen Spezies in den verschiedenen Zonen des ICPs unterschiedlich stark anwesend sind (Abb. 9) [17] und ihre Energien in diesen Zonen ebenfalls variieren.

3.6 Isotopenverdünnungsanalyse

Die Verdünnung mit stabilen Isotopen bietet sowohl die Möglichkeit, Markierungsversuche durchzuführen, als auch systematische Fehler zu beseitigen. Das Prinzip [46] kann für jedes Element, das wenigstens zwei stabile oder langlebige radioaktive Isotope besitzt, verwendet werden. Man fügt der Probe eine abgemessene Menge des Elementes, in einer bekannten, jedoch von der Probe unterschiedlichen isotopischen Zusammensetzung zu und vermischt intensiv. Das Isotopenverhältnis R (Isotop (1)/Isotop (2)) wird dann gegeben durch:

$$R = \frac{N_P \times h_P(1) + N_Z \times h_Z(1)}{N_P \times h_P(2) + N_Z \times h_Z(2)} \tag{3}$$

N_P ist die Anzahl der Atome des zu bestimmenden Elementes in der Probe und N_Z die Anzahl in der Zugabe, h_P und h_Z sind die Häufigkeiten der Isotope (1) und (2) in Probe und Zugabe. Dementsprechend ist N_P oder die Absolutmenge G_P:

$$G_P = \frac{G_Z \times (h_Z(1) - R \times h_Z(2))}{(R \times h_P(2) - h_P(1))} \tag{4}$$

R folgt aus den Signalen der Isotope, $h_P(1)$ und $h_P(2)$ sind in der Regel die natürlichen Häufigkeiten, G_Z ist die zugegebene Menge und $h_Z(1)$ sowie $h_Z(2)$ sind aus deren isotopischen Zusammensetzung bekannt.

Die Isotopenverdünnungsanalyse wurde bei der ICP-Massenspektrometrie u. a. in Studien über Blei (siehe z. B. Ref. [47]) eingesetzt. Auch wurden Markierungsversuche für Eisen in biologischen Systemen [48] beschrieben. Die Präzision der Bestimmung von isotopischen Zusammensetzungen liegt für Häufigkeiten, die sich nicht mehr als um einen Faktor 10 unterscheiden, im unteren % Bereich.

3.7 Alternative Methoden der Probenzuführung

Neben der kontinuierlichen pneumatischen Zerstäubung von wäßrigen Proben können eine ganze Reihe von Probenzuführungstechniken, die im wesentlichen bereits für die ICP-Emissionsspektrometrie erprobt wurden (Abb. 10) [49], eingesetzt werden. Auch wurden bereits die Optimierung und die Güteziffern der ICP-Massenspektrometrie für Bestimmungen in organischen Lösungsmitteln [50] untersucht.

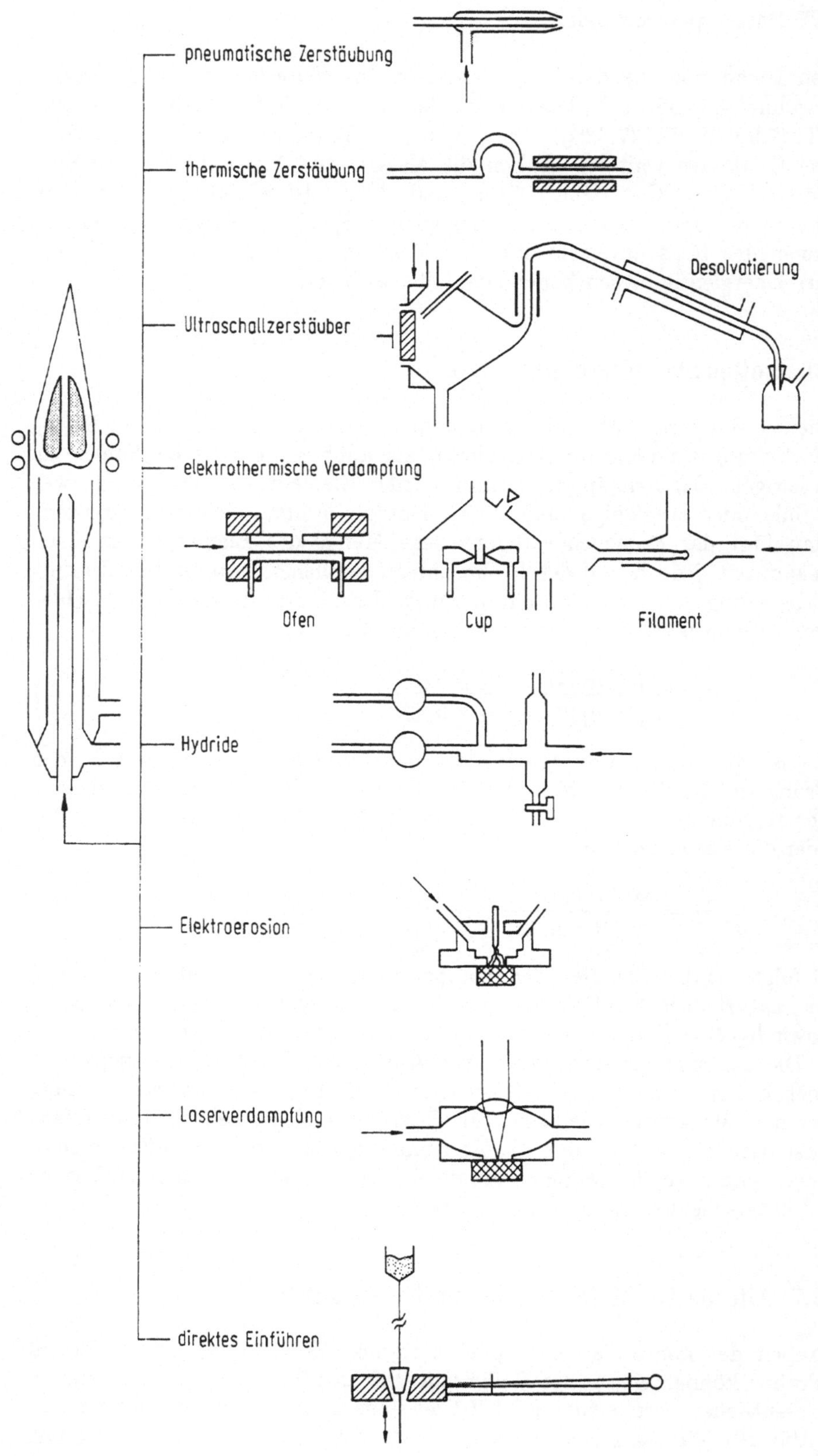

Abb. 10. Probenzuführungsmethoden für die Plasmaspektrometrie

Die Verwendung von Ultraschallzerstäubern ist aus der ICP-Emissionsspektrometrie bekannt [51]. Durch einen flexiblen Schlauch wird die Probenlösung mit Hilfe einer peristaltischen Pumpe auf den Schwingkörper des Zerstäubers geleitet. Bei einer Frequenz von 100 kHz bis 1 MHz werden aus wäßrigen Lösungen Tröpfchen mit Durchmessern im unteren μm-Bereich gebildet. Die Ultraschallzerstäubung bietet verschiedene Vorteile. Wegen der niedrigen Tröpfchengröße ist die Zerstäubungsausbeute höher als im Falle pneumatischer Zerstäubung. Wenn man das Aerosol desolvatiert, vermeidet man eine starke Kühlung des ICPs und die damit verbundene Verschlechterung der Ionisierungsbedingungen. In der ICP-MS werden durch Entwässerung des Aerosols darüber hinaus die Bildung von Klusterionen und die damit verbundenen spektralen Interferenzen verringert. Die Zusammenhänge sind aber komplex, weil z. B. allein eine Änderung der Wasserkonzentration im Aerosol ausreicht, um den Druck im Zwischenraum zu ändern [52]. Die Nachteile der Ultraschallzerstäubung sind prinzipieller Natur. Die Stabilität der Aerosolbildung ist schlechter als bei der pneumatischen Zerstäubung. Auch sind die Nachwirkungen höher als bei pneumatischen Zerstäubern, und es treten im Falle der Analyse realer Proben mit hohen Gesamtsalzkonzentrationen leicht Verkrustungen auf. Somit bleibt der Anwendungsbereich dieser Technik auf einfache Matrizes wie Trinkwässer oder Frischwässer beschränkt.

Die Bildung von flüchtigen Hydriden, bringt ebenso wie in der Atomabsorptions- [53] und ICP-Emissionsspektrometrie (siehe Kapitel 6 in Ref. [6]) für Elemente wie Arsen, Selen, Antimon, usw. aber auch z. B. für Blei [117] Verbesserungen des Nachweisvermögens. Neben der Verbesserung der Probenzuführungseffizienz ist dies in der ICP-MS auch der Bildung eines wasserfreien Aerosols und der damit verringerten Bildung von Klusterionen zuzuschreiben. Es muß aber auf die zahlreichen Störungen der Hydridbildung durch Übergangsmetalle, durch Redoxreaktionen sowie durch die Anwesenheit der zu bestimmenden Elemente in organischen Verbindungen hingewiesen werden.

Die elektrothermische Verdampfung ist besonders für Bestimmungen in Mikroproben geeignet. Es können sowohl Graphitrohröfen, als auch Verdampfung von einem Metallfilament verwendet werden. Mit diesen Techniken kann insbesondere das absolute Nachweisvermögen verbessert werden, wie es durch Park et al. [54] im Falle der ICP-MS gezeigt wurde. Besonders für Elemente, deren Bestimmung wegen Interferenzen mit Klusterionen in der ICP-MS mit pneumatischer Zerstäubung eingeschränkt wird (z. B. Eisen, ^{56}Fe wird durch ^{40}Ar^{16}O^{+} gestört), kann das Nachweisvermögen verbessert werden. Es muß aber die Möglichkeit einer schnellen Signalerfassung gegeben sein. Als extrem nachweisstarke Technik ist auch das direkte Einführen von Proben in das ICP erprobt worden [55, 56].

Obwohl die ICP-Massenspektrometrie vorwiegend eine Methode zur Analyse von Flüssigkeiten oder von festen Proben nach Lösen ist, wurden auch Techniken zur direkten Analyse fester Stoffe erprobt. Diese Techniken sind insbesondere gefragt für Proben die sich entweder nur schwierig in Lösung bringen lassen oder elektrisch nichtleitend sind, so daß sie sich mit modernen Verfahren der Feststoffanalytik wie Funken und Glimmentladungen nicht analysieren lassen.

Für Pulver könnte bei Benutzung von geeigneten Zerstäubern mit Suspensionen gearbeitet werden. Die direkte Analyse von Kohle mit der ICP-MS unter Verwendung eines Babington Zerstäubers wurde bereits beschrieben [57].

Für die direkte Analyse von Metallen (siehe für Molybdän: Ref. [58] und für Stahl: Ref. [59] sowie von kompakten nichtleitenden Proben können Laserverdampfung und anschließende Verdampfung des abgebauten Probenmateriales im ICP verwendet werden. Es kann ein Nd-YAG Laser mit einer Wiederholrate von 1 bis 10 Impulsen/s und einer Energie von einigen 0,1 J eingesetzt werden. Für keramische Materialien wie SiC lagen die pro Schuß abgebauten Mengen im Bereich 1—10 ng und die auf den Feststoff bezogenen Nachweisgrenzen bei 0,1 μg/g [60].

4 Anwendungen

4.1 Geologische und oxidische Proben

Bei geologischen Proben wurde die ICP-MS meistens bereits dort eingesetzt, wo Multielementbestimmungen gefragt waren und die ICP-Emissionsspektrometrie wegen unzureichender Nachweisempfindlichkeit oder spektraler Interferenzen nicht mehr brauchbar ist. Die einfache Kalibrierung mit synthetischen Standardlösungen oder durch Eichzugabe, der hohe Probendurchsatz und die Möglichkeit, Proben sehr unterschiedlicher Art zu analysieren, sind für die Routine wichtig.

Die Bestimmung der seltenen Erden, die bei der ICP-OES wegen der spektralen Interferenzen oft nur beschränkt möglich ist, kann mit der ICP-MS bis zu niedrigen Konzentrationen durchgeführt werden [61, 62]. Bei den verwendeten Aufschlüssen muß aber besonders auf Ablagerungen und Korrosion am Skimmer geachtet werden, was ein regelmäßiges Spülen zwischen aufeinanderfolgenden Proben erforderlich macht. Die Bestimmung von Platin nach Anreicherung durch ein „Fire-Assay" mit Nickelsulfid [63] und die Bestimmung der Isotope von Bor [64], Blei [65] und Osmium [66] in geologischen Proben wurden beschrieben. Die Isotopenverdünnungstechnik ist ein wichtiges Kalibrierungsverfahren, wie es durch Garbarino und Taylor bei der Bestimmung von Ni, Cu, Sr, Cd, Ba, Tl und Pb in hydrogeologischen Proben mit Hilfe der ICP-MS gezeigt wurde [67]. Der Einfluß der Arbeitsbedingungen auf die Genauigkeit der Bestimmung von Isotopenverhältnissen mit der ICP-MS wurde für Blei eingehend untersucht [68]. Auch die Halogene konnten in geologischen Proben mit der ICP-MS bestimmt werden [69].

Für schweraufschließbare pulverförmige Materialien wie Kohle, kann, wie bereits erwähnt [57], mit Suspensionen gearbeitet werden.

Durch den Einsatz der elektrothermischen Verdampfung zur Aerosolerzeugung, können im Falle geologischer Proben die auftretenden spektralen Interferenzen verringert werden. Insbesondere für die leichtflüchtigen Elemente wie Thallium konnte das Nachweisvermögen verbessert werden [70]. Die Technik wurde auch für die Bestimmung der Elemente Pt, Pd, Ru und Ir [71] sowie von Mo und W [72] eingesetzt.

4.2 Metalle

In der Qualitätskontrolle von metallischen Werkstoffen wird die Bestimmung von Spurenverunreinigungen im sub-µg/g Bereich zunehmend gefordert. Aus den mit der ICP-MS auf die Lösung bezogenen Nachweisgrenzen, die bei Kompromißbedingungen noch unterhalb 1 ng/ml liegen, und der maximal tolerierbaren Gesamtsalzkonzentration von bis zu 5 g/l kann gefolgert werden, daß die ICP-Massenspektrometrie für diese Aufgabe eingesetzt werden kann. Es muß jedoch darauf hingewiesen werden, daß die obengenannte Matrixkonzentration anders als bei der ICP-OES zu erheblichen Signalbeeinflussungen führen kann, was bei der Kalibrierung zu berücksichtigen ist.

Die ICP-MS wurde besonders für Legierungen mit linienreichen Emissionsspektren bereits eingesetzt. Dazu gehören die Hochtemperaturmaterialien, die im nuklearen Bereich und in der Raumfahrttechnik benutzt werden [73]. Wie von McLeod et al. [74] am Beispiel von Nickellegierungen gezeigt wurde, bilden spektrale Störungen die maßgebliche Beschränkung für das Nachweisvermögen einer Reihe von Elementen. Auch konnten Verunreinigungen in Uran, nachdem die Matrix durch Extraktion abgetrennt wurde, bestimmt werden [75]. Zur Direktanalyse kompakter metallischer Proben wurde sowohl die Elektroerosion wie auch die Laserverdampfung eingesetzt. Jiang und Houk [76] verwendeten die Bogenerosion in Verbindung mit der ICP-MS und erhielten für Stähle Nachweisgrenzen im 0,1–1 µg/g-Bereich. Die Kalibrationskurven sind linear bis zu Konzentrationen von 0,1% (w:w). Auch sind die Nachwirkungen gering (für Stahl mit 0,08% (w:w) Cr: ca. 10 s), und die erreichbare Präzision ist etwa 5%. Nach Laserverdampfung ließen sich, wie Arrowsmith [58–60] zeigte, sowohl in metallischen wie auch in keramischen Proben Verunreinigungen im sub-µg/g-Bereich noch nachweisen. Eine Einrichtung zur Laserverdampfung ist heute als Zubehör zu ICP-MS Geräten kommerziell erhältlich. Die Technik wurde zum Beispiel auch für Direktbestimmungen in Uran eingesetzt [77].

4.3 Biologische und medizinische Proben

Wie der Vergleich der Nachweisgrenzen der ICP-MS mit den Normalwerten der Spurenelementgehalte in Blut und Serum [78] verdeutlicht, lassen sich eine ganze Reihe von Elementen in biologischen Systemen durch ICP-MS bestimmen und somit Studien über die biologische Aktivität von Spurenelementen und deren Verfügbarkeit durchführen.

Die ICP-MS wurde für die Bestimmung von Normalkonzentrationen von Spurenelementen in klinischen Proben bereits eingesetzt [79]. In Proteinen wurden Mg, Al, Cr, Mn, Fe, Ni, Cu, Zn und Se bestimmt. Bei Urin wurde für Elemente mit Masse größer als 81 (Pb, Cd, Hg und Tl) eine gute Übereinstimmung mit Ergebnissen anderer Verfahren gefunden. Für As, Fe und Se traten Abweichungen auf, die jedoch nach der Entfernung von Chlor aus den Meßlösungen durch Fällung teilweise behoben werden konnten. Die ICP-MS wurde auch zur Bestimmung von Blei in Blut [80] und bei Studien über die biologische Verfügbarkeit von Zink

[81] verwendet. Die Analyse kleiner Probenmengen oder Proben mit hoher Viskosität oder hohem Salzgehalt kann mit Hilfe der Fließinjektion durchgeführt werden, wie es für Mikrovolumen Blut gezeigt wurde [82]. Durch Kopplung mit chromatografischen Verfahren konnten auch die an verschiedenen Proteinfraktionen gebundenen Metalle getrennt bestimmt werden [83]. Die Isotopenverdünnungsanalyse ermöglicht es auch, metabolische Studien durchzuführen [84] mit stabilen Isotopen, was für medizinische Anwendungen sehr wichtig ist. Dies wurde anhand des Einsatzes von Lithium und der Bestimmung seiner isotopischen Zusammensetzung in Urin [85] sowie der Bestimmung von Eisen in Faeces [86] gezeigt.

Auch für Elementspurenbestimmungen in Nahrungsmitteln ist die ICP-Massenspektrometrie geeignet, wie es am Beispiel von Milchpulver [87] bereits gezeigt wurde. Die Kalibrierung mit Hilfe externer Standards wurde durch Beauchemin et al. [88] für die Analyse biologischer Proben untersucht.

Für die Qualitätskontrolle hochreiner Säuren ist die ICP-Massenspektrometrie ebenfalls geeignet [89].

4.4 Umwelt- und Wasseranalytik

Die ICP-MS ist für Anwendungen in der Wasseranalytik sehr geeignet. Bei Trinkwässern ist eine direkte Bestimmung für eine Vielzahl von Elementen möglich. In der Abwasseranalytik muß genau wie im Falle der Atomabsorptionsspektrometrie und der ICP-OES ein Aufschluß der Bestimmung vorgeschaltet werden. Der gängige HNO_3/H_2O_2 Aufschluß kann hier ebenfalls eingesetzt werden. Zur Charakterisierung der Abwässer im Ruhrgebiet studierten Herzog und Dietz [90] die Probenvorbereitung, die Optimierung der Technik, ihre analytischen Güteziffern, die Beseitigung von auf Signalbeeinflussungen und isobaren Interferenzen beruhenden systematischen Fehlern und die Faktorenanalyse zur Analyse eines umfangreichen Datenkollektivs. Bei Meereswasser ist die Gesamtsalzkonzentration für Direktbestimmungen sehr hoch. Als Abtrennungs- und Anreicherungsverfahren wurden Flüssig-flüssig-Verteilungs- und Sorptionsverfahren untersucht. Beauchemin et al. [91] führten eine Aufkonzentrierung um einen Faktor 50 durch mit Hilfe von Adsorption der Spurenelemente an 8-hydroxychinolin auf einer SiO_2 Säule und bestimmten Ni, Cu, Zn, Mo, Cd, Pb und U. In Flußwasser konnten Na, Mg, K, Ca, Al, V, Cr, Mn, Cu, Zn, Sr, Mo, Sb, Ba und U direkt und Co, Ni, Cd und Pb nach dem oben genannten Anreicherungsverfahren bestimmt werden. Für As reichte eine Aufkonzentrierung durch Verdampfung bereits aus [92]. Bei der Kalibrierung lieferte die Isotopenverdünnungsanalyse die genauesten Ergebnisse [93]. Die beschriebenen Verfahren wurden zur Charakterisierung einer Meereswasser-Referenzprobe eingesetzt [91]. Die ICP-MS konnte auch zur Charakterisierung mariner Sedimente und mariner biologischer Proben eingesetzt werden. McLaren et al. [94] verglichen die Ergebnisse verschiedener Kalibrierungsverfahren für die Bestimmung von Konzentrationen zwischen 0,2 und 160 μg/g an V, Mn, Co, Ni, Cu, Zn, As, Mo, Cd und Pb in dem Referenzmaterial

BCSS-1. Die Ergebnisse einer Kalibrierung mit externen Standards wichen bis zu 30% von denen der Additionstechnik ab, was auf isobare Interferenzen und Signalbeeinflussungen zurückgeführt werden kann. Die ICP-MS mit Kalibrierung durch Isotopenverdünnung wurde auch eingesetzt zur Analyse von Hummer [95] und zur Bestimmung von 13 Elementen (Na, Mg, Cr, Fe, Mn, Co, Ni, Cu, Zn, As, Cd, Hg und Pb) in marinen biologischen Proben („Dogfish liver tissue DOLT-1“ und „dogfish muscle tissue DORM-1“) nach einem HNO_3/H_2O_2 Aufschluß [96]. Brzezinska-Paudyn [97] zeigte, daß die ICP-MS für die Analytik von bis jetzt schwer erfaßbaren Elementen in umweltrelevanten Matrizes wie z. B. Zinn geeignet ist.

5 Entwicklungstendenzen

Die Weiterentwicklung der ICP-Massenspektrometrie liegt sowohl in der Verbesserung der verwendeten ICP-Systeme, wie auch in der Probenzuführung, in der Verwendung anderer Plasmen als in Ansätzen zur hochauflösenden Massenspektrometrie.

5.1 Induktiv gekoppeltes Hochfrequenzplasma

Beim induktiv gekoppelten Hochfrequenzplasma wird versucht, die Instrument- und Betriebskosten herabzusetzen, ohne die analytischen Vorteile der Technik zu verlieren.

Bei den Generatoren ist ein Trend zu höheren Frequenzen zu verzeichnen. Statt bei 27,12 MHz wird zunehmend bei 40 und sogar bei bis zu 100 MHz gearbeitet. Bei höheren Frequenzen ist es insbesondere leichter, den Gasverbrauch herabzusetzen [98] ohne die Probenaufnahme und die Ionisierung im ICP zu verschlechtern. Es werden sowohl frequenzstabilisierte wie auch freilaufende Generatoren eingesetzt. Beim ersten Typ wird die Hochfrequenzleistung mit Hilfe eines Koaxialkabels zu einer Anpassungseinheit geführt. Diese ist ein R-L-C-Kreis mit einer regelbaren Kapazität (C) und die Arbeitsspule ist ein Teil des Kreises. Dieses System läßt sich räumlich leichter mit dem Massenspektrometer koppeln. Dafür sind freilaufende Generatoren, deren Frequenz je nach Arbeitslast schwankt, einfacher in der Konstruktion und billiger.

Das ICP kann nach Optimierung der Quarzrohrdurchmesser (äußeres Rohr mit 12 mm Durchmesser) mit wesentlich weniger Argon (bis 6 l/min) und Leistung (600 W) als bisher betrieben werden, ohne seine analytischen Eigenschaften negativ zu beeinflussen. Durch De Galan und Van Der Plas [99] wurden wassergekühlte und luftgekühlte ICPs mit einer Leistung von einigen 100 W und einem Gasverbrauch unter 2 l/min entwickelt, die auch für die ICP-MS eingesetzt werden konnten [100]. Die Nachweisgrenzen und die Signalbeeinflussungen sind jedoch höher als beim konventionellen ICP. Es werden sowohl demontierbare ICP-Brenner als auch vorgefertigte Brenner verwendet. Die ersten ermöglichen es, die Rohre bei Verschleiß auszuwechseln und sind deswegen kostengünstig. Auch kann ein Innenrohr aus Al_2O_3 verwendet werden, so daß mit HF-haltigen Lösungen gearbeitet werden kann. In solchem Fall müssen aus Kunststoff angefertigte Zerstäuber und Zerstäuberkammern verwendet werden.

5.2 Probenzuführung

Für die Probenzuführung werden in der Regel pneumatische Zerstäuber verwendet. Zerstäuber, die es ermöglichen, mit hochsalzhaltigen und HF-haltigen Lösungen zu arbeiten, sind heute verfügbar. Der Meinhard-Zerstäuber kann unter Einsatz von Argonbefeuchtung bzw., wenn er aus Quarz angefertigt wird, in beiden Fällen verwendet werden. Aus Kunststoff angefertigte Knierohr- und Babington-Zerstäuber sind ebenfalls erhältlich. Beim letzteren Typ wird die zu analysierende Probe nicht durch eine Kapillare, sondern durch ein breites Rohr in eine Rinne geleitet und dort durch einen senkrecht zum Flüssigkeitsspiegel eintretenden Gasstrom zerstäubt (Abb. 2). Dementsprechend kann ohne Gefahr von Verstopfungen auch mit Suspensionen gearbeitet werden. Der maximale Partikeldurchmesser wird durch den Aerosoltransport bestimmt. Durch McCurdy und Fry [101] wurde festgestellt, daß im Aerosol keine festen Teilchen mit Durchmessern oberhalb 15 µm anwesend sind. Bei der ICP-MS sind dem Teilchendurchmesser durch die Vollständigkeit der Verdampfung im ICP und durch Bildung von Ablagerungen an Sampler und Skimmer weitere Grenzen gesetzt [57]. Der Einsatz der Fließinjektion bietet verschiedene Vorteile. Es kann mit kleinen Probenvolumen gearbeitet werden. Dies ist sowohl von Vorteil, wenn nur begrenzte Probenmengen zur Verfügung stehen, wie auch bei Probenlösungen hoher Gesamtsalzkonzentrationen. Es können durch Vorschaltung einer Säule die Matrix im Prinzip auch on-line abgetrennt und die zu bestimmenden Elemente aufkonzentriert und nachher matrixfrei bestimmt werden. Je nach Anwendung können Al_2O_3 Kolonnen oder chelatbildende Austauscher verwendet werden. Die Konditionierung der Säulen sowie die Elution könnten im Prinzip automatisiert werden.

Als alternative Probenzuführungstechniken werden sich insbesondere die elektrothermischen Verfahren weiterentwickeln, die trockene Aerosole erzeugen und somit nachweisstärkere Bestimmungen erlauben z. B. von Eisen, wie sie bei Materialien für die Elektronik gefordert werden. Die ICP-MS wurde auch zur Bestimmung der Isotopenverhältnisse in den mit Hilfe der Gaschromatografie getrennten organischen Verbindungen verwendet [102]. Es kann erwartet werden, daß Thermal-Spray-Verfahren insbesondere für Kopplungen der ICP-MS mit der Hochdruckflüssigkeitschromatografie Eingang finden.

Zur Direktanalyse von elektrisch nichtleitenden festen Stoffen bietet die Laserverdampfung in Verbindung mit der ICP-MS gute Möglichkeiten [103]. Die Grenzen der lateralen Auflösung der Methode liegen im µm-Bereich. Bei Mikroverteilungsanalysen ist sie damit zwar ungünstiger als in der Elektronen- und Ionenmikroskopie, dafür können aber femtogramm-Mengen (0,1 µg/g in der Konzentration) noch nachgewiesen und quantifiziert werden.

5.3 Andere Plasmen

In verschiedenen Gruppen wird der Einsatz eines Helium ICPs als Ionenquelle für die ICP-MS untersucht. Chan und Montaser [104] gelang es, ein annulares Helium ICP zu betreiben bei einem Heliumstrom von 7 l/min und einer Leistung von 1,5 kW. Es können auch die Halogene ionisiert werden, wobei man annimmt, daß metastabile Niveaus von He_2^+ (18,8 bis 21,6 eV) eine Rolle spielen. Weiter kann erwartet werden, daß im Helium ICP insbesondere im Massenbereich unter 80 viel weniger Klusterionen auftreten.

Auch mit Mikrowellenenergie (im GHz-Bereich) können elektrodenlose Entladungen betrieben werden. Mikrowellenplasmen wurden für die Plasmaspektrometrie attraktiv, nachdem es gelang, sie auch bei atmosphärischem Druck zu betreiben. Beenakker et al. [105, 106] beschrieben ein elektrodenloses MIP, das in einem TMO 10 Resonator bei einer Leistung von weniger als 100 W und einem Argonstrom von < 1 l/min arbeitet. Im Falle einer Kapillare mit 1—1,5 mm Innendurchmesser bekommt man ein fadenförmiges Plasma. Hierin können trockene Aerosole gut angeregt werden. Auch kann das Plasma mit Helium betrieben werden. Durch Optimierung der Gasströme, des Rohrdurchmessers (ca. 4 mm) und der Leistung gelang es u. a. Kollotzek et al. [107], auch ein toroidales Argonplasma zu erzeugen. Später gelang es auch, ein diffuses Heliumplasma [108] zu betreiben. In das erste können sowohl trockene wie auch nasse Aerosole eingeleitet werden, während das zweite nur für trockene Aerosole geeignet ist. Auch wurden weitere Arten von Mikrowellenentladungen, wie z. B. das Surfatron [109] beschrieben.

Das MIP nach Beenakker wurde u. a. durch Satzger und Caruso [110] als Ionenquelle für die Massenspektrometrie eingesetzt. Auch soll erwähnt werden, daß bereits von French und Douglas 1981 [111] ein MIP in Kombination mit pneumatischer Zerstäubung und anschließender Desolvatierung als Ionenquelle für die Massenspektrometrie verwendet wurde. Auch wurde von Wilson, Vickers und Hieftje [112] ein Stickstoff MIP als Ionenquelle untersucht. Bei dem Massenspektrometeraufbau [113] konnten auch im Zwischenraum optische Messungen durchgeführt werden. Allgemein kann gesagt werden, daß besonders die Heliumentladungen aus Gründen der spektralen Interferenzen günstig sind. Auch können dann die Halogene gut über die positiven Ionen gemessen werden, wie durch Brown gezeigt wurde [114].

Sowohl Hochfrequenz- wie Mikrowellenplasmen können auch bei niedrigem Druck betrieben werden (von einigen bis zu 50 hPa). Poussel et al. [115] verwendeten ein MIP mit Ar, Kr und Xe bei niedrigem Druck zur Ionisierung von organischen Verbindungen. Die Ionenextraktion ins Massenspektrometer ist bei Niederdruckplasmen einfacher. Andererseits sind diese Plasmen dann weit vom lokal thermischen Gleichgewicht entfernt, so daß leichtionisierbare Begleitsubstanzen einen großen Einfluß auf die Ionisierung haben können. Auch ist die Probenzuführung im Vergleich zur konventionellen pneumatischen Zerstäubung viel aufwendiger.

Tabelle 4. Vergleich der analytischen Güteziffern einiger Verfahren zur Bestimmung von Spurenelementen (zu einem ausgebreiteten Vergleich, siehe Ref. [49])

Methode	Nachweisgrenzen (ng/ml)+ (g)++	Interferenzen		Multielement-kapazität	Kosten
		spektral	Signal-beeinflussung		
Flammenatomabsorptionsspektrometrie					
pneumatische Zerstäubung	10+ 10^{-9}++	0	+	0	+
Wendel	0,5+ 10^{-11}++	0	++	0	+
Hydride	0,1+ 10^{-9}++	0	+++	0	+
Graphitofenatomabsorptionsspektrometrie					
	0,1+ 10^{-11}++	0	+++	0	++
ICP-Emissionspektrometrie					
pneumatische Zerstäubung	1+ 10^{-9}++	++	+	+++	++
elektro-thermisch	1+ 10^{-11}++	++	++	++	++
direktes Einführen	1++ 10^{-12}++	++	++	++	++
MIP-Emissionsspektrometrie					
elektro-thermisch	1+ 10^{-10}++	++	++	++	+

ICP-Massenspektrometrie					
pneumatische Zerstäubung	0,1 + 10^{-10} + +	+	+ + +	+ + +	+ + +
Röntgenfluoreszenzanalyse mit Totalreflexion (TRFA)	1 + 10^{-11} + +	0	+	+ + +	+ +
Elektrochemie (DPASV)	0,1 +	0	+ + +	0	+
Spektralphotometrie	1 +	+ + +	+ + +	+	+
Fluorimetrie	0,01 +	+ + +	+ + +	0	+

5.4 Hochauflösende Massenspektrometrie

Durch die Verwendung von hochauflösenden Massenspektrometern können die durch Klusterionen verursachten spektralen Interferenzen erheblich reduziert werden. Hierdurch kann die Bestimmung der Elemente mit Masse unterhalb von 80 wesentlich verbessert werden. Bei den heutigen ICP-MS Systemen mit Quadrupolmassenfilter muß man mit Hilfe einer intelligenten Software und Mustererkennung die Signale der zu bestimmenden Isotope auf Interferenzfreiheit überprüfen und gegebenenfalls Korrekturen durchführen.

Der Einsatz eines Sektorfeldgerätes ermöglicht zwar eine bessere Massenauflösung. Es muß jedoch auch die Ionenquelle oder das MS auf ein hohes Potential gelegt werden, um eine effiziente Ionenextraktion zu ermöglichen.

6 Vergleich mit anderen Methoden der Elementanalytik

Die ICP-MS muß im Hinblick auf ihre analytische Leistungsfähigkeit insbesondere mit Atomabsorptionsverfahren, mit der Plasmaemissionsspektrometrie, mit elektrochemischen Verfahren sowie mit der Spektralphotometrie und der Fluorimetrie verglichen werden. Zu ihrer Bewertung müssen sowohl die Nachweisempfindlichkeit und die möglichen systematischen Fehler wie auch die Wirtschaftlichkeit, die mit der Multielementkapazität, dem Aufwand bei der Probenvorbereitung und mit den Geräte- und Betriebskosten zusammenhängt, betrachtet werden. Die Güteziffern der verschiedenen erwähnten Methoden sind in Tabelle 4 zusammengefaßt.

6.1 Nachweisvermögen

Die Nachweisgrenzen der ICP-MS liegen für viele Elemente auch bei Kompromißbedingungen unterhalb 1 ng/ml, so daß die ICP-Massenspektrometrie auch für Elemente wie Cd, Mg, Hg und Zn ebenso nachweisstark wie die Graphitofenatomabsorptionsspektrometrie (GAAS) ist. Für Elemente, die refraktäre Oxide bilden — wie z. B. die seltenen Erden, Hf, und Zr — ist die ICP-MS um bis zu 2 Größenordnungen nachweisstärker als die GAAS. Die Nachweisgrenzen der ICP-MS sind — mit Ausnahme einiger Elemente wie Mg, Be, Ca — um mehr als zwei Größenordnungen niedriger als in der ICP-OES. Bei den heutigen Quadrupolmassenspektrometern treten im Massenbereich unterhalb 80 dalton Interferenzen mit Klusterionen auf. Diese schränken das Nachweisvermögen für die leichteren Elemente ein. Hier bringt der Einsatz von Spektrometertypen mit höherer Auflösung einen Fortschritt. Die elektrochemischen Methoden sind zwar für einzelne Elemente sehr nachweisstark, jedoch meistens nur bei einfachen Matrizes (wie Frischgewässer) oder nach Matrixabtrennung einsetzbar.

Die relativen Nachweisgrenzen der ICP-MS mit konventioneller pneumatischer Zerstäubung sind denen von Methoden, die mit Lösungsrückständen arbeiten, wie die Röntgenfluoreszenz mit Totalreflexion (TRFA) [116] und die Emissionsspektrometrie mit dem MIP, überlegen. Dies muß aber nicht für das absolute Nachweisvermögen, das besonders für Verbundverfahren wichtig ist, unbedingt zutreffen. Durch den Einsatz alternativer Methoden der Probenzuführung wie die elektrothermische Verdampfung und die Laserverdampfung kann das absolute Nachweisvermögen der ICP-MS durchaus verbessert werden.

6.2 Analysenstörungen

Im Vergleich zu der GAAS sind die Analysenstörungen bei der ICP-MS mit konventioneller pneumatischer Zerstäubung gering. Im ersten Falle beruhen diese teilweise auf einer selektiven Verdampfung und auf unvollständige Dissoziationen von Verbindungen in der Gasphase. Im Vergleich zu der ICP-OES sind die systematischen Fehler, die auf spektrale Interferenzen zurückzuführen sind, bei der ICP-MS geringer. Wegen der niedrigen Auflösung von Quadrupolmassenspektrometern treten aber unterhalb von 80 dalton Interferenzen mit Klusterionen auf, und bei höheren Massen können doppelt geladene Ionen stören. Insgesamt sind aber die ICP-MS Spektren weniger linienreich als die ICP-Emissionsspektren. Die ICP-MS ist besonders für Elemente mit linienreichen Emissionsspektren wie die seltenen Erden oder linienreichen Matrizes wie bestimmte Refraktärmetalle (W, Ta, Nb) der ICP-OES überlegen. In der ICP-MS sind aber die Signaldepressionen, die auf Einflüsse der Matrix auf die Ionisierungsbedingungen, die Ionenenergien und die Geometrie des ICPs zurückzuführen sind, viel gravierender als in der ICP-OES. Daher ist in der ICP-MS eine Kalibrierung durch Eichzugabe oder durch Isotopenverdünnung oft zwingend notwendig, während in der ICP-OES in den meisten Fällen mit synthetischen Eichlösungen kalibriert werden kann.

6.3 Analysenaufwand

Die Geräte- und Betriebskosten der ICP-MS sind im Vergleich zu denen der AAS und der ICP-OES hoch. Dafür aber sind sowohl das Nachweisvermögen wie auch die Multielementkapazität viel günstiger. Es können nämlich alle Elemente mit Ausnahme der aus der Geräteumgebung stammenden bis in den ng/ml Bereich bestimmt werden. Außerdem ist die Richtigkeit im Falle der Isotopenverdünnungstechnik auch bei niedrigen Elementkonzentrationen sehr gut. Es können Markierungsstudien mit stabilen Isotopen durchgeführt werden, was für die Biochemie ganz neue Perspektiven eröffnet. Der Analysendurchsatz ist nur geringfügig niedriger als bei der ICP-OES. Die ICP-MS läßt sich für große Anzahlen von Proben genau so gut automatisieren wie die ICP-OES. Dem Bedienungspersonal wird jedoch ein kritischer Sinn abverlangt, um eine Optimierung des Systems für das jeweilige Analysenproblem durchführen zu können und systematische Fehler zu erkennen und zu beseitigen. Es kann erwartet werden, daß die ICP-MS eine Standardmethode für eine Vielzahl größerer analytischer Laboratorien wird und daß durch Neuentwicklungen die Beschaffungskosten der Geräte niedriger werden.

Literatur

1. Bacon, J. R., und Ure, A. (1984): Analyst 109:1229
2. Adams, F. (1983): Spectrochim. Acta 38B:1379
3. Jakubowski, N., Stüwer, D., und Tölg, G. (1986): Int. J. Mass Spectrm. Ion Proc. 71:183
4. Heumann, K. G., Beer, F., und Weiss, H. (1983): Mikrochim. Acta I:95
5. Schulten, H. R., Monkhouse, P. B., und Müller, R. (1982): Anal. Chem. 54:654
6. Boumans, P. W. J. M. (ed.) (1987): Inductively Coupled Plasma Emission Spectroscopy. Part 1: Methodology, Instrumentation, and Performance. Wiley & Sons, New York
7. Boumans, P. W. J. M. (ed.) (1987): Inductively Coupled Plasma Emission Spectroscopy. Part 2: Applications and Fundamentals. Wiley & Sons, New York
8. Montaser, A., und Golightly, D. W. (eds.) (1987): Inductively Coupled Plasma in Analytical Atomic Spectrometry. VCH Publishers Inc., New York
9. Greenfield, S., Jones, J. L., und Berry, C. T. (1964): Analyst 89:713
10. Wendt, R. H., und Fassel, V. A. (1965): Anal. Chem. 37:920
11. Broekaert, J. A. C. (1987): Anal. Chim. Acta 196:1
12. Sugden, T. M. (1965) in: Reed, R. I. (ed.) Mass Spectrometry. Academic Press, New York, p. 347
13. Houk, R. S., Fassel, V. A., Flesh, G. D., Scev, H. J., Gray, A. L., und Taylor, C. E. (1980): Anal. Chem. 52:2283
14. Meyer, G. A., and Barnes, R. M. (1985): Spectrochim. Acta 40B:893
15. Barnes, R. M. (1975): ICP Inform. Newsl. 1:49
16. Douglas, D. J. (1985): US Patent No. 4501965
17. Jakubowski, N., Raeymaekers, B. J., Broekaert, J. A. C., und Stüwer, D. (1989): Spectrochim. Acta 44B:219
18. Houk, R. S., Schroer, J. K., und Crain, J. S. (1987): J.A.A.S. 2:283
19. Gray, A. L. (1986): J.A.A.S. 1:247
20. De Galan (1984): Spectrochim. Acta 39B:537
21. Raeymaekers, B., Broekaert, J. A. C., und Leis, F. (1988): Spectrochim. Acta 43B:941
22. Kalnicky, D. J., Fassel, V. A., und Knisely, R. N. (1977): Applied Spectrosc. 31:137
23. Boumans, P. W. J. M. (1966): Theory of Spectrochemical Excitation. Hilger & Watts, London
24. De Galan, L., Smith, R., und Winefordner, J. D. (1968): Spectrochim. Acta 23B:521
25. Gray, A. L., und Date, A. R. (1983): Analyst 108:1033
26. Lichte, F. E., Meier, A. L., und Crock, J. G. (1987): Anal. Chem. 59:1150
27. Gray, A. L., und Williams, J. G. (1987): J.A.A.S. 2:599
28. Douglas, D. J., und French, J. B. (1988): J.A.A.S. 3:743
29. Gray, A. L., Houk, R. S., und Williams, J. G. (1987): J.A.A.S. 2:13
30. Gray, A. L. (1986): Fresenius' Z. Anal. Chem. 324:561

31. Brunnee, C. (1987): Int. J. of Mass Spectrom. and Ion Proc. 76:125
32. Douglas, D. J. (1987): US Patent No. 4,682,026
33. Gray, A. L. (1988) in: Adams, F., Gijbels, R., Van Grieken, R. (eds.) Inorganic Mass Spectrometry. Wiley & Sons, New York
34. Winge, R. K., Eckels, D. E., DeKalb, E. L., und Fassel, V. A. (1988): J.A.A.S. 3:849
35. Vaughan, M. A., und Horlick, G. (1986): Applied Spectrosc. 40:434
36. Nukijama, S., und Tanasawa, Y. (1938): Trans. Soc. Mech. Eng. (Jpn.) 4:86
37. Nukijama, S., und Tanasawa, Y. (1939): Trans. Soc. Mech. Eng. (Jpn.) 5:68
38. Horlick, G., Tan, S. H., Vaughan, M. A., und Rose, C. A. (1985): Spectrochim. Acta 40B:1555
39. Gray, A. L. (1985): Spectrochim. Acta 40B:1985
40. Winge, R. K., Peterson, V. J., und Fassel, V. A. (1979): Appl. Spectrosc. 33:206
41. Fulford, J. E., und Quan, E. S. K. (1988): Applied Spectrosc. 42:425
42. Thompson, J. J., und Houk, R. S. (1987): Applied Spectrosc. 41:801
43. Olivares, J. A., und Houk, R. S. (1986): Anal. Chem. 58:20
44. Crain, J. S., Houk, R. S., und Smith, F. G. (1988): Spectrochim. Acta 43B:1355
45. Tan, S. H., und Horlick, G. (1986): Applied Spectrosc. 40:445
46. Heumann, K. G. (1982): Trends in Anal. Chem. 1:357
47. Dean, J. R., Ebdon, L., und Massey, R. J. (1987): J.A.A.S. 2:369
48. Ting, B. T. G., und Janghorbani, M. (1987): Spectrochim. Acta 42B:21
49. Broekaert, J. A. C., und Tölg, G. (1987): Fresenius Z. Anal. Chem. 326:495
50. Hausler, D. (1987): Spectrochim. Acta 42B:63
51. Fassel, V. A., und Bear, B. R. (1986): Spectrochim. Acta 41B:1089
52. Zhu, G., und Browner, R. F. (1988): J.A.A.S. 3:781
53. Welz, B. (1976): Atomic Absorption Spectrometry. Verlag Chemie, Weinheim
54. Park, C. J., Van Loon, J. C., Arrowsmith, P., und French, J. B. (1987): Anal. Chem. 59:2191
55. Boomer, D., Powell, M., Sing, R. L. A., und Salin, E. D. (1986): Anal. Chem. 58:975
56. Hall, G. E. M., Pelchat, J. C., Boomer, D. W., and Powell, M. (1988): J.A.A.S. 3:791
57. Williams, J. G., Gray, A. L., Norman, P., und Ebdon, L. (1987): J.A.A.S. 2:469
58. Arrowsmith, P. (1988): Applied Spectrosc. 42:1231
59. Arrowsmith, P. (1987): Anal. Chem. 59:1437
60. Arrowsmith, P. (1988) in: Abstracts of the 1988 Winter Conference on Plasma Spectrochemistry, San Diego, p. 54
61. Date, A. R., und Gray, A. L. (1985): Spectrochim. Acta 40B:115
62. Date, A. R., und Hutchinson, D. (1987): J.A.A.S. 2:269
63. Date, A. R., Davies, A. E., und Cheung, Y. Y. (1987): Analyst 112: 1217
64. Gregoire, D. C. (1987): Anal. Chem. 59:2479
65. Date, A. R., und Cheung, Y. Y. (1987): Analyst 112:1531
66. Price Russ III, G., Bazan, J. M., und Date, A. R. (1987): Anal. Chem. 59:984
67. Garbarino, J. R., und Taylor, H. E. (1987): Anal. Chem. 59:1568
68. Longerich, H. P., Fryer, B. J., und Strong, D. F. (1987): Spectrochim. Acta 42B:39
69. Date, A. R., und Stuart, M. E. (1988): J.A.A.S. 3:659
70. Park, C. J., und Hall, G. E. M. (1988): J.A.A.S. 3:355

71. Gregoire, D. C. (1988): J.A.A.S. 3:309
72. Park, C. J., und Hall, G. E. M. (1988): J.A.A.S. 2:473
73. Beck, G. L., und Farmer, L. L. L. O. T. (1988): J.A.A.S. 3:771
74. McLeod, C. W., Date, A. R., und Cheung, Y. Y. (1986): Spectrochim. Acta 41B:169
75. Palmieri, M. D., Fritz, J. S., Thompson, J. J., und Houk, R. S. (1986): Anal. Chim. Acta 184:187
76. Jiang, S. J., und Houk, R. S. (1986): Anal. Chem. 58:1739
77. Tye, C., Gordon, J., und Webb, P. (1987): Intern. Lab. 35
78. Versieck, J., und Cornelis, R. (1980): Anal. Chim. Acta 116:217
79. Lyon, T. D. B., Fell, G. S., Hutton, R. C., und Eaton, A. N. (1988): J.A.A.S. 3:265
80. Delves, H. T., und Campbell, M. J. (1988): J.A.A.S. 3:343
81. Serfass, R. E., Thompson, J. J., und Houk, R. S. (1988): Anal. Chim. Acta 188:73
82. Dean, J. R., Ebdon, L., Crews, H. M., und Massey, R. C. (1988) J.A.A.S. 3:349
83. Dean, J. R., Munro, S., Ebdon, L., Crews, H. M., und Massey, R. C. (1987): J.A.A.S. 2:607
84. Ting, B. T. G., und Janghorbani, M. (1987): J.A.A.S. 42B:21
85. Sun, X. F., Ting, B. T. G., Zeisel, S. H., und Janghorbani, M. (1987): Analyst 112:1223
86. Ting, B. T. G., und Janghorbani, M. (1986): Anal. Chem. 58:1334
87. Dean, J. R., Ebdon, L., und Massey, R. (1987): J.A.A.S. 2:369
88. Beauchemin, D., McLaren, J. W., und Berman, S. S. (1988): J.A.A.S. 3:775
89. Paulsen, P. J., Beary, E. S., Bushee, D. S., und Moody, J. R. (1988): Anal. Chem. 60:971
90. Herzog, R., und Dietz, F. (1987): Gewässerschutz, Wasser, Abwasser 92:109
91. Beauchemin, D., McLaren, J. W., Mykytiuk, A. P., und Berman, S. S. (1988): J.A.A.S. 3:305
92. Beauchemin, D., McLaren, J. W., Mykytiuk, A. P., und Berman, S. S. (1987): Anal. Chem. 59:778
93. McLaren, J. W., Beauchemin, D., und Berman, S. S. (1987): Anal. Chem. 59:610
94. McLaren, J. W., Beauchemin, D., und Berman, S. S. (1987): J.A.A.S. 2:277
95. Ridout, P. S., Jones, H. R., und Williams, J. G. (1988): Analyst 113:1382
96. Beauchemin, D., McLaren, J. W., Willie, S. N., und Berman, S. S. (1988): Anal. Chem. 60:687
97. Brzezinska-Paudin, A., und Van Loon, J. C. (1988): Fresenius' Z. Anal. Chem. 331:707
98. Michaud-Poussel, E., und Mermet, J. M. (1986): Spectrochim. Acta 41B:125
99. De Galan, L., und Van Der Plas, P. S. C. (1986): Fresenius' Z. Anal. Chem. 324:472
100. Gordon, J. S., Van Der Plas, P. S. C., und De Galan, L. (1988): Anal. Chem. 60:372
101. McCurdy, D. L., und Fry, R. C. (1986): Anal. Chem. 58:3126
102. Chong, N. S., und Houk, R. S. (1987): Anal. Chem. 41:66
103. Gray, A. L. (1985): Analyst 110:551
104. Chan, S. K., und Montaser, A. (1987): Spectrochim. Acta 42B:591
105. Beenakker, C. I. M. (1976): Spectrochim. Acta 31B:483

106. Beenakker, C. I. M., Bosman, B., und Boumans, P. W. J. M. (1978): Spectrochim. Acta 33B:373
107. Kollotzek, D., Tschöpel, P., und Tölg, G. (1982): Spectrochim. Acta 37B:91
108. Heltai, Gy., Broekaert, J. A. C., Leis, F., und Tölg, G., Spectrochim. Acta B, im Druck
109. Hubert, J., Moisan, M., und Ricard, A. (1979): Spectrochim. Acta 33B:1
110. Satzger, R. D., Fricke, F. L., Brown, P. G., und Caruso, J. A. (1987): Spectrochim. Acta 42B:705
111. Douglas, D. J., und French, J. B. (1981): Anal. Chem. 53:37
112. Wilson, D. A., Vickers, G. H., und Hieftje, G. M. (1987): Anal. Chem. 59:1664
113. Wilson, D. A., Vickers, G. H., Hieftje, G. M., und Zander, A. T. (1987): Spectrochim. Acta 42B:29
114. Brown, P. G., Davidson, T. M., und Caruso, J. A. (1988): J.A.A.S. 3:763
115. Poussel, E., Mermet, J. M., Deruaz, D., und Beaugrand, C. (1988): Anal. Chem. 60:923
116. Boumans, P. W. J. M., und Klockenkämper, R. (Eds.) (1989): Spectrochim. Acta 44B:433
117. Wang, X., Viczian, M., Lasztity, A., und Barnes, R. M. (1988): J.A.A.S. 3:821
118. Vandecasteele, C., Nagels, M., Vanhoe, H., und Dams, R. (1988): Anal. Chim. Acta 211:91

Totalreflexions-Röntgenfluoreszenzanalyse

R. Klockenkämper

Institut für Spektrochmie und angewandte Spektroskopie,
Bunsen-Kirchhoff-Straße 11, D-44139 Dortmund

Analytiker Taschenbuch Bd. 10. Herausgegeben von H. Günzler et al.

1 Einleitung

Basis der Röntgenfluoreszenzanalyse ist die Anregung von Atomen einer Probe durch primäre Röntgenstrahlung und die dadurch induzierte Emission von sekundärer Röntgenstrahlung, die für die einzelnen Atome bzw. Elemente der Probe charakteristisch ist. Die Röntgenfluoreszenzanalyse arbeitet im allgemeinen verbrauchsfrei und erfaßt dabei oberflächennahe Schichten der Analysenproben. Sie weist fast alle Elemente nach — abgesehen von den leichten — und ist hinsichtlich der analysierbaren Proben universell anzuwenden. Das Verfahren ist nachweisstark, arbeitet sehr schnell und präzise und liefert nach Korrektur von Matrixeffekten auch richtige Ergebnisse. Aufgrund dieser vorteilhaften Eigenschaften hat die Röntgenfluoreszenzanalyse in der Elementanalytik einen bedeutenden Rang erworben.

2 Grundlagen der Röntgenfluoreszenzanalyse

Röntgenstrahlung ist elektromagnetische Strahlung mit Wellenlängen λ im Nanometer-Gebiet bzw. Photonenenergien E im keV-Bereich. Für den Zusammenhang zwischen Wellenlänge und Energie gilt:

$$E = h \cdot c/\lambda \tag{1}$$

h = Planck'sche Konstante, c = Lichtgeschwindigkeit.
Für die Umrechnung gilt:

$$E = \frac{1{,}24\ \mathrm{keV}}{\lambda[\mathrm{nm}]} \tag{2}$$

2.1 Röntgenspektren

Röntgenspektren bestehen im allgemeinen aus zwei Anteilen, einem sogenannten Kontinuum und überlagerten diskreten Linien, die charakteristisch für die Elemente einer Probe sind.

2.1.1 Linienspektrum

Ein Linienspektrum kann erzeugt werden, wenn Atome mit Photonen bestrahlt oder mit Elektronen (oder Ionen) beschossen werden und dabei Lücken in einer inneren Schale entstehen. Die Atome befinden sich dann in einem angeregten höherenergetischen Zustand. Werden die Lücken durch Elektronen aus einer äußeren Schale gefüllt, kann ein Röntgenquant — oder ein sog. Auger-Elektron — emittiert werden, so daß diskrete Intensitätsmaxima, die sogenannten Spektrallinien oder Peaks, im Röntgenspektrum erscheinen. Je nachdem, ob sich die gefüllte Lücke in einer K-, L- oder M-Schale befindet, bezeichnet man die entstehenden Spektrallinien als K-, L- oder M-Linien. Mit α bezeichnet man die stärkste Linie innerhalb der K-, L- oder M-Serie, mit β, γ, η und l die schwächeren Linien. Zur weiteren Unterscheidung werden Indices 1, 2 usw. zugefügt. Abbildung 1 gibt eine schematische Darstellung.

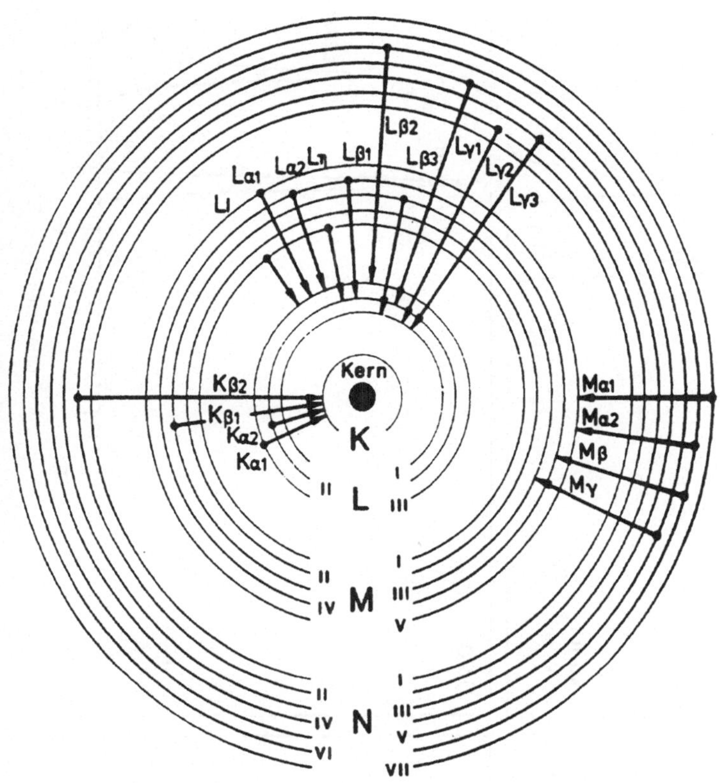

Abb. 1. Elektronenübergänge, die zu den Hauptlinien bzw. Peaks im Röntgenspektrum führen

Die Energie E der einzelnen Linien ist streng von der Ordnungszahl Z der Atome abhängig. Den Zusammenhang beschreibt das Moseley'sche Gesetz:

$$E_i = k_i \cdot (Z - \sigma_i)^2 \tag{3}$$

Die Konstanten k_i und σ_i besitzen abhängig von den Linien $K\alpha_1$, $K\beta_1$ usw. verschiedene Werte. Die Intensitätsverhältnisse der einzelnen Linien sind bei allen Elementen weitgehend ähnlich. Abbildung 2 zeigt Beispiele von K- und L-Spektren. Die Linien α_1, α_2 und β_1, β_2 sind hier nicht getrennt. Die Intensitätsverhältnisse sind etwa $K\alpha : K\beta = 100:15$ und $Ll : L\alpha : L\eta : L\beta : L\gamma_1 : L\gamma_3 = 3:100:1:70:10:3$. Die Gesamtintensität der K- oder L-Serien hängt von der sog. Fluoreszenzausbeute ω ab, die angibt, mit welcher Häufigkeit ein Photon emittiert wird — und nicht ein Auger-Elektron. Der Auger-Prozeß überwiegt bei leichten Elementen und vermindert hier die Fluoreszenzausbeute stark.

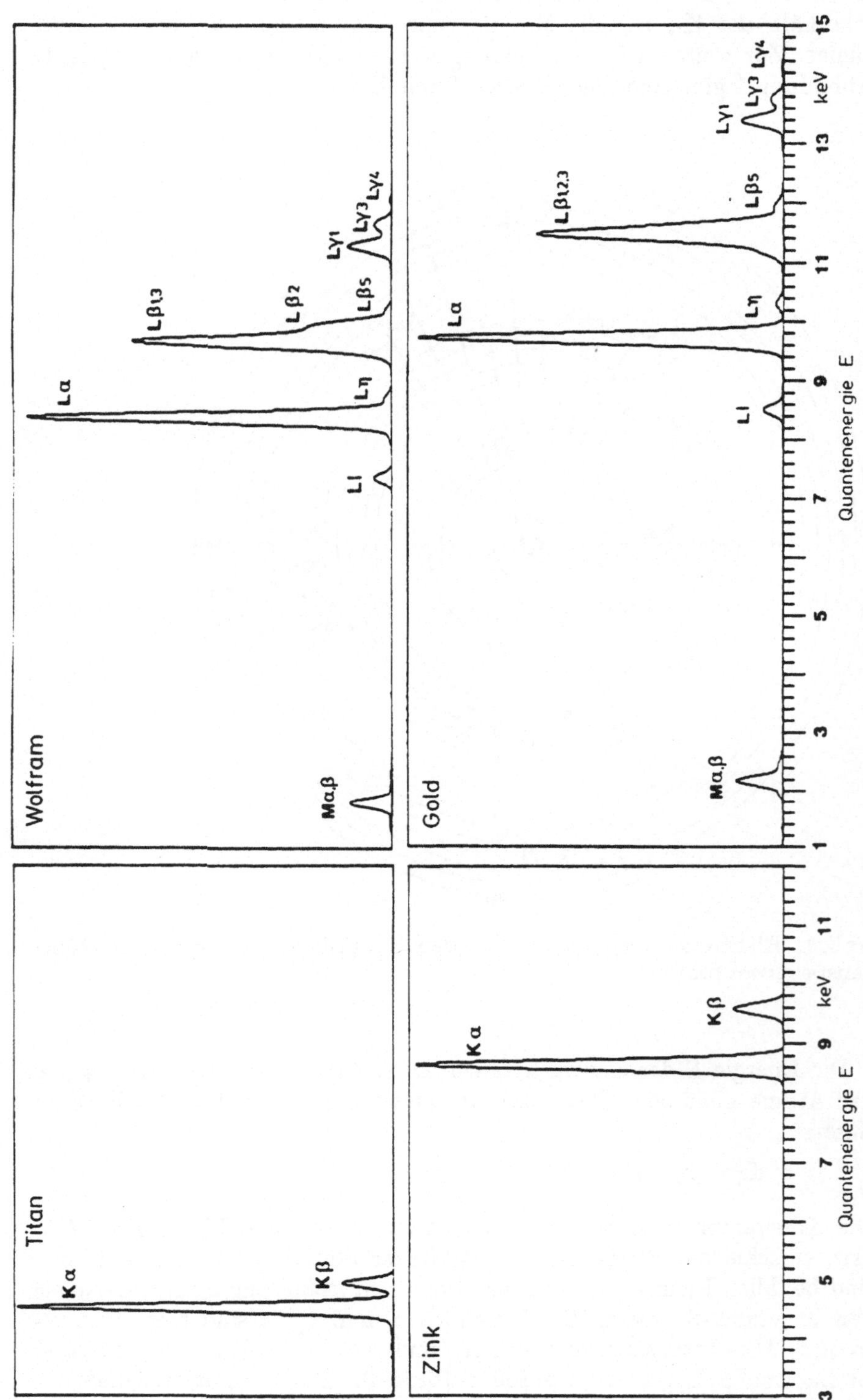

Abb. 2. Röntgenspektrum mit K-Linien von Titan und Zink (links), sowie L- und M-Linien von Wolfram und Gold (rechts) in energiedispersiver Darstellung

2.1.2 Kontinuum

Im Gegensatz zum Linienspektrum kann das Kontinuum nur durch Elektronen (oder Ionen), nicht aber durch Photonen erzeugt werden. Beim Eindringen in die Materie können die Elektronen im Coulomb-Feld der Atomkerne schrittweise abgebremst werden (inelastische Rutherford-Streuung) und ihre Energie in verschieden großen Portionen als Röntgenquanten abgeben. Daraus resultiert ein Spektrum mit breiter Intensitäts-

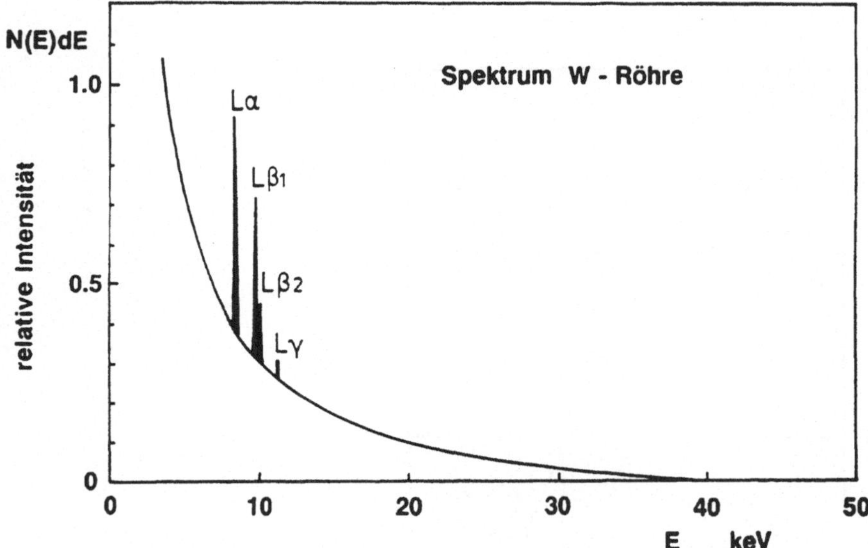

Abb. 3. Spektrum einer W-Röhre, die mit 40 kV Röhrenspannung betrieben wird. Über dem Kontinuum, das bis zu $E_0 = 40$ keV reicht, liegen die charakteristischen L-Linien der W-Anode

verteilung — ein sogenanntes Kontinuum —, wie es prinzipiell von jeder Röntgenröhre emittiert wird. Abbildung 3 zeigt ein Beispiel. Die Intensitätsverteilung wird durch die Kramers'sche Formel beschrieben:

$$N(E)\,dE \propto i \cdot Z \cdot (E_0 - E)/E \cdot dE \tag{4}$$

$N(E)$ = Anzahl Photonen mit Energien im Intervall E und $E + dE$, i = Röhrenstrom, Z = Ordnungszahl des Anodenmaterials, E_0 = Energie der in der Röntgenröhre beschleunigten Elektronen, $E_0 = e \cdot U_0$ mit U_0 = Röhrenspannung in kV, e = Elektronenladung. Das Kontinuum existiert nur bis zu einer oberen Grenze der Photonenenergie, die durch die Elektronenenergie E_0 bestimmt wird, d. h. nur für Photonenenergien $0 \leq E \leq E_0$ ist $N(E) \geq 0$.

2.2 Röntgenabsorption

Beim Durchgang durch Materie wird Röntgenstrahlung absorbiert. Beträgt die Intensität des Strahles zunächst N_0, so beträgt sie nach einer Wegstrecke x [cm] innerhalb des Absorbers nurmehr

$$N(x) = N_0 \cdot \exp\left[-(\mu/\rho) \cdot \rho \cdot x\right] \tag{5}$$

μ/ρ = Massenschwächungskoeffizient [cm^2/g], ρ = Dichte [g/cm^3]. Der Massenschwächungskoeffizient hängt von der Energie E der Strahlung und der Ordnungszahl Z des Absorber-Elementes ab. Näherungsweise gilt:

$$\mu/\rho \propto Z^4/E^3 \tag{6}$$

Dieses Gesetz gilt zwischen den Unstetigkeitsstellen oder Absorptionskanten K, L_I, L_{II}, L_{III} (Abb. 4). Das Auftreten der Kanten beruht auf dem photoelektrischen Effekt, bei dem Photonen mit einer Energie, die min-

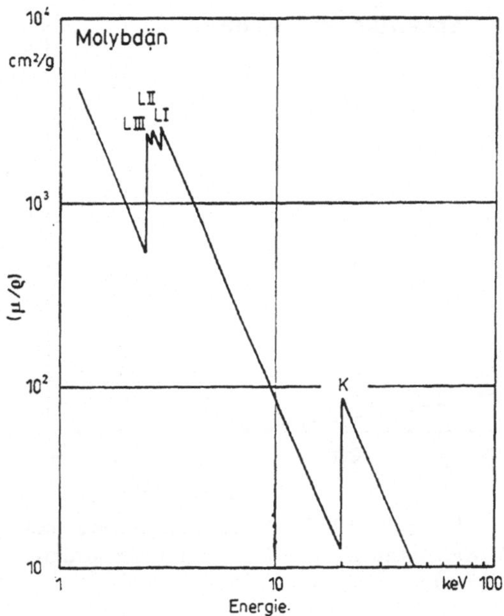

Abb. 4. Massenschwächungskoeffizient (μ/ρ) von Molybdän mit den Absorptionskanten K, L_I, L_{II} und L_{III}, abhängig von der Energie E der absorbierten Strahlung

destens so groß ist wie die Bindungsenergie der Elektronen, diese aus den betreffenden Schalen K, L_I, L_{II}, L_{III} herausschlagen. Als Kantensprung-Verhältnis r ist der Quotient der Massenschwächungskoeffizienten vor und hinter der Kante definiert.

Absorption erfolgt dadurch, daß Photonen einerseits Elektronen aus der Atomhülle herausschlagen und andererseits durch Elektronen der Atomhülle gestreut werden. Man unterscheidet elastische oder Rayleigh-Streuung, bei der das Photon keine Energie verliert, und inelastische oder Compton-Streuung, bei der das Photon Energie verliert. Die Streuung ist winkelabhängig und zeigt bei einem Winkel von 90° ein Minimum an Streuintensität. Der Energieverlust für die Compton-Streuung beträgt dabei näherungsweise:

$$\Delta E \sim -0{,}0018 \cdot E^2 \tag{7}$$

wobei E in keV anzugeben ist, um ΔE in keV zu berechnen.

2.3 Totalreflexion

Totalreflexion kann dann auftreten, wenn Röntgenstrahlen aus Luft oder Vakuum auf ein optisch dünneres Medium treffen. Die Oberfläche muß nur hinreichend glatt und eben sein und der Glanzwinkel entsprechend klein. Für Röntgenstrahlen ist jedes Medium optisch dünner als das Vakuum, denn der Brechungsindex n ist etwas kleiner als 1. Seine Abweichung von 1 wird als Dekrement δ bezeichnet. Für duchsichtige Medien gilt:

$$n = 1 - \delta \tag{8}$$

und

$$\delta = 4{,}12 \cdot 10^{-4} \cdot (Z/A) \cdot \rho \cdot E^{-2} \tag{9}$$

Z = Ordnungszahl, A = molare Masse (Atomgewicht), ρ = Dichte [g/cm³] und E = Energie der Röntgenstrahlung [keV].

Abbildung 5 zeigt, daß unterhalb eines Grenzwinkels φ_c der Reflexionsgrad auf 100% ansteigt und gleichzeitig die Eindringtiefe stark abfällt. Der Grenzwinkel berechnet sich nach dem Snellius'schen Gesetz:

$$\varphi_c = \sqrt{2\delta} \tag{10}$$

Die Eindringtiefe beim Grenzwinkel ergibt sich aus

$$\tau_c = 1/2 \cdot \sqrt{\lambda/(\pi(\mu/\rho) \cdot \rho)} \approx 939/\sqrt{E \cdot (\mu/\rho) \cdot \rho} \tag{11}$$

τ_c = Eindringtiefe [nm], E = Energie [keV], μ/ρ = Massenschwächungskoeffizient [cm²/g], ρ = Dichte [g/cm³].

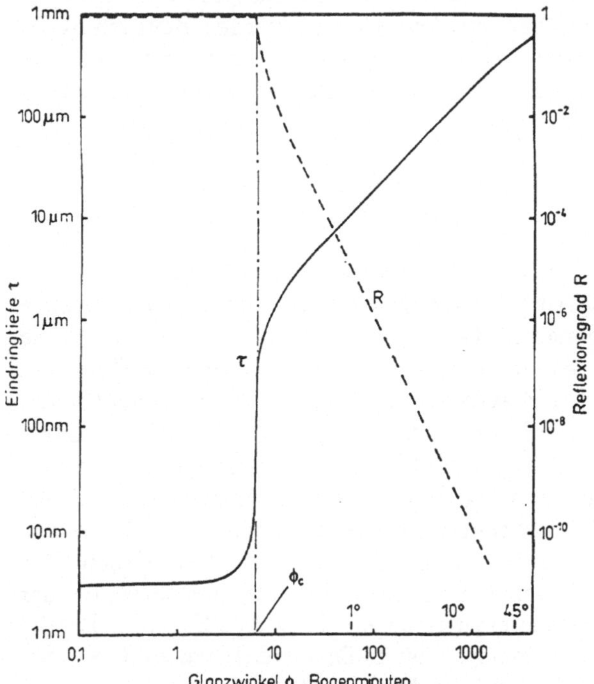

Abb. 5. Reflexionsgrad R und Eindringtiefe τ für Mo-Kα-Strahlen, die an Quarzglas reflektiert werden. Bei φ_c = 6 Bogenminuten findet Totalreflexion statt

3 Arbeitsweise eines Röntgenspektrometers

Die zur Röntgenspektralanalyse verwendeten Geräte bestehen grundsätzlich aus drei Teilen: der Anregungseinheit, der Probenkammer und dem Spektrometer. Im Anregungsteil wird die Probe beschossen oder bestrahlt, um sie zur Aussendung von Röntgenstrahlen anzuregen. Nach der Anregungsart unterscheidet man:

- die Röntgenemission, bei der mit Elektronen — seltener mit Protonen — beschossen und angeregt wird;
- die Röntgenfluoreszenz, bei der mit Photonen bestrahlt und angeregt wird.

Am häufigsten werden Röntgenröhren verwendet, aber auch Radionuklide und Synchrotron-Speicherringe dienen als Anregungsquellen für die Röntgenfluoreszenz.

Im Spektrometer wird die von der Probe emittierte polychromatische Strahlung der Probe in ihre monochromatischen Komponenten zerlegt. Wiederum unterscheidet man zwei Verfahren:

- die klassische wellenlängendispersive Methode, die mit Analysatorkristallen arbeitet, und
- die moderne energiedispersive Methode, die Halbleiterdetektoren verwendet.

Die sprachliche Benennung der beiden Methoden beruht auf dem Wellen- bzw. Teilchenbild, in dem die Phänomene der wellenlängen- bzw. energiedispersiven Methode beschrieben werden. Derzeit werden deutlich mehr energie- als wellenlängendispersive Spektrometer gebaut, und auch die Totalreflexionsgeräte sind generell mit energiedispersiven Detektoren bestückt.

3.1 Anregung

Gewöhnlich wird die Probe mit der Strahlung einer Röntgenröhre angeregt und so das charakteristische Linienspektrum der Probenelemente erzeugt. Üblich ist die sogenannte Coolidge-Röhre mit geheizter Kathode und gekühlter Anode in einem abgeschmolzenen Metall-Glas-Zylinder. Aus der Glühkathode werden Elektronen emittiert, die durch eine Gleichspannung U_0 beschleunigt werden und mit der Energie E_0 auf die Anode prallen. Die hier erzeugte Röntgenstrahlung kann durch ein seitliches, etwa 0,5 mm dünnes Beryllium-Fenster austreten und auf die Probe treffen. Zur Anregung der Probenelemente kann sowohl das Kontinuum als auch die charakteristische Strahlung der Röntgenröhre dienen. Die Photonenenergie der anregenden Primärstrahlung muß nur oberhalb der Absorptionskanten der Probenelemente liegen ($E \geq E_K, E_{LI}, \ldots$). Häufig kann eine einzelne Photonenenergie als maßgebend betrachtet werden (Konzept der „effektiven“ Wellenlänge bzw. Photonenenergie).

Als Anodenmaterialien werden meist Wolfram, Rhodium, Molybdän, Kupfer und Chrom verwendet. Die Röhren werden von Gleichspannungsgeneratoren mit maximal etwa 100 kV und bis zu 80 mA versorgt. Bei einem Fokus von etwa 1 mm · 10 mm beträgt die maximale Leistung ca. 4 kW; die Leistungsstabilität etwa 0,02%. Der Bedarf an Kühlwasser liegt bei 4 L/min.

Für Feinstruktur-Analysen wurden immer schon sogenannte Feinfokus-Röntgenröhren eingesetzt. Durch geeignete Geometrie und Blenden erreicht man einen Punktfokus von 0,4 mm · 0,8 mm oder einen Strichfokus von 0,02 mm · 8 mm. Die „Strichfokus"-Röhren werden auch bei der Totalreflexions-Röntgenfluoreszenz verwendet.

3.2 Spektrale Zerlegung

Bei einem energiedispersiven Spektrometer wird die von der Probe emittierte Röntgenstrahlung direkt von einem Detektor aufgefangen. Allerdings werden als Detektoren spezielle Halbleiterdetektoren eingesetzt, welche die Photonen nicht nur anzeigen, sondern auch deren Energie bestimmen (energiedispersiv). Abbildung 6 zeigt eine schematische Darstellung.

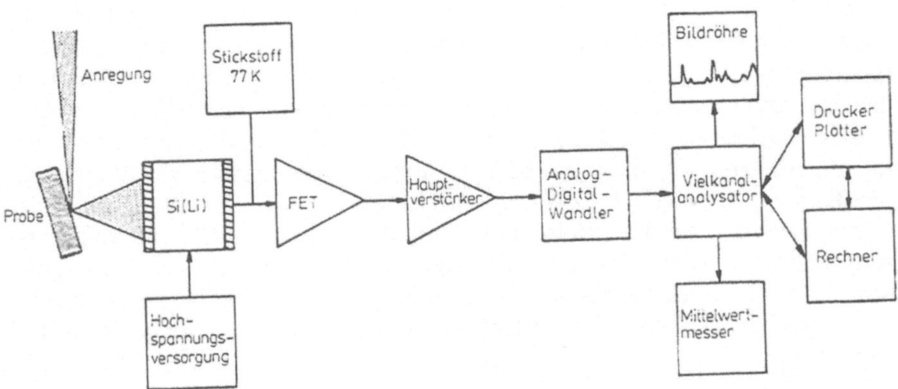

Abb. 6. Schematische Darstellung eines energiedispersiven Röntgenspektrometers mit Si(Li)-Detektor

3.2.1 Si(Li)-Detektor

Für Photonen mit Energien unter 40 keV werden i. allg. sogenannte Si(Li)-Detektoren verwendet. Wesentlicher Teil ist ein Silicium-Kristall, bei dem die Gitter-Fehlstellen mit Lithium-Atomen aufgefüllt sind, um nicht Ladungsträger für den Strahlungsnachweis zu verlieren. Diese hochohmige Zone ist einige mm dick. Trifft ein Röntgenphoton auf den Kristall, so erzeugt es eine Spur von Elektron-Loch-Paaren, bis seine Energie aufgezehrt ist. Bei angelegter Gegenspannung entsteht an dem als pin-Diode geschalteten Kristall ein Ladungsstoß, der über einen Feldeffekt-Transistor (FET) in einen Spannungsimpuls verwandelt und sodann über einen Hauptverstärker weiter verarbeitet wird. Bei diesem Prozeß sind Photonenenergie, Anzahl der Elektron-Loch-Paare und die Größe des Spannungsimpulses proportional (Proportionalzähler).

Der Si(Li)-Kristall hat im allgemeinen eine Stirnfläche von 12 bis 80 mm^2 (4 bis 10 mm Durchmesser) und wird durch ein ca. 7 μm dünnes Beryllium-Fenster vor Kontamination geschützt. Kristall und Vorverstärker werden mit flüssigem Stickstoff (77 K) gekühlt, um einerseits den Zustand der Lithiumbesetzung einzufrieren, und andererseits das thermische Rauschen (Dunkelstrom) des FET zu reduzieren. Dewar-Gefäße mit mehr als 7 L Inhalt erfordern nur eine Nachfüllung pro Woche.

3.2.2 Vielkanal-Analysator

Die Ausgangsimpulse des Hauptverstärkers, die im Volt-Bereich liegen, werden in einem Analog-Digital-Wandler digitalisiert und einem Vielkanal-Analysator zugeleitet. Hier werden sie verschiedenen Kanälen zugeordnet, wobei die Impulsamplitude als sog. Adresse dient. Wegen der oben erwähnten Proportionalität kann die Adresse bzw. Kanal-Nummer als Maß für die Energie eines angezeigten Röntgenphotons dienen.

Die einzelnen Impulsereignisse werden zusammengezählt, und ihre Anzahl dient als Maß für die spektrale Intensität. Man benutzt im allgemeinen Analysatoren mit 1024 Kanälen, die zur Auswertung an einen Rechner angeschlossen werden. Der Speicherinhalt sämtlicher Kanäle kann als Röntgenspektrum auf einem Bildschirm sichtbar dargestellt werden. Um das Röntgenspektrum bis zu 10, 20 oder 40 keV darzustellen, benutzt man Kanalbreiten von 10, 20 oder 40 eV. Die Speicherkapazität beträgt im allgemeinen 2^{16}, d. h. ca. 65500 Impulse bzw. registrierte Photonen pro Kanal.

Als Rechner werden meist Minicomputer (16 bis 32 K, 16 bit) verwendet, als Ausgabeeinheit dient ein Drucker oder Plotter. Zum Aufbewahren von Spektren verwendet man Floppy-Disks, die bis zu 500 Spektren speichern können. Ein Mittelwertmesser dient zur Anzeige der mittleren Impulsrate.

3.3 Analysentechnik

Das Spektrum kann als N(E)-Histogramm auf einem Bildschirm aufgezeichnet werden. Diese Aufzeichnung erfolgt simultan über den gesamten Energiebereich, auch wenn die Messung noch läuft. Die einzelnen Balken des Histogramms geben durch ihre Höhe die Anzahl der Photonen wieder, die in den einzelnen Kanälen des Vielkanal-Analysators angezeigt wurden. Nach Ablauf einer vorgewählten Zeitdauer wird die Messung beendet.

Das energiedispersive Spektrometer arbeitet im Bereich von 1—30 keV mit mehr als 50%iger Photonenausbeute. Somit können alle Elemente mit Ordnungszahlen $Z \geq 11$ bestimmt werden. Die maximale Zählrate, die heutige Systeme mit Totzeiten von einigen μs verarbeiten können, liegt bei ca. 40000/s. Eine Totzeitkorrektur erfolgt im allgemeinen automatisch durch eine Verlängerung der Meßdauer.

3.3.1 Qualitative Analyse

Die Röntgenspektren sind im allgemeinen linienarm, wodurch eine qualitative Analyse erleichtert wird. Beim energiedispersiven Spektrometer treten aber wegen geringer spektraler Auflösung häufig Überlappungen auf. Si(Li)-Detektoren können zwar die Kα-Peaks der verschiedenen Elemente voneinander trennen, nicht aber das einzelne Kα-Dublett auflösen. Die spektrale Auflösung wird konventionell durch die Halbwertsbreite der Mn-Kα-Linie charakterisiert. Diese Linie wird von guten Detektoren mit einer Breite von 145 eV bei einer Zählrate von 3000/s gezeichnet.

Die einzelnen Peaks können anhand von Tabellen als Röntgenlinien der verschiedenen Elemente identifiziert werden. Sie können aber einfacher mit Hilfe von sogenannten Markern direkt auf dem Bildschirm erkannt werden. Neben den charakteristischen Peaks treten zusätzlich sogenannte Escape-Peaks und Summen-Peaks auf. Escape-Peaks entstehen, wenn Photonen eines „Element-Peaks" in den Si(Li)-Detektor eintreten und Silicium zu charakteristischer Strahlung anregen. Sie verlieren dabei einen Teil ihrer Energie und werden deshalb auf der energieärmeren Seite des Element-Peaks angezeigt (E_i — 1,74 keV). Summen-Peaks entstehen dann, wenn zwei Photonen etwa gleichzeitig eintreffen, so daß der Detektor nur ein Photon anzeigt, dieses aber mit der Summe der Einzelenergien. Ein „Pulse-pile-up-Rejector" vermindert zwar diesen Effekt, eliminiert ihn aber nicht vollständig. Bei Röntgenfluoreszenz-Anregung ist außerdem mit den Linien des Anodenmaterials zu rechnen, die durch Rayleigh- oder Compton-Streuung an der Probe entstehen.

Mit den heute verfügbaren Software-Programmen kann die qualitative Analyse auch von einem Rechner durchgeführt werden. Diese Programme enthalten Routinen zur Glättung des Spektrums, zum Abzug der Escape-Peaks, zum Liniennachweis (z. B. Linie bei 7,48 keV) und zur Linienidentifizierung (z. B. Ni Kα). Der nächste Schritt in dieser Reihe — von der Linienidentifizierung zum Elementnachweis — muß aber immer noch von einem erfahrenen Analytiker überwacht werden.

Wegen der simultanen Spektrenaufzeichnung eignet sich die energiedispersive Methode vorzüglich für sog. fingerprint-Analysen. Das ist eine Art der qualitativen Analyse, bei der nur auf Ähnlichkeit oder Verschiedenheit von ganzen Spektren geprüft wird und so auf die Gleichheit oder Verschiedenheit von Proben geschlossen wird.

3.3.2 Quantitative Analyse

Um quantitative Angaben zu machen, muß man zunächst die sogenannte Netto-Intensität der einzelnen Spektrallinien bestimmen. Dazu werden die registrierten Photonen über der gesamten Linienbreite (ca. 15 Kanäle) aufsummiert und der spektrale Untergrund subtrahiert. Dessen Bestimmung ist nur indirekt möglich und deshalb problematisch. In erster Näherung kann man die Intensitäten auf beiden Seiten der Linie messen und dann auf die Linienposition interpolieren. Man kann aber auch eine Fourier-Transformation für das gesamte Spektrum durchführen und die Untergrundanteile herausfiltern [1].

Da nicht selten Linienüberlappungen auftreten, muß normalerweise auch eine Überlappungskorrektur durchgeführt werden. Software-Programme arbeiten entweder mit theoretisch vorgegebenen Profilen und subtrahieren einen Peak nach dem anderen vom Gesamtspektrum, wobei mit dem stärksten Peak begonnen wird. Oder sie arbeiten mit einer vorweg angelegten Spektrenbibliothek von Reinelementen und passen das Gesamtspektrum durch Addition von Einzelspektren nach der Methode der kleinsten Fehlerquadrate an. Für eine gute Anpassung muß die Energieachse ständig rekalibriert und die Detektorauflösung kontrolliert werden.

Nach diesen Korrekturen erhält man Netto-Intensitäten, die nunmehr in Gehaltswerte umgerechnet werden können. Die Röntgenintensitäten sind aber aufgrund von sog. Matrix- und Interelement-Effekten keineswegs proportional zur Probenzusammensetzung. Um diese Effekte zu berücksichtigen, gibt es mehrere z. T. komplizierte mathematische Verfahren, die entweder mit Kalibrierproben arbeiten oder auf einem rein theoretischen Ansatz beruhen. Bei der Analyse von dünnen Schichten spielen die genannten Effekte jedoch keine Rolle, so daß man von einer linearen Näherung ausgehen kann. Die Präparation dünner Schichten ist aber für die TRFA Bedingung, und folglich ist hier eine Quantifizierung denkbar einfach.

An allgemeiner Literatur zur Röntgenspektralanalyse können Übersichtsartikel [2, 3] oder Bücher [4, 5, 6] empfohlen werden. Neue Entwicklungen werden in Reviews [7, 8] dargestellt.

4 Totalreflexions-Röntgenfluoreszenzanalyse (TRFA)

4.1 Geschichte der TRFA

Das Prinzip der Totalreflexions-Röntgenfluoreszenz wurde 1971 erstmals von den Japanern Yoneda und Horiuchi [9] angewendet. Sie stellten in einer Kurz-Mitteilung fest, daß der spektrale Untergrund vom Probenträger erheblich reduziert wird, wenn die Primärstrahlung an diesem Träger totalreflektiert wird. 1974/75 bauten Wobrauschek und Aiginger [10, 11] die Methode aus und klärten die physikalischen Hintergründe. Aber erst 1980, nachdem Schwenke und Knoth [12—24] ein stabiles Gerät mit Tiefpaßfilter entwickelt hatten, bekam die Methode Aufwind. Dieses Gerät wurde unter dem Namen EXTRA II kommerziell vertrieben (Rich. Seifert & Co., Ahrensburg) und immer weiter verbessert. Ein weiteres Gerät wurde speziell für die Untersuchung von Wafern entwickelt (XSA 8000 und TXRF 8010 von Atomica, München). Seit 1988 sind auch von Japanern gebaute Geräte auf dem Markt (TREX 600 und 610 von Technos, Osaka, Japan).

In den letzten Jahren hat die TRFA ein breites Anwendungsfeld in der Mikro- und Spurenanalyse der Elemente gefunden. 1986 fand der erste Workshop über die TRFA in Geesthacht statt, 1988 der zweite in Dortmund und 1990 der dritte in Wien.

4.2 Instrumentierung

Die spezielle Instrumentierung der Totalreflexions-Röntgenfluoreszenz [9–18] zielt auf die Verbesserung der Nachweisgrenzen. Dazu wird der Primärstrahl einer Strichfokusröhre unter streifendem Einfall – und nicht wie sonst üblich unter ca. 40° – auf einen Probenträger gerichtet und dort totalreflektiert (Abb. 7). Die Analysenprobe, die in *dünner Schicht* auf den Träger aufgebracht wurde, um die Totalreflexion nicht

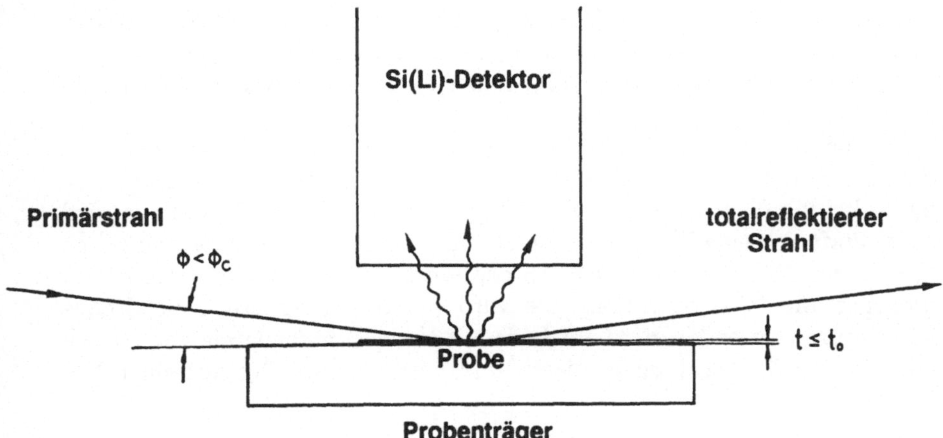

Abb. 7. Experimentelle Anordnung zur TRFA. Die Probe ist in dünner Schicht auf einem totalreflektierenden Träger aufgebracht

zu stören, wird zur Fluoreszenz angeregt. Diese Sekundärstrahlung wird direkt oberhalb der Probe unter einem Abnahmewinkel von 90° von einem Si(Li)-Detektor erfaßt und in einem Vielkanalanalysator registriert.

Bei Totalreflexion dringt nur wenig Primärstrahlung in den Probenträger ein, außerdem ist das Volumen, in dem Anregung oder Streuung stattfinden, äußerst klein. Der Probenträger wird also nur geringfügig angeregt, die Primärstrahlung nur wenig gestreut, und zwar hinsichtlich der Rayleigh- wie der Compton-Streuung. Der Probenträger stellt also virtuell eine nur wenige Nanometer dünne Folie dar, so daß ein sehr niedriger spektraler Untergrund resultiert [13]. Die Probe hingegen wird durch den einfallenden *und* reflektierten Primärstrahl angeregt, so daß die Fluoreszenz- oder Linienintensität verdoppelt wird. Beide Effekte zusammen ergeben ein mehr als tausendfach verbessertes Linie/Untergrund-Verhältnis, und somit sehr niedrige Nachweisgrenzen. Außerdem wird eine einfache Kalibrierung mit internem Standard ermöglicht, da bei einer Dünnschicht-Analyse keine Matrixeffekte auftreten und folglich lineare Kalibrierfunktionen resultieren. Die instrumentellen und methodischen Grundlagen der TRFA sind in mehreren Arbeiten entwickelt und dargestellt worden [9–30].

4.2.1 Anregung

Zur Anregung werden im allgemeinen Feinfokusröhren mit Mo- oder W-Anode eingesetzt, seltener mit Cu- oder Cr-Anode. Ihr Brennfleck erscheint als Strichfokus von nur einigen 10 μm Höhe, aber mit fast 10 mm Breite.

Diese Röhren werden mit einer Leistung bis zu 2 kW betrieben, wobei eine Beschleunigungsspannung von 20—60 kV und ein Anodenstrom von 10—60 mA gewählt wird. Der Kühlwasserverbrauch liegt bei etwa 4—5 L/min. Es werden auch Hochleistungsröhren mit einer Drehanode eingesetzt, die bei einem Anodenstrom von 300 mA eine Leistung von 9 kW liefern können.

Um Totalreflexion für Photonen bis zu 60 keV Energie zu verwirklichen, sind nach (10) Glanzwinkel von 1—2 Bogenminuten einzustellen. Dies ist mechanisch nur schwer zu realisieren. Man behilft sich, indem man den höherenergetischen Anteil des Primärstrahls mit sog. Tiefpaßfiltern eliminiert und dann bei Glanzwinkeln von etwa 4—10 Bogenminuten arbeitet.

Besonders einfache Tiefpaßfilter werden durch dünne Folien realisiert, die ca. 10 bis 100 μm stark sind. Eine Cu-Folie z. B. hat eine Absorptionskante bei 9 keV und läßt die W-Lα Strahlung passieren. Diese Folie wird vorteilhaft vor eine W-Röhre gesetzt, um leichte Elemente nachzuweisen [29]. Eine Ni-Folie mit einer Absorptionskante bei 8,3 keV absorbiert hingegen die W-L Strahlung. Sie wird bei Anregung mit dem Bremskontinuum verwendet. Eine Mo-Folie mit einer Kantenenergie von 20 keV läßt die Mo-K Strahlung passieren und wird zweckmäßig mit einer Mo-

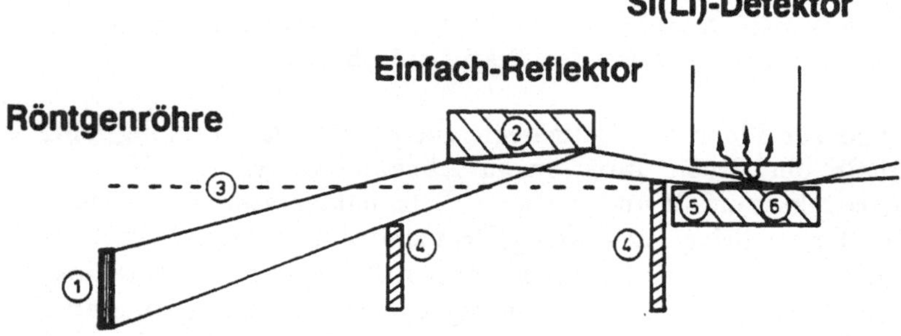

Abb. 8. Einfach-Reflektor als Tiefpaßfilter in der Anregungseinheit zur TRFA [29]. *1* Anode *2* Reflektor *3* Referenzebene *4* Blenden *5* Probenträger *6* Probe

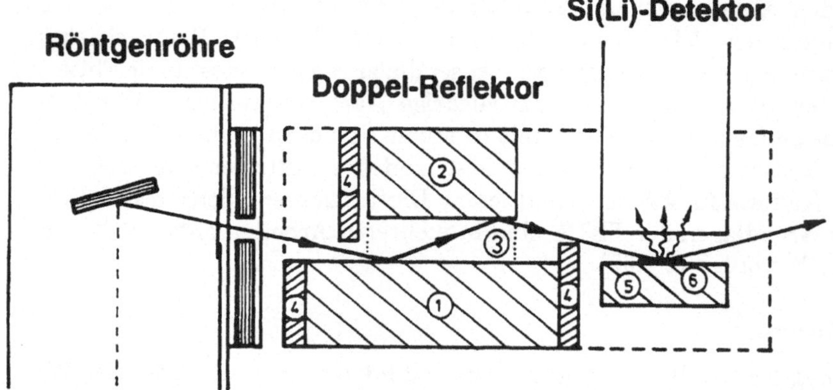

Abb. 9. Doppelreflektor als Tiefpaßfilter für die TRFA [14]. *1* Erster Reflektor *2* zweiter Reflektor *3* Abstandshalter *4* Blenden *5* Probenträger *6* Probe

Röhre kombiniert. Diese Folien sind aber gemäß Abb. 3 nur unvollständig wirksam.

Wesentlich effektiver arbeitet ein Tiefpaßfilter, das auf Totalreflexion beruht. Abbildung 8 zeigt eine Ausführung als Einfach- [12, 29], Abb. 9 als Doppelreflektor [14, 18]. Strahlung wird hier totalreflektiert, sofern die Photonenenergie kleiner ist, als es dem Grenzwinkel nach (10) entspricht; höher energetische Strahlung dringt in das Reflektormaterial ein und wird dort absorbiert. Bei Anregung mit einer Mo-Röhre wird das Tiefpaßfilter gewöhnlich auf 20 keV eingestellt, bei einer W-Röhre auf etwa 45 keV. Ein solches Tiefpaßfilter verbessert die Nachweisgrenzen um etwa eine Größenordnung.

Eine weitere Filter-Möglichkeit wird durch sogenannte Bragg'sche Reflexion gegeben [19]. Hierbei wird die Primärstrahlung unter einem bestimmten Winkel an einem Analysatorkristall reflektiert und eine monochromatische Komponente aus der Strahlung herausgefiltert. So wird z. B. unter einem Glanzwinkel von 10,15° an einem LiF(200)-Kristall einzig die Mo-Kα-Strahlung reflektiert. Diese dritte Möglichkeit der Filterung wird von einem japanischen Hersteller genutzt. Man kann natürlich auch die neuartigen Multilayer verwenden.

Als weitere Variante ist die Anregung mit polarisierter Röntgenstrahlung [27], insbesondere mit Synchrotronstrahlung [22, 26] zu nennen. Diese Variante gewinnt zwar im Nachweisvermögen, erfordert aber großen Aufwand.

4.2.2 Probenträger und -wechsler

Als Trägermaterial benutzt man im allgemeinen Quarzglas, Silicium oder Germanium [13]; eventuell auch Glaskohlenstoff oder Plexiglas bzw. Perspex [23]. Das Material muß sehr rein sein und die Oberflächen müssen optische Qualität haben (Rauhtiefe < 6 nm, Ebenheit $< 0{,}1$ Bogenminuten). Gewöhnlich benutzt man käufliche Trägerplatten von 30 mm Durchmesser und 2–3 mm Stärke. Glaskohlenstoff und Perspex haben den Vorteil, daß im Spektrum kein Si-Peak auftritt, der den Nachweis

Tabelle 1. Grenzwinkel und Eindringtiefe bei Totalreflexion verschiedener Röntgenstrahlung an verschiedenem Reflektormaterial

	Strahlung	Cr	Cu	W	Mo	Bremskontinuum	
	Reflektor	Kα	Kα	Lα	Kα	20 keV	40 keV
Grenz-winkel, min	Germanium	27,9	18,8	18,0	8,6	7,5	3,8
	Silicium	19,7	13,2	12,7	6,1	5,3	2,7
	Quarzglas	19,0	12,8	12,3	5,9	5,2	2,6
	Glas-Kohlenstoff	15,3	10,3	9,9	4,7	4,1	2,1
	Perspex	14,4	9,7	9,3	4,5	3,9	2,0
Eindring-tiefe, nm	Germanium	13	18	19	13	15	27
	Silicium	21	30	31	62	69	127
	Quarzglas	29	41	43	84	93	160
	Glas-Kohlenstoff	90	128	133	256	279	312
	Perspex	87	125	130	245	268	318

leichter Elemente stören würde. Perspex ist außerdem besonders preiswert; 100 Platten kosten im Vergleich zu Quarzglasträgern nur ca. 10,– DM statt 4000,– DM. Allerdings sind sie gegenüber vielen Säuren und organischen Lösungsmitteln nicht inert. Tabelle 1 zeigt eine Übersicht von Grenzwinkeln und Eindringtiefen für verschiedene Photonenenergien und Trägermaterialien.

Für Routineuntersuchungen dient ein automatischer Probenwechsler mit Mikroprozessorsteuerung (Seifert & Co), der insgesamt 35 Proben abarbeiten kann. Die einzelnen Probenträger werden nacheinander in die Probenkammer geschoben und vermessen. Die Kammer kann dabei mit Stickstoffgas geflutet werden, um den störenden Ar-Peak der Luft zu vermeiden.

4.2.3 Detektor

Es werden fast ausschließlich Si(Li)-Detektoren verwendet, die sehr dicht über der Probe stehen (ca. 1 mm Abstand), um Strahlung in einem möglichst großen Raumwinkel zu erfassen. Zudem steht der Detektor senkrecht über der Probe, damit unerwünschte Streureflexion bei dem Abnahmewinkel von 90° minimiert wird. Die Projektion der Detektorfläche auf den Träger bestimmt den vom Detektor analysierten Probenbereich. Häufig werden Detektoren mit einer aktiven Fläche von 0,5 cm^2 bzw. 8 mm Durchmesser verwendet. Üblicherweise haben die Detektoren zum Schutz des Si(Li)-Kristalls ein Berylliumfenster. Für den Nachweis leichter Elemente ($8 \leq Z \leq 20$) kann man vorteilhaft fensterlose Detektoren oder solche mit einem 0,4 μm dünnen Diamant-Fenster benutzen [21, 28]. Seit kurzem benutzt man auch HP Ge-Detektoren (High Purity Germanium), welche die Si(Li)-Detektoren in einigen Belangen übertreffen.

5 Spezielle Arbeitsweise für die TRFA

Um die für die TRFA maßgebliche Dünnschicht-Forderung zu erfüllen, müssen die Proben i. allg. als Lösungen, als Suspensionen oder als dünne Schnitte oder Filme vorbereitet werden. Will man in den ng/g- oder gar pg/g-Bereich vordringen (ppb- oder ppt-Analytik), muß man darüberhinaus Methoden der Matrixabtrennung oder der Spurenanreicherung anwenden. Dabei muß man unter Reinraumbedingungen arbeiten, z. B. in einer „Reinen Werkbank“ (‘clean-bench’). Reagenzien dürfen nur mit hohem Reinheitsgrad (suprapur) verwendet werden, Säuren müssen eventuell durch Destillation unterhalb des Siedepunktes (subboiling) nachgereinigt und Wasser muß durch mehrstufige Deionisation aufbereitet werden. Es dürfen nur Gefäße aus Quarzglas, PTFE (Teflon) oder Polypropylen verwendet werden, die dimensionsmäßig angepaßt sind und vor Gebrauch mit Säure (HNO_3) und Wasser ausgekocht oder ausgedämpft wurden. Vor systematischen Fehlern, die zu Elementverlusten oder Blindwerteinschleppungen führen können, muß allgemein gewarnt werden.

5.1 Probenahme und Aufbereitung

Die TRFA ist ein Verfahren der Ultramikroanalyse, bei der nicht mehr als ca. 10 µg an fester Probensubstanz untersucht werden. So wenig Material kann direkt analysiert werden, wenn es über eine Lösung von ca. 1—20 µL eingetrocknet oder als feines Pulver bzw. Partikel (Körnchen, Flitter, Faser) von wenigen µg auf den Probenträger aufgelegt werden kann. Von größeren Objekten können Portionen von wenigen µg direkt an Quarzglasträgern abgerieben werden [24]. Eine schnelle ‚fingerprint'-Analyse ist generell, eine quantitative Analyse nur bedingt möglich. Steht mehr Material zur Verfügung, so muß man eine Stichprobe nehmen. Um den dabei auftretenden Probenahmefehler vernachlässigen zu können, muß die Probe homogen sein oder vorweg homogenisiert werden, indem das Probengut fein gemahlen oder gelöst wird. Durch Beimischung einer Standardlösung in definierter Menge wird eine quantitative Analyse ermöglicht.

Um das Material als Dünnschicht-Probe vorzulegen, müssen Feststoffproben physikalisch umgeformt oder chemisch aufgelöst werden. Feine Pulverproben können als Suspensionen, biologische Materialien als Gefrierschnitte aufbereitet werden. Belastete Wässer, staubbeaufschlagte Filter und organische Proben können in konzentrierten Säuren unter Erwärmung aufgeschlossen werden (offener Aufschluß, Druckaufschluß). Um auch extreme Spuren nachzuweisen, muß der Hauptbestandteil der Probe — die Probenmatrix — abgetrennt werden. Dazu dienen die Methoden der Matrixabtrennung, wie sie von der AAS- und ICP-Analytik her bekannt sind. Hier sind insbesondere die Gefriertrocknung von reinen Lösungen, die Veraschung von organischen Substanzen — eventuell auf dem Träger — und die chromatographische Abtrennung von Matrizes zu nennen. Tabelle 2 zeigt eine Übersicht der Methoden, die bislang zur Aufbereitung verschiedener Probenarten eingesetzt wurden. Wegen der Problematik von Probenahme und -aufbereitung sei auf die allgemeine und die spezielle Literatur verwiesen [31—34].

5.2 Probenauftrag

Um Probenmaterial auf einen Träger aufzubringen, muß dieser vorweg gereinigt werden. Nur beim Einsatz der Perspex-Träger entfällt die Reinigung; man muß nur eine elektrostatisch fixierte Schutzfolie abziehen und kann die sehr sauberen Perspex-Träger direkt verwenden. Wegen der geringen Kosten werden sie nur einmal benutzt, während alle anderen Träger mehrfach verwendet werden und jedesmal gereinigt werden müssen — auch beim ersten Einsatz, da sie nicht genügend sauber geliefert werden.

Man reinigt chargenweise, setzt z. B. 24 einzelne Träger in einen PTFE-Halter und kocht in einem 800 mL-Becherglas mit RBS 50, 1:4 verdünnt (Carl Roth GmbH, Karlsruhe), darauf in hochreinem Wasser, gereinigt in einer Milli-Q Anlage (Millipore GmbH, Eschborn), kurz auf. Nach Abkühlung auf ca. 40°C werden alle Träger mit fusselfreiem Kleenex abgewischt und in konzentrierter Salpetersäure (pA, E. Merck, Darmstadt),

Tabelle 2. Bisher eingesetzte Methoden der Probenpräparation zur TRFA

Ziel der Präparation	Kurzbezeichnung	Probenart	Phys./chem. Prozeß
Phys. Formgebung	Suspension	Aerosole, Staub, Asche, Sediment Biomaterial-Pulver	Feinverteilen von unlöslichen Feststoffteilchen in Lösung (Wasser/Ethanol) durch Rühren oder Ultraschall
	Gefrierschnitt	Lebensmittel, Gewebe, Biomaterial	Gefrieren der Proben und Schneiden von dünnen Scheibchen mittels Mikrotom
Chem. Auflösung	Lösung	Mineralöle, Luftstäube radioaktive Abfall-Lösung	Verdünnen mit Lösungsmittel, z. B. Chloroform, Wasser
	Offener Aufschluß	Schwebstoffe aus Flüssen Aerosole auf Filter, Feinwurzeln, Algen, Blut, Serum, Gewebe Asche, Schlämme, Böden	Lösen der Probe in konz. Säuren (HNO_3/HF/HCl) + Gemischen bei Erhitzung(IR, Mikrowelle)
	Druck-Aufschluß	Stäube auf Filter, Sediment, Minerale, Muscheln, Fisch	wie oben, jedoch bei höherer Temperatur und unter Druck (abgeschlossene Teflon-Bombe)
Phys./chem. Anreicherung	Trocknung	Regen-, Flußwasser Reinstsäuren HCl, HNO_3, HF	Trocknen unter Vakuum oder Erwärmen, evtl. im N_2-Strom
	Gefriertrocknung	Trink-, Regenwasser Reinstsäuren organ. Lösungsmittel	Abtrennen der Matrix (H_2O, HNO_3, Benzol etc.) nach Ausfrieren durch Verdunsten im Hochvakuum

Veraschung	Feinwurzel-Aufschluß Aerosole auf Filter Blutserum, Mineralöl	Abrauchen von organ. Substanzen (Cellulose, Eiweiß etc.) im Sauerstoffstrom bei Erwärmung (Mikrowelle, IR)
Abtrennung	Regen-, Meerwasser Flußwasser-Aufschluß Blut-Aufschluß, Aluminium-Aufschluß	Abtrennung der Alkali-, Erdalkali-, Alu-Matrix durch Komplexierung (Carbamate), Adsorption (Chromosorb, Cellulose), Elution
	Si-, SiO_2-Aufschluß Schwefelsäure Blutaufschluß	Abrauchen der Si-Matrix mit HF als SiF_4 Auflösen der H_2SO_4-Matrix mit HI Extraktion der Fe-Komponente (MIBK)

danach in deionisiertem Wasser jeweils 1 h lang gekocht. Diese Prozedur ist in einem sauberen Abzug durchzuführen, wobei die Bäder stets frisch angesetzt und die Bechergläser mit Uhrgläsern abgedeckt werden. Nach nochmaliger Abkühlung auf 40 °C werden die Träger in einen zweiten PTFE-Halter gestellt, in einer Clean-Bench getrocknet und zur Aufbewahrung in abdeckbare Petrischalen gelegt. Diese ganze Prozedur dauert ca. 6 h. Ihr Erfolg wird mit der TRFA selbst überprüft, indem das Spektrum der gereinigten Träger in 100 s aufgenommen wird. Bei einigem Geschick kommt es nur selten vor, daß Träger noch Elementpeaks mit mehr als 20 Impulsen aufweisen (Verunreinigungen $>$ 20 pg) und verworfen werden müssen. Abbildung 10 zeigt das Spektrum eines sauberen Quarzglasträgers.

Damit Lösungen auf die Träger aufpipettiert werden können, ohne zu verlaufen, müssen diese hydrophobiert werden; es sei denn, sie sind von Natur aus hydrophob wie Glaskohlenstoff und Perspex. Dazu wird je ein 2 µL-Tropfen Silikonlösung (Serva, Heidelberg) aufgegeben, der den Träger weitgehend überdeckt und in etwa 1 h bei 100 °C eintrocknet. Der hierfür erforderliche Laborofen wird ausschließlich für die Trägervorbereitung benutzt.

Auf die soweit präparierten Träger können nun wäßrige, saure oder basische Lösungen, Emulsionen und auch Suspensionen aufpipettiert werden. Mit einer Mikroliter-Pipette können 1 bis 50 µL reproduzierbar in der Trägermitte aufgegeben werden. Sie werden unter IR-Licht (Lampe) oder im Vakuum-Exsikkator (Membranpumpe) eingetrocknet und ergeben Flecke von ca. 3 bis 4 mm Durchmesser. Zur homogenen Schichtbildung, besseren Haftung und Vermeidung von Verlusten wird empfohlen, den Lösungen bestimmte Reagenzien zuzusetzen (mehrwertige Alkohole, Komplexbildner, z. B. APDC, Tetrahydrofuran). Diese Hilfen können der Analysenprobe noch auf dem Träger zugegeben werden [12, 31].

Organische Lösungsmittel können in Volumina von 100 bis 300 µL mit einer angepreßten Zentrierhilfe aus PTFE aufgetrocknet werden. Problematisch sind Lösungen von Schwefelsäure, die nur bei höherer Verdünnung eintrocknen. Völlig unproblematisch sind dagegen feine Pulver; sie können aufgestäubt werden und haften oft auch auf nicht-silikonisierten Trägern. Man darf allerdings nur einige µg aufgeben und sollte einen PTFE-Spatel benutzen. Metallische Proben — vorzugsweise solche mit geringer Härte — können sehr einfach auf einer nicht-silikonisierten, harten Quarzglas-Oberfläche abgerieben und Mikrotomschnitte organischer Proben oder dünne Filme können direkt aufgelegt werden. Abbildung 11 zeigt einen belegten Quarzglasträger.

Dünne Filme können auf nicht silikonisierte Träger aufgesputtert oder aufgedampft werden; auf Glaskohlenstoff-Trägern können sie auch elektrolytisch abgeschieden werden. Aerosole können aufgefangen werden, indem die Träger als Probensammler in einem Kaskaden-Impaktor dienen. Und ebene Wafer-Scheiben können direkt, d. h. ohne jeden Träger eingesetzt werden, wenn ein entsprechend großer Probenhalter zur Verfügung steht. Bei alledem ist zu beachten, daß die Probe auf das Gesichtsfeld des Detektors zu beschränken ist, das sich durch Projektion seiner Stirnfläche auf den Probenträger ergibt. Ganz wesentlich aber ist, daß die Probe als dünne Schicht aufgebracht wird, denn nur dann besteht

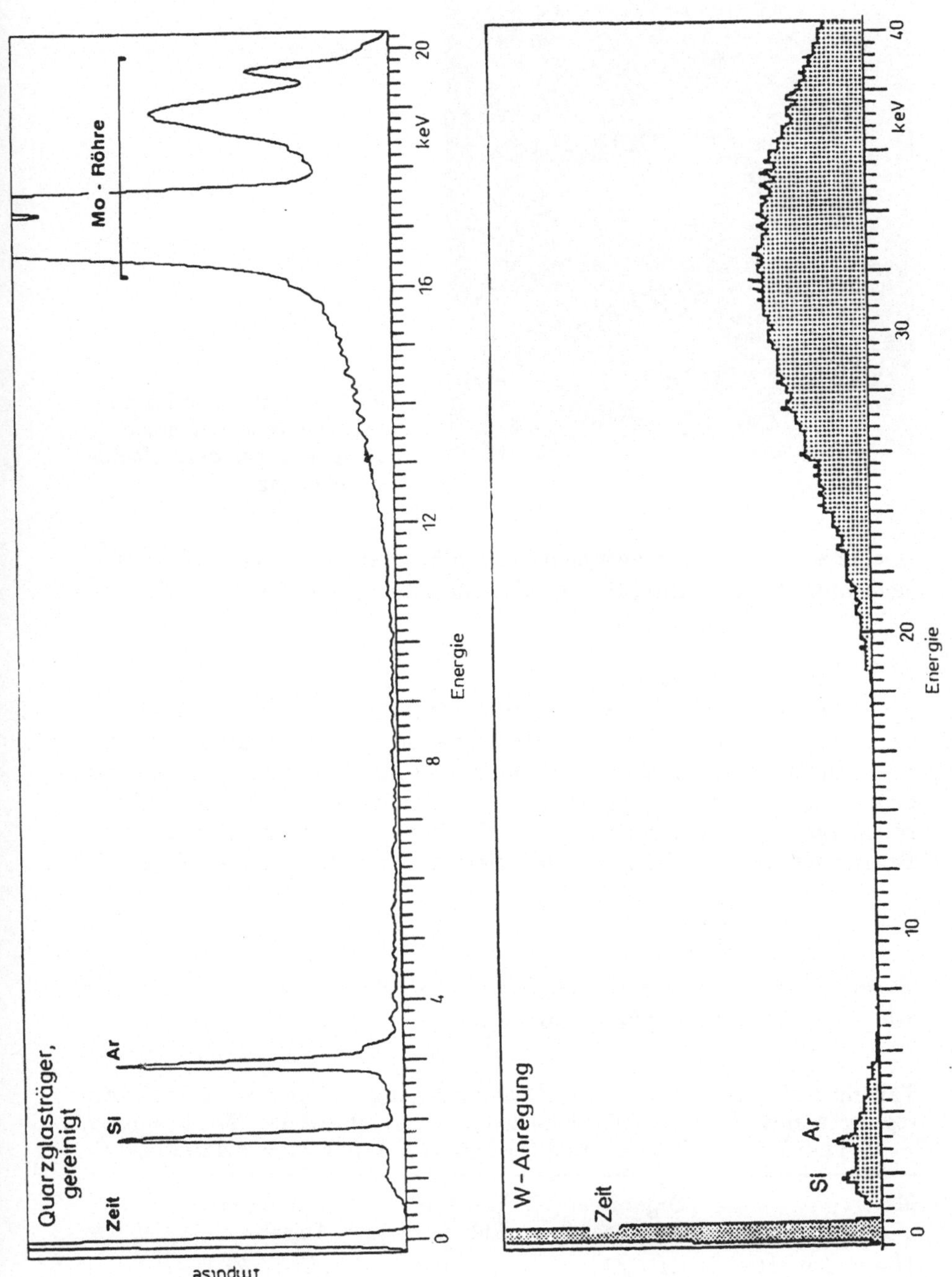

Abb. 10. TRF-Spektrum einer gereinigten Quarzglasscheibe. Oben: mit Mo-Anregung, unten: mit W-Anregung und Ni-Filter. Der Si-Peak stammt vom Si-Anteil des Quarzglasträgers, der Ar-Peak vom Ar-Anteil der Luft

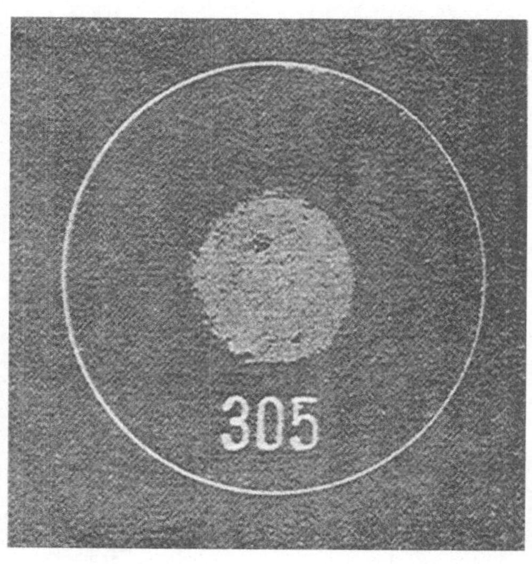

Abb. 11. Gefrierschnitt von Muschelgewebe auf einem Quarzglasträger bei 1,5facher Vergrößerung

eine lineare Beziehung zwischen Intensität und Gehalt eines Analysenelementes. Als Kriterium für ausreichend dünne Schichten gilt [30]:

$$t \leq \frac{0{,}05}{(\mu/\rho)_{j,E_a} \cdot \rho} \tag{12}$$

t = Schichtdicke, $(\mu/\rho)_{j,E_a}$ = Massenschwächungskoeffizient des Analysenelementes j für die anregende Strahlung mit der Photonenenergie E_a, ρ = Dichte der Schichtmatrix. Vorausgesetzt ist, daß die anregende Strahlung monochromatisch ist oder daß zumindest eine einzelne Photonenenergie E_a als meßgeblich bzw. „effektiv" gelten kann. Man kann die Bedingung auch auf die Massenbelegung $\widehat{m}$ der Schichten umrechnen:

$$\widehat{m} \leq \frac{0{,}05}{(\mu/\rho)_{j,E_a}} \tag{13}$$

Tabelle 3 gibt zulässige Schichtdicken und Massenbelegungen für verschiedene Matrizes und Anregungsarten.

Tabelle 3. Kritische Dicke bzw. Massenbelegung „dünner Schichten". Anregung a mit W-Röhre ($E_a \approx 35$ keV), b mit Mo-Röhre (Mo-K mit $E_a = 17{,}4$ keV), c mit W-Röhre und Cu-Filter (W-L mit $E_a = 8{,}4$ keV)

Matrix		Organische Schichten	Mineral-Pulver	Metallischer Abrieb
Hauptelemente		$_1H \ldots {_8O}$	$_8O \ldots {_{20}Ca}$	$_{24}Cr \ldots {_{30}Zn}$
Dicke	a	15 µm	250 nm	10 nm
	b	4 µm	50 nm	2 nm
	c	1 µm	5 nm	0,4 nm
Belegung	a	250 µg/cm²	50 µg/cm²	10 µg/cm²
	b	70 µg/cm²	10 µg/cm²	2 µg/cm²
	c	15 µg/cm²	1 µg/cm²	0,3 µg/cm²

5.3 Spektrenaufnahme

Die eigentliche Messung erfolgt durch Aufnahme eines Spektrums und nimmt nur wenig Zeit in Anspruch. Man legt den Probenträger in einen Halter und schiebt ihn in die Meßposition — evtl. automatisch. Für den Nachweis leichter Elemente mit $Z < 25$ wählt man z. B. eine Cr-Röhre oder eine W-Röhre mit Cu-Filter, für Elemente mit $40 \leq Z \leq 65$ wählt man eine W-Röhre mit Ni- und Cu-Filter und für Elemente mit $25 \leq Z \leq 40$ und die schweren Elemente mit $Z > 60$ setzt man möglichst eine Mo-Röhre mit Mo-Filter ein. Um alle Elemente mit $Z \geq 15$ zu bestimmen, genügen generell 2 Röhren, z. B. eine Mo- und eine W-Röhre. Diese beiden Röhren werden nacheinander eingesetzt — im Modell EXTRA II durch einfaches Umschalten — und mit ihrer Hilfe werden dann zwei Spektren derselben Probe aufgenommen.

Dazu stellt man eine geeignete Röhrenspannung und einen hohen Röhrenstrom bis zu 60 mA ein. Bei wenig Probenmaterial wird die Impulsrate am Detektor zwischen 300 und 3000/s liegen. Bei einer höheren Impulsrate sollte man nicht arbeiten, da hier die Totzeit über 40% liegt und zu lange Meßzeiten verursachen würde. Ist die Impulsrate zunächst > 3000/s, kann man entweder den Strom senken oder man muß das eingesetzte Probenmaterial reduzieren. Die Röhrenspannung ändert man hingegen nicht, da sie für die nachfolgende Quantifizierung fest vorzugeben ist. Nach diesen vorbereitenden Schritten wählt man eine Meßzeit zwischen 10 und 1000 s, wobei 100 s als üblich gelten und 1000 s nur für extremen Spurennachweis gewählt werden. Während der Meßzeit kann das anwachsende Spektrum bereits beobachtet werden.

Am Ende der Meßzeit wird das Spektrum mit einem Code versehen und ausgedruckt oder auf einer Diskette gespeichert. Für die weitere Auswertung ist es erforderlich, daß zu jeder Meßserie — d. h. etwa zweimal pro Tag — die Energieachse rekalibriert wird. Dazu muß das Spektrum einer Kalibrierprobe aufgenommen werden; gewöhnlich wählt man den Rückstand einer wäßrigen Lösung mit einem Fe-Standard bei Mo-Anregung und einem Mo-Standard bei W-Anregung.

5.4 Auswertung

Die qualitative Analyse erfolgt nach der in 3.3.1 beschriebenen Methodik, wobei zunächst die Peaks identifiziert werden und dann auf das Vorhandensein der Elemente geschlossen wird. Ist die Identifizierung der Linien mehrdeutig, so können die Elemente nicht mehr sicher nachgewiesen werden. Um Fehldeutungen auszuschließen, sollte man sich an die Regel halten: ein Element gilt nur dann als nachgewiesen, wenn die beiden stärksten Nachweislinien identifiziert sind und ihr Intensitätsverhältnis ungefähr mit dem Sollwert übereinstimmt.

Für die quantitative Analyse bestimmt man nach 3.3.2 zunächst Intensitätswerte, die dann in Gehaltswerte umgerechnet werden. Diese Umrechnung ist ebenso einfach wie zuverlässig, da zwischen der Nettointensität und dem Gehalt eines Analysenelementes bei dünnen Schichten eine lineare Beziehung besteht:

$$N_j = S_j \cdot c_j \cdot t \cdot N_a \tag{14}$$

N = Nettointensität, S = relative Empfindlichkeit, c = Gehalt, j = Analysenelement, t = Schichtdicke, N_a = Intensität der anregenden Strahlung mit der maßgeblichen Photonenenergie E_a. Folgerichtig müssen zur Quantifizierung die Empfindlichkeiten S_j ermittelt und die Größen t und N_a eliminiert werden — entweder durch Bezug auf den Compton-Peak des Anodenmaterials der Röntgenröhre [25] oder durch Bezug auf den Elementpeak eines hinzugesetzten inneren Standards. Im allgemeinen wird die Methode des inneren Standard angewendet; sie erfordert zwar einige Vorarbeit, die aber nur einmal — gewöhnlich bei Installation des Gerätes — zu leisten ist.

5.4.1 Einmalige Vorarbeit: Standardisierung

Für die gängigen Software-Programme (Link bzw. Oxford Analytical, England und Tracor, Europa) müssen zunächst die Spektren der einzelnen Reinelemente bei festgelegter Anregung aufgenommen werden. Dazu wählt man eine Palette von wäßrigen Standardlösungen (z. B. Merck), pipettiert jeweils einige µL auf einen sauberen Quarzglasträger und trocknet ein. Man kann aber auch Pulverkörnchen aufstreuen, reine Metalle abreiben oder Gase (Ar, Kr, Xe) in die Probenkammer spülen. Auf diese Weise kann eine Bibliothek von etwa 70 Elementen zusammengetragen werden (s. Abb. 2).

Um die Empfindlichkeiten der einzelnen Analysenelemente zu ermitteln, sind Mischungen von Standardlösungen mit definierten Gehalten c_j einiger Elemente j anzusetzen und jeweils 10 µL auf saubere Quarzglasträger zu pipettieren. Aus den Nettointensitäten N_j sind die relativen Empfindlichkeiten S_j in bezug auf ein willkürlich vorgegebenes Referenzelement r zu bestimmen:

$$S_j = \frac{N_j/c_j}{N_r/c_r} \cdot S_r \tag{15}$$

S = relative Empfindlichkeit, N = Nettointensität, c = Gehalt, j = irgendein Element, r = Referenzelement. S_r ist als Bezugswert beliebig festzusetzen, z. B. $S_r = 1$. Um die Empfindlichkeiten so genau wie möglich zu bestimmen, arbeitet man mit relativ hohen Gehalten (bis 10 µg/mL) und entsprechend hohen Intensitäten. Außerdem führt man Mehrfachbestimmungen — möglichst bei verschiedenen Gehalten — durch.

Abbildung 12 zeigt das Spektrum eines Multielementstandards, der als Lösung Elemente mit jeweils c_j = 100 ng/mL enthielt. Die unterschiedliche Empfindlichkeit S_j äußert sich in den unterschiedlichen Peakhöhen. Die experimentell ermittelten Werte für die Mo- und W-Anregung zeigt Abb. 13 in Abhängigkeit von der Ordnungszahl Z [20, 30]. Die Relativwerte sind hier in bezug auf Zn bzw. Mn dargestellt, für die ein Wert von 2,0 bzw. 1,0 festgesetzt wurde. Man erhält für die K- und L-Linien je einen eigenen Kurvenverlauf, der 3 Größenordnungen überstreicht. Die Kurven sind weitgehend glatt, für K- und L-Linien gleicher Photonen-

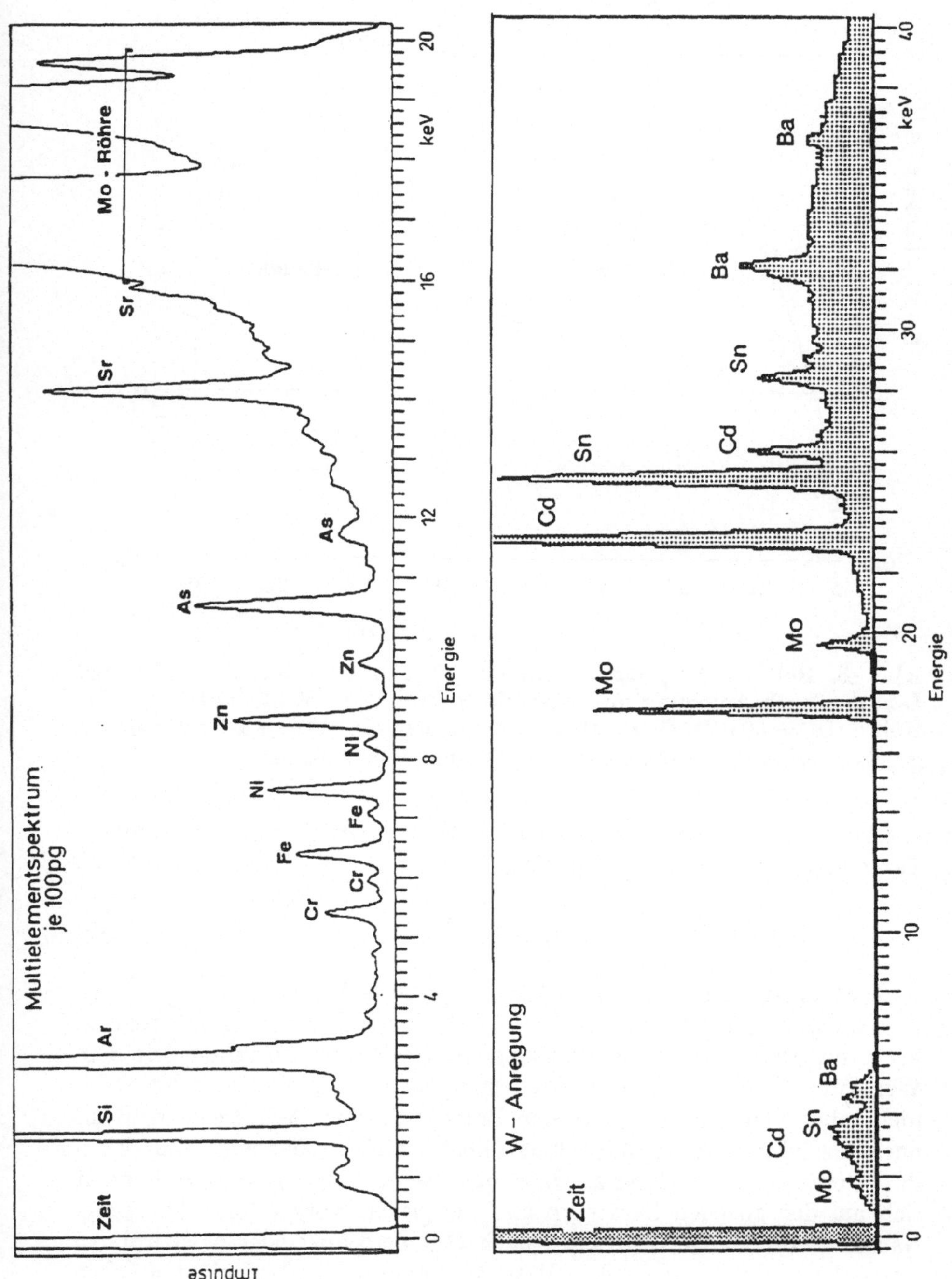

Abb. 12. TRF-Spektrum eines Multielement-Standards. Oben: Mo-, unten: W-Anregung. Es wurden je 0,1 bzw. 1 ng der einzelnen Elemente aus wässriger Lösung auf einem Quarzglasträger eingetrocknet. Meßzeit 500 bzw. 100 s

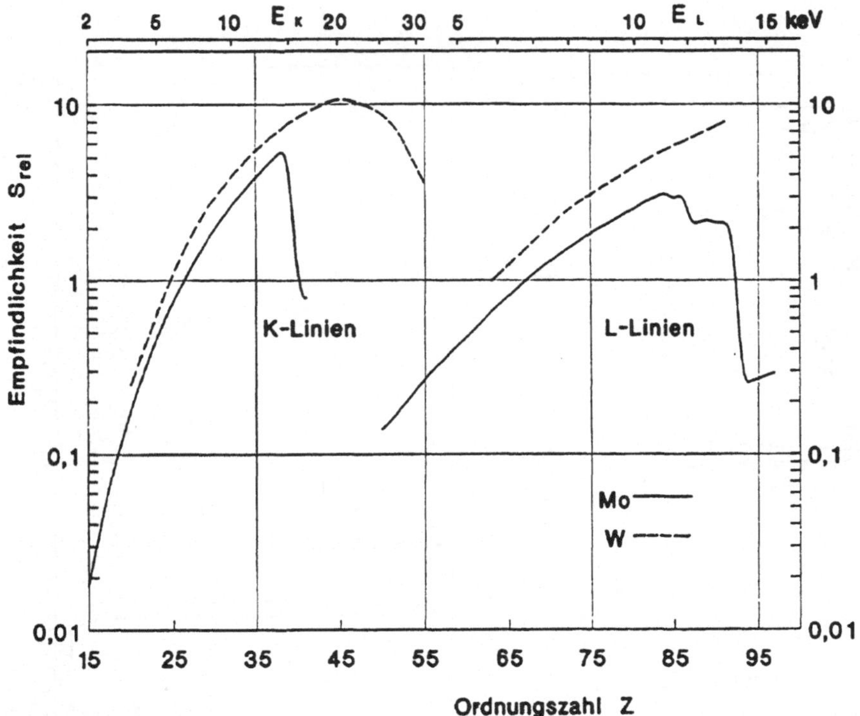

Abb. 13. Relative Empfindlichkeiten S für den Nachweis durch K- und L-Linien nach Anregung mit einer Mo-Röhre ($U_0 = 60$ kV) oder einer W-Röhre ($U_0 = 50$ kV). Oben ist die Energie der Kα- bzw. Lα-Photonen angegeben, unten die Ordnungszahl Z des Analysenelementes

energie z. T. kongruent und lassen sich theoretisch mit nur wenigen Parametern berechnen [11, 30]. Es gilt:

$$S_j \propto \omega_j \cdot \frac{r_j - 1}{r_j} \cdot (\mu/\rho)_{j,E_a} \cdot \varepsilon_j \cdot T_j \qquad (16)$$

ω_j = Fluoreszenzausbeute, r_j = Kantensprungverhältnis, $(\mu/\rho)_{j,E_a}$ = Massenschwächungskoeffizient, ε_j = Wirkungsgrad oder Photonenausbeute des Detektors, T_j = Transmission der Röntgenstrahlung auf dem Weg zum Detektor. Diese Größen sind allein vom Nachweiselement j, nicht aber von der Matrixart der Probe abhängig [30]. Demgemäß ist auch die relative Empfindlichkeit selbst matrixunabhängig. Man kann ihre Werte sogar von Gerät zu Gerät übertragen, vorausgesetzt, es handelt sich um den gleichen Gerätetyp und die gleiche vorgewählte Anregung. Natürlich können S-Werte auch nach (16) berechnet oder nach Abb. 13 interpoliert werden, wenn ihre Messung mangels Standard nicht möglich ist.

5.4.2 Quantifizierung

Üblicherweise quantifiziert man, indem man irgendein Standardelement in definierter Menge der Probe zugibt und hierauf als internen Standard bezieht. Mit der Konzentration c_i des Standardelementes i berechnet man die Konzentration irgendeines Analyten x gemäß

$$c_x = \frac{N_x/S_x}{N_i/S_i} \cdot c_i \tag{17}$$

wobei c = Konzentration, N = Nettointensität, S = relative Empfindlichkeit, x = Analysenelement, i = internes Standardelement.

Als interner Standard ist ein Element zu wählen, das vorweg nicht in der Probe nachgewiesen wurde. Häufig ist das ein selten vorkommendes Element wie Co, Ga, Ge oder Se. Bei Proben, die als Lösungen oder Suspensionen vorliegen oder als solche präpariert werden, kann dieser Standard in einfacher Weise zugemischt werden. Für feste Proben jedoch, die als dünne Schnitte oder Schichten aufgelegt werden, muß man den Standard nachträglich aufpipettieren — entweder als wäßrige Lösung oder als Ethanol-Wasser-Lösung, falls Benetzungsprobleme auftreten. Der Gehalt c_i in (17) ist dann als Quotient der aufpipettierten Masse m_i des Standardelementes und der gesamten Masse m_0 von Schnitt oder Schicht vorzugeben, wobei m_0 entweder durch eine Volumen- oder durch eine Gewichtsbestimmung ermittelt wird. Die Gehalte c_x der Analysenelemente ergeben sich wiederum gemäß Gleichung (17).

Bei der Analyse von Aerosolen oder Stäuben, die auf einem Träger abgeschieden wurden, wird anstelle der Konzentration c_x in Gleichung (17) die Masse m_x bestimmt, die aus einem Volumen V in einer Zeit t abgeschieden wurde. Anstelle von c_i tritt die aufpipettierte Masse m_i des Standardelementes. Bei der Analyse auf Verunreinigungen oder Filmbedeckungen wird die Masse m_x bzw. m_i auf die Trägerfläche bezogen, die durch das Gesichtsfeld des Detektors begrenzt wird; es wird also die Belegung $\hat{m}$ bestimmt. Für die Analyse oberflächennaher Schichten von Wafern soll man externe Standardproben heranziehen, um zu quantifizieren. Dieser Fall ist die Ausnahme von der sonst üblichen internen Standardisierung.

Bei der Analyse auf Haupt- oder Nebenbestandteile, die ermöglicht wird, wenn z. B. Metalle auf Quarzglasträgern abgerieben oder Oxidpulver aufgestäubt werden, ist eine Bestimmung der winzigen Gesamtmasse m_0 ($< 10\,\mu g$) kaum möglich. Man kann aber dennoch quantifizieren, wenn man den Gesamtgehalt c_0 aller bei der Analyse bestimmten Elemente kennt (z. B. $c_0 = 100\%$). Dann kann man in Abwandlung von (17) auf c_0 beziehen und c_x berechnen gemäß [24]:

$$c_x = \frac{N_x/S_x}{\sum_j N_j/S_j} \cdot c_0 \tag{18}$$

6 Analytische Charakterisierung der TRFA

Das Leistungsvermögen der TRFA wird dadurch bestimmt, daß es sich um eine energiedispersive Röntgenfluoreszenzanalyse handelt, bei der die Probe in dünner Schicht auf einen totalreflektierenden Träger aufgebracht wird. Vor- und Nachteile ergeben sich vor allem dadurch, daß es sich um eine mikroanalytische Bestimmungsmethode handelt. In mehreren Übersichtsartikeln [35—41] wird die TRFA bereits eingehend charakterisiert.

6.1 Anwendbarkeit

Generell sind alle Flüssigkeiten und Feststoffproben analysierbar, sofern sie in dünner Schicht auf einen Träger aufgebracht werden können. Hierzu gehören Flüssigkeiten und Lösungen, Suspensionen, Pulver, Aufdampf- und Elektrolytschichten, dünne Folien und Schnitte. Aber auch einzelne Partikel, wie Körnchen, Fasern oder Späne können aufgelegt werden. Bei den Flüssigkeiten waren es zunächst die diversen Wässer, die untersucht wurden [42—51]. Bei den Feststoffen wurden sowohl feinverteilte Schwebstoffe und Aschen [53—59] als auch Proben geologisch-mineralogischen [60—63] sowie biologischen [64—73] und chemischen

Tabelle 4. Mit Hilfe der TRFA bereits untersuchtes Probenmaterial

Flüssigkeiten	Feststoffe	
	anorganisch	biologisch
Wässer:	Aerosole	Pflanzenmaterial:
Trink-, Regen-,	Stäube	Algen, Heu; Blätter,
Fluß-, Meerwasser	Schwebstoffe	Nadeln, Wurzeln, Holz
Abwässer	Aschen	
Säuren	Sedimente	Nahrungsmittel:
radioaktive Abfall-Lösung	Mineralstoffe	Pilze, Nüsse, Trauben,
Lösungsmittel	Böden	Gemüse; Krabben- und
Mineralöl	Metalle	Muschelfleisch
Urin		Gewebe:
Serum	Folien	Lunge, Leber, Niere
Blut	Wafer	

[74—77] Ursprungs analysiert — im allgemeinen nach Aufschluß, aber auch direkt. Tabelle 4 zeigt eine Übersicht über bisher untersuchte Probenarten. Ziel der Analysen ist im allgemeinen die Bestimmung von Spuren oder Verunreinigungen, wobei ein möglichst repräsentativer Durchschnittswert angestrebt wird. Neben dieser Durchschnittsanalyse sind aber auch Oberflächenanalysen möglich, wobei dünne Schichten oder Verunreinigungen sowohl auf als auch unter der Oberfläche von optisch glatten Trägern analysiert werden können [78—83]. Die Abbildungen 14 bis 17 zeigen beispielhaft einige TRF-Spektren.

Die TRFA ist eine Methode, bei der von Flüssigkeiten maximal einige 10 µL, von anorganischen Feststoffen einige µg und von biologischen Proben einige 100 µg eingesetzt werden. Man kann aber durchaus mit weniger Material arbeiten, etwa mit 1/10 oder sogar 1/100 dieser Menge. Die obere Grenze wird durch Störung der Totalreflexion, die untere durch mangelnde Hantierbarkeit vorgegeben. Darüber hinaus spielt die Detektorkapazität eine begrenzende Rolle.

Die TRFA arbeitet also mit extrem *niedrigem* Probenbedarf. Das ist wichtig, wenn einmaliges, wertvolles oder kostbares Probengut zu analysieren ist oder wenn nur äußerst wenig Probenmaterial vorgelegt werden kann, z. B. bei der Analyse von Fraktionen nach mehreren chromato-

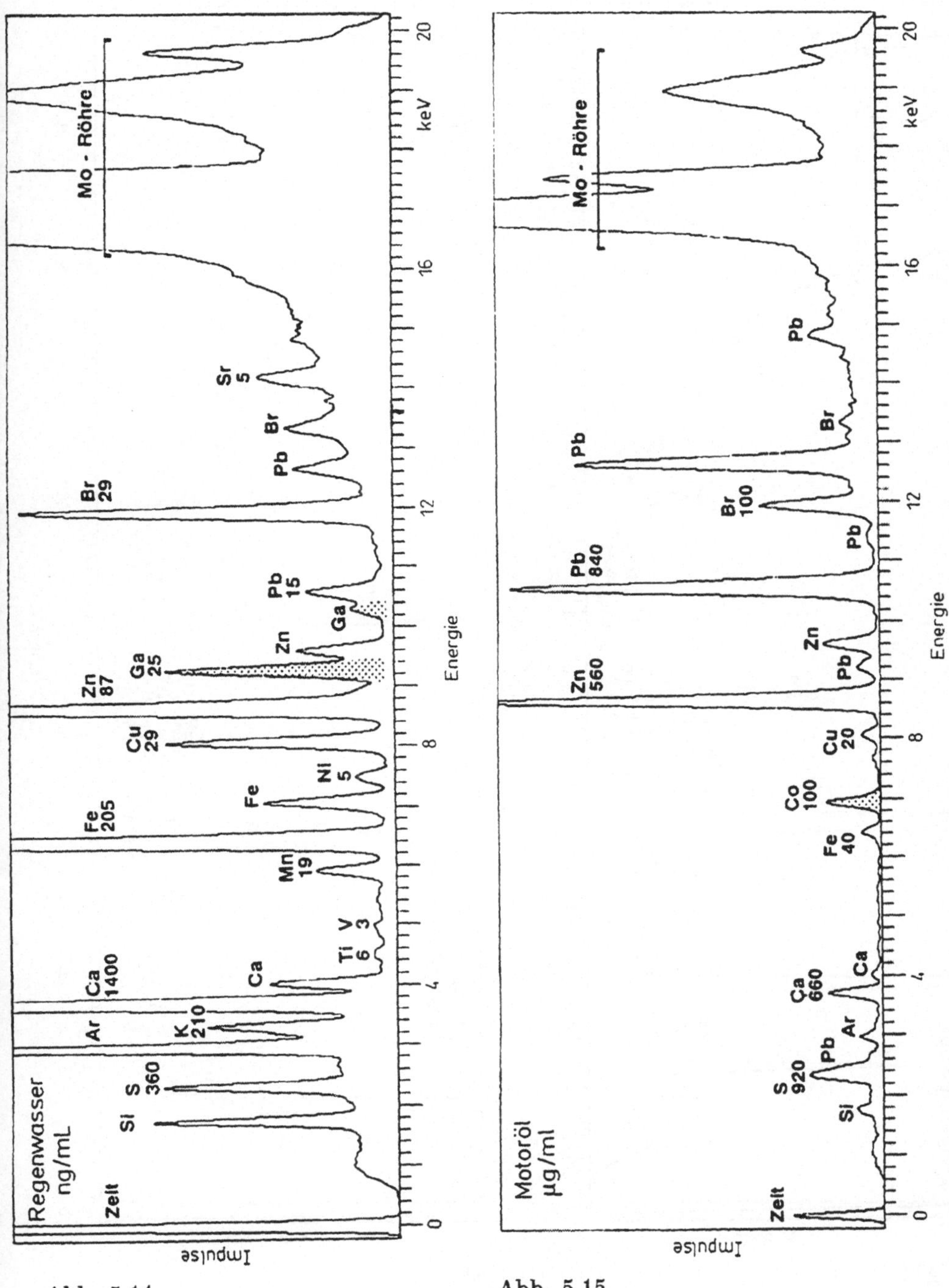

Abb. 5.14

Abb. 5.15

Abb. 14. Spektrum von Regenwasser mit Konzentrationswerten in ng/mL (ppb). Ga wurde als interner Standard zugegeben. Meßzeit 500 s

Abb. 15. Spektrum von Motoröl nach 5000 km Laufleistung. Nach Lösung in Tetrahydrofuran (1 + 19) wurden etwa 2 µL auf einen Quarzglasträger aufgegeben, aber nicht vollständig eingetrocknet. Co ist interner Standard. Konzentration in µg/mL (ppm), Meßzeit 100 s

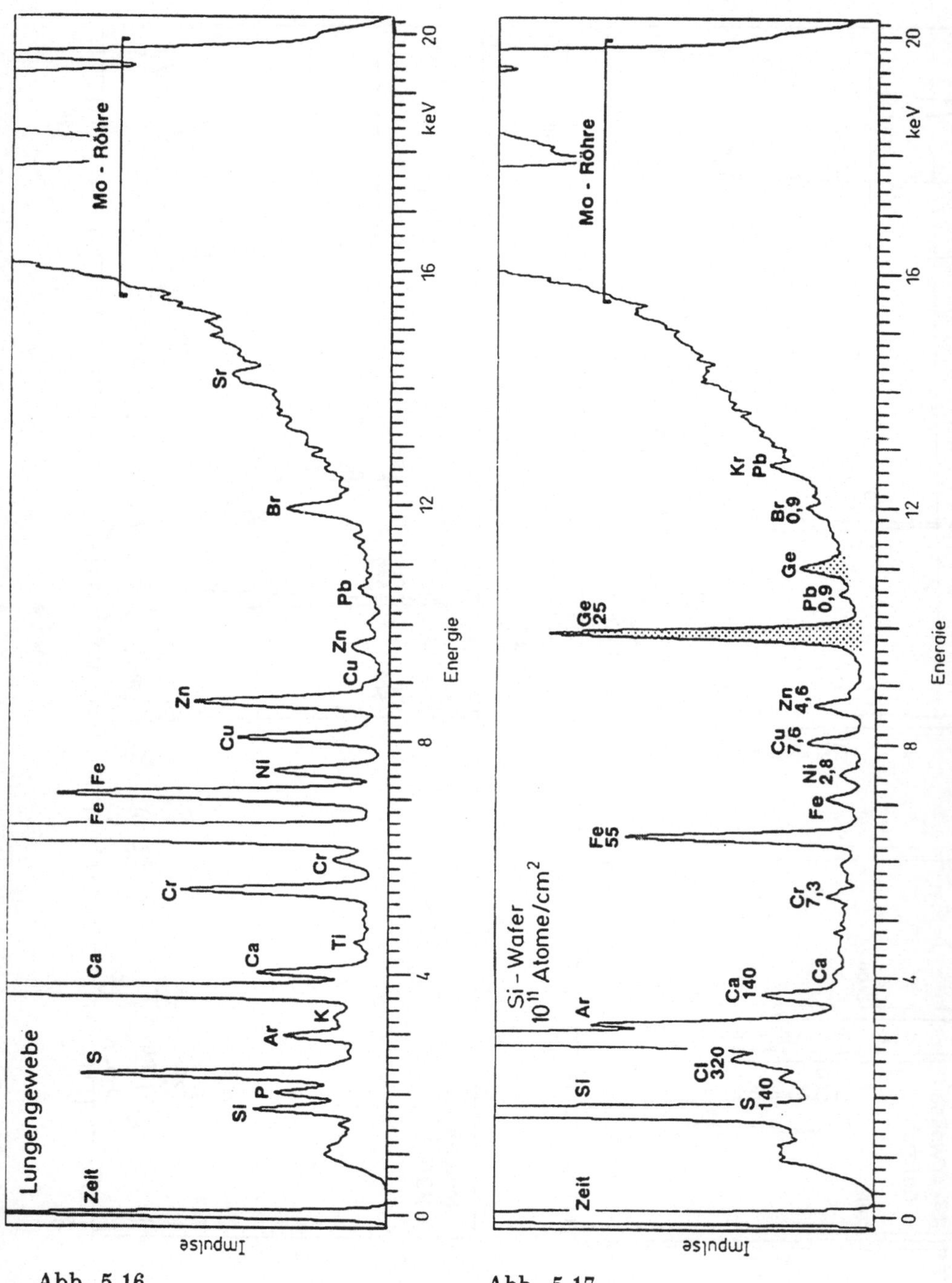

Abb. 5.16 Abb. 5.17

Abb. 16. Spektrum eines Gefrierschnittes von Lungengewebe zum Nachweis der beruflichen Staubbelastung eines Stahlschlossers [66]. Meßzeit 200 s. Auffällig sind die Peaks von Cr, Ni und Pb

Abb. 17. Spektrum eines Si-Wafers nach 30minütiger Exposition in Laborluft. Die Kontaminationen sind in 10^{11} Atomen/cm^2 angegeben, Ge ist interner Standard. Meßzeit 500 s

graphischen Trennungen [72]. Die TRFA arbeitet sogar *ohne* Materialverbrauch, weil das bei der Analyse verwendete Material zwar *gebraucht*, aber letztlich doch nicht *verbraucht* wird. Die Proben stehen nach einer Analyse für Wiederholbestimmungen immer wieder zur Verfügung.

6.2 Aufwand

Hervorzuheben ist die einfache Instrumentierung. Die käuflichen Geräte sind mechanisch stabil und nahezu wartungsfrei. Störungen treten höchstens am Detektorfenster oder im elektronischen Bereich auf. Vakuum ist nicht erforderlich, es sei denn zum Nachweis leichter Elemente mit Ordnungszahlen $Z \leq 15$. In diesem Falle müßte auch ein Detektor mit Diamantfenster oder ein fensterloser Detektor eingesetzt werden, der allerdings störanfälliger ist [28].

Die Anschaffungskosten für ein komplettes Spektrometer mit Doppelanregung, Probenwechsler und Rechner liegen bei etwa 300 kDM. Für die Installation ist ein elektrischer Anschluß von 2 kW sowie eine Kühlwasserzuführung von 4 L/min erforderlich, der Verbrauch an Flüssigstickstoff für den Detektor liegt unter 10 L/Woche.

Ein besonderer Vorteil der energiedispersiven Bestimmungsmethode ist die schnelle Durchführung. Die Spektren können in wenigen Sekunden aufgezeichnet werden. Normalerweise wählt man aber eine Meßzeit von 1—2 Minuten, in Ausnahmefällen von 20 Minuten. Da das gesamte Spektrum simultan aufgenommen wird, wird kein Element übersehen. Außerdem können Schwankungen, die sich multiplikativ auf das ganze Spektrum auswirken, durch Verhältnisbildung eliminiert werden.

So schnell und einfach wie die Spektrenaufnahme ist auch die Spektrenverarbeitung und Quantifizierung mittels Kleinrechner oder PC. Da ausschließlich Dünnschichten untersucht werden, erfolgt die Quantifizierung selbst bei Multielementanalysen durch einen einzigen internen Standard, d. h. nach definierter Zugabe eines einzigen Elementes in nur einer Konzentrationsstufe. Diese Zugabe erfolgt im allgemeinen schon während der Probenvorbehandlung, sie kann aber auch nachträglich erfolgen, wenn die Probe schon auf den Träger aufgegeben worden ist. Der Aufwand für diese interne Standardisierung ist also deutlich kleiner als beim Zugabeverfahren der AAS oder ICP-OES.

Die Probenvorbereitung ist im allgemeinen aufwendiger als die Durchführung der Analyse. Häufig können die Proben nicht direkt analysiert werden, sondern müssen vorweg aufgeschlossen werden. Da die TRFA ein mikroanalytisches Verfahren ist, erfordert die Probenvorbereitung extrem sauberes Arbeiten, möglichst in einer Clean-bench. Hier ist auch die Reinigung der Probenträger zu nennen, die allerdings entfällt, wenn man mit Kunststoffträgern arbeiten kann, die zum einmaligen Gebrauch bestimmt sind.

6.3 Nachweisvermögen

Bestimmbar sind alle Elemente mit Ordnungszahlen $Z \geq 15$, d. h. Phosphor. Verwendet man fensterlose Detektoren und Vakuum, kann man noch leichtere Elemente bis zu $Z = 8$, d. h. Sauerstoff nachweisen. Die

Elemente können simultan nebeneinander bestimmt werden, wenn sich ihre Spektrallinien nicht zu sehr überlappen. Im allgemeinen sind das 10 bis 15 Elemente, aber nicht mehr als 20. Um alle genannten Elemente nachzuweisen, verwendet man zwei Röntgenröhren, eine mit Mo- und eine zweite mit W-Anode.

Über die Nachweisgrenzen informiert Abb. 18. Die W-Anregung ist hier mit a, die Mo-Anregung mit b gekennzeichnet. Eine Anregung mit Hilfe der W-L-Linien, die durch eine Cu-Folie aus dem W-Spektrum herausgefiltert werden, ist mit c markiert. Elemente mit Ordnungszahlen

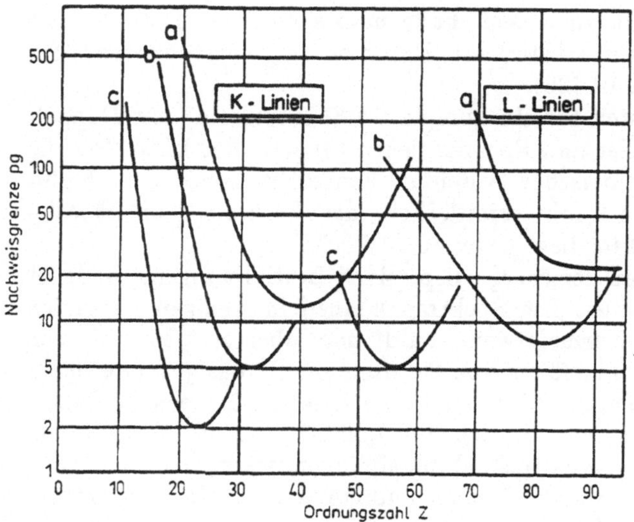

Abb. 18. Absolute Nachweisgrenzen in pg für die TRFA von Rückständen wässriger Lösungen. Anregung durch a W-Bremsstrahlung, b Mo-K-Strahlung, c W-L-Strahlung. Meßzeit 1000 s [20, 39]

bis zu etwa Z = 50 werden durch ihre K-Linien, die schwereren Elemente durch ihre L-Linien nachgewiesen. In günstigen Fällen betragen die absoluten Nachweisgrenzen 2 bis 5 pg, z. B. für Chrom, Zink und Zirkon. In fast *allen* Fällen aber liegt die Nachweisgrenze unter 20 pg absolut, wobei eine Meßzeit von 1000 sec einzustellen ist. Hieraus berechnen sich die relativen Nachweisgrenzen zu etwa 100 pg/mL (100 ppt), falls 50 μL einer wäßrigen Lösung untersucht werden. Diese Nachweisgrenzen können durch chemische Voranreicherung noch gesenkt werden.

Für die Analyse von matrixbelasteten Flüssigkeiten oder von Feststoffen, für die eventuell ein Aufschluß erforderlich ist, liegen die Nachweisgrenzen natürlich höher. Für einen Gefrierschnitt von 200 μg einer biologisch-organischen Matrix betragen sie etwa 100 ng/g (100 ppb). Eine Übersicht über bislang erzielte Nachweisgrenzen für reale Proben zeigt Tabelle 5.

Die Nachweisgrenzen für die Bestimmung von Verunreinigungen an Oberflächen berechnen sich zu etwa 10^{10} Atomen/cm^2. Voraussetzung hierfür ist, daß die Nachweislinien freiliegen, und nicht durch Spektrallinien eines stärkeren Nebenbestandteils überlappt werden.

6.4 Zuverlässigkeit

Wegen der simultanen Spektrenaufnahme wird einerseits kein nachweisbares Element übersehen, wegen der geringen spektralen Auflösung treten aber andererseits Linienüberlappungen auf. So werden bei den Übergangsmetallen Sc bis Zn die Kα-Linien von den Kβ-Linien der benachbarten Elemente mit kleinerer Ordnungszahl überlappt; bei den Lanthaniden sind es die Lα- und die Lβ-Linien, die sich überlappen. Außerdem treten detektortypische Linien — „Escape-Peaks" und „Summen-Peaks" — auf, die zu Fehldeutungen führen können und deshalb erhöhte Aufmerksamkeit verlangen. Im allgemeinen aber ist die Identifizierung von Linien eindeutig.

Für quantitative Analysen ist zunächst die Messung der Linienintensitäten maßgeblich. Die Nettointensitäten überdecken einen Bereich von etwa 10^2 bis zu einigen 10^5 Impulsen. Damit wird der dynamische Bereich für die Gehaltsbestimmung eines Elementes auf mehr als drei Größenordnungen festgelegt. Wegen der unterschiedlichen Elementempfindlichkeiten kann dieser Bereich sogar 5 Größenordnungen umfassen, wenn mehrere Elemente gleichzeitig bestimmt werden.

Für quantitative Analysen sind Präzision und Richtigkeit die maßgeblichen Leistungskriterien. Die Präzision wird durch die relative Standardabweichung s_r von Wiederholbestimmungen charakterisiert. Da gemäß (17) die Gehalte durch Intensitäts*verhältnisse* bestimmt werden, bleiben apparative Schwankungen, z. B. von Strom oder Spannung, in der Regel ohne Einfluß. Nur das sog. Quanten- oder Photonenrauschen ist maßgeblich und bestimmt eine relative Standardabweichung von

$$s_r(c_x) = \sqrt{1/N_x + 1/N_i} \tag{19}$$

Für Gehalte, die deutlich über der Nachweisgrenze liegen, erreicht man im allgemeinen Werte von 1—2%. Das gilt für die Bestimmung an ein und derselben Probe. Wenn man aber verschiedene aliquote Teile einer homogenen Probe auf verschiedene Träger aufbringt und analysiert, kommt noch der Präparationsfehler hinzu. Er läßt sich, wie der genannte Fehler der Zählstatistik, häufig auf 1—2% begrenzen, so daß insgesamt die Präzision mit 2—3% angegeben werden kann.

Die Richtigkeit der TRFA wird durch systematische Fehler begrenzt, die allerdings nicht methodisch bedingt sind. Sofern nämlich die Probe als gleichmäßig dünner Film präpariert wird, spielen die sonst so gefürchteten Matrixeffekte der Röntgenspektralanalyse keine Rolle. Für die Gehaltsberechnung werden nur relative Empfindlichkeiten benötigt, die auf 3% genau zu bestimmen sind und folglich Mißweisungen von nur etwa 3% bedingen. In günstigen Fällen, wie bei der Analyse von wäßrigen Lösungen, kann eine so gute Richtigkeit erzielt werden [50, 51].

Größere systematische Fehler treten auf, wenn eine chemische Probenvorbereitung erforderlich ist, z. B. durch Probenaufschluß, Matrixabtrennung oder Elementanreicherung. Eventuell kommen noch Schwierigkeiten bei der Dünnschichtpräparation hinzu, z. B. durch Wulstbildung. Viele Ringversuche an zertifizierten Referenzmaterialien bestätigen aber, daß mit der TRFA gute Resultate erzielt werden können, die auf besser als

Tabelle 5. Nachweisgrenzen der TRFA für Gehalte realer Proben nach geeigneter Aufbereitung

Aufbereitung	Probenart	Literatur	Nachweisgrenzen
Suspension	Aerosole, Staub, Asche, Schwebstoffe, Sediment	[37, 24]	10 – 100 µg/g (ppm)
	Biomaterial-Pulver	[24]	1 – 10 µg/g (ppm)
Gefrierschnitt	Lebensmittel, Gewebe, Biomaterial	[68]	0,5 – 5 µg/g (ppm)
Lösung	Mineralöle,	[74]	1 – 15 µg/mL (ppm)
	Luftstäube	[58]	0,1 – 3 µg/g (ppm)
Offener Aufschluß	Flußwasser	[50]	1 – 3 ng/mL (ppb)
	Schwebstoffe	[50]	3 – 25 µg/g (ppm)
	Feinwurzeln, Haare	[38, 39]	1 – 10 µg/g (ppm)
	Blut, Serum	[71]	20 – 80 ng/mL (ppb)
	Asche, Schlämme, Böden	[62]	5 – 200 µg/g (ppm)
Druck-Aufschluß	Stäube auf Filter	[54]	0,2 – 6 ng/cm^2
	Sediment, Minerale	[50]	15 – 300 µg/g (ppm)
	Muscheln, Fisch	[50]	0,1 – 1 µg/g (ppm)
	Sediment, Schlämme	[52]	1 – 7 µg/g (ppm)
	Heu	[38]	0,2 – 2 µg/g (ppm)
Trocknung	Regen-, Flußwasser	[46, 38]	0,1 – 3 ng/mL (ppb)
	Reinstsäuren	[76]	10 – 50 pg/mL (ppt)

Gefriertrocknung	Trink-, Regenwasser	[46, 50]	20 – 100 pg/mL	(ppt)
	Reinstwasser	[39]	~ 1 pg/mL	(ppt)
Veraschung	Feinwurzel-Aufschluß	[38]	0,1 – 1 µg/g	(ppm)
	Aerosole auf Filter	[54]	0,6 – 20 ng/cm^2	
	Blutserum	[73]	40 – 220 ng/mL	(ppb)
Abtrennung	Regen-, Meerwasser	[46, 47, 50, 52]	3 – 20 pg/mL	(ppt)
	Flußwasser-Aufschluß	[50]	50 – 500 pg/mL	(ppt)
	Blut-Aufschluß	[71, 73]	2 – 30 ng/mL	(ppb)
	Aluminium-Aufschluß	[34]	5 – 20 ng/g	(ppb)
	Si-, SiO_2-Aufschluß	[33]	10 – 200 ng/g	(ppb)
	Schwefelsäure	[33]	1 – 200 ng/mL	(ppb)

10% richtig sind. In dieser Beziehung kann die TRFA mit den bereits etablierten Methoden der NAA, ICP-OES und AAS konkurrieren [38, 84–87].

Es muß natürlich vorausgesetzt werden, daß die Proben homogen sind bzw. homogenisiert werden können. Nur dann kann die Mikroanalyse einen repräsentativen Gehaltswert für die Gesamtprobe ergeben. Soll der Probenahmefehler keine Rolle spielen, d. h. kleiner als der Meßfehler sein, muß die Probe noch in μm-Dimension homogen sein, d. h. Inhomogenitäten dürfen nur eine Ausdehnung von etwa 1 μm haben. Das ist für Lösungen im allgemeinen gut zu erreichen, bei Suspensionen, Aerosolen oder Stäuben ist Vorsicht geboten. Feststoffproben aber zeigen im allgemeinen deutlich gröbere Inhomogenitäten. In diesem Fall lassen sich keine repräsentativen Durchschnittsgehalte angeben. Man kann den Nachteil aber zum Vorteil kehren, indem man extreme Mikroanalysen durchführt und deren Ergebnisse nur auf die eingesetzte minimale Probenmenge bezieht. Das ist wichtig, wenn man z. B. nur sehr wenig Probenmaterial zur Verfügung hat oder eine Mikrobereichs- oder Gradientenanalyse durchführen soll.

7 Schlußbemerkung

Die hier aufgeführten Vor- und Nachteile der TRFA sind in Tabelle 6 gegenübergestellt. Für eine Vielzahl von Analysenproblemen überwiegen die Vorteile eindeutig: vor allem der minimale Probenbedarf, die einfache Handhabung, der schnelle, simultane Multielementnachweis, das große Nachweisvermögen und nicht zuletzt die simple und dennoch zuverlässige Quantifizierung. In den Bereichen der Chemie, Mineralogie und Geologie,

Tabelle 6. Leistungsvermögen der TRFA

Kriterien	Vorteile	Nachteile
Anwendbarkeit	• vielfältige Probenarten • extrem niedriger Probenbedarf • verbrauchsfreies Arbeiten	o erforderliche Dünnschicht-Präparation
Aufwand	• einfache Instrumentierung • schnelle Durchführung • einfache Quantifizierung	o aufwendige Sauberkeit
Nachweisvermögen	• simultane Multielementbestimmung • niedrige Nachweisgrenzen für schwerere Elemente	o schlechte Nachweisbarkeit leichter Elemente
Zuverlässigkeit	• gute Präzision • hohe Richtigkeit	o kritische Probenahme

der Boden- und Gewässerkunde, der Ozeanographie und auch in der Umweltforschung wird die TRFA bereits eingesetzt, um große Stückzahlen für Explorations- oder Überwachungsaufgaben abzuarbeiten. In Biologie, Biochemie und Medizin wird der minimale Probenbedarf der TRFA vorteilhaft genutzt; ebenso bei Fragestellungen in der Archäometrie oder Kriminalistik, wenn es sich um kostbare Stücke oder um einmaliges Beweismaterial handelt. Ein neues und breites Anwendungsgebiet hat die TRFA als oberflächenanalytische Methode in der Halbleiterindustrie gefunden [78–81].

8 Literatur

8.1 Allgemeine Referenzen

1. Statham PJ (1977) Deconvolution and background subtraction by least-squares fitting with prefiltering of spectra. Anal Chem 49:2149
2. Campbell WC (1979) Energy dispersive X-ray emission analysis: The Analyst 104:1236
3. Klockenkämper R (1982) Röntgenspektralanalyse. In: Ullmanns Encyklopädie der technischen Chemie Bd 5. Verlag Chemie, Weinheim, S 501
4. Tertian R, Claisse F (1982) Principles of quantitative X-ray fluorescence analysis. Heyden, London
5. Williams KL (1987) Introduction to X-ray spectrometry. Allen & Unwin, London Boston Sidney Wellington
6. Jenkins R (1988) X-Ray fluorescence spectrometry. John Wiley, New York
7. Klockenkämper R (1987) X-Ray spectral analysis – new aspects. Fresenius Z Anal Chem 327:6
8. Janssens KH, Adams FC (1989) New trends in elemental analysis using X-ray fluorescence spectrometry. J Anal At Spectrom 4:123

8.2 Originalarbeiten zur TRFA

Instrumentelle und methodische Grundlagen

9. Yoneda Y, Horiuchi T (1971) Optical flats for use in X-ray spectrochemical microanalysis. Rev Sci Instr 42:1069
10. Aiginger H, Wobrauschek P (1974) A method for quantitative X-ray fluorescence analysis in the nanogram region. Nucl Instrum Methods 114:157
11. Wobrauschek P, Aiginger H (1975) Total-Reflection X-ray fluorescence spectrometric determination of elements in nanogram amounts. Anal Chem 47:852
12. Knoth J, Schwenke H (1978) An X-ray fluorescence spectrometer with totally reflecting sample support for trace analysis at the ppb level. Fresenius Z Anal Chem 291:200
13. Wobrauschek P, Aiginger H (1979) Totalreflexions-Röntgenfluoreszenzanalyse. X-Ray Spectrom 8:57

14. Knoth J, Schwenke H (1980) A new totally reflecting X-ray fluorescence spectrometer with detection limits below 10^{-11} g. Fresenius Z Anal Chem 301:7
15. Wobrauschek P, Aiginger H (1980) X-Ray fluorescence analysis in the ng region using total reflection of the primary beam. Spectrochim Acta 35B:607
16. Wobrauschek P, Aiginger H (1980) X-Ray total reflection fluorescence analysis. In: Trace element analytical chemistry in medicine and biology, Walter de Gruyter & Co, Berlin New York, pp 297–306
17. Schwenke H, Knoth J (1980) High-Sensitivity multielement trace analysis using EDXRF spectrometry with multiple total reflection at the exciting beam. In: Trace element analytical chemistry in medicine and biology, Walter de Gruyter & Co, Berlin New York, pp 307–317
18. Schwenke H, Knoth J (1982) A highly sensitive energy-dispersive X-ray spectrometer with multiple total reflection of the exciting beam. Nucl Instrum Methods 193:239
19. Iida A, Gohshi Y (1984) Total-Reflection X-ray fluorescence analysis using monochromatic beam. Jpn J Appl Phys 23:1543
20. Freitag K (1985) Energy dispersive X-ray fluorescence analysis with multiple total reflection – an improvement of detection limits. In: Sansoni B (ed) Instrumentelle Multielement-Analyse, VCH Verlagsgesellschaft, Weinheim, pp 257–268
21. Wobrauschek P, Aiginger H (1986) Analytical application of total reflection and polarized X-rays. Fresenius Z Anal Chem 324:865
22. Iida A, Yoshinaga A, Sakurai K, Gohshi Y (1986) Synchrotron radiation excited X-ray fluorescence analysis using total reflection of X-rays. Anal Chem 58:394
23. Schmitt M, Hoffmann P, Lieser KH (1987) Perspex as sample carrier in TXRF. Fresenius Z Anal Chem 328:594
24. von Bohlen A, Eller R, Klockenkämper R, Tölg G (1987) Microanalysis of solid samples by total-reflection X-ray fluorescence spectrometry. Anal Chem 59:2551
25. Yap CT, Ayala RE, Wobrauschek P (1988) Quantitative trace element determination in thin samples by total reflection X-ray fluorescence using the scattered radiation method. X-Ray Spectrom 17:171
26. Pella PA, Dobbyn RC (1988) Total reflection energy-dispersion X-ray fluorescence spectrometry using monochromatic synchrotron radiation: Application to selenium in blood serum. Anal Chem 60:684
27. Wobrauschek P, Kregsamer P (1989) Total reflection X-ray fluorescence analysis with polarized X-rays, a compact attachment unit, and high energy X-rays. Spectrochim Acta 44B:453
28. Streli C, Aiginger H, Wobrauschek P (1989) Total reflection X-ray fluorescence analysis of low-Z elements. Spectrochim Acta 44B:491
29. Freitag K, Reus U, Fleischhauer J (1989) Extension of the analytical range of total reflection X-ray fluorescence spectrometry to lighter elements ($11 \leq Z < 16$) and increase in sensitivity by excitation with tungsten L_a radiation. Spectrochim Acta 44B:499
30. Klockenkämper R, von Bohlen A (1989) Determination of the critical thickness and the sensitivity of thin-film analysis by total reflection X-ray fluorescence spectrometry. Spectrochim Acta 44B:461

Probenaufbereitung

31. Knoth J, Schwenke H (1979) Trace element enrichment on a quartz glass surface used as a sample support of an X-ray spectrometer for the subnanogram range. Fresenius Z Anal Chem 294:273

32. Knöchel A, Prange A (1981) Analytik von Elementspuren in Meerwasser I — Tracerstudien zur Entwicklung von spurenanalytischen Verfahren für die Multielementbestimmung von Schwermetallen in wäßrigen Lösungen mit Hilfe von Varianten der energiedispersiven Röntgenfluoreszenzanalyse. Fresenius Z Anal Chem 306:252
33. Reus U (1989) Total reflection X-ray fluorescence spectrometry: matrix removal procedures for trace analysis of high-purity silicon, quartz and sulphuric acid. Spectrochim Acta 44B:533
34. Burba P, Willmer PG, Becker M, Klockenkämper R (1989) Determination of trace elements in high-purity aluminium by total reflection X-ray fluorescence after their separation on cellulose loaded with hexamethylenedithiocarbamates. Spectrochim Acta 44B:525

Übersichtsartikel

35. Aiginger H, Wobrauschek P (1985) Total reflectance X-ray spectrometry. Adv X-Ray Anal 28:1
36. Michaelis W, Prange A, Knoth J (1985) Recent applications of total reflection X-ray fluorescence analysis in multielement analysis. In: Sansoni B (ed) Instrumentelle Multielement-Analyse, VCH Verlagsgesellschaft, Weinheim, pp 269—289
37. Michaelis W, Knoth J, Prange A, Schwenke H (1985) Trace analytical capabilities of total-reflection X-ray fluorescence analysis. Adv X-Ray Anal 28:75
38. Prange A (1987) Totalreflexions-Röntgenfluoreszenzanalyse. GIT Fachz Lab 6:513
39. Prange A (1989) Total reflection X-ray spectrometry: method and applications. Spectrochim Acta 44B:437
40. Klockenkämper R (1989) Totalreflexions-Röntgenfluoreszenz-Prinzip und Anwendungen. GIT Fachz Lab 33:441
41. Klockenkämper R (1990) Total-Reflection X-ray fluorescence spectrometry: Principles and applications. Int Spectroscopy 2:2,26

Regen-, Fluß-, Meerwasser

42. Knöchel A, Prange A (1980) Analysis of trace elements in sea water. Part II — Determination of heavy metal traces in seawater by X-ray fluorescence analysis with totally reflecting sample holders. Mikrochim Acta (II): 395
43. Ahlf W, Weber A (1981) A simple monitoring technique to determine the heavy metal load of algae in aquatic ecosystem. Environ Techn Lett 2:317
44. Greim L (1982) Schadstoffe im Wasser, Sediment und in Organismen (Muscheln) des Wattenmeeres. In: AGF (Hrsg), Schadstoffe in Nahrungsketten, Bonn Bad Godesberg, S 48—53
45. Schneider B, Weiler K (1984) A quick grain size correction procedure for trace metal contents of sediments. Environ Techn Lett 5:245
46. Stößel RP, Prange A (1985) Determination of trace elements in rainwater by total reflection X-ray fluorescence. Anal Chem 57:2880
47. Prange A, Knöchel A, Michaelis W (1985) Multielement determination of dissolved heavy metal traces in sea water by total-reflection X-ray fluorescence spectrometry. Anal Chim Acta 172:79
48. Prange A, Kremling K (1985) Distribution of dissolved molybdenum, uranium and vanadium in baltic sea waters. Mar Chem 16:259
49. Michaelis W (1986) Naß- und Trockendeposition von Schwermetallen. Technische Mitteilungen 79:266

50. Prange A, Knoth J, Stößel RP, Böddeker H, Kramer K (1987) Determination of trace elements in the water cycle by total-reflection X-ray fluorescence spectrometry. Anal Chim Acta 195:275
51. Freimann P, Schmidt D (1989) Application of total reflection X-ray fluorescence analysis for the determination of trace metals in the North Sea. Spectrochim Acta 44B:505
52. Knöchel A, Diercks H, Hastenteufel S, Haurand M (1989) Multielement analysis of marine compartments with total reflection X-ray fluorescence analysis. Fresenius Z Anal Chem 334:673

Schwebstoffe, Aschen

53. Bartels B, Freitag K, Rath R (1981) Staubimmission Hamburgs untersucht durch Röntgenfluoreszenz mit totalreflektierendem Probenträger. Forum Städtehygiene 32:220
54. Ketelsen P, Knöchel A (1984) Multielementanalyse von Aerosolen mit Hilfe der Röntgenfluoreszenzanalyse mit totalreflektierendem Probenträger (TRFA). Fresenius Z Anal Chem 317:333
55. Ketelsen P, Knöchel A (1985) Multielementanalyse von größenklassierten Luftstaubproben. Staub Reinhalt Luft 45:175
56. Pets LI, Vaganov PA, Knoth J, Haldna ÜL, Schwenke H, Schnier C, Juga RG (1985) Microelements in oil-shale ash of the baltic thermoelectric power plant. Oil Shale, 379
57. Gerwinski W, Goetz D, Koelling S, Kunze J (1987) Multielement-Analyse von Müllverbrennungs-Schlacke mit der Totalreflexions-Röntgenfluoreszenz (TRFA). Fresenius Z Anal Chem 327:293
58. Leland DJ, Bilbrey DB, Leyden DE, Wobrauschek P, Aiginger H, Puxbaum H (1987) Analysis of aerosols using total reflection X-ray spectrometry. Anal Chem 59:1911
59. Schneider B (1989) The determination of atmospheric trace metal concentrations by collection of aerosol particles on sample holders for total-reflection X-ray fluorescence. Spectrochim Acta 44B:519

Geomaterial

60. Junge W, Knoth J, Rath R (1983) Chemische und optische Untersuchungen von komplexen Titan-Niob-Tantalaten (Betafiten). N Jb Miner Abh 147:169
61. Hentschke U, Junge W, Rath R (1985) Chemical and optical properties of columbites. N Jb Miner Abh 152:113
62. Gerwinski W, Goetz D (1987) Multielement analysis of standard reference materials with total reflection X-ray fluorescence (TXRF). Fresenius Z Anal Chem 327:690
63. Michaelis W, Prange A, Trace analysis of geological and environmental samples by total-reflection X-ray fluorescence spectrometry, Nuclear Geophysics, in press

Biomaterial

64. Knoth J, Schwenke H, Marten R, Glauer J (1977) Determination of copper and iron in human blood serum by energy dispersive X-ray analysis. J Clin Chem Clin Biochem 15:557
65. Batsford S, Rohrbach R, Knoth J, Vogt A, Kluthe R (1983) Diätetische Versuche bei einem definierten Immunmodell (New Zeeland black/white mouse): Der Einfluß erhöhter Zinkzufuhr. Akt Ernähr 8:250

66. von Bohlen A, Klockenkämper R, Otto H, Tölg G, Wiecken B (1987) Qualitative survey analysis of thin layers of tissue samples — Heavy metal traces in human lung tissue. Int Arch Occup Environ Health 59:403
67. Eller R, Weber G (1987) Bestimmung der durch Flavonoide komplexierten Metalle in Zwiebeln mit Totalreflexions-Röntgenfluoreszenzanalyse (TRFA). Fresenius Z Anal Chem 328:492
68. von Bohlen A, Klockenkämper R, Tölg G, Wiecken B (1988) Microtome sections of biomaterials for trace analyses by TXRF. Fresenius Z Anal Chem 331:454
69. Klockenkämper R, von Bohlen A, Wiecken B (1989) Quantification in total reflection X-ray fluorescence analysis of microtome sections. Spectrochim Acta 44B:511
70. Niemann A, von Bohlen A, Klockenkämper R, Keck E (1989) Quantifizierung der Biomineralisation — Gewebekultur und Mikroanalyse. In: Willert HG, Heuck FHW (Hrsg), Neuere Ergebnisse in der Osteologie, Springer Verlag, Heidelberg, S 195—202
71. Prange A, Böddeker H, Michaelis W (1990) Multi-element determination of trace elements in whole blood and blood serum by TXRF. Fresenius Z Anal Chem 335:914
72. Günther K, von Bohlen A (1990) Simultaneous multielement determination in vegetable foodstuffs and their respective cell-fractions by total-reflection X-ray fluorescence (TXRF). Z Lebensm-Unters-Forsch 190:331
73. Knöchel A, Bethel U, Hamm V (1989) Multielement analysis of trace elements in blood serum by TXFA. Fresenius Z Anal Chem 334:673

Chemische Produkte

74. Bilbrey DB, Leland DJ, Leyden DE, Wobrauschek P, Aiginger H (1987) Determination of metals in oil using total reflection X-ray fluorescence spectrometry. X-Ray Spectrom 16:161
75. Haarich M, Knöchel A, Salow H (1989) Einsatz der Totalreflexions-Röntgenfluoreszenzanalyse in der Analytik von nuklearen Wiederaufarbeitungsanlagen. Spectrochim Acta 44B:543
76. Reus U, Freitag K, Fleischhauer J (1989) Trace analysis in ultrapure acids at levels below 1 ng/mL. Fresenius Z Anal Chem 334:674
77. Freitag K, Reus U, Fleischhauer J (1989) The application of TXRF spectrometry for the determination of trace metals in lubricating oils. Fresenius Z Anal Chem 334:675

Oberflächen, dünne Schichten

78. Berneike W, Knoth J, Schwenke H, Weisbrod U (1989) Surface analysis for Si-wafers using total reflection X-ray fluorescence analysis. Fresenius Z Anal Chem 333:524
79. Penka V, Hub W (1989) Detection of metallic trace impurities on Si (100) surfaces with total reflection X-ray fluorescence (TXRF). Fresenius Z Anal Chem 333:586
80. Knoth J, Schwenke H, Weisbrod U (1989) Total reflection X-ray fluorescence spectrometry for surface analysis. Spectrochim Acta 44B:477
81. Penka V, Hub W (1989) Application of total reflection X-ray fluorescence in semiconductor surface analysis. Spectrochim Acta 44B:483
82. Hoffmann P, Zieser KH, Hein M, Flakowski M (1989) Analysis of thin layers by total-reflection X-ray fluorescence spectrometry. Spectrochim Acta 44B:471

83. Hoffmann P, Hein M, Scheuer V, Lieser KH (1990) Application of total-reflection X-ray fluorescence spectrometry in material analysis. Mikrochim Acta 4: in press

Methodenvergleiche

84. Knöchel A, Petersen W (1983) Ergebnisse einer Ringanalyse von Elbwasser auf Schwermetalle. Fresenius Z Anal Chem 314:105
85. Michaelis W, Fanger HU, Niedergesäß R, Schwenke H (1985) Intercomparison of the multielement analytical methods TXRF, NAA and ICP with regard to trace element determinations in environmental samples. In: Sansoni B (ed) Instrumentelle Multielement-Analyse, VCH Verlagsgesellschaft, Weinheim, pp 693–710
86. Michaelis W (1986) Multielement analysis of environmental samples by total-reflection X-ray fluorescence spectrometry, neutron activation analysis and inductively coupled plasma optical emission spectroscopy. Fresenius Z Anal Chem 324:662
87. Burba P, Willmer PG, Klockenkämper R (1988) Elementspuren-Bestimmungen (AAS, ICP-OES, TRFA) in natürlichen Wässern nach Voranreicherung: ein Vergleich. Vom Wasser 71:179

Die direkte Analyse von Feststoffen mit der Graphitrohr-AAS

Professor Dr. Ulrich Kurfürst

Fachhochschule Fulda, FB Haushalt und Ernährung
Marquardstraße 35, D-36039 Fulda

Analytiker Taschenbuch Bd. 10. Herausgegeben von H. Günzler et al.

1 Einleitung

Die Bestimmung von Spurenelementen direkt aus der festen Probe erfüllt die wichtigste spurenanalytische Grundregel: Die Probe sollte vor der Analyse möglichst wenig vorbehandelt werden, denn jeder Schritt der Probenvorbereitung erhöht die Gefahr, ein falsches Analysenergebnis zu erhalten.

Bei ihrer Entwicklung der Graphitrohrtechnik für die Atomabsorptionsspektrometrie in den sechziger Jahren hatten L'vov und Massmann erkannt, daß sich diese Atomisierungseinheit hervorragend zur direkten Feststoffanalyse eignet [1]. Aber bei den vielfältigen und umfangreichen Versuchen, die sie und andere durchführten, zeigte sich, daß eine problemlose und vor allem richtige Analyse damals nur in wenigen Fällen möglich war. Im Laufe der Entwicklung gelang es einzelnen Wissenschaftlern, zunehmend Feststoffproben gut zu analysieren [2]. Damit konnte gezeigt werden, welches Potential in der Graphitrohrtechnik und der Feststoffanalytik liegt, eine breite Anwendung fand diese Methode jedoch zunächst nicht.

Eine Reihe von Schwierigkeiten konnte zunächst nicht überwunden werden. Dazu gehörten die analytischen Probleme, die durch unbekannte und wechselnde Begleitsubstanzen hervorgerufen werden (z. B. hoher Untergrund und Störungen durch die Begleitsubstanzen), aber auch technische Unzulänglichkeiten (z. B. die damals schwierige und aufwendige mg- und µg-Wägetechnik).

Die analytischen Fehlschläge bei der Benutzung der Graphitrohrtechnik — auch bei der Analyse von Aufschlußlösungen — hatten zur Folge, daß in den letzten zwei Jahrzehnten die Chemie der Spurenelemente gründlich erforscht wurde. Mögliche Störungen in jedem Teilschritt des Analyseverfahrens wurden isoliert und einzeln untersucht. Dieser mühsame Weg war überaus erfolgreich, so daß heute Verfahren zur Verfügung stehen, die ausreichend richtige Analysen erlauben. Allerdings sind diese Verfahren, die auf einer chemischen Abtrennung der Begleitsubstanzen beruhen, meist sehr komplex, setzen viel Erfahrung bei der zuverlässigen Anwendung voraus und erfordern — trotz Automation — einen großen zeitlichen, personellen, räumlichen und gerätetechnischen Aufwand.

Mit instrumentellen Entwicklungen, die in den letzten 10 Jahren erfolgreich durchgeführt wurden (z. B. Untergrundkorrektur durch Ausnutzung des Zeemaneffekts, Techniken der isothermen Atomisierung, hochauflösende und schnelle digitale Signalverarbeitung), sind heute die Voraussetzungen gegeben, Feststoffe auch direkt mit der Graphitrohr-AAS zu analysieren. Auf dieser Grundlage konnte eine Methodik der Feststoffanalyse entwickelt werden, die ein hohes Maß an Richtigkeit und Präzision gewährleistet.

2 Instrumentelle Voraussetzungen

Die instrumentellen Bedingungen müssen den Besonderheiten dieser Methode Rechnung tragen, um sie erfolgreich anwenden zu können. Das ist bei AAS-Geräten, die bereits im Labor vorhanden sind, häufig nicht vollständig möglich, da diese für die Analyse von Lösungen entwickelt und optimiert wurden. Probleme bei der Feststoffanalyse bzw. Fehlschläge sind daher oft nicht in der Begrenztheit der Methode, sondern in unzureichenden instrumentellen Voraussetzungen zu suchen.

Durch Modifikation der Geräte (vor allem der Graphitrohrsysteme), wie sie inzwischen durch manche Hersteller angeboten werden, ist jedoch in vielen Fällen eine Feststoffanalyse möglich. Für den Einsatz der Feststoffanalyse in der Routine sollte jedoch das gesamte System auf diese Methode eingerichtet und optimiert werden.

2.1 Untergrundkorrektur

Feste Proben rufen i. a. bei der Atomisierung im Graphitrohr hohe unspezifische Absorptionen hervor. Der Untergrund kann durch Streuung an Partikeln (z. B. Rauch), durch Molekülabsorption oder durch die Absorption anderer Atome hervorgerufen werden. Das zur Feststoffanalyse verwendete Spektrometer muß deshalb über eine Einrichtung zur Untergrundkorrektur verfügen.

Ist die Untergrundabsorption gering (z. B. bei geologischen und metallurgischen Proben) kann die herkömmliche Untergrundmessung und -korrektur mit einem Kontinuumstrahler (z. B. Deuteriumstrahler) ausreichend sein. Diese Technik ist jedoch bei sehr hoher Untergrundabsorption, wie sie z. B. bei der Atomisierung biologischer Proben auftreten kann, häufig überfordert.

Eine Hilfe kann in diesen Fällen eine thermische oder chemische Vorbehandlung der Probe im Graphitrohr sein. Diese Techniken sind auch bei der Lösungsanalytik üblich und können bei der Methodenentwicklung berücksichtigt werden (s. 3.5.1).

Tritt eine Störung durch strukturierten Untergrund auf (Molekül- oder Atomabsorption), versagt die Untergrundmessung mit einem Kontinuumstrahler meistens vollständig (das spektroskopische Meßprinzip erlaubt die Erkennung solcher Absorption nicht). In diesen Fällen ist zur einfachen und schnellen Analyse solcher Proben eine leistungsfähigere Technik zur Untergrundkorrektur notwendig.

Die Ausnutzung des Zeemaneffekts (Termaufspaltung im Magnetfeld) zur Untergrundmessung und -korrektur (ZAAS) gilt heute als die fortgeschrittenste Technik. Unspezifische Absorptionen bis 2 Extinktionen können damit noch erfaßt werden. Auch strukturierten Untergrund kann die ZAAS wegen des Liniencharakters des Referenzsignals erkennen und korrigieren.

Besonders vorteilhaft für die Analyse fester Stoffe ist die direkte ZAAS, da bei dieser der notwendige starke Magnet an der Strahlungsquelle wirkt und so das Absorptionsvolumen nicht begrenzt [3]. Ein großes Graphitrohr erleichtert die Probeneinbringung, und der analytische Nachweisbereich ist für die meisten Proben günstiger (s. 2.3, 3.2 und 3.4).

In den letzten Jahren sind jedoch auch die Grenzen der ZAAS deutlich geworden. Unter besonderen spektralen Bedingungen können Moleküle oder andere Atome als Begleitsubstanzen (die bei der Feststoffanalyse nicht abgetrennt werden können) zu Störungen führen, die auch durch die ZAAS nicht richtig erfaßt werden.

Tabelle 1 zeigt bis heute bekannte und identifizierte Störungen bei der ZAAS und führt Beispiele auf, die sich bei feststoffanalytischen Messungen gezeigt haben. Das Auftreten einer solchen Störung zeigt sich meist durch ein positives oder negatives Signal, das nicht durch den Analyten hervorgerufen sein kann. Abbildung 1 zeigt ein Beispiel für die Störung durch das zweiatomige Schwefelmolekül bei der Analyse einer Feststoffprobe.

Tabelle 1. Einige Analysenlinien, bei denen gasförmige Moleküle im Graphitrohr mit der ZAAS zu spektralen Störungen führen können (s. Abb. 1)

Element	Analysenlinie [nm]	Störende Komponente	Störung möglich bei der Feststoffanalyse (Beisp.)
Ag	328,1	PO	Staub, Klärschlamm
Cd	326,1	PO	Staub, Klärschlamm
Tl	276,8	CS	Kohle, Pflanzen
Pb	283,3	S_2	Kohle, Pflanzen
Zn	213,9	Fe	eisenhaltige Metalle

Auch ein leistungsfähiges System zur Untergrundkorrektur entbindet den Analytiker deshalb nicht davon, den auftretenden Untergrund zu beachten. Die Strahlung darf nicht vollständig abgeblockt (Extinktion > 2) werden, und es dürfen keine nichtanalytischen Signale auftreten. Durch die Verringerung der Probenmasse oder die Änderung des Temperaturprogramms können in manchen Fällen solche Störungen ausreichend reduziert werden (so kann z. B. die S_2 Störung durch einen geringeren Temperaturanstieg während der Atomisierung „abgetrennt" werden).

Die Untergrundkorrektur mittels Hochstrompulsen der Strahlungsquelle (Smith/Hieftje-Technik) entspricht in ihrer Leistungsfähigkeit der Zeeman-Technik. Sie ist jedoch wegen ihres Meßprinzips (Untergrundmessung durch die selbstumgekehrte Analysenlinie) nur bei den empfindlichen Analysenlinien wirksam. Deshalb ist sie für die Feststoffanalyse nur begrenzt einsetzbar (s. 3.2).

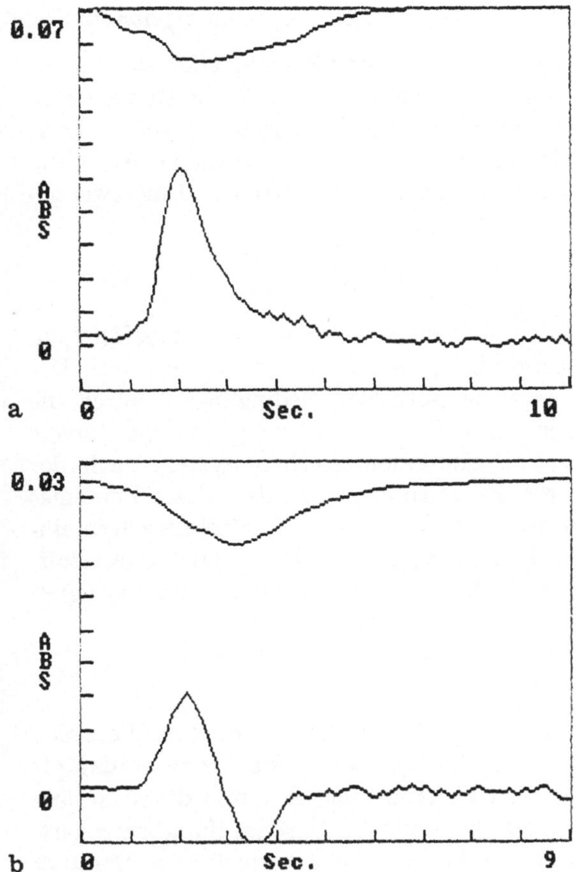

Abb. 1. Die Signalverläufe bei der Bleibestimmung (283,3 nm) mit der ZAAS für Milchpulver (**a**) und für pulverisiertes Gras (**b**). Durch den hohen Schwefelgehalt im Gras gibt es eine spektrale Störung durch das S_2-Molekül (negativer Peak). Diese Störung tritt bei allen ZAAS-Techniken auf

2.2 Isotherme Atomisierungsbedingungen

Neben den unspezifischen Absorptionen sind es auch die Störungen bei der Verdampfung und Atomisierung im Graphitrohr (Störungen durch Begleitsubstanzen), die die direkte Analyse von festen Proben behindern können.

Umfangreiche Untersuchungen haben gezeigt, daß diese Art Störungen drastisch reduziert werden können, wenn bei der Atomisierung möglichst isotherme Bedingungen herrschen. Dieser Begriff meint, daß die Atomisierung der Probe erst dann erfolgt, wenn das Gas im Absorptionsvolumen die zur vollständigen Atomisierung notwendige Temperatur erreicht hat.

Dieser Effekt kann durch verschiedene technische Modifikationen der herkömmlichen Graphitrohrtechnik (unterschiedlich stark) erreicht werden.

2.2.1 Trennung von Verdampfungs- und Atomisierungs-/Absorptionsort

Wird, getrennt vom eigentlichen Absorptionsvolumen, eine zweite, beheizbare Küvette eingesetzt, ist es möglich, dort die Probe zu verdampfen. Werden die Gase in das vorgeheizte Absorptionsrohr überführt, herrschen dort gute isotherme Bedingungen für eine vollständige Atomisierung [4]. Diese Möglichkeit ist durch die zwei Küvetten und die zwei getrennten Heizkreise technisch aufwendig.

2.2.2 Räumlich isothermer Graphitrohratomisator

Wird der Heizstrom für die Graphitküvette seitlich radial zugeführt, so tritt kein achsialer Temperaturgradient im Absorptionsvolumen auf. Dabei ergeben sich auch gute zeitliche isotherme Bedingungen, durch die Störungen in der Gasphase deutlich reduziert werden [5]. Darüber hinaus konnte gezeigt werden, daß sich mit einem solchen System auch der Untergrund deutlich vermindert. Es ist zu erwarten, daß dieser Typ eines Graphitatomisators wegen seiner Vorteile von AAS-Geräteherstellern eingeführt wird. Es wäre wünschenswert, daß sie dabei auch „feststoffgerecht" konstruiert werden (z. B. für ein Probeneingabesystem geeignet sind und unempfindlich betrieben werden können).

2.2.3 Plattformtechnik (L'vov-Plattform)

Wird die Probe in der Graphitküvette auf einer nicht stromdurchflossenen Plattform abgelegt, heizt sich das Gas auf, bevor die Probe verdampft wird. Die Plattform wird wie das Gas hauptsächlich durch die Strahlung der Rohrwand aufgeheizt. Dadurch wird die Verdampfung verzögert, und die Probendämpfe treten in eine heißere Gasatmosphäre ein. Dadurch ist die Atomisierung vollständiger, und die Störungen durch Begleitsubstanzen können so deutlich reduziert werden [6].

Analyte in Lösungen, die auf der Plattform eingedampft werden, bilden zusammen mit der Plattform den „thermischen Ballast". Die Verzögerung der Atomisierung des Analyten ist dann abhängig von Masse und Oberfläche der Plattform. Feststoffproben, die lose auf der Plattform liegen, sind nicht vollständig an deren Aufheizung gekoppelt, sie stellen selber eine „Plattform" dar. Durch ihre geringe Masse ist die Atomisierungsverzögerung weniger ausgeprägt.

Der zeitliche Temperaturverlauf kann durch Gleichsetzung der durch Strahlung übertragenen Wärme und der dadurch erfolgenden Temperaturerhöhung der Plattform (Wärmekapazität) abgeschätzt werden [7]

$$\frac{dT_P}{dt} = \sigma\, C_{W/P}\,(T_W^4 - T_P^4)\,\frac{A_P}{c \cdot m}$$

σ ist die Strahlungskonstante ($5{,}67 \times 10^{-8}$ W/m^{2}K^4), T_P und T_W sind die Temperaturen von Plattform und Rohrwand, A_P, m und c sind Oberfläche, Masse, Wärmekapazität der Plattform.

$C_{W/P}$ ist der Strahlungsaustauschkoeffizient, der sich bei zwei umhüllenden Oberflächen (glühendes Rohr lang gegenüber der eingelegten Plattform) aus den Emissionsfaktoren und dem Verhältnis der Oberflächen A_W/A_P von Wand und Plattform berechnet.

Abbildung 2 zeigt die so errechneten Temperaturverläufe für einen Probenträger bei einem vorgegebenen Temperaturanstieg des Rohrs. Außerdem sind die Temperaturverläufe eingetragen, die sich für organische Proben errechnen. Es wird daraus deutlich, daß die analytischen Signale von Feststoffen früher als die von Lösungen erscheinen müssen, die isothermen Bedingungen sind nicht voll ausgeprägt.

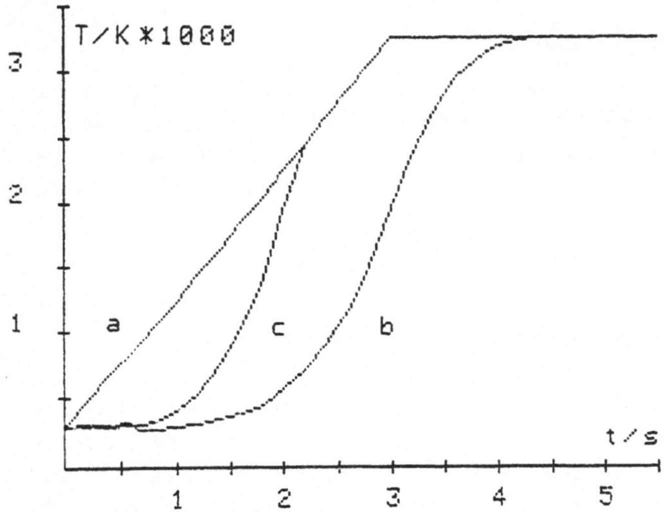

Abb. 2. Temperaturverläufe für ein Graphitrohr (*a*) (Temperaturanstieg 1000 K/s) und die berechneten Temperaturverläufe für einen Probenträger (*b*) mit $A = 1\ cm^2$, $m = 140$ mg, $C = 0{,}95$) und eine organische Probe (*c*) mit $A = 0{,}1\ cm^2$, $m = 2$ mg, $C = 0{,}8$

Erscheinen die Signale von Lösungen bei einem Probeneingabesystem früher als die Signale aus dem Feststoff, so liegen Bedingungen ähnlich der reinen Wandatomisierung vor. Bei dieser wird die eingetrocknete Lösung mit der heißen Rohrwand schnell freigesetzt, während die Feststoffsignale etwas verzögert werden (s. Lit. 13). Bei solchen Probeneingabesystemen sind die isothermen Bedingungen weiter eingeschränkt, Störungen durch Begleitsubstanzen wirken sich stärker aus [8, 9]. (Eine stärkere Verzögerung der Atomisierung kann bei solchen Probenträgern durch Matrixmodifikation erreicht werden, so daß die Gastemperaturen ausreichend ansteigen kann [9].)

Obwohl bei der Plattformtechnik nicht vollständig isotherme Bedingungen herrschen — abhängig von der Ausführung der Plattform, der Probenart, der Atomisierungstemperatur und der Aufheizgeschwindigkeit —, hat sie sich heute durchgesetzt, da sie einfach zu realisieren ist.

Für die Feststoffanalytik hat die Plattformtechnik darüber hinaus den Vorteil, daß die Plattform gleichzeitig als Probenträger benutzt werden kann.

2.2.4 Sondentechnik

Wird die Probe mit einer Sonde durch eine radiale Bohrung von der Seite in das Rohr eingebracht, nachdem das Rohr bereits seine Endtemperatur erreicht hat, herrschen im Absorptionsvolumen gute isotherme Bedingungen. Wird die Sonde in das noch kalte Rohr eingebracht und dieses erst danach aufgeheizt, wirkt die Sondenspitze wie eine L'vov-Plattform [10].

Diese Möglichkeit ist technisch dann einfach zu realisieren, wenn das Graphitrohr seitlich zugänglich ist. Das für die Feststoffeinbringung notwendige relativ große Loch in der Rohrwand verändert jedoch das Temperaturprofil über der Rohrlänge nachteilig.

2.2.5 Superschnelle Aufheizung

Wird die Graphitküvette mittels einer kapazitiven Entladung extrem schnell aufgeheizt (100000 K/s!), so treten die Probendämpfe ebenfalls schon in eine heiße Gasatmosphäre ein, es herrschen quasi-isotherme Bedingungen [11]. Diese Möglichkeit setzt jedoch einen erheblichen technischen Aufwand für die Stromerzeugung voraus.

2.3 Vorrichtung zur Handhabung fester Proben

Die Bedingungen für den Umgang mit Feststoffproben sind sehr verschieden von denen für flüssige Proben. Das betrifft Dosierung, Quantifizierung und Transport der Analysenproben. Während bei flüssigen Proben alle drei Teilschritte integriert mit der Pipette durchgeführt werden, sind diese Prozeßschritte bei festen Proben getrennt.

2.3.1 Direkte Einbringung der Proben ins Graphitrohr

Zum Transport und zum Einbringen der festen Proben in das Graphitrohr wurde früher häufig ein löffelförmiger Spatel verwendet, mit dem die Probe im Rohr einfach abgekippt wird. Diese Technik ist aus mehreren Gründen unbefriedigend. Die Ablagestelle ist nicht reproduzierbar einzuhalten, darunter leidet die Präzision der Messung erheblich. Die Probenpartikel lösen sich meist nicht vollständig vom „Löffel", so daß dieser nachgewogen werden muß. Darüber hinaus ist das Gewicht dieses Instruments im Verhältnis zum Probengewicht so groß, daß sich Probleme mit der Wägung ergeben (Tarierbereich). Weiter können die Probenreste nach der Analyse nicht aus dem Rohr entfernt werden, so daß nachfolgende Analysen ungünstig beeinflußt werden können.

Beim Einsatz einer „Feststoffpipette" [12] treten ähnliche Probleme auf. Diese Systeme haben sich deshalb für die Feststoffanalyse im allgemeinen nicht bewährt. Dennoch kann es im Einzelfall möglich und erfolgreich sein, sie einzusetzen.

2.3.2 Transport und Einbringung mit einem Probenträger

Ein kleiner Probenträger aus Graphit (oder einem hochschmelzenden Metall), in den die Probe eingewogen wird, der mit der Probe in die Atomisierungszelle eingebracht wird und der dort während der Analyse verbleibt, überwindet die o. g. Nachteile. Graphitrohre mit Probenträgern werden von einigen Geräteherstellern passend zu ihren Geräten angeboten (Abb. 3).

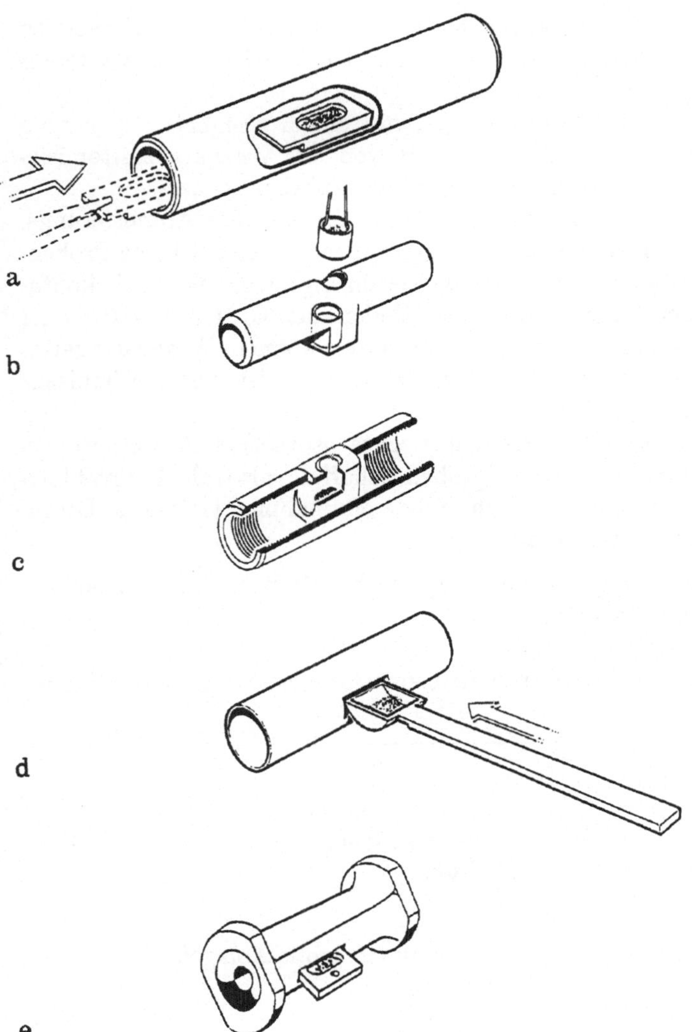

Abb. 3. Verschiedene Probenträger für Feststoffe als Probeneingabesysteme in die Graphitküvette. **a** Plattform-Schiffchen (Grün), **b** Miniature-Cup (Hitachi), **c** Cup-in-Tube (Perkin Elmer), **d** Autoprobe (Philips), **e** Microboat (Instrumentation Laboratory)

Für eine befriedigende Handhabung der Proben und günstige analytische Eigenschaften müssen an ein Probeneingabesystem die folgenden Anforderungen gestellt werden:

- Die Analysenprobe muß ohne Schwierigkeiten auf den Probenträger aufgebracht werden können. Besonders vorteilhaft ist es, wenn die Probenablagefläche so einfach zugänglich ist, daß die Analysenprobe gleich nach dem Tarieren des Probenträgers schon auf dem Wägeteller aufgegeben werden kann.
- Der Probenträger (und die gesamte Atomisierungseinheit) sollte eine ausreichende große Einzelprobe aufnehmen können. So hat eine pulverisierte biologische Probe von 10 mg ein Volumen von ca. 20 mm^3.

- Das Gewicht des Probenträgers sollte im elektronischen Tarierbereich der eingesetzten Waage liegen, um die Unsicherheit und die Dauer der Wägung gering zu halten.
- Das Greifen und Halten des Trägers mit einem geeigneten Werkzeug und der Transport des Probenträgers von der Waage zur Atomisierungseinheit muß einfach und sicher durchführbar sein.
- Die Einbringung des beladenen Probenträgers in die Atomisierungseinheit muß ruckfrei und reproduzierbar erfolgen, damit keine Probenpartikel herausfallen können. Jede Berührungsmöglichkeit mit kontaminierten Flächen (z. B. den kalten Enden der Graphitkuvette oder der Druckstücke) muß ausgeschlossen werden können. Wegen der geringen Abmessungen im und um den Probenraum ist eine mechanische Führung von großem Vorteil.
- Der Probenträger sollte möglichst gute isotherme Atomisierungsbedingungen für die Feststoffproben schaffen, also als L'vov-Plattform wirken (soweit nicht durch andere Maßnahmen isotherme Bedingungen erzeugt werden können).

Tabelle 2 zeigt den Vergleich der Graphitrohr-/Probenträgersysteme von Abb. 3 unter diesen Kriterien.

Tabelle 2. Vergleich verschiedener Probeneingabesysteme für feste Proben (s. Abb. 3)

Feststoff-Schiffchen [7]	
Hersteller	Grün-Analysengeräte (Plattform-Schiffchen)
Masse des Probenträgers	130 mg
Durchmesser Graphitrohr (innen)	8 mm
Probenaufbringung	einfach durch große Ablagefläche (4 × 7 mm)
Max. Masse für biologische Proben	ca. 15 mg
Greifen und Transport	einfach und sicher durch einen Spezialgreifer (Pinzette)
Einbringung in das Graphitrohr	axiale Einbringung mit dem Spezialgreifer in das (große) Rohr, präzise und ruckfrei durch eine mechanische Führung
Entfernung der Probenreste	einfach wegen großer offener Ablagefläche
Isotherme Atomisierung	wirkt als L'vov-Plattform
Untergrundkompensation	Zeeman-Effekt (Magnet an Spektralquelle)
Probentiegel [12]	
Hersteller	Hitachi (Miniature Cup)
Masse des Probenträgers	35 mg
Probenaufbringung	Probeneinfüllung schwierig wegen kleiner Tiegelöffnung (2,5 mm), nicht möglich direkt auf der Waage (Probenpartikel fallen leicht seitlich vorbei)
Graphitrohrdurchmesser	4 mm (Tiegel außerhalb des Strahls)
Max. Masse für biologische Proben	1–2 mg

Tabelle 2. (Fortsetzung)

Greifen und Transport	mit Spezialpinzette von oben, dadurch nicht direkt von der Wägeschale möglich, Umgreifen notwendig
Einbringung in das Graphitrohr	Radiale Einführung durch eine vergrößerte Bohrung in der Rohrwand, wenig Spiel, dadurch nicht ruckfrei
Entfernung der Probenreste	schwierig wegen kleiner Öffnung, Spezialinstrument notwendig
Isotherme Atomisierung	leichte Verzögerung der Atomisierung durch Ausbuchtung auf der Unterseite des Graphitrohres zur Ablage des Tiegels (thermischer Ballast)
Untergrundkompensation	Zeeman-Effekt (Magnet am Graphitrohr)
Probenkapsel [15]	
Hersteller	Perkin Elmer (Cup-in-Tube)
Masse des Probenträgers	180 mg
Probenaufbringung	schwierig, da abgedeckte Ablagefläche, seitliche Öffnung 3,4 × 4,2 mm
Graphitrohrdurchmesser (innen)	6 mm (Öffnung der Kapsel begrenzt die Apertur)
Max. Masse für biologische Proben	2–4 mg
Greifen und Transport	mit Spezialpinzette, von oben in der Gasauslaßbohrung, dadurch nicht direkt von der Wägeschale möglich, Umgreifen notwendig
Einbringung in das Graphitrohr	durch eine Ausfräsung in der Rohrwand, Passung sehr eng, dadurch nicht ruckfrei möglich
Entfernung der Probenreste	schwierig, da Ablagefläche schlecht zugänglich
Isotherme Atomisierung	durch die geschlossene Kapsel wird auch die Aufheizung des Gases verzögert, dadurch schlechte isotherme Bedingungen
Untergrundkompensation	Zeeman-Effekt (Magnet am Graphitrohr)
Sondenträger [17]	
Hersteller	Philips (Autoprobe)
Masse des Probenträgers	440 mg
Probenablage	einfach durch große Ablagefläche
Durchmesser Graphitrohr (innen)	5 mm
Max. Masse für biologische Proben	10 mg
Greifen und Transport	einfaches und sicheres Greifen am „Löffelstiel" der Sonde
Einbringung in das Graphitrohr	radiale Einführung des „Probenlöffels", präzise und ruckfrei durch elektromechanische Führung
Entfernung der Probenreste	einfach durch die große offene Ablagefläche

Tabelle 2. (Fortsetzung)

Isotherme Atomisierung	wirkt als L'vov-Plattform (vollständig isotherme Bedingungen, wenn die Sonde erst nach der Aufheizung des Rohres eingeführt wird
Untergrundkompensation	Kontinuumstrahler
Feststoff-Schiffchen [13, 16]	
Hersteller	Instrumentation Laboratory (Microboat) Philips (tube and platform)
Masse des Probenträgers	120 mg
Probenaufbringung	einfach durch große Ablagefläche (6 × 4 mm)
Durchmesser Graphitrohr	6 mm
Max. Masse für biologische Proben	10 mg
Greifen und Transport	mit Spezialgreifer
Einbringung in das Graphitrohr	durch eine Ausfräsung in der Rohrwand, nicht ruckfrei möglich
Entfernung der Probenreste	einfach durch eine zugängliche Ablagefläche
Isotherme Atomisierung	wirkt als L'vov-Plattform (wenn Schiffchen nicht flächig auf Rohrwand aufliegt)
Untergrundkompensation	Kontinuumstrahler oder S/H-System

2.4 Wägung

Zur Quantifizierung einer dosierten Probe muß eine Mikrowaage verwendet werden, da Einwaagen bis hinunter zu 20 μg möglich sein sollten. Eine Bestimmung der Masse über eine andere Größe, z. B. das Volumen, ist meist nicht möglich. Nur bei anderen Bezugsgrößen für das Analysenergebnis kann auf die Mikrowaage verzichtet werden (z. B. die Länge bei Drahtstücken oder die Fläche bei Filterabschnitten).

Als besonders vorteilhaft haben sich oberschalige Waagen erwiesen (bisher nur erhältlich: Sartorius MP 500 P), da durch die Festigkeit des Wägetellers dic Handhabung wesentlich einfacher ist als bei schwingenden (Unter-) Schalen.

Im letzten Jahrzehnt hat die Mikrowägetechnik einen so großen Entwicklungsfortschritt gemacht, daß Wägezeiten unter 30 Sekunden ohne speziellen Wägetisch (oder -raum) möglich sind. Damit liegt sie unter der Zeit, die für die Behandlung der Probe im Graphitrohr notwendig ist! Dadurch ist es möglich, daß mit zwei Probenträgern gleichzeitig gearbeitet werden kann (während eine Analyse läuft, findet bereits ein erneutes Einwiegen statt). Die Zeit für die Analyse wird damit hauptsächlich vom Temperaturprogramm der Graphitküvette bestimmt.

Der elektronische Tarierbereich moderner Mikrowaagen ist meist groß genug, um das Gewicht des Probenträgers austarieren zu können, ohne daß zeitraubende mechanische Umschaltprozesse mit langen Einschwingzeiten notwendig sind.

2.5 „Feststoffware“

Damit die Vorteile der direkten Analyse von Feststoffen genutzt werden können, ist eine spezielle Datenerfassung und -bearbeitung notwendig, die die Eigenschaften und Besonderheiten dieser Methode berücksichtigt.

Da im Unterschied zur Lösungsanalyse jede Einzelprobe ein unterschiedliches Gewicht hat (eine exakt reproduzierbare Einwaage wäre sehr aufwendig), muß das jeweilige Probengewicht erfaßt und für die Ermittlung des Gehaltes aus dem Analysensignal gespeichert werden.

Ein besonderer Vorteil der Feststoffanalyse liegt darin, daß das Ergebnis jeder Einzelmessung den folgenden Analysengang beeinflussen kann. Dazu ist die Berechnung des Einzelergebnisses nach jeder Einzelanalyse notwendig, einschließlich des mitlaufenden Mittelwerts und zugehöriger Standardabweichung.

Damit der Analytiker sich auf die Probenhandhabung konzentrieren kann, sollte dieser Vorgang automatisch ablaufen, d. h., die Waage sollte an das Datensystem angeschlossen sein, und eine entsprechende Software sollte zur Verfügung stehen.

Neben dieser Minimalforderung ergeben sich aus der Methodik eine Reihe weiterer Forderungen an die Datenverarbeitung, die dann wichtig werden, wenn die Feststoffanalyse in der Routine eingesetzt werden soll. Das betrifft vor allem die Methodenentwicklung und die statistische Auswertung (s. a. 3.3 u. 3.7).

2.6 Ergonomischer Arbeitsplatz

Solange die Feststoffanalyse noch nicht vollständig automatisiert abläuft, ist ein kontinuierliches Dosieren, Einwiegen und Transportieren der Proben am Gerät notwendig. Wird außerdem mit zwei Probenträgern gleichzeitig gearbeitet, um eine möglichst hohe Analysenfrequenz zu erreichen, so stellt das erhebliche Anforderungen an den Bediener. Lange Wege,

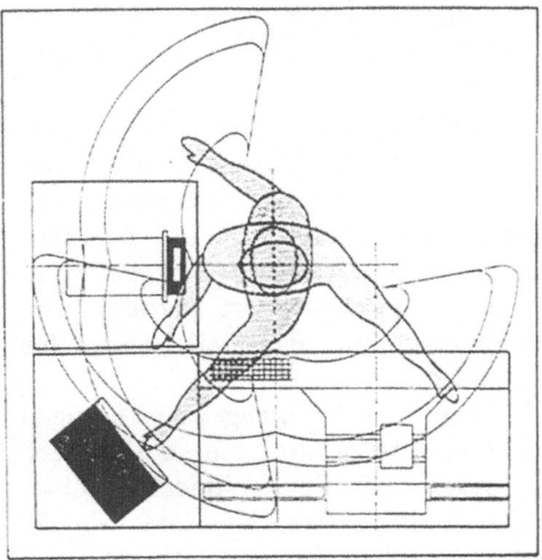

Abb. 4. Skizze zur ergonomischen Anordnung von Spektrometer, Datenstation und Waage für einen feststoffanalytischen Arbeitsplatz

körperliche Verrenkungen und ruckhafte Transportvorgänge müssen vermieden werden. Der gesamte Analysegang sollte deshalb im Sitzen durchgeführt werden können. Eine Aufstellung von Spektrometer, Waage und Datenstation in einem rechten Winkel (Abb. 4) hat sich als besonders günstig erwiesen.

3 Methodik

Die wählbaren Parameter wie Einwaagebereich, Anzahl der Einzelmessungen, Kalibrierverfahren, Analysenline usw. sind — mehr als bei der Lösungsanalytik — in komplexer Weise voneinander und von den nicht wählbaren Gegebenheiten (Matrix, Homogenität, Gehalt des Analyten, usw.) abhängig.

Die folgende Darstellung darf deshalb nicht als „Checkliste" verstanden werden. Bei der Analysenplanung und einer Methodenentwicklung muß ein günstiger Kompromiß zwischen den manchmal gegenläufigen Abhängigkeiten gefunden werden.

3.1 Probenvorbereitung

Die im folgenden dargestellte Methodik bezieht sich auf Feststoffproben, die einen Probenvorbereitungsprozeß durchlaufen haben, der auch zur Durchführung der Lösungsanalytik (vor dem chemischen Aufschluß) üblich ist. Das ist im allgemeinen das Trocknen und das Mahlen bzw. Homogenisieren.

Ein Mahlen, das die Partikelgröße darüber hinaus deutlich vermindert, würde instrumentell und zeitlich einen erheblichen Aufwand bedeuten [18]. Außerdem steigt die Gefahr einer Sekundärkontamination durch verstärkte mechanische Behandlung. Die wichtigsten Vorteile der Feststoffanalyse gingen damit verloren.

Allerdings sollten die Mahl- und Homogenisierungstechniken mit Sorgfalt gewählt und durchgeführt werden, damit die günstigsten Ergebnisse erzielt werden. Diese Techniken sind bekannt bzw. müssen für den konkreten Probentyp ermittelt werden.

An dieser Stelle soll nur auf eine im Rahmen der Untersuchung über die Feststoffanalyse gefundene Mahltechnik für biologische Proben hingewiesen werden: Kleine elektrische Kaffeemühlen mit einem Schlagwerk (rotierendem Messer) bringen hervorragende Mahlergebnisse bei sehr kurzen Zeiten (ca. 1 min), wenn der Mahlraum durch eine Zwischenwand so verkleinert wird, daß die Probe nicht hochgeschleudert werden kann. Es konnten keine Sekundärkontaminationen durch das Metallmesser für Pb, Cd, Zn, As und Cu nachgewiesen werden.

Bei der Bestimmung von Gehalten, die auf das Trockengewicht bezogen sein sollen, ist bei der direkten Feststoffanalyse zu beachten, daß pulverisierte Proben häufig stark hygroskopisch sind. Schon innerhalb einer Stunde nach der Trocknung können sie fast das Gleichgewicht mit der Luftfeuchte erreicht haben. Für biologische Proben sind Wassergehalte von 3–8% typisch. Für die Feststoffanalyse ist es günstig, Proben mit der Gleichgewichtsfeuchte zu analysieren, und ggf. das Ergebnis nach einer Feuchtebestimmung zu korrigieren (s. a. 3.3.3).

3.2 Wahl der Analysenlinie

In der Atomabsorptionsspektrometrie steht mit einer Analysenline nur ein begrenzter dynamischer Bereich für die Masse des Analyten zur Verfügung, er umfaßt ca. zwei Zehnerpotenzen. Die Variation der Probenmasse für eine konkrete Probe ist ebenfalls meistens nur um zwei Größenordnungen möglich.

Der Nachweisbereich für den Gehalt des Analyten in der Feststoffprobe, der mit einer Analysenline erfaßbar ist, errechnet sich aus diesen beiden Größen mit den Beziehungen (Einheiten als Beispiel)

geringster nachweisbarer Gehalt (ng/g)

$$= \frac{\text{geringste Masse des Analyten (Nachweisgrenze) (pg)}}{\text{größte mögliche Probenmasse (mg)}}$$

höchster nachweisbarer Gehalt (mg/g)

$$= \frac{\text{größte Masse des Analyten (Krümmung der Kal.-Kurve) (ng)}}{\text{kleinste mögliche Probenmasse } (\mu\text{g})}$$

Bezogen auf den Nachweisbereich der empfindlichen Analysenlinien, die in der AAS üblicherweise benutzt werden, haben viele Proben einen deutlich höheren Gehalt als sich nach dieser Berechnung ergibt. (Diese „Fehlanpassung“ liegt darin begründet, daß die modernen AAS-Geräte für die Lösungsanalytik entwickelt wurden. Dabei muß die durch den Aufschluß hervorgerufene Verdünnung — oft bis zu 1/100 — durch bessere Nachweisgrenzen des Gerätes kompensiert werden. Neben der Verbesserung der Spektrallampen wurde das vor allem durch Graphitrohre mit kleinem Absorptionsvolumen und schnellen Temperaturanstiegen erreicht.)

Eine Reduktion der Empfindlichkeit ist durch Erhöhung des Transportgasstromes erreichbar. Allerdings darf dieser nicht zu stark sein, da sich die analytischen Eigenschaften des Graphitrohrsystems dadurch verschlechtern (verminderte isotherme Bedingungen) [9]. Bei pulverisierten Proben besteht außerdem die Gefahr, daß Probenpartikel aus dem Probenträger geblasen werden.

So bleibt sehr häufig nur die Möglichkeit, die Analyse mit einer unempfindlicheren Analysenlinie durchzuführen. Glücklicherweise gibt es für die meisten Elemente mehrere Linien mit unterschiedlicher Empfindlichkeit. Tabelle 3 führt für einige Elemente die zur Verfügung stehenden Analysenlinien auf.

Beispiel

Es soll Cadmium in einem belasteten Material bestimmt werden. Der mögliche Einwaagebereich umfaßt 0,1 mg–10 mg. Die Cd-Resonanzlinie bei 228,8 nm habe einen Nachweisbereich von 0,001 ng–200 ng. Damit

Tabelle 3. Unterschiedlich empfindliche Analysenlinien für einige Elemente (Angaben zum Nachweisbereich für die Geräte SM-20/30, Grün-Analysengeräte; für die anderen Graphitrohrsysteme liegen wegen der kleineren Graphitrohre die Nachweisbereiche teilweise deutlich niedriger)

Element	Analysenlinie (nm)	Nachweisbereich (ng)
Ag	328,1	0,005–1
	338,3	0,5–50
Al	309,3	0,05–10
Au	242,8	0,01–5
	267,6	1–100
As	193,7	0,05–20
	197,2	1–80
Cd	228,8	0,001–0,2
	326,1	1–100
Cr	359,3	0,05–5
	425,4	1–40
Cu	324,8	0,02–10
	249,2	10–1000
	244,2	100–6000
Fe	248,3	0,01–10
	344,1	10–150
Mn	279,5	0,01–2
	403,1	0,1–10
Ni	232,0	0,1–15
	323,3	1–80
	305,1	5–200
Pb	283,3	0,01–4
	261,4	5–150
	368,4	25–1000
Te	214,3	0,1–10
	225,9	50–1000
Tl	276,8	0,01–4
	377,6	0,5–15
	535,1	50–5000
Zn	213,8	0,001–0,1
	307,6	0,2–200

ergibt sich ein Bestimmungsbereich von 0,1 ng/g bis 2,0 µg/g. Proben mit einem Gehalt, der deutlich darüber liegt, können mit dieser Analysenlinie nicht bestimmt werden. Die Cd-Linie 326,1 nm ist etwa um den Faktor 600 unempfindlicher, habe einen Nachweisbereich von 1,0 µg/g bis 100 µg/g. Klärschlämme, Flugaschen, Plastikmaterialien usw. könnten mit dieser Linie bis zu Gehalten von einigen tausend mg/kg analysiert werden.

Nicht immer wird mit den zur Verfügung stehenden Linien ein lückenloser Bereich überdeckt, und in einigen Fällen sind selbst die unempfindlichen Linien für auftretende Elementgehalte noch zu empfindlich (z. B. Mn). Soll in diesen Fällen dennoch analysiert werden, muß zu Mitteln gegriffen werden, die die Richtigkeit oder die Präzision einschränken können (geringer Temperaturanstieg, sehr hoher Gasstrom, extrem geringe Einwaage, u. a.). In solchen Fällen ist besondere Sorgfalt bei der Richtigkeitskontrolle aufzuwenden.

3.3 Kalibrierverfahren

Wichtigstes Kriterium für die Qualität eines Analyseverfahrens ist die erreichte Richtigkeit der Analysenergebnisse. Als Vergleichsverfahren muß bei der AAS eine Kalibrierung durchgeführt werden, diese ist entscheidend für die Richtigkeit. Anzustreben ist ein Kalibrierverfahren auf der Basis einer Substanz, die in Matrix und Gehalt völlig identisch mit den unbekannten Proben ist. Da das nur in seltenen Fällen möglich sein wird, muß bei der Methodenentwicklung besondere Aufmerksamkeit auf die Kalibrierung verwandt werden.

Darüber hinaus sollte während des gesamten Analysenganges eine mitlaufende Richtigkeitskontrolle durchgeführt werden, um z. B. Gerätedriften, Änderungen der Graphiteigenschaften u. a. festzustellen.

Diese Vorbemerkungen gelten für jedes AAS-Verfahren, können aber durch starke Matrixeinflüsse bei der Feststoffanalyse von besonderer Bedeutung sein.

3.3.1 Einsatz von Bezugslösungen

Die Erstellung einer Kalibrierfunktion mit wäßrigen Bezugslösungen — wie bei der Lösungsanalytik üblich — ist schnell und einfach möglich. Jedoch haben Lösungen und Feststoffe häufig ein unterschiedliches Atomisierungsverhalten. Das kann an der Probenmatrix selber liegen, aber auch durch das unterschiedliche Verhalten von flüssigen und festen Proben auf der Graphitoberfläche verursacht werden (s. 2.2.3).

Für biologische Materialien können bei einer Graphitrohr-/Probenträgereinheit mit einem günstigen Oberflächen/Massenverhältnis die Signalverläufe von Flüssigkeiten und den Proben weitgehend in Übereinstimmung gebracht werden, da beide Probenarten gleichen Temperaturanstiegen unterworfen sind, auch wenn die Auftrittszeitpunkte verschieden sind (s. 2.2.4 u. Abb. 2). Ein Beispiel für günstige Analysensignale für Kalibrierlösung und biologischer Feststoffprobe zeigt Abb. 5.

Insbesondere bei anorganischen Proben ist ein ausreichend gleicher Signalverlauf häufig nicht zu erreichen. Abb. 6 zeigt dafür Beispiele. Solche Unterschiede können jedoch meist ausreichend durch den Integralwert (Signalfläche) berücksichtigt werden.

Grundsätzlich ist eine Absicherung der Richtigkeit der Bestimmung, die auf einer solchen Kalibrierung beruht, erforderlich.

Ein Methodenvergleich mit (einer) anderen Analysenmethode(n) bedeutet einen erheblichen Aufwand. Oft ist er nur durch die Zusammenarbeit mit einem anderen Labor durchzuführen. Das ist vor allem dann

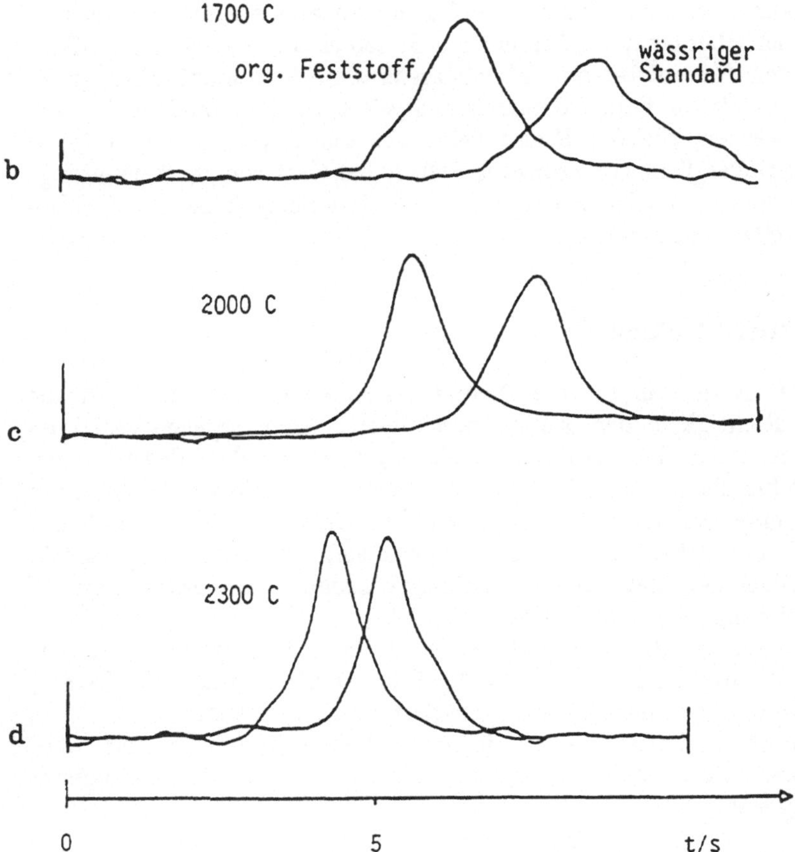

Abb. 5. Signale bei der Atomisierung von Cadmium aus einer Bezugslösung und einer org. Probe (Blätter) in Abhängigkeit von der Endtemperatur. Die Verschiebung der Signale ist eine Folge des Plattformeffektes. Ist die Temperatur hoch genug, verlaufen die Temperaturanstiege parallel, die Signale haben die gleiche Form (s. a. Abb. 2).

gerechtfertigt, wenn über einen längeren Zeitraum das gleiche Element bestimmt und die gleiche Matrix analysiert werden soll (z. B. in der Produktkontrolle) und kein geeignetes Referenzmaterial erhältlich ist. Durch eine solche „Interkalibration" kann ein Labor-Referenzmaterial hergestellt werden, das dann zur Richtigkeitskontrolle einsetzbar ist.

Steht ein (selber erstelltes oder zertifiziertes) Referenzmaterial zur Verfügung, das in der Matrix und dem Gehalt des Analyten den zu analysierenden Proben ähnlich ist, wird dieses mit der erstellten Bezugskurve analysiert. Kommt es zu einer Abweichung zwischen dem gefundenen und dem „richtigen" Wert, so kann dieser durch einen Korrekturfaktor korrigiert werden (wenn die Höhe oder die Art der Abweichung nicht auf einen gravierenden systematischen Fehler hinweisen).

Ein solches Vorgehen bedeutet, daß durch die Bezugslösung der relative Verlauf der Bezugsfunktion (Krümmung) ermittelt wird. Der absolute Verlauf (Lage) und damit die Richtigkeit wird durch das Referenzmaterial und damit durch andere Verfahren gewährleistet.

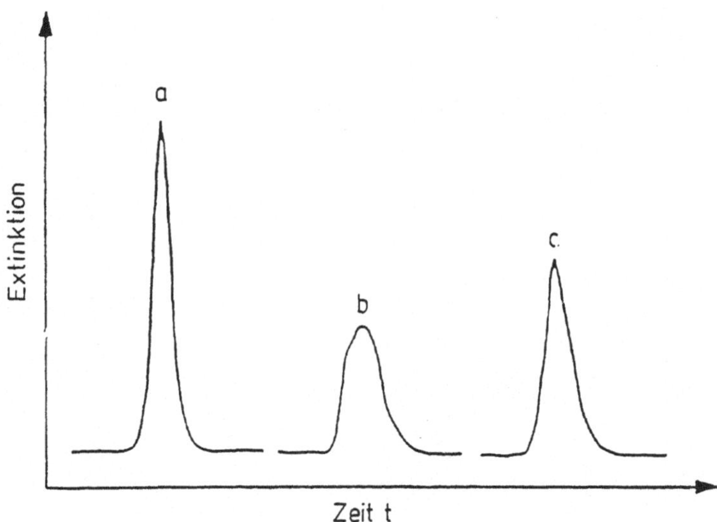

Abb. 6. Signale bei der Atomisierung von Cadmium aus einer Bezugslösung und zweier anorganischer Proben (BCR 141 Calcareous loam soil (*b*) und BCR 142 Light sandy soil (*c*)) (aus [19]).

3.3.2 Einsatz von Referenzmaterialien

Die Erstellung der Bezugsfunktion durch Bezugslösungen wurde bei der Feststoffanalyse immer als unbefriedigend empfunden. Sie mußte durchgeführt werden, weil es nicht genügend Referenzmaterialien gab. Diese Situation hat sich in den letzten Jahren deutlich verbessert. Heute gibt es für sehr viele Matrices gut abgesicherte Referenzmaterialien (SRM = Standard Reference Material oder CRM = Certified Reference Material).

Die Tabellen 4a—e zeigen, daß nicht nur sehr viele verschiedene Matrices, sondern daß diese auch jeweils mit sehr unterschiedlichen Gehalten angeboten werden. (Andere Hersteller und Materialien in [60].)

Die Erstellung der Bezugskurve direkt mit Referenzmaterialien wird durch Variation der Einwaage vorgenommen. Ist ein größerer dynamischer Bereich notwendig, können auch mehrere Materialien mit unterschiedlichen Gehalten für eine Bezugskurve eingesetzt werden. Abb. 7 und Abb. 8a zeigen so erstellte Bezugskurven. Eine deutliche Abhängigkeit des Signals von der verwendeten Probenmasse konnte bisher nur selten beobachtet werden.

Systematische Abweichungen der einzelnen Meßpunkte eines Materials von der ermittelten Regressionskurve können ein Hinweis auf unterschiedliche Matrixeffekte bei den verschiedenen Materialien sein [20, 21]. Abb. 8b zeigt dafür ein Beispiel.

Die Abweichungen kann aber auch an dem Vertrauensbereich für den Referenzwert der verwendeten SRM/CRM liegen. Bei der statistischen Behandlung muß zum Analysenfehler die Unsicherheit des Referenzwertes hinzugerechnet werden (Fehlerfortpflanzung). Zur Verdeutlichung kann in das Kalibrierdiagramm zu jedem Einzelpunkt der Vertrauensbereich eingetragen werden.

Tabelle 4a. Elementgehalte in den zertifizierten Referenzmaterialien (CRM) des BCR; Umweltproben

CRM		060	061	062	279	144	145	146	143	141	142	040	180
Type		Aquatic plant	Aquatic Plant	Olive leaves	Sea lettuce	Sewage sludge domestic	Sewage sludge	Sewage sludge indu-strial	Sewage sludge amend-ed soil	Cal-careous loam soil	Light sandy soil	Coal	Gas coal
Al	mg/g												(12,4)
As	µg/g				3,09	(6,7)						13,2	4,23
B	µg/g												(55)
Ba	µg/g												(156)
Br	µg/g				(345)								(7,3)
C	mg/g				(320)								760,1
Ca	mg/g				(27)								
Cd	µg/g	2,20	1,07	0,10	0,274	4,82	18,0	77,7	31,1	0,36	0,25	0,11	0,212
Cl	mg/g	(10)	(2,3)	(0,7)									0,593
Cr	µg/g				(10,7)					(75,0)	(74,9)	31,3	
Co	µg/g					9,06	8,38	11,8	(11,8)				
Cu	µg/g	51,2	720	46,6	13,14	713	429	934	236,45	32,6	27,5		(9,1)
F	µg/g											111,4	
Fe	mg/g				(2,4)								(11,7)
H	mg/g												50,4
Hg	µg/g	0,34	0,23	0,28	(0,05)	1,49	8,82	9,49	3,92	0,0568	0,104	0,35	0,123
I	µg/g				154								
K	mg/g				(13)								(1,2)
La	µg/g												(6,5)
Mg	mg/g												
Mn	µg/g									(547)	(569)	139	34,3
Mo	µg/g												
N	mg/g	(41,2)	(33,5)	(19,5)	(20,8)								14,4

Ni µg/g					942	41,4	280	99,5	(30,9)	29,2	25,4	(16)
P mg/g				(1,80)								
Pb µg/g	63,8	64,4	25,0	13,48	495	349	1270	1333	29,4	37,8	24,2	17,5
Rb µg/g												(8,3)
S mg/g	(5,2)	(2,3)	(1,6)									
Se µg/g				0,593	(2,3)	(2,3)	(1,7)	(0,6)	(0,16)	(0,53)		1,32
Th µg/g												(2,2)
Ti mg/g												(0,7)
Tl µg/g											(0,787)	
V µg/g												19,3
Zn µg/g									81,2	92,4	30,2	27,4
Ce µg/g												(14,1)
Sc µg/g												(27)
Sb µg/g												
Kjeldahl-N mg/g												
Al_2O_3	(11,6)	(32,4)	(0,5)		(45,8)	(34,4)	(90,0)	(101,3)	(105,6)	(94,8)		
CaO	(43,3)	(23,7)	(24,5)		(56,8)	(153,5)	(142,0)	(93,5)	(179,8)	(49,4)		
Fe_2O_3	(3,4)	(13,3)	(0,4)		(63,4)	(13,0)	(26,5)	(37,5)	(37,4)	(28,0)		
K_2O	(13,7)	(15,0)	(3,7)		(7,8)	(4,9)	(5,8)	(16,2)	(15,6)	(24,1)		
MgO	(10,0)	(6,5)	(2,0)		(9,2)	(31,0)	(33,0)	(49,0)	(11,9)	(10,9)		
Na_2O	(9,0)	(4,0)	(0,1)		(4,6)	(2,7)	(3,0)	(4,1)	(4,3)	(9,7)		
P_2O_5	(11,8)	(21,1)	(2,4)		(50,8)	(75,3)	(59,0)	(9,1)	(1,6)	(2,2)		
TiO_2	(0,4)	(1,3)	(0,4)		(1,9)	(3,2)	(29,1)	(6,7)	(4,7)	(6,2)		
SiO_2	(61,0)	(161)	(2,7)		(136,4)	(217,0)	(228,0)	(427,2)	(425,8)	(682,2)		

Angaben in Klammern sind nicht zertifiziert.

Tabelle 4a. (Fortsetzung)

CRM		181	182	038	176	129	281	100	101	278	277	280	320
Type		Coking coal	Steam coal	Fly ash	Incine-ration ash	Hay Powder	Rye Grass	Beech leaves	Spruce needles	Mussel tissue	Estua-ries sedi-ment	Lake sedi-ment	River sedi-ment
Al	mg/g	(2,8)	(15,6)					(0,4)	0,173	(0,07)	(48)	(81)	(82)
As	µg/g	27,7	(1,47)	48,0			0,057			5,9	47,3	51,0	76,7
B	µg/g	(8,3)	(31,2)				5,9						
Ba	µg/g									0,7	(329)	(617)	531
Br	µg/g	(34,9)	(36,5)							(83)	(87)	(11)	
C	mg/g	848,9	732,9										
Ca	mg/g					6,40		(5,1)	4,28	(1,0)	(60)	(17)	(22)
Cd	µg/g	0,051	0,057	4,6		37,2	0,120			0,34	11,9	1,6	0,53
Cl	mg/g	1,38	3,70					1,49	0,688	(32)			
Cr	µg/g						(2,1)			0,80	192	114	138
Co	µg/g						(117)			(0,35)	(17)	(20)	(19)
Cu	µg/g	(12,3)	(12,3)	179			9,65	(12,0)	(5,0)	9,60	101,7	70,5	44,1
F	µg/g												
Fe	mg/g	(3,6)	(7,3)	33,8			(0,164)	(550)	(150)	133	(45,5)	(42)	(45)
H	mg/g	54,0	(42,2)										
Hg	µg/g	0,138	0,040	2,10			0,0205			0,188	1,77	0,670	1,03
I	µg/g					0,167							
K	mg/g	(0,146)	(4,3)			33,8		(9,5)	(6,0)	(4,5)	(16)	(28)	(25)
La	µg/g	(2)	(8)								(45)	(39)	(46)
Mg	mg/g					1,45		(0,873)	0,619	(1,5)			
Mn	µg/g	(2,8)	195	479	(1,5)		81,6	(1,3)	0,915	7,3	1500	1300	800
Mo	µg/g						0,84	(0,5)	(0,3)				
N	mg/g	17,8	16,36			37,2		26,29	18,89				

Ni	µg/g	(8,6)	(39)	(194)	123,5		3,00			(1,0)	43,4	73,6	75,2
P	mg/g					2,36		1,55	1,69	(7,0)	(4,0)	(1,5)	(1,1)
Pb	µg/g	2,59	(15,3)	262	10870		2,38			1,91	146	80,2	42,3
Rb	µg/g		(22)							(2,5)			
S	mg/g				(44,6)	3,16		2,69	1,70				
Se	µg/g	1,15	0,68		41,2		0,028			1,66	2,04	0,68	0,214
Th	µg/g	(0,5)	(2,3)	(17,3)							(9,0)	(15)	(18)
Ti	mg/g									(2,0)	(3,0)	(4,0)	(5,0)
Tl	µg/g				2,85							(0,7)	(0,5)
V	µg/g	12,0	24,3	(334)							(102)	(101)	(105)
Zn	µg/g	8,4	33,3	581	25770	32,1	31,5	(69)	35,3	76	547	291	142
Ce	µg/g	(4,8)	(17)									(70)	(95)
Sc	µg/g	(0,9)	(3,8)										
Sb	µg/g				412		0,047				(4,0)	(1,4)	(0,6)
Kjeldahl-N	mg/g					34,2							
Al_2O_3				(191,9)									
CaO				(123,1)									
Fe_2O_3													
K_2O				(54,2)									
MgO				(36,2)									
Na_2O				(58,0)									
P_2O_5				(12,7)									
TiO_2				(14,2)									
SiO_2				(300,3)									

Angaben in Klammern sind nicht zertifiziert.

Tabelle 4b. Elementgehalte in den zertifizierten Referenzmaterialien (CRM) des BCR; Lebensmittel

CRM		189	191	063	150	151	184	185	186	273	274
Type		Whole-meal flour	Brown bread	Skim milk powder natural	Skim milk powder spiked	Skim milk powder spiked	Bovine muscle	Bovine liver	Pig kidney	Single cell Protein	Single cell Protein
As	ng/g	(18)	(23)				(26)	24	63		132
Ca	mg/g	(0,52)	(0,41)	12,6			(0,150)	(0,131)	(0,295)	11,97	
Cd	ng/g	71,3	28,4	2,9	21,8	101	13	198	2 710		30
Cl	mg/g	(0,7)	(16,5)	10,7			(2,0)	(2,9)	(9,4)		
Co	ng/g										3
Cr	ng/g	(57 — 73)	(68 — 360)				(76 — 153)	(47 — 124)	(58 — 142)		
Cu	µg/g	6,4	2,6	0,545	2,23	5,23	2,36	189	31,9		13,1
F	µg/g										(17,6)
Fe	µg/g	68,3	40,7	2,06	11,8	50,1	79	214	299	156	
Hg	ng/g	(1)	(2)	1,0	9,4	101	2,6	44	1 970		
I	ng/g				1 290	5 350	(40)	(105)	(145)		(21)
K	mg/g	(6,3)	(3,1)	17,8			(16,6)	(11,2)	(12,6)	2,22	
Mg	mg/g	(1,9)	(0,5)	1,12			(1,020)	(0,634)	(0,829)	(2,72)	
Mn	µg/g	63,3	20,3	(226)	(236)	(223)	0,334	9,3	8,5		51,9
N	mg/g			58,8						121,6	
N	mg/g[a]			58,3						(121)	
Na	mg/g	(0,04)	(10)	4,57			(2,0)	(2,1)	(7,1)	(0,044)	
Ni	µg/g	(0,38)	(0,44)	(11,2)	(61,5)	(56)	(0,27)	(1,4)	(0,42)		0,3
P	mg/g			10,4			(8,3)	(11,7)	(12,2)	26,8	
Pb	µg/g	0,379	0,187	0,104	1,0	2,002	0,239	0,501	0,306		44
S	mg/g									(10,2)	
Se	µg/g	0,132		(88)	(127)	(125)	0,183	0,446	10,3		1,03
Zn	µg/g	56,5	19,5	(42)	(49)	(50)	166	142	128		427

[a] Kjeldahl

Angaben in Klammern sind nicht zertifiziert.

Tabelle 4c. Elementgehalte in den (zertifizierten) Standard-Referenzmaterialien (SRM) des NIST (früher NBS); Spurenelemente

SRM	1632b	1633a	1634b	1635	1643b	1646	1648	2689	2690	2691	2704
Type	Coal (Bituminous)	Coal Fly Ash	Fuel Oil	Coal (Subbituminous)	Water	Estuarine Sediment	Urban Particulate	Coal Fly Ash	Coal Fly Ash	Coal Fly Ash	Buffalo River Sediment
Unit Size	55 g	75 g	100 mL	75 g	950 mL	75 g	2 g	30 g	30 g	30 g	In Prep.
Element	Nominal Concnntrations in µg/g, unless otherwise noted.										
Aluminium	0,855%	14,3%	(16)	(0,32%)		6,25%	3,42%	12,94%	12,35%	9,81%	
Antimony	(0,24)	6,8		(0,14)		(0,4)	(45)				
Arsenic	3,72	145	0,12	0,42	(49) ng/g	11,6	115				
Barium	67,5	(0,15%)	(1,3)		44 ng/g		(737)	(0,08%)	(0,65%)	(0,66%)	
Beryllium		(12)			19 ng/g	(1,5)					
Bismuth					(11) ng/g						
Bromine	(17)				B(94) ng/g		(500)				
Cadmium	0,0573	1,00		0,03	20 ng/g	0,36	75				
Calcium	0,204%	1,11%	(15)			0,83%		2,18%	5,71%	18,45%	
Carbon	78,11%										
Cerium	(9)	(180)		(3,6)		(80)	(55)				
Cesium	(0,44)	(11)				(3,7)	(3)				
Chlorine	(1260)						(0,45%)				
Chromium	(11)	196	(0,7)	2,5	18,6 ng/g	76	403				
Cobalt	2,29	(46)	0,32	(0,65)	26 ng/g	10,5	(18)				

Tabelle 4c. (Fortsetzung)

SRM	1632b	1663a	1634b	1635	1643b	1646	1648	2689	2690	2691	2704
Type	Coal (Bituminous)	Coal Fly Ash	Fuel Oil	Coal (Subbituminous)	Water	Estuarine Sediment	Urban Particulate	Coal Fly Ash	Coal Fly Ash	Coal Fly Ash	Buffalo River Sediment
Unit Size	55 g	75 g	100 mL	75 g	950 mL	75 g	2 g	30 g	30 g	30 g	In Prep.
Element	Nominal Concentrations in µg/g, unless otherwise noted.										
Copper	6,28	118		3,6	21,9 ng/g	18	609				
Europium	(0,17)	(4)		(0 06)		(1,5)	(0,8)				
Gallium		(58)		(1,05)							
Germanium						(1,4)					
Hafnium	(0,43)	(8)		(0,29)			(4,4)				
Hydrogen	5,07%										
Indium							(1,0)				
Iodine							(20)				
Iron (Total)	0,759%	9,4%	31,6	0,239%	99 ng/g	3,35%	3,91%	9,32%	3,57%	4,42%	
Lanthanum	(5,1)						(42)				
Lead	3,67	72,4	(2,8)	1,9	23,7 ng/g	28,2	0,655%				
Lithium	(10)					(49)					
Magnesium	0,0383%	0,455%				1,09%	(0,8%)	0,61%	1,53%	3,12%	
Manganese	12,4	179	0,23	21,4	28 ng/g	375	(860)	(0,03%)	(0,03%)	(0,02%)	
Mercury		0,16	(< 0,001)			0,063					
Molybdenum	(0,9)	(29)			85 ng/g	(2,0)					
Nickel	6,10	127	28	1,74	49 ng/g	32	82				
Nitrogen	1,56%										
Phosphorus						0,054%		0,10%	0,52%	0,51%	
Potassium	0,0748%	1,88%				(1,4%)	1,05%	2,20%	1,04%	0,34%	

Rubidium	5,05	131				(87)	(52)			
Samarium	(0,87)						(4,4)			
Scandium	(1,9)	(40)		0,63)		(10,8)	(7)			
Selenium	1,29	10,3	0,18	0,9	9,7 ng/g	(0,6)	27			
Silicon	(1,4%)	22,8%				(31%)		24,06%	25,85%	16,83%
Silver					9,8 ng/g		(6)			
Sodium	0,0515%	0,17%	(90)	(0,24%)		(2,0%)	0,425%	0,25%	0,24%	1,09%
Strontium	(102)	830			227 ng/g			(0,07%)	(0,20%)	(0,27%)
Sulfur	1,89%	(0,18%)	2,80%	0,33%		(0,96%)	(5%)		0,15%	0,83%
Tellurium						(0,5)				
Thallium		5,7			8,0 ng/g	(0,5)				
Thorium	1,342	24,7		0,62		(10)	(7,4)			
Titanium	0,0454%	(0,8%)		(0,02%)		(0,51%)	(0,40%)	0,75%	0,52%	0,90%
Tungsten	(0,48)						(4,8)			
Uranium	0,436	10,2		0,24			5,5			
Vanadium	(14)	297	55,4	5,2	45,2 ng/g	94	140			
Zinc	11,89	220	3,0	4,7	66 ng/g	138	0,476%			

Tabelle 4d. Elementgehalte in den (zertifizierten) Standard-Referenzmaterialien (SMR) des NIST (früher NBS); Lebensmittel

SRM	1549	1566a*	1567a	1568	1569	1577a	RM 50	RM 8431*
Type	Non-fat Milk Powder	Oyster Tissue	Wheat Flour	Rice Flour	Brewers Yeast	Bovine* Liver	Albacore* Tuna	Mixed Diet
Unit Size	100 g	In Prep.	In Prep.	80 g	50 g	50 g	70 g	30 g
Elements	Nominal Composition in µg/g, unless otherwise noted.							
Aluminium	(2)					(2)	(4,39)	
Antimony	(0,00027)					(0,003)		
Arsenic	(0,0019)			0,41		0,047	(3,3)	(0,924)
Bromine	(12)			(1)		(9)		
Cadmium	0,0005			0,029		0,44		(0,042)
Calcium	1,30%			0,014%		120		(0,194%)
Chlorine	1,09%					0,28%		
Chromium	0,0026				2,12			(0,102)
Cobalt	(0,0041)			0,02		0,21		(0,038)
Copper	0,7			2,2		158		(3,36)
Fluorine	(0,20)							
Iodine	3,38							
Iron	1,78			8,7		194		(37,0)
Lead	0,019			0,045		0,135		(0,46)
Magnesium	0,120%					600		(0,065%)

Manganese	0,26	20,1	9,9		(8,12)
Mercury	0,0003	0,0060	0,004	(0,95)	
Molybdenum	(0,34)	(1,6)	3,5		(0,288)
Nickel		(0,16)			(0,644)
Nitrogen			(10,7%)		
Phosphorus	1,06%		1,11%		(0,332%)
Potassium	1,69%	0,112%	0,996%		(0,790%)
Rubidium	(11)	(7)	12,5		
Selenium	0,11	0,4	0,71	(3,6)	(0,242)
Silver	(< 0,0003)		0,04		
Sodium	0,497%	6,0	0,243%		(0,312%)
Strontium			0,138		
Sulfur	0,351%		0,78%		
Tellurium		(< 0,002)			
Thallium			(0,003)		
Thorium					
Tin	(< 0,02)				
Uranium			0,00071		
Vanadium			0,099		
Zinc	46,1	19,4	123	(13,6)	(17,0)

Tabelle 4c. Elementgehalte in den (zertifizierten) Standard-Referenzmaterialien (SMR) des NIST (früher NBS); landwirtschaftliche Produkte

SRM	1572	1573	1575	RM 8412	RM 8413
Type	Citrus Leaves	Tomato Leaves	Pine Needles	Corn Stalk	Corn Kernel
Unit Size	70 g	70 g	70 g	34 g	47 g
Element	Nominal Composition in μg/g, unless otherwise noted.				
Aluminium	92	(0,12%)	545		(4)
Antimony	(0,04)		(0,2)		
Arsenic	3,1	0,27	0,21		
Barium	21				
Boron		(30)			
Bromine	(8,2)	(26)	(9		
Cadmium	0,03	(3)	< 0,5)		
Calcium	3,15%	3,00%	0,41%	(2160)	(42)
Cerium	(0,28)	(1,6)	(0,4)		
Cesium	(0,098)				
Chlorine	(414)			(2440)	(450)
Chromium	0,8	4,5	2,6		
Cobalt	(0,02)	(0,6)	(0,1)		
Copper	16,5	11	3,0	(8)	(3,0)
Europium	(0,01)	(0,04)	(0,006)		

Fluorine				(0,65)	(0,24)
Iodine	1,84				
Iron	90	690	200	(139)	(23)
Lanthanum	(0,19)	(0,9)	(0,2		
Lead	13,3	6,3	10,8		
Magnesium	0,58%	(0,7%)		(1600)	(990)
Manganese	23	238	675	(15)	(4,0)
Mercur	0,08	(0,1)	0,15		
Molybdenum	0,17				
Nickel	0,6		(3,5)		
Nitrogen	(2,86%)	(5,0%)	(1,2%)	(6970)	(13750)
Phosphorous	0,13%	0,34%	0,12%		
Potassium	1,82	4,46	0,37%	(17350)	(3570)
Rubidium	4,84	16,5	11,7		
Samarium	(0,052)				
Scandium	(0,01)	(0,13)	(0,03)		
Selenium	(0,025)			(0,016)	(0,004)
Sodium	160			(28)	
Strontium	100	44,9	4,8	(12)	
Sulfur	0,407%				
Tellurium	(0,02)				
Thallium	(< 0,01)	(0,05)	(0,05)		
Thorium		0,17	0,037		
Tin	(0,24)				
Uranium	(< 0,15)	0,061	0,020		
Zinc	29	62		(32)	(15,7)

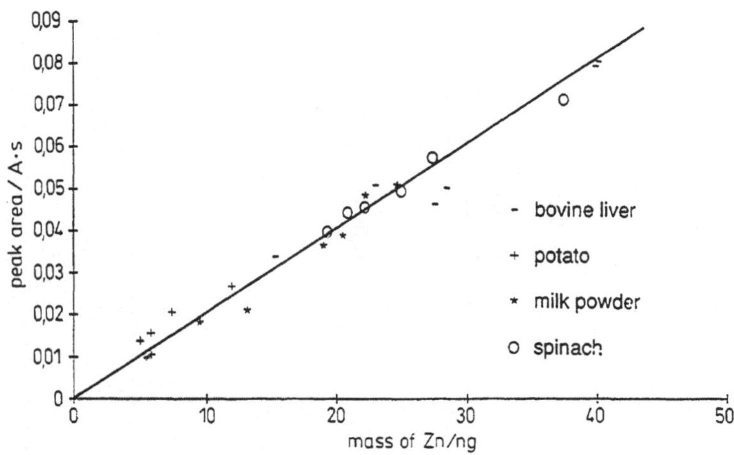

Abb. 7. Eine Bezugskurve für Zink, erstellt aus mehreren Referenzmaterialien

Man erhält also mit Referenzmaterialien eine Bezugskurve mit einem mehr oder weniger breiten Vertrauensbereich („Bezugstrichter") oder mit anderen Worten:

Die Richtigkeit (Sicherheit) einer Analyse mit Referenzmaterialien ist nur so gut wie die Qualität dieser Referenzmaterialien!

Der angegebene Vertrauensbereich bei den zertifizierten Referenzmaterialien entspricht dem jeweiligen Stand der Spurenanalytik. Seine Kenntnis gibt dem Untersuchungslabor eine realistisches Bild des in der Spurenanalytik heute Möglichen. Die Zertifizierungsreports, die z. B. das BCR ihren Referenzmaterialien beilegt, sind dafür sehr aufschlußreich (s. a. Abb. 20). Richtigkeit und Präzision, die mit der Feststoffanalytik erreicht werden können, sind damit durchaus vergleichbar.

Ein weiterer Vorteil dieser Kalibriermethode ist der geringere Einfluß der Probenfeuchtigkeit. Viele Proben sind leicht hygroskopisch und nehmen durch die Luftfeuchtigkeit Wasser auf. Die Feuchtegehalte von Referenzmaterial und Probe werden ähnlich sein, so daß das Analyseergebnis davon nicht (oder deutlich weniger) beeinflußt wird.

Eine Möglichkeit synthetische Referenzmaterialien mit bekanntem Gehalt herzustellen und die Möglichkeit ihrer Anwendung wird in [22] beschrieben.

3.3.3 Standardaddition

Die Methode der Standardaddition wird bei der Analyse von Lösungen häufig eingesetzt, um Einflüsse der Matrix auf die Kalibrierfunktion zu überwinden. Zur Übertragung auf die Analyse fester Stoffe müssen methodische und mathematische Besonderheiten beachtet werden.

So ist es sehr schwer, die Masse der Probe für die verschiedenen Additionsstufen konstant zu halten. Praktikabler ist es, die zugesetzte Menge des Analyten zu variieren. (Dabei liegt eine mögliche Fehlerquelle darin, daß nur eine Bezugslösung eingesetzt wird, deren Richtigkeit dann die Richtigkeit der Analyse bestimmt.)

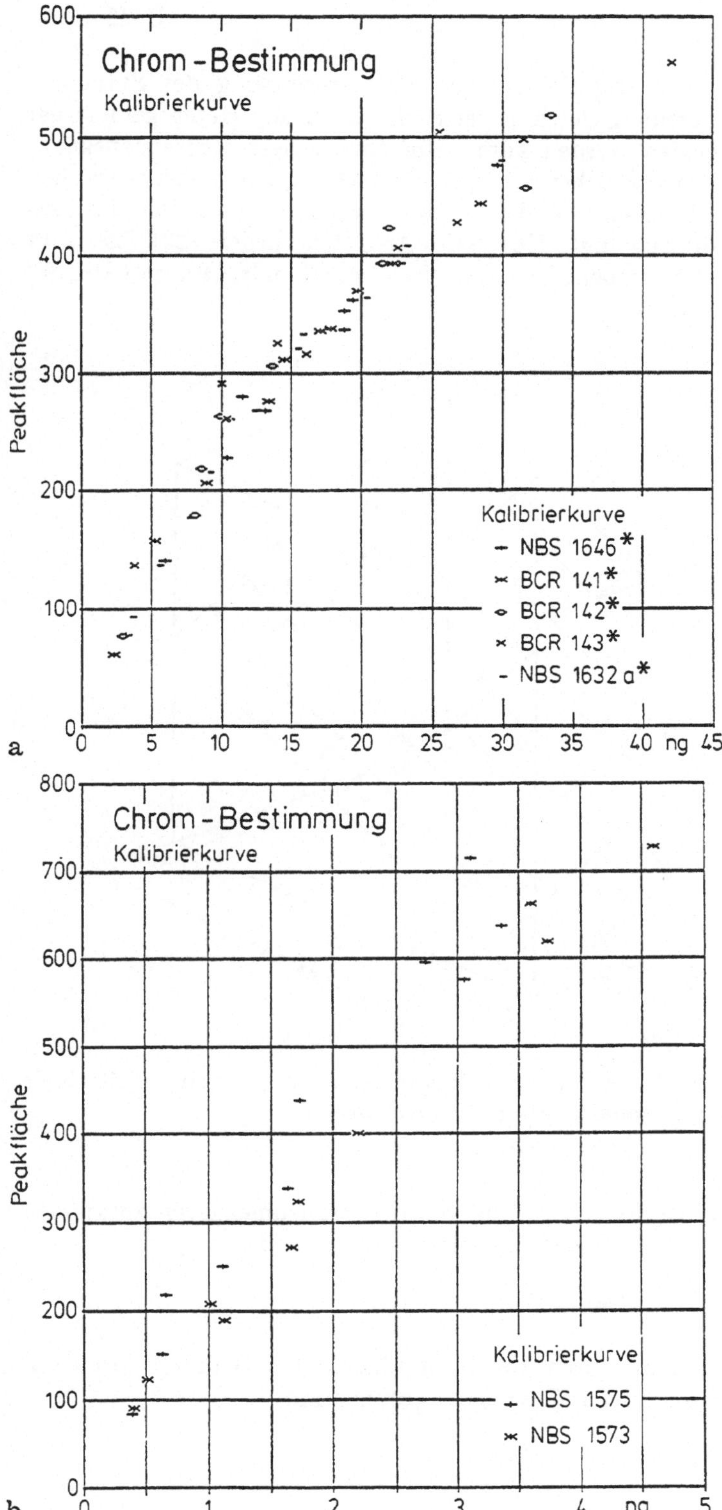

Abb. 8. Meßpunkte zu einer Bezugskurve für Chrom, erstellt aus mehreren Referenzmaterialien (aus [25]). **a** Aus allen verwendeten Referenzmaterialien ergibt sich eine gemeinsame Bezugsfunktion; **b** für die beiden verwendeten Referenzmaterialien ergeben sich zwei (gering) unterschiedliche Kalibrierkurven

Eine weitere Schwierigkeit liegt bei der Anwendung der Standardaddition in der Streuung der Meßwerte, die durch die Heterogenität der Proben hervorgerufen werden kann. Um eine sichere Regressionskurve zu erhalten, müssen ausreichend viele Meßpunkte zugrunde gelegt werden.

Bei der generalisierten Standardaddition werden sowohl die Probenmenge als auch die zugefügte Menge des Analyten variiert [23]. Es ergibt sich damit eine Bezugsebene in einem dreidimensionalen Raum (Abb. 9).

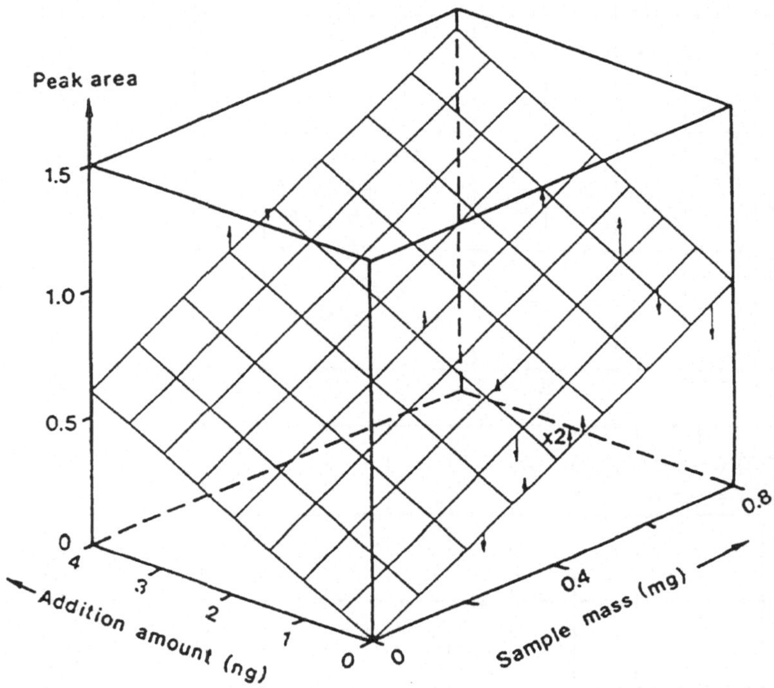

Abb. 9. Graphische Darstellung der Regressionsanalyse nach der Methode der generalisierten Standardadditionen (aus Lit. 23)

Es gilt für die Absorption A_i, die von der Probenmenge m_i zusammen mit der addierten Analytmenge a_i hervorgerufen wird

$$A_i = Sa_i + Dm_i$$

Der Gehalt C ist dann durch die Empfindlichkeiten D und S (ermittelt aus einer Regression aller i Messungen) gegeben mit

$$C = D/S$$

Beispiel

In Abb. 9 ist die Bestimmung von Blei mit der generalisierten Standardaddition in der Probe „Tomato Leaves" (SRM-NBS 1573) grafisch dargestellt. Die Steigung der Schnittkurven der Regressionsebene mit der Fläche Peakfläche/Probenmasse ist D = 1,008 s/mg und mit der Fläche

Signalfläche/addierte Menge ist S = 0,156 s/ng. Das Verhältnis der Steigungen ergibt den Gehalt 6,46 ng/mg. Eine Korrektur des Wassergehaltes (4%) ergibt 6,72 ng/mg (zertifiziert: 6,3 +/− 0,3 ng/mg) (aus: [9]).

Die Anwendung dieser Methode ist aufwendig, bringt aber einige Vorteile, so vor allem der geringere Einfluß der Krümmung der Bezugsfunktion. Steht ein PC-Programm mit der Möglichkeit einer multiplen Regressionsanalyse zu Verfügung, so ist die Auswertung für diese Methode einfach durchzuführen.

Auch die Methode der Standardaddition hat zur Voraussetzung, daß sich der Analyt in der Probe und der zugefügte Analyt gleich verhalten. Der Vorgang der Addition, also das Vermischen beider Analytmengen, hat häufig identisches Verhalten zur Folge. Das muß jedoch nicht immer der Fall sein. So kann der unterschiedliche Einfluß der Graphitoberfläche des Probenträgers auf die Freisetzung von flüssigen und festen Proben zu ausgeprägten Doppelpeaks führen [7], die der Anwendung der Standardaddition Grenzen setzen (zu vermeiden ist dieser Effekt ggf. durch sorgfältiges Aufbringen der Lösung auf die Probe, bzw. durch die Auswertung über die Signalfläche ist er zu berücksichtigen).

Es muß deshalb hervorgehoben werden, daß auch die Standardaddition keine Garantie für richtige Analysenergebnisse ist (das gilt auch für die Analyse von Lösungen).

3.4 Masse der Analysenprobe

Die Probenmenge, die für eine konkrete Analyse optimal ist, ergibt sich aus einem komplexen Zusammenhang zwischen Gehalt des Analyten, Nachweisbereich der Analysenlinie, Homogenität der Probe, Zusammensetzung der Matrix, zur Verfügung stehende Referenzmaterialien und der geforderten Präzision.

Um eine möglichst geringe Streuung der Meßwerte durch Heterogenität zu erhalten, ist eine hohe Einwaage erwünscht. Die obere Grenze wird zunächst durch die Größe des Graphitrohres bzw. des Probenträgers gegeben. Bei einem für die Feststoffanalyse geeigneten System sind das z. B. 5−10 mg für biologische Materialien. Eine solch hohe Einwaage ist meist nicht möglich, da damit bei manchen Proben der Nachweisbereich überschritten würde. (Das ist besonders häufig dann der Fall, wenn mit einem Graphitatomisator gearbeitet wird, der für die Lösungsanalytik entwickelt und optimiert wurde.) Darüber hinaus verlängern sich die Analysenzeiten durch die dann notwendige thermische Vorbehandlung erheblich.

Die Einwaage kann aber auch durch die Höhe des Untergrundes begrenzt werden. Wird die Kompensationsfähigkeit des vorhandenen Untergrundmeßsystems überfordert, muß die Einwaage entsprechend reduziert werden.

Die untere Grenze für die Einwaage liegt bei etwa 0,05 mg. Darunter ist die Dosierung der Proben schwierig, oft steigt dann die Streuung durch Heterogenität und der Wägefehler stark an.

Angestrebt werden sollte eine Einwaage zwischen 0,25 mg und 1,0 mg, da in diesem Massebereich ein gutes Verhältnis besteht zwischen Handhabbarkeit der Probe, Heterogenität, Dauer der thermischen Vorbehandlung und — bei unempfindlichen Graphitrohrsystemen — häufig einem günstigen Bereich der Bezugskurve.

3.5 Matrixmodifikation

Die Beachtung von Matrixeffekten wie unterschiedliche Erscheinungszeitpunkte des Analyten und/oder verschiedenen Signalverläufe (Atomisierungsverhalten) bei der Kalibriersubstanz und bei der Probe sind auch bei der Feststoffanalytik wichtig zur Erzielung richtiger Analysenergebnisse. Wie bei der Lösungsanalytik können solche Effekte vielfach durch die Auswertung der Signalfläche (Integralwert) berücksichtigt werden. Starke Abweichungen sind oft auch durch Maßnahmen zur Veränderung der Matrix zu verhindern.

3.5.1 Matrixmodifikation mit Lösungen

Chemische Zusätze zur Probe, durch die eine gezielte Veränderung der Matrix hervorgerufen wird, wie sie in der Lösungsanalytik in den letzten Jahren erfolgreich eingesetzt wurden, sind meistens auch für Feststoffe verwendbar.

Zu nennen sind hier vor allem Zusätze, die die thermische Stabilität erhöhen. Damit können störende Begleitsubstanzen bei höheren Temperaturen durch eine thermische Vorbehandlung abgeschieden werden (vor allem bei der Bestimmung von Cadmium [24] und Blei [9]). Das ist vor allem dann wichtig, wenn zur Untergrundkorrektur nur ein Kontinuumstrahler zur Verfügung steht [25]. Auch die Zugabe von Säuren kann den Signalverlauf bei der Atomisierung günstig (manchmal aber auch ungünstig) beeinflussen.

Der Einsatz von Palladiumlösungen, der in der Lösungsanalytik in letzter Zeit erfolgreich war, verspricht ebenfalls Hilfe bei der Feststoffanalytik, allerdings liegen dafür noch keine verallgemeinerbaren Erfahrungen vor.

Bei „Problemelementen" wie Arsen und Selen [26] konnten durch Zugabe von Metallösungen oder -pulvern (z. B. Nickel) verbesserte Ergebnisse erzielt werden. Alle diese Maßnahmen setzen eine sorgfältige Methodenentwicklung voraus.

Die meisten Anwender der Feststoffanalyse versuchen ohne diese Maßnahmen aufzukommen, da sie bei der Feststoffanalyse nicht automatisch durchgeführt werden können und deshalb die Durchführung der Analyse behindern bzw. verlängern. So ist es leichter, die Temperatur bei der Vorbehandlung zu begrenzen und zu kontrollieren, ggf. die Vorbehandlungszeit zu verlängern, als zusätzlich in den Probenträger eine Lösung einzugeben.

Eine Möglichkeit, den Untergrund bei der Atomisierung organischer Proben ohne chemische Zusätze zu verringern, besteht in einer Veraschung im Sauerstoffstrom im Graphitrohr [27]. Dazu sind nur relativ geringe technische Einrichtungen, wie Ventile und eine Steuerung, notwendig. Diese Maßnahmen sind vor allem sinnvoll, wenn organische

Proben mit sehr geringem Gehalt analysiert werden sollen und deshalb große Probenmassen (> 5 mg) eingebracht werden müssen.

Durch die Vermeidung von chemischen Zusätzen gibt es bei der Feststoffanalyse kein Problem mit Blindwerten, das bei der Bestimmung von sehr kleinen Gehalten gravierend sein kann.

3.5.2 Zusatz von Graphitpulver

Insbesondere bei anorganischen Proben treten in einigen Fällen so starke Matrixeffekte auf, daß die Signale nicht mehr auswertbar sind. Zum Beispiel bilden Proben mit vorwiegend silikatischer Zusammensetzung bei der Aufheizung Schmelzen, die die Freisetzung des Analyten behindern, die Folge sind Doppel- und Mehrfachpeaks.

Wird die Probe mit Graphitpulver gemischt, so verändert sich die Signalform, so daß sie auswertbar wird (Abb. 10 u. 11) [20, 21, 28, 29].

Die Mischung mit Graphitpulver hat sich als die wichtigste Methode zur Matrixmodifikation in der Feststoffanalytik erwiesen. Bei vielen Proben und Elementen wurde sie erfolgreich eingesetzt. Die Wirkungsmechanismen sind sowohl chemischer wie physikalischer Natur: Reduktion von Oxyden, Veränderung des Schmelzpunktes durch euthektische Effekte, Verbesserung der Strahlungsabsorption und der Wärmeleitung.

Das Mischungsverhältnis beträgt zwischen 1:1 und 1:99 (Teile Probe: Teile Graphitpulver). Durch das adhäsive Verhalten von Graphit (die sehr kleinen Partikel haften fest an den Probenteilchen) wurde bei nicht zu extremen Mischungsverhältnissen keine starke zusätzliche Heterogenität festgestellt, wie die Messung in Abb. 12 zeigt.

Zwei weitere positive Effekte können mit dieser Technik hervorgerufen werden. Bilden die Proben unverdampfbare Schmelzen, so bleiben diese als „Glasperlen" im Probenträger zurück, die fest am Graphit haften. Dadurch ist die Beladungskapazität sehr schnell erschöpft und/oder die analytischen Eigenschaften des Probenträgers verändern sich (bis hin zur schnellen Zerstörung).

Abb. 13 zeigt, daß durch die Mischung mit Graphit solche Proben pulverförmig bleiben, und deshalb leicht entfernt werden können. Matrices, die das Graphit des Probenträgers angreifen (z. B. Kalk), und damit die Lebensdauer drastisch verkürzen, erhalten durch das zugefügte Graphit einen Reaktionspartner, so daß der Probenträger deutlich geschont wird.

3.6 Homogenität von pulverisierten Proben

Proben seien meist zu heterogen um im Milligrammbereich repräsentative Ergebnisse zu erlauben — das ist häufig der wichtigste Einwand gegen die Feststoffanalytik mit der Graphitrohr-AAS.

Hintergrund dieses Einwandes ist die Erfahrung der Spurenanalytiker mit den bisherigen Methoden, bei denen Proben zwischen 0,1—1 Gramm vor der eigentlichen Analyse naßchemisch aufgeschlossen werden. Bei diesen Analysen werden typ. 5—10% relative Standardabweichungen (zwischen echten Parallelmessungen, d. h. verschiedenen Aufschlüssen) erhalten. Dieser Fehler wird i. a. der Heterogenität der Proben zugeschrieben.

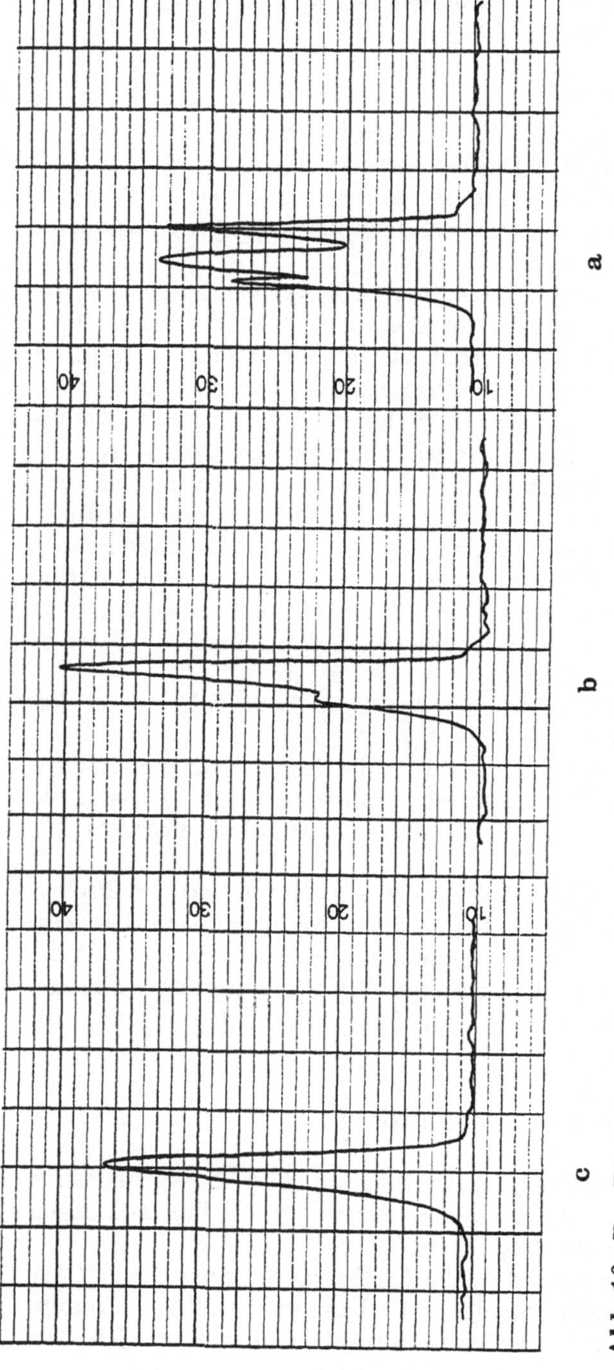

Abb. 10. Der Einfluß einer Mischung mit Graphitpulver auf das Atomisierungsverhalten von Zink in Zement. **a** Zement ohne Graphitzugabe, **b** Zement und Graphitpulver 1:1, **c** Zement und Graphitpulver 1:3. (Nach P. Esser, s. auch [22])

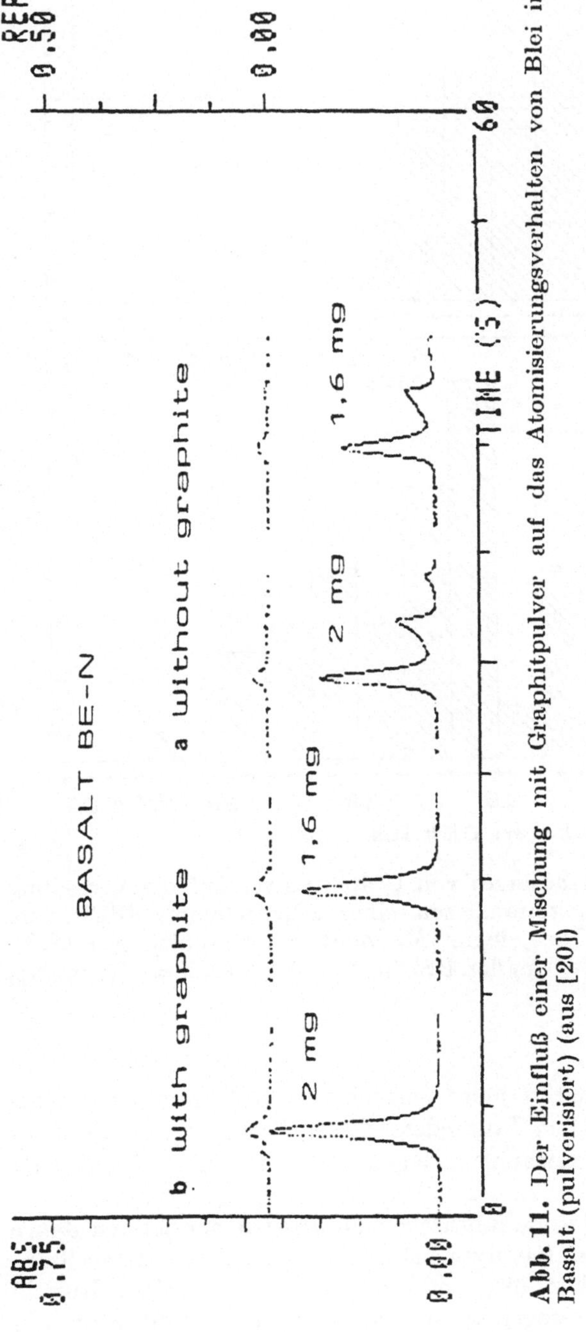

Abb. 11. Der Einfluß einer Mischung mit Graphitpulver auf das Atomisierungsverhalten von Blei in Basalt (pulverisiert) (aus [20])

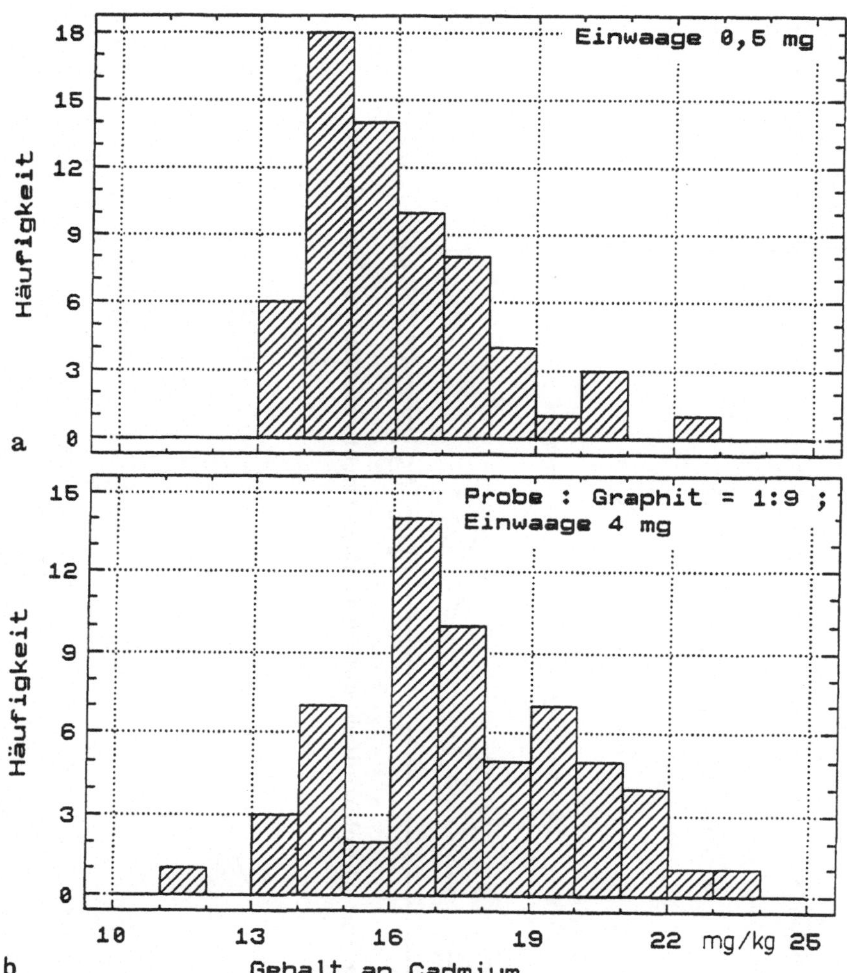

Abb. 12. Der Einfluß des Zusatzes von Graphitpulver auf die Verteilung der Einzelwerte von Feststoffanalysen eines Klärschlamms (BCR 146, zertifiziert 18 mg/kg). **a** Ohne, **b** mit Mischung mit Graphitpulver (1:9). Es ergibt sich für (**a**) $\bar{x}$ = 16,0 mg/kg, RSD = 12,5%, für (**b**) $\bar{x}$ = 17,5 mg/kg, RSD = 13,7%.

Wäre das wirklich so, müßte jeder Versuch vergeblich sein, eine repräsentative Analyse mit einem Tausendstel dieser Probenmenge durchzuführen. Die Standardabweichungen lägen dann zwischen 100% und 200%!

Die umfangreichen feststoffanalytischen Messungen der letzten Jahre zeigen, daß mit der Feststoffanalyse bei den meisten Probenarten Standardabweichungen zwischen 5% und 30% erhalten werden. Nur in wenigen Fällen ist die Heterogenität so groß, daß diese bei der Feststoffanalytik einen größeren Probenahmefehler hervorruft. Diese Proben führen allerdings auch zu Problemen bei der Lösungsanalytik, wenn z. B. nur zwei Parallelmessungen durchgeführt werden („Doppelbestimmung") (s. a. 3.7.1).

a 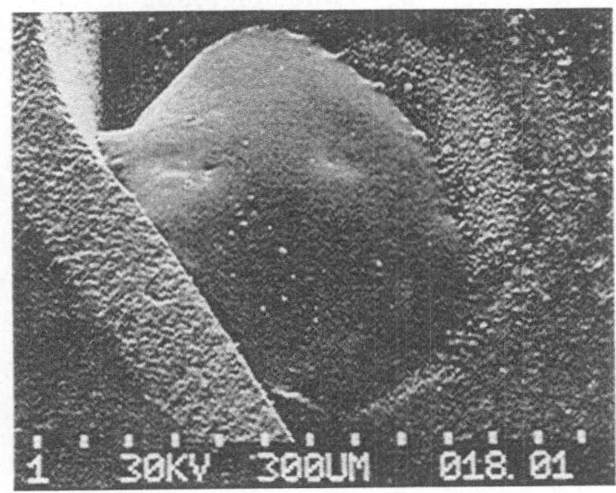

b 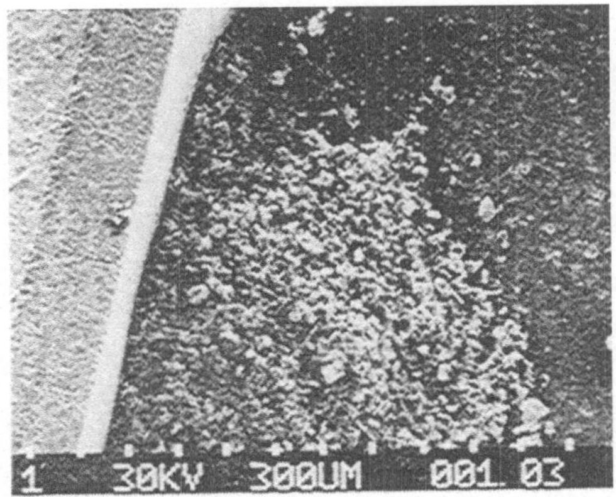

Abb. 13. Probenreste einer Sedimentprobe im Probenträger nach der Atomisierung. **a** Ohne Mischung mit Graphitpulver, **b** bei einer Mischung mit Graphitpulver 1:1

Um den wirklichen Einfluß der Probenheterogenität auf das Analyseergebnis zu erfassen, sind Varianzanalysen notwendig, denn die Präzision wird immer durch mehrere Parameter beeinflußt.

Die Untersuchungen zur Probenhomogenität mit der Feststoffanalyse lassen den Schluß zu, daß die zufälligen Fehler, die bei der chemischen Probenvorbereitung auftreten können, die Präzision bei der Aufschlußanalytik bestimmen und nur selten die Probenheterogenität [26].

3.6.1 Absolut homogene Proben

Bei Proben, die durch ihre Herkunft keine Heterogenität zeigen können, ergibt sich die Varianz nur durch den Methodenfehler. Unter optimalen Analysenbedingungen (gute Empfindlichkeit, günstiger Einwaagebereich für den Arbeitspunkt im linearen Bereich der Bezugskurve) werden Standardabweichungen von 3% erreicht. (In dieser Größenordnung liegt der Einfluß unterschiedlicher Probemassen, der Lage und Verteilung der Probenpartikel auf dem Probenträger, der Partikelgröße und -verteilung usw.).

Abbildung 14 zeigt die Verteilung von 98 Einzelmessungen einer Trockenmilchprobe. Es ergibt sich eine RSD von 8,6%. Diese ist hervorgerufen durch das Rauschen des AAS-Signals, da nahe der Nachweisgrenze analysiert wurde (mit 0,3 mg Probeneinwaage). Die Meßwerte sind sehr gut normalverteilt.

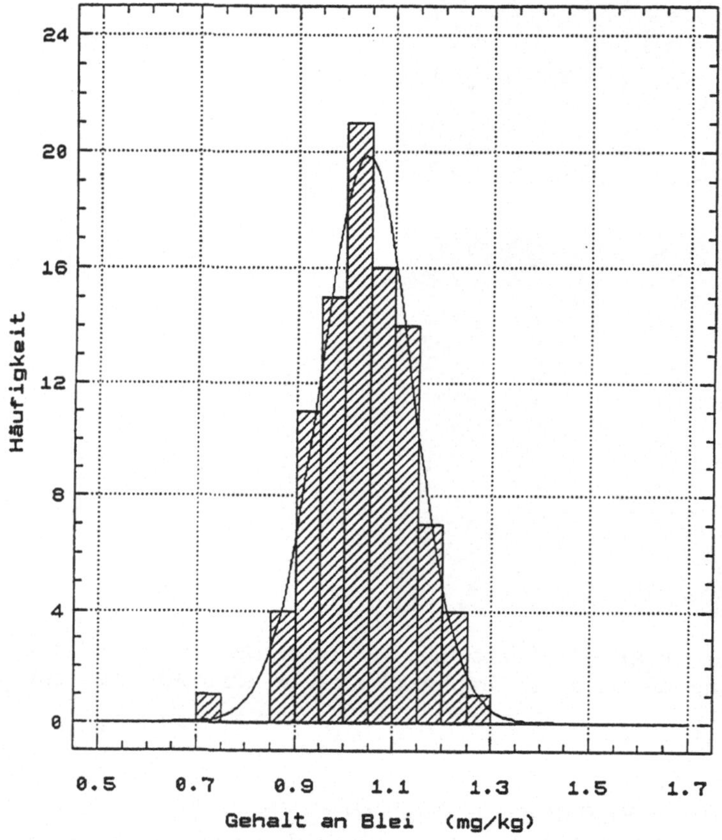

Abb. 14. Die Verteilung der Einzelwerte für Blei bei der direkten Analyse von Milchpulver (BCR 150, n = 98)

Solche Verteilungen werden mit Materialien erhalten, bei denen alle Einzelpartikel den gleichen (oder nur geringfügig unterschiedlichen) Gehalt haben, oder die Partikel sehr klein sind. Das gilt z. B. häufig für Filterstäube, Pulver aus Produktionsprozessen (z. B. Zement) oder Verbrennungs- und Flugaschen.

3.6.2 Geringe Gehaltsunterschiede zwischen Probenfraktionen

Pflanzliche Proben bestehen häufig aus vielen Einzelindividuen und verschiedenen Pflanzenorganen zwischen denen Gehaltsunterschiede bestehen. Diese betragen jedoch nur in Ausnahmefällen mehr als das Zehnfache. Sind diese Proben ausreichend gut pulverisiert (Partikelgröße $< 120\ \mu m$), so ergeben sich mit der Feststoffanalyse ebenfalls normalverteilte Meßergebnisse. Die Standardabweichung wird dann durch die Heterogenität bestimmt. Diese liegt bei Einwaagen über 0,2 mg typisch zwischen 5% und 15%.

In solchen Fällen ist die Streuung abhängig von der Probenmasse. Es läßt sich zeigen, daß die Standardabweichung umgekehrt proportional zur Wurzel der Einwaage ist. Abb. 15 zeigt diese Abhängigkeit für pulverisiertes „Laub von Obstbäumen" (SRM-NBS 1571, Orchard Leaves). Die ermittelten relativen Standardabweichungen für die verschiedenen Einwaagebereiche lassen sich gut durch die zu erwartende Funktion anpassen (s. 3.7.2).

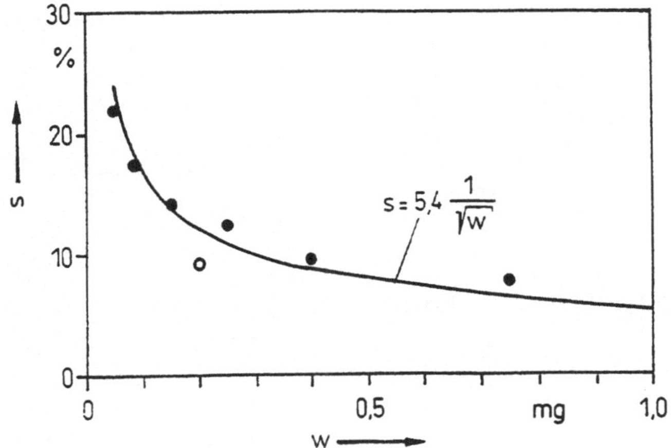

Abb. 15. Die Abhängigkeit der gemessenen Standardabweichung s von der Einwaage w für Cadmium in der Probe NBS 1571 orchard leaves (n = 30 für jeden Punkt im Diagramm). Durch die Kurvenanpassung ergibt sich ein Homogenitätsfaktor von 5,4 $mg^{1/2}$
(o kennzeichnet die gemessene Standardabweichung nach 10minütigem Nachmahlen in einer Schlagmühle)

3.6.3 Kleine Probenfraktionen mit hohem Gehalt

Befindet sich in der (pulverisierten) Probe eine kleine Partikelfraktion mit einem Gehalt, der sehr viel höher ist (größer als der Faktor 20) als der Gehalt der „Grundsubstanz", ergeben sich schiefe Verteilungen: Auf der Seite geringer Gehalte steigt die Verteilung steil an, während sie auf der Seite hoher Gehalte (mehr oder weniger) flach ausläuft.

Erklärt werden kann diese Unsymmetrie durch das seltene Auftreten eines Partikels („Nugget") mit hohem Gehalt in der Analysenprobe. Es kann statistisch gezeigt werden (Poisson-Verteilung), daß bei einer Anzahl von durchschnittlich 2 bis 8 dieser Partikel pro Probe solche Unsymmetrie auftritt.

Die Bestimmung von Blei in einem Fischhomogenat zeigt eine schiefe Verteilung der Analysenergebnisse mit relativ vielen Werten über dem Bereich der Standardabweichung (Abb. 16a), hervorgerufen durch Partikel von Gräten oder Innereien, von denen bekannt ist, daß sie einen sehr viel höheren Gehalt haben als das Filet, das die größte Massefraktion darstellt.

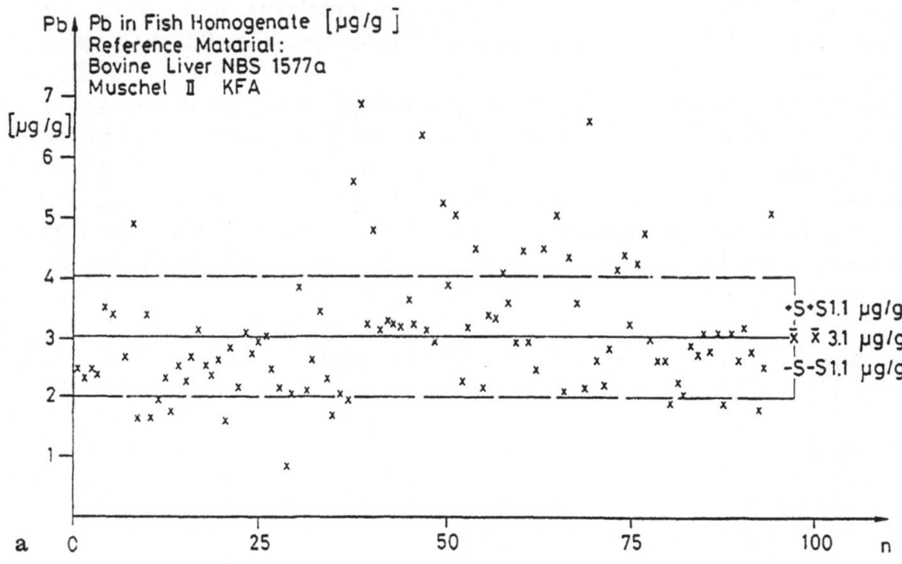

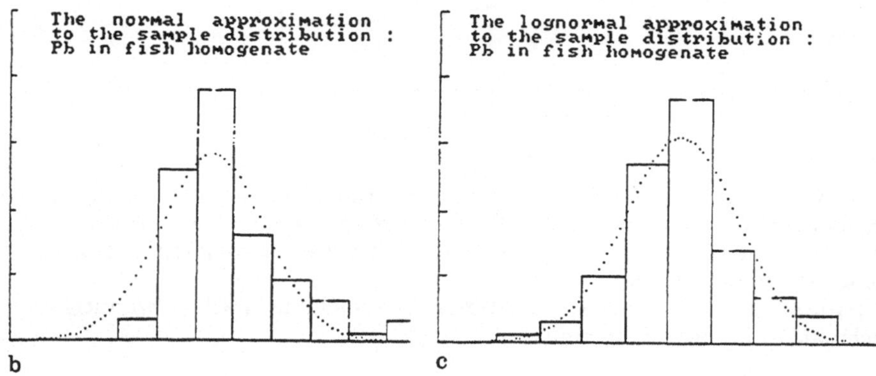

Abb. 16. a 100 Einzelbestimmungen von Blei in einen Fischhomogenat mit der Feststoffanalytik, **b** Histogramm dieser Einzelergebnisse und eine Anpassung mit der Normalverteilung, **c** Histogramm der Einzelergebnisse mit einer logarithmischen Transformation der Gehaltsachse (die eingetragene Anpassung ist damit lognormal). (Nach K. H. Grobecker und G. J. Hsu)

Abb. 17. a Histogramm einer Hg-Feststoffbestimmung in Müll (pulverisiert). Die den verschiedenen Nuggetfraktionen zugeordneten Einzelmessungen sind mit der Schraffur gekennzeichnet. Aus dieser Zuordnung läßt sich ablesen, daß ein Nugget den Grundgehalt (je nach Größe) um 0,2 – 1,8 mg/kg erhöhen kann. **b** Poisson-Anpassung ($\bar{x}$ = 0,23) dieser Messung nach dem Nugget-Modell für die Einzelproben mit keinem, mit einem und 2 Nuggets

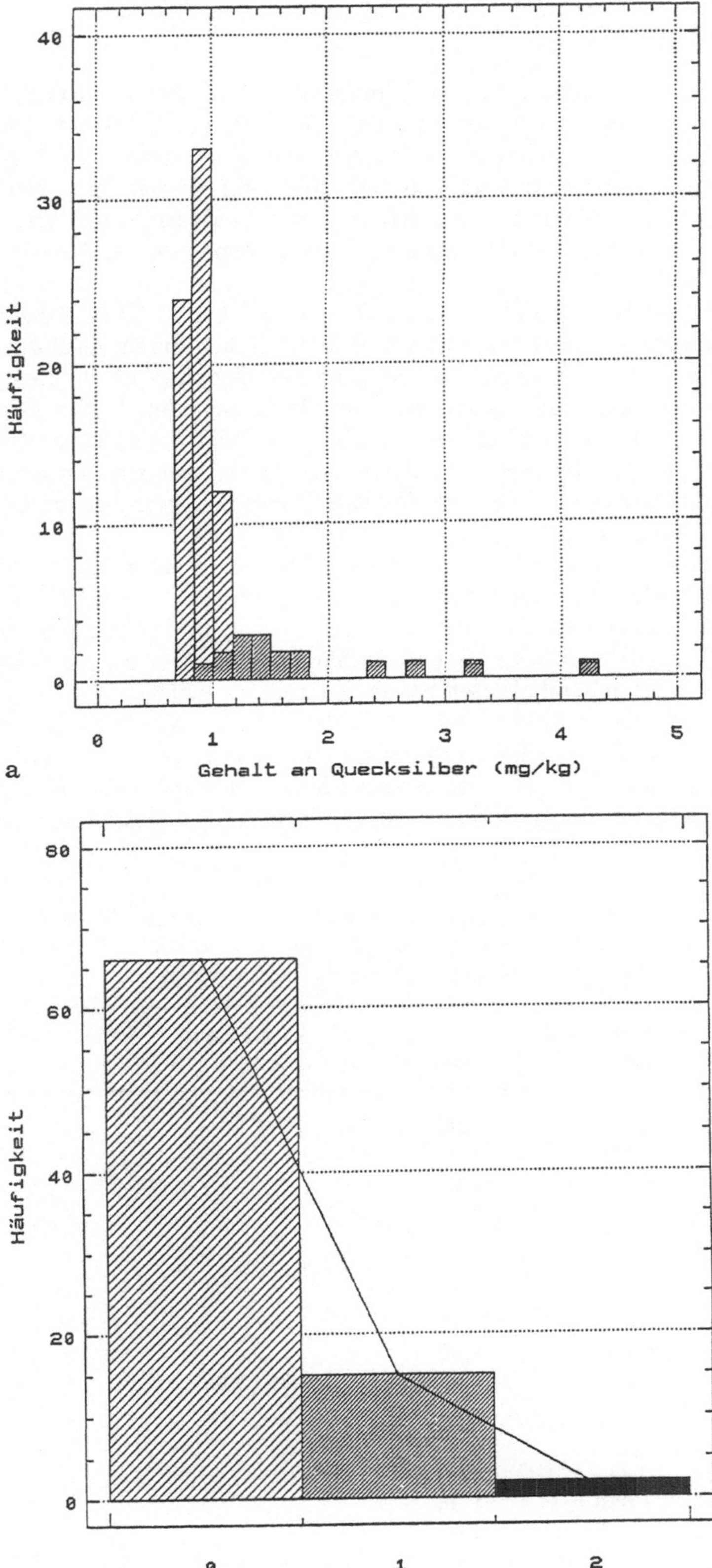

40
30
20
10
0
Häufigkeit
0
1
2
3
4
5
a
Gehalt an Quecksilber (mg/kg)
80
60
40
20
0
Häufigkeit
0
1
2
b
Anzahl von Hg-Nuggets pro Probe

3.6.4 „Nuggeteffekt“

Einseitig schiefe Verteilungen – manchmal mit mehreren Maxima und mit dem Auftreten von „Ausreißern“, die einen mehrfach höheren Gehalt als die Grundsubstanz haben – können ebenfalls durch das Nugget-Modell erklärt werden. Sie ergeben sich, wenn ein Nugget noch seltener auftritt (weniger als durchschnittlich zwei pro Analysenprobe), und sein Gehalt im Verhältnis zur Grundsubstanz mindestens zwei Größenordnungen höher ist.

Abb. 17a zeigt Analysenergebnisse für Quecksilber in einer homogenisierten Müllprobe (als Brennstoff verwendet.) Neben einem Grundgehalt zeichnet sich ein Nebenmaximum bei erhöhten Gehalten ab, und es gibt einige Proben mit dem dreifachen und vierfachen Gehalt der Grundsubstanz. Diese Verteilung kann mit dem Nuggetmodell beschrieben werden. Jeweils ein Hg-Nugget befand sich in den Proben der zweiten Gruppe, während die höchsten Werte durch zwei dieser Nuggets hervorgerufen worden sein können.

Eine Erklärung für das Auftreten von Nuggets in einer Müllprobe ist einfach zu finden. Zum Beispiel kann es sich um die Partikel einer zerkleinerten Quecksilberzelle handeln. Auch daß z. B. in Lungengewebsproben „Nuggets“ mit hohen Gehalt vorhanden sind, die zu „Ausreißern“ führen, ist leicht mit inhalierten Staubpartikeln zu erklären.

Jedoch tritt dieser Effekt auch bei Proben auf, die häufig als homogen angesehen werden. Solche Verteilungen wurden auch in Leber- und Nierenpulver und homogenisierten Fischfilets gefunden [31]. In diesen Fällen können die Nuggets durch nicht vollständig abgetrennte Organ-

Tabelle 5. Ergebnisse der Hg-Bestimmung in einer Müllprobe nach Aufschluß der Proben bei verschiedenen Einwaagen (s. a. Abb. 16 und Beisp. 3.7.4) (in Klammern Mittelwerte nach Ausreißerkontrolle)

Messung Nr.	Einwaage (g)	Gehalt (mg/kg)	Mittelwert (mg/kg)	RSD (%)
1	0,211	0,91		
2	0,206	1,01		
3	0,196	0,95		
4	0,208	1,14		
5	0,204	1,03		
6	0,212	2,68		
7	0,211	1,01		
8	0,205	1,15		
9	0,201	2,87		
10	0,201	1,02	1,38 (1,03)	54
1	0,550	1,31		
2	0,535	2,33		
3	0,515	1,16		
4	1,029	1,26		
5	1,047	1,05		
6	1,125	1,62	1,45 (1,08)	32

reste mit hohem Gehalt (z. B. Nierensteine oder Gräten) produziert worden sein.

Diese Art von Heterogenität führt auch bei der Aufschlußanalytik mit ihren größeren Einwaagen zu Problemen. Sie rufen entweder ungewöhnlich hohe Standardabweichungen hervor oder es treten sogar „Ausreißer" auf, die eine repräsentative Aussage ebenfalls nicht zulassen. Tabelle 5 zeigt einige Analysenergebnisse der Müllprobe, die nach Aufschluß von 0,2 g – 1,0 g Probensubstanz erhalten wurden (nach M. Stoeppler, s. a. [32]).

3.7 Statistische Behandlung feststoffanalytischer Ergebnisse

3.7.1 Mittelwert und Vertrauensbereich

Können systematische Fehler ausgeschlossen bzw. vermieden werden, wird die Qualität der Analyse durch den Mittelwert $\bar{x}$ der Einzelergebnisse und die Standardabweichung s beschrieben. Mit welcher Gewißheit der gefundene Mittelwert und der „wirkliche" Gehalt übereinstimmen, wird außerdem durch die Anzahl der Stichproben (Einzelmessungen) bestimmt. Mit Hilfe der Student-Verteilung läßt sich ein Vertrauensbereich errechnen, in dem der wahre Mittelwert μ liegt:

$$\bar{x} - as <= \mu <= \bar{x} + as$$

Der Faktor a ist abhängig von der geforderten statistischen Sicherheit und dem Stichprobenumfang n. Bei einer normalverteilten Grundgesamtheit gilt für 95% Sicherheit:

$n = 2$, $a = 9(!)$
$n = 3$, $a = 2{,}48$
$n = 6$, $a = 1{,}05$
$n = 10$, $a = 0{,}72$
$n = 20$, $a = 0{,}47$
$n = 40$, $a = 0{,}32$
$n = 100$, $a = 0{,}20$.

Die Standardabweichung kann nur dann als Maß für die Richtigkeit angesehen werden, wenn die Anzahl der Stichproben ebenfalls angegeben und berücksichtigt wird (wenn systematische Fehler ausgeschlossen werden können).

Beispiel

Mit der Feststoffanalyse wurde eine Standardabweichung von 10% bei 10 Einzelmessungen erhalten. Damit ergibt sich ein Vertrauensbereich für den Mittelwert von +/– 7,5%.

Wenn bei der selben Probe mit der Aufschlußanalytik bei drei parallel durchgeführten Aufschlüssen eine Standardabweichung von 5% gefunden wurde, so ist der Vertrauensbereich +/–12,4% um den errechneten Mittelwert.

An diesem Beispiel wird deutlich, daß die häufig geringere Präzision bei der Feststoffanalytik vollständig durch die höhere Anzahl von Parallelmessungen pro Probe kompensiert wird!

Da eine Einzelanalyse mit einem geeigneten System nur 1—2 Minuten dauert, sind 10 Einzelanalysen leicht möglich. Bei ausreichend homogenen Proben sind 3—6 Messungen ausreichend (bei n = 6 ist Standardabweichung = 95%-Vertrauensbereich).

3.7.2 Homogenitätsfaktor

Dominiert die Varianz durch Heterogenität, so ist die Standardabweichung s von der Einwaage w abhängig. Dann läßt sich daraus ein Homogenitätsfaktor H_E (für das Element E) berechnen [30, 32]

$$s = H_E \cdot w^{-1/2}$$

Abbildung 18 zeigt diese Funktion für verschiedene Homogenitätsfaktoren. (Der numerische Wert von H ist gleich der relativen Standardabweichung, die bei der Probeneinwaage von 1 mg zu erwarten ist.)

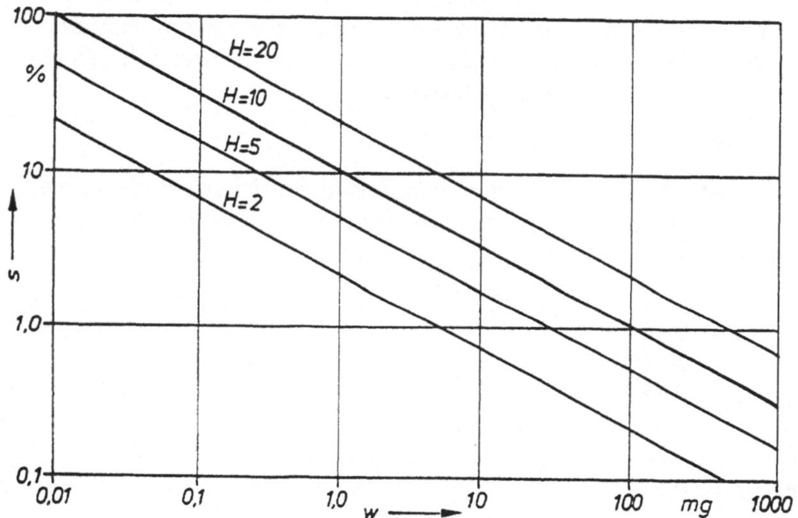

Abb. 18. Die Abhängigkeit der Standardabweichung von der Einwaage bei verschiedenen Homogenitätsfaktoren (in $mg^{1/2}$)

Der Homogenitätsfaktor ist eine spezifische Größe für die Probe. Durch ihn läßt sich die zu erwartende Standardabweichung für eine andere Probenmenge berechnen.

Beispiel

Bei der Analyse der Probe NBS bovine liver betrug die relative Standardabweichung 7%. Es wurden Einwaagen von ca. 0,5 mg eingesetzt. Damit errechnet sich für die Probe ein relativer Homogenitätsfaktor von 5 $mg^{1/2}$. Diese Heterogenität würde bei Verwendung Analysenproben mit 100 mg eine Standardabweichung von nur 0,5% hervorrufen (!).

Tabelle 6 zeigt einige so ermittelte Homogenitätsfaktoren von Referenzmaterialien.

Tabelle 6. Einige Homogenitätsfaktoren für Cadmium und Blei in biologischen Referenz- und Kontrollmaterialien (n = 10)

Probe	H_{Cd} (% $\sqrt{mg}$)	H_{Pb} (% $\sqrt{mg}$)	Particle < 50 µm (%)
KFA Grass I	3,3	11,0	62
KFA Poplar Leaves I	2,9	3,3	80
NBS Orchard Leaves	5,4	4,7	22
NBS Bovine Liver (12)	5,0	8,9	25
NBS Tomato Leaves	6,8		
NBS Spinach	5,5		

3.7.3 Schiefe Verteilungen

Schiefe Verteilungen lassen sich häufig mit einer logarithmierten Normalverteilung (lognormal Verteilung) gut anpassen, wie Abb. 16c zeigt.

Bei Routinemessungen werden meist 6—10 Einzelmessungen pro Probe durchgeführt. Schiefe Verteilungen führen bei dieser Anzahl häufig zu einer Verteilung der Meßwerte, die „normal" aussehen mit einem oder zwei Werten mit erhöhtem Gehalt. Werden sie durch eine auf der Normalstatistik beruhenden Ausreißerkontrolle eliminiert, ergibt sich ein etwas zu geringer Mittelwert (werden sie nicht eliminiert, ist der Mittelwert etwas zu hoch und die Standardabweichung groß).

Die Anwendung der logarithmierten Normalverteilung (lognormal) zur Ermittlung von Mittelwert und Standardabweichung berücksichtigt den Einfluß von hohen Einzelwerten besser. Bei normalverteilten Gesamtheiten führt die lognormale Statistik zu fast identischen Werten.

Auch für diese Fälle gilt, daß durch die vergleichsweise große Anzahl von Einzelmessungen der Fehler vergleichbar ist zu dem Fehler, der durch Einzel- oder Doppelbestimmungen mit höherer Probenmasse möglich ist.

3.7.4 Poisson-Verteilung durch den Nuggeteffekt

Bei geringen Stichprobenumfängen, wie sie in der Routine üblich sind, kann der Nuggeteffekt nicht für die Ermittlung des mittleren Gehalts genutzt werden. Einzelne extrem hohe Werte (zwei oder mehr Nuggets) müssen als Ausreißer eliminiert werden. Andernfalls ergeben sich deutlich zu hohe Mittelwerte (s. a. Tabelle 5).

Der Fehler, der durch eine solche Behandlung der Analysendaten gemacht wird, ist ebenfalls nicht gravierend, da die sehr hohen aber seltenen Einzelwerte zum durchschnittlichen Gesamtgehalt nur wenig beitragen.

Ist der Stichprobenumfang groß genug ($n > 10$), so ist zu erwarten, daß die „Ausreißer" im richtigen Verhältnis auftreten. Dann ist der Mittelwert aus allen Analysewerten mit größerer Wahrscheinlichkeit dem wirklichen Wert näher.

Die Auswirkung von Partikeln mit erhöhtem Gehalt werden korrekt durch Poisson-Verteilungen beschrieben. Die Statistik dieser Verteilung ist aber nur bei einem sehr großen Stichprobenumfang anwendbar, damit der Poisson-Mittelwert $\bar{x}_p$ ermittelt werden kann. Damit kann der (Konzentrations-) Mittelwert $\bar{x}_c$ und die Standardabweichung s_c berechnet werden

$$\bar{x}_c = \bar{x}_p c_n + c_b$$

$$s_c = \bar{x}_p^{1/2} c_n$$

(c_n ist der Beitrag eines Nuggets zum Gehalt, c_b ist der Gehalt der Basisfraktion ohne Nugget).
Auch der Homogenitätsfaktor und damit die zu erwartende Standardabweichung bei anderen Probenmassen können so ermittelt werden [29].

Beispiel

Abb. 17b zeigt die Verteilung nach dem Modell der Nuggetfraktionen (0—2 Nuggets pro Analysenprobe) und die Poisson-Anpassung für die Müllprobe. Der Poisson-Mittelwert von $\bar{x}_p = 0{,}23$ (= durchschnittliche Anzahl von Nuggets pro Probe) besagt, daß sich durchschnittlich in fast jeder vierten Analysenprobe ein Nugget mit hohem Gehalt befand. Es läßt sich ein Gehalt der Basisfraktion von $c_b = 0{,}95$ µg/g ablesen und ein Nuggetanteil $c_n = 1{,}0$ µg/g abschätzen. Damit berechnet sich der wirkliche Mittelwert zu $\bar{x}_c = 1{,}18$ µg/g und die Standardabweichung zu $s_c = 0{,}48$ µg/g. Mit der verwendeten Probenmenge von ca. 28 mg berechnet sich der Homogenitätsfaktor zu 215 $mg^{1/2}$, d. h., erst ab 5 g Probenmenge ist eine Standardabweichung von unter 3% zu erwarten.

Dieses Beispiel ist das heterogenste bisher gefundene Material. Bei gut homogenisierten biologischen Materialien führen die stärksten bisher gefundenen Heterogenitäten zu Homogenitätsfaktoren unter 40 $mg^{1/2}$ und daraus berechnete Standardabweichungen von $< 3\%$ bei Probenmassen von 100 mg.

Anmerkung

Durch die Entwicklung eines automatischen Festprobensamplers ist der notwendige sehr große Stichprobenumfang möglich geworden. Damit werden z. Z. grundlegende Untersuchungen zur Mikroheterogenität von pulverisierten Proben durchgeführt. Einige der damit bereits gewonnenen Erkenntnisse werden hier erstmals vorgestellt. Weitere Ergebnisse und die statistische Theorie werden an anderer Stelle veröffentlicht [33].

4 Anwendungsgebiete der AAS-Feststoffanalytik

Ein bevorzugter Einsatz der AAS-Feststoffanalytik ist dann gerechtfertigt, wenn einer oder mehrere der Vorteile dieser Methode bei der Aufgabenstellung besonders zur Geltung kommen. Diese Vorteile leiten sich vor allem aus dem Umstand ab, daß keine zeitlich, personell und instrumentell aufwendige Probenvorbereitung stattfindet. Darüber hinaus ist die „Analysensicherheit“ bei der Feststoffanalyse größer, da viele der Fehler, die die Richtigkeit betreffen, während der Probenvorbereitung auftreten.

Trotz dieser deutlichen Vorteile ist der Einsatz der Feststoffanalytik nicht in jedem Fall eine wirkliche Alternative zu den herkömmlichen Verfahren. Solange die AAS-Feststoffanalytik nicht einen Automatisierungsgrad erreicht hat, wie er heute bei der Lösungsanalytik üblich ist, kann diese Methode in der Routineanalytik dann nicht konkurrieren, wenn eine große Anzahl von Elementen in vielen Proben bestimmt werden müssen (was zunehmend z. B. durch Verordnungen notwendig ist).

Bei dem heutigen Stand der Entwicklung ergeben sich für einige Aufgabenstellungen dennoch so deutliche Vorteile, daß die AAS-Feststoffanalytik die Methode der Wahl sein kann.

4.1 Bestimmung weniger Elemente in vielen Proben

Muß in sehr vielen Proben nur ein Element bestimmt werden, ist der Aufwand an Zeit, Personal, Geräten, Chemikalien und Platz mit der AAS-Feststoffanalytik sehr viel geringer als bei anderen Verfahren.

Besonders in der Umweltanalytik stehen solche Untersuchungen häufig an. Insbesondere wenn eine regionale Belastung durch einen lokalen Emittenten untersucht werden soll, gibt es „Leitelemente“ bzw. Problemelemente, auf die sich eine flächendeckende Untersuchung beschränken kann (z. B. Blei und Cadmium bei der Müllverbrennung [34] oder Thalliumbelastung in der Umgebung von Zementwerken). Da solche Untersuchungen häufig auch politische Relevanz besitzen, kann die rasche Verfügbarkeit der Daten mit der Feststoffanalytik von Bedeutung sein.

Auch im wissenschaftlichen Bereich gibt es viele solcher Problemstellungen. Wird z. B. das Transferverhalten von Spurenelementen in Bio- und Ökosystemen untersucht, so muß eine sehr große Anzahl von Proben wegen der Vielfalt der biologischen Variabilitäten analysiert werden [35], oder wenn ein Monitoring für ein Element durchgeführt werden soll [36].

Ein detaillierter Vergleich mit der Aufschluß- und Lösungsanalytik (unter Einsatz eines automatischen Probengebers), der das gesamte Verfahren berücksichtigt, ergab, daß bei solchen Aufgabenstellungen nur etwa die halbe Zeit und der halbe personelle Aufwand mit der Feststoffanalyse notwendig ist [37].

Dieses Verhältnis verschlechtert sich mit zunehmender Anzahl der zu bestimmenden Elemente. Die dann notwendige Zahl von Einwaagen (für jedes Element jeweils 3–6 Messungen) und die entsprechende Belastung für den Operateur macht die genannten Vorteile zunichte. Bei 3–4 Elementen ist der personelle Aufwand etwa gleich groß.

4.2 Rohstoff-, Produkt- und Prozeßkontrolle

Bei der industriellen Kontrollanalytik kann der zeitliche Aspekt von besonderer Wichtigkeit sein. Die Wareneingangs- oder die Produktendkontrolle soll häufig „online" erfolgen, um z. B. Verzögerungen im Produktionsprozeß oder fehlerhafte Produktion zu vermeiden.

Ein Beispiel ist die Analyse von Mangan, Kupfer und Eisen in den Rohstoffen für Kleber, da diese als „Kautschukgifte" die Klebemasse katalytisch zersetzen können [38]. In der Autoindustrie wird z. B. die Kontrolle von Cadmium in Kunststoffen von Zulieferern durchgeführt [39, 40].

4.3 Bestimmung sehr geringer Gehalte

Ist das Blindwertproblem durch sehr geringe Gehalte des Analyten in den Proben oder durch die Allgegenwart eines Elements gravierend, ist die Feststoffanalyse die Methode der Wahl, da keine Reagentien verwendet werden und da der eigentliche Analyseprozeß einfach und kurz ist. Die Gefahr einer Sekundärkontamination ist somit sehr gering [41, 42]. Die untere Bestimmungsgrenzen sind häufig besser als bei der Analyse nach vorhergehendem Aufschluß. Das kann z. B. auch bei der Analyse von Lebensmitteln mit den meist geringen Gehalten von Bedeutung sein [36, 43].

4.4 Verteilungs- und Homogenitätsuntersuchungen

Die Verteilung von Spurenelementen in pflanzlichen und tierischen Organen läßt sich mit der Feststoffanalytik sehr gut untersuchen. Es werden damit schon geringe Varianzen sichtbar, die durch zufällige Fehler beim Aufschluß überdeckt würden. So wurde mit dieser Methode die ausreichend gleichförmige Verteilung von Cadmium und Blei in Schweinelebern [44] und die Anreicherung von Cadmium im Keim von Weizenkörnern [35] gezeigt.

Bei pulverisierten Materialien kann wegen der Dominanz des Fehlers durch Heterogenität die Mikroverteilung von Materialien in Abhängigkeit von der Korngrößenverteilung bzw. der Probenmenge (z. B. für Referenzmaterialien) durch viele Einzelmessungen gezeigt werden [30].

4.5 Kontroll- und Referenzanalysen

Im Routinelabor, in dem große Probenserien für viele Elemente mit Multielement-Bestimmungsverfahren (z. B. ICP-OES oder RFA) durchgesetzt werden müssen, kann die Feststoffanalyse dazu dienen Referenzwerte zu erstellen, wenn neue Probenarten analysiert werden müssen. Sie ist häufig eine gute Hilfe bei der Methodenentwicklung für andere Verfahren [45].

4.6 Bestimmung „schwieriger Elemente“

4.6.1 Ergänzungsanalysen

Eine andere Anwendung im Routinelabor findet die Feststoffanalyse, wenn einzelne Elemente mit der eingesetzten Multielementmethode nicht bestimmbar sind, weil z. B. die Konzentration in der Analysenlösung zu gering für diese Methode ist. Das kann z. B. der Fall bei Cadmium sein, wenn Lebensmittel nach Aufschluß mit der ICP-OES analysiert werden. Die getrennte Analyse mit der Feststoff-AAS kann dann vorteilhaft sein.

Das gilt besonders, wenn für die Analyse von Problemelementen mit den herkömmlichen Verfahren eine besondere Probenvorbereitung erforderlich ist (z. B. für Arsen oder Selen die Hydriderzeugung [20, 46]).

4.6.2 Direkte Quecksilberbestimmung mit dem Nickelrohrofen

Alle in Richtlinien und Normen beschriebenen Verfahren zur Quecksilberbestimmung setzten für die atomspektrometrische Bestimmung, meist mittels der Kaltdampftechnik, einen Aufschluß der Probe voraus.

Eine Quecksilberbestimmung mit der hier beschriebenen Feststoffanalyse im Graphitrohr ist dann möglich, wenn die Probe nicht zur Rauchbildung neigt, da eine thermische Vorbehandlung („Veraschung“) wegen des sehr hohen Dampfdruckes von Quecksilber und seinen Verbindungen nicht durchgeführt werden kann. Dadurch ist die maximale Einwaage (selbst bei Verwendung der ZAAS) auf einige hundert Mikrogramm beschränkt, und es ergibt sich nur eine Bestimmungsgrenze von ca. 1 mg/kg. Die Bestimmung von Hg in Klärschlämmen und Pflanzen mit hohem Hg-Gehalt können so durchgeführt werden [47, 48].

Für geringere Gehalte wurde eine spezielle Atomisierungseinheit entwickelt (Grün-Analysengeräte, Wetzlar), die den besonderen chemischen und physikalischen Eigenschaften des Quecksilbers Rechnung trägt. In einen konstant beheizten (1000 °C) Zweikammer-Rohrofen wird die Feststoffprobe eingeführt. In der äußeren Kammer (Abb. 19) findet im Luft- oder Sauerstoffstrom eine gute, d. h. raucharme Verbrennung statt, bevor die Probengase in das Absorptionsrohr (aus Nickel) gespült werden [49].

Wegen der großen Absorptionslänge (20 cm) und der möglichen großen Probeneinwaage (bis 100 mg) ergeben sich Bestimmungsgrenzen, die selbst für die Lebensmittelanalytik ausreichen.

Durch umfangreiche und sorgfältige Untersuchungen konnte gezeigt werden, daß die Analysenqualität (Richtigkeit und Präzision) der Hg-Bestimmung aus der Festsubstanz mit dieser Atomisierungseinheit vergleichbar mit allen herkömmlichen Verfahren ist [50]. Abb. 20 zeigt die Ergebnisse der so durchgeführten Analysen eines Referenzmaterials im Vergleich mit den Werten, die der Zertifizierung zugrunde liegen.

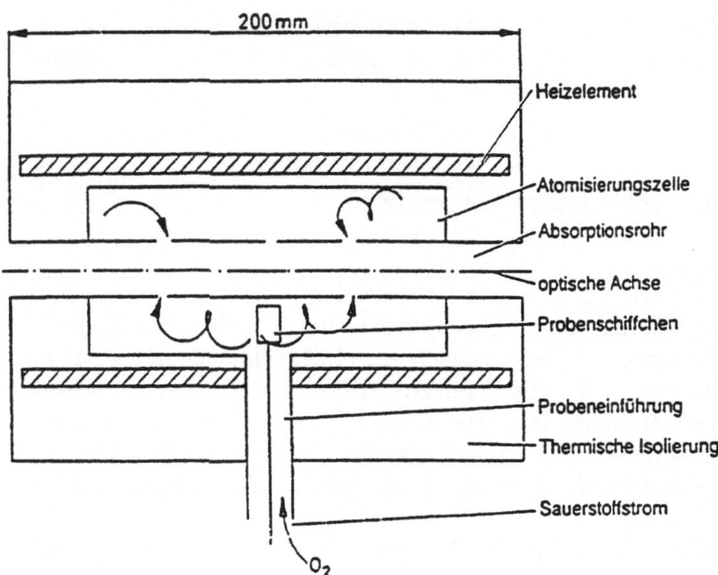

Abb. 19. Prinzip des konstant geheizten Nickelrohr-Atomisators für die Bestimmung von Quecksilber

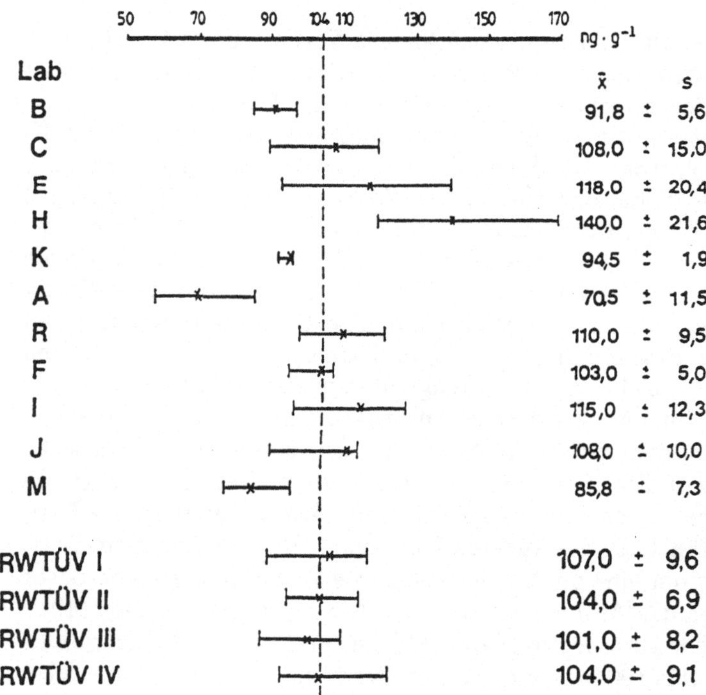

Abb. 20. Ergebnis der Bestimmung von Hg direkt aus dem Feststoff mit dem Nickelrohratomisator (RWTÜV I–IV; an verschiedenen Tagen) im Vergleich mit den der Zertifizierung zugrunde liegenden Ergebnissen von verschiedenen Labors (aus: [50])

Diese Atomisierungseinheit ist allerdings nur in AAS-Geräten zu verwenden, bei denen die Ofenkammer groß genug ist und eine leistungsfähige Untergrundkompensation vorhanden ist. Bei ZAAS-Geräten mit dem Magneten am Absorptionsvolumen (inverse ZAAS) ist dieser Hg-Atomisator nicht verwendbar.

4.7 Wechselnde Aufgabenstellungen

Ein Gesamtsystem für die AAS-Feststoffanalyse ist dann für ein kleineres Labor geeignet, wenn bei häufig wechselnden Aufgabenstellungen nur kleine und mittlere Probenserien analysiert werden müssen (auch für die Bestimmung von vielen Elementen), insbesondere, wenn damit die Einrichtung eines naßchemischen Labors mit seinem erheblichen Aufwand an Fläche und Geräten vermieden werden kann.

Das gilt z. B. für wissenschaftliche Forschungsinstitute, bei denen die Spurenanalyse der Elemente nur ergänzend zu anderen Fragestellungen betrieben werden soll. Das ist häufig in der Biologie [51], Geologie [20] aber z. B. auch der Pathologie [52] der Fall. Neben den geringeren „Infrastrukturmaßnahmen" kann in solchen Fällen auch von Bedeutung sein, daß die Durchführung der Feststoffanalyse ein deutlich geringeres „know how" erfordert als viele Aufschluß- und Anreicherungsverfahren. Auch die Einarbeitung in diese Methode ist vielfach rascher und einfacher möglich.

4.8 Weitere Anwendungen

Beispiele für weitere Anwendungen, die bei besonderen Aufgabenstellungen vorteilhaft sein können, sollen noch erwähnt werden:

Steht nur wenig Probenmaterial zur Verfügung, was im medizinischen Bereich häufig der Fall ist (z. B. Zahnmaterial, Biopsie- oder Speichelproben [53]), ist die kleine Analysenprobe (bei gleicher oder besserer Bestimmungsgrenze) von großer Bedeutung.

Die Verteilung von Metallen auf Oberflächen (z. B. Filter) kann mit der Feststoffanalyse sehr einfach ermittelt werden [54, 55]. Die Probenträger können z. B. auch direkt als Sammelfläche für Luftstaub zur aktiven oder passiven Deposition dienen. Diese können dann gewogen und direkt analysiert werden [56].

Ein weiteres Beispiel ist die Möglichkeit von „Feldanalysen". Zwar ist der Betrieb eines AAS-Gerätes im freien Feld natürlich nicht möglich, aber die Durchführung der Feststoffanalyse ermöglicht durchaus schnelle und sichere Analysen ohne eine „Labor-Umgebung".

5 Schlußbetrachtung

Die Bestimmung von Elementen mit der direkten AAS-Feststoffanalyse bringt häufig große Vorteile, sie ist schnell, vergleichsweise sicher, und der Gesamtaufwand ist wesentlich geringer im Vergleich zur Analytik nach Aufschluß. Es muß aber hervorgehoben werden, daß auch bei der direkten Feststoffanalyse ein profundes Wissen über die Quelle und den Charakter möglicher Störungen notwendig ist. Eine unkritische Anwendung dieser Technik kann ebenso zu falschen Analysenergebnissen führen wie bei anderen Verfahren.

Diese Darstellung der AAS-Feststoffanalytik hat deshalb auch nicht den Charakter eines „Kochbuchs", sondern kann nur eine Anleitung für eine selbständige Methodenentwicklung für konkrete Aufgaben sein. Dabei müssen die Besonderheiten dieser Methode in jedem Teilschritt des Verfahrens — von der Probenhandhabung bis zur statistischen Auswertung — beachtet werden. Die Akzeptanz der Feststoffanalyse hat lange darunter gelitten, daß die mit anderen Methoden gemachten Erfahrungen auf diese übertragen wurden (vor allem bei der Frage Homogenität/Präzision). Gerade für mit anderen Methoden erfahrene Spurenanalytiker ist zur erfolgreichen Anwendung der Feststoffanalyse ein „Umdenken" in einigen Punkten erforderlich.

Diese Darstellung soll auch deutlich machen, daß die Möglichkeiten einer Anwendung der AAS-Feststoffanalytik wesentlich größer sind, als es heute vielfach angenommen wird. Im Kanon der existierenden Methoden und Verfahren hat sie sich bereits einen Platz als ergänzende Möglichkeit der Spurenelementbestimmung erobert.

Einen Zwischenschritt von der Aufschlußanalytik zur direkten Feststoffanalyse stellt die Slurry-Technik für pulverförmige Proben dar [57, 58], bei der eine Suspension aus einer geeigneten Flüssigkeit und dem Probenpulver hergestellt und mit der Pipette (bzw. dem Sampler für Flüssigkeiten) dosiert wird. Durch den Einsatz einer Ultraschallsonde ist es offensichtlich gelungen, die störende Sedimentierung der Probenpartikel zu verhindern. Durch die extrem geringe effektive Probeneinwaage (max. 0,05 mg) ist der Einsatz dieser Technik auf sehr homogene Pulver bzw. auf Pulver, deren Elementverteilung durch die Suspensionsflüssigkeit homogenisiert werden kann, beschränkt (Proben, die bei 1 mg Einwaage eine leicht schiefe Verteilung aufweisen, würden bei 0,1 mg einen Nuggeteffekt zeigen, s. 3.6). Als Ergänzung zur Aufschlußanalytik ist die Slurry-Feststofftechnik jedoch sinnvoll zur Vereinfachung der Analyse dafür geeigneter Proben, da der instrumentelle Aufwand für eine automatische Analyse deutlich geringer als bei der hier beschriebenen Feststoffanalytik ist.

Weitere Aufgabenfelder und damit eine weitere Verbreitung wird die direkte Feststoffanalyse finden, wenn der Analyseprozeß weiter automatisiert wird. Ein automatischer Probengeber, der pulverisierte Proben dosiert, wiegt und transportiert, ist als Prototyp kürzlich entwickelt worden [59]. Mit einem automatisierten Feststoffanalysesystem kann sich für ein Routinelabor die Beschaffung eines speziell für die Feststoffanalyse optimierten Gerätesystems rasch amortisieren.

Die Forderung nach vereinfachten Strategien der Spurenanalytik ergibt sich nicht nur aus Kosten- und Zeitgründen. Die Produktion, der Gebrauch und die Entsorgung der vielen, meist aggressiven Chemikalien, die für die chemische Probenvorbereitung eingesetzt werden, schaffen bei der heute umfangreich betriebenen Spurenanalytik selber Umwelt- und Arbeitsschutzprobleme (das gilt nicht nur für die Elementbestimmung, sondern für die gesamte Analytik in Umwelt- und Kontrollabors).

Es ist also eine Aufgabe der forschenden Spurenanalytiker, der Geräteentwickler und Hersteller, verbesserte Voraussetzungen für eine breitere Anwendung feststoffanalytischer Verfahren zu schaffen. Schließlich scheint es nicht ausgeschlossen, daß mit anderen spektroskopischen Methoden, die eine Multielementanalyse erlauben, die Feststoffmethode zukünftig erfolgreich angewandt werden kann.

Literatur

1. L'vov BV (1970) Atomic Absorption Spectrochemical Analysis, Adam Hilger, London
2. Langmyhr FJ, Wibetoe G (1985) Direct Analysis of Solids by Atomic Absorption Spectrometry, a review. Prog analyt atom Spec, 8:193–256
3. Kurfürst U (1983) Theorie, Eigenschaften und Leistungsfähigkeit der direkten ZAAS. Fresenius Z Anal Chem 315:304–320
4. Frech W, Jonsson S (1982) A new furnace design for constant temperature electrothermal atomic absorption spectroscopy. Spectrochimica Acta 37:1021–1027
5. Frech W, Baxter DC (1986) Spartially isothermal graphite furnace for atomic absorption spectrometry using side-heated cuvettes with integrated contacts. Anal Chem 58:1973–1977
6. Slavin W, Manning DC (1980) The L'vov platform for furnace atomic absorption analysis. Spectrochimica Acta 35B:701–714
7. Kurfürst U (1983) Bedeutung der Graphit-Schiffchentechnik für die Feststoffanalyse. Fresenius Z Anal Chem 316:1–7
8. Kurfürst U (1985) Solid sample insertion systems and L'vov platform effect. Fresenius Z Anal Chem 322:660–665
9. Baxter DC, Frech W (1990) On the direct analysis of solid samples by graphite furnace atomic absorption spectrometry. Fresenius J Anal Chem 337:253–263
10. Ottaway JM, Carroll J, Cook S, Corr SP, Littlejohn D, Marshal J (1986) Developments in probe design for electrothermal atomic absorption spectrometry. Fresenius Z Anal Chem 323:742–747
11. Chakrabarti CL, Hamed HA, Wan CC, Li WC, Gregoire PC, Lee S (1980) Capacitive discharge heating in graphite furnace atomic absorption spectrometry. Anal Chem 52:167–176
12. Grobenski Z, Lehmann R, Tamm R, Welz B (1982) Inprovements in graphite-furnace atomic-absorption microanalysis with solid sampling. Microchim Acta (1982) I, 115–125
13. Sommer D, Ohls K (1979) Spurenanalyse mit der flammenlosen AAS unter Verwendung fester Proben. Fresenius Z Anal Chem 298:123–127
14. Atsuya J, Itho K (1983) The use of an inner miniature cup for determination of powdered samples by AAS. Spectrochim Acta 38B:1259–1264
15. Völlkopf U, Lehmann R, Weber D (1985) Metallspurenbestimmung in Kunststoffen mit der „Cup-in-Tube"-Technik. LaborPraxis 9:990–997
16. Brown AA, Lee M, Kullemer G, Rosopulo A (1987) Solid sampling in graphite furnace atomic absorption spectrometry. Fresenius Z Anal Chem 328:354–358
17. Lücker E, Kreuzer W, Busche C (1989) Feststoffanalytik mit der Autoprobe-GFAAS (Teil I). Fresenius Z Anal Chem 335:176–188

18. Stephen SC, Ottaway JM, Littlejohn D (1987) Slurry atomisation of foodstuffs in electrothermal atomic absorption spectrometry. Fresenius Z Anal Chem 328:346–353
19. Gerwinski W (1985) Das Verhältnis Peakhöhe/Peakfläche als Auswahlkriterium für Feststoff-Standards bei der Analyse von Böden. Fresenius Z Anal Chem 322:685–686
20. de Kersabiec AM, Benedetti MF (1987) Problems encounteres in solid sampling-trace analysis of various geological samples by ETA-ZAAS. Fresenius Z Anal Chem 328:342–345
21. Bley R (1988) Direktbestimmung von Elementspuren in Feststoffen mittels Zeeman-AAS, Diplomarbeit Universität GHS Essen
22. Atsuya I, Akatsuka K, Itoh K (1990) Comparison of standard materials for the establishment of calibration curves in solid sampling graphite furnace atomic absorption spectrometry. Direct determination of copper in powdered biological samples. Fresenius J Anal Chem 337: 294–298
23. Baxter DC (1989) Evaluation of the simplified generalized standard addition method for calibration in the direct analysis of solid samples by graphite furnice atomic spectrometric techniques. J Anal At Spec 4: 415–421
24. Ali AH, Smith BW, Winefordner JD (1989) Direct Analysis of Coal by electrothermal atomisation atomic-absorption spectrometry. Talanta 36 No 9:893–896
25. Lücker E, Hornung E, Rosopulo A, Küllmer G, Busche C (1987) Feststoff-AAS mit Deuterium-Untergrundkompensation II. LaborPraxis 3:176–183
26. Esser P, Dürnberger R (1987) Determination of selenium with solid sampling and direct Zeeman-AAS. Fresenius Z Anal Chem 328:359–361
27. Mohl C, Narres HD, Stoeppler M (1986) Sauerstoffveraschung bei der Bestimmung von Blei und Cadmium in schwierigen Materialien mit Graphitrohofen-AAS. In: Welz B (Hrg) Fortschritte in der atomspektrometrischen Spurenanalytik, VCH, Weinheim
28. Kurfürst U (1980) Applikationsberichte Zeeman-Atomabsorption Nr 14 und 15. Grün-Optik Wetzlar
29. Esser P (1985) Direct analysis of inorganic solids: Experiments of a laboratory in cement industry. Fresenius Z Anal Chem 322:677–680
30. Kurfürst U, Grobecker K-H, Stoeppler M (1984) Homogeneity studies in biological reference and control materials with solid sampling and direct Zeeman-AAS. In: Trace Element-Analytical Chemistry in Medicine and Biology, eds Brätter P, Schramel P, Vol 3, 591–601. W. de Gruyter, Berlin
31. Mohl C, Stoeppler M, Grobecker K-H (1987) Homogeneity studies in reference materials with Zeeman solid sampling GFAAS. Fresenius Z Anal Chem 328:413–418
32. Stoeppler M, Kurfürst U, Grobecker K-H (1985) Der Homogenitätsfaktor als Kenngröße für pulverisierte Feststoffproben. Fresenius Z Anal Chem 322:687–691
33. Kurfürst U (1991) Statistical treatment of solid sampling data of heterogeneous samples. Pure Appl Chem, im Druck
34. Steubing L, Grobecker K.-H (1985) Blei- und Cadmiumbelastung in verschiedenen Ökosystemen. Fresenius Z Anal Chem 322:692–696
35. Pieczonka K, Rosopulo A (1985) Distribution of Cadmium, Copper and Zink in the caryopsis of wheat. Fresenius Z Anal Chem 322:697 to 699
36. Horner E, Kurfürst U (1987) Cadmium in wheat from biological cultivation. Fresenius Z Anal Chem 328:386–387

37. Kurfürst U, Grobecker K-H (1982) Schwermetallanalyse mit der AAS – naßchemisch oder direkt aus dem Feststoff? Fachz Lab 26:825–830
38. Erb R (1985) Direkte Bestimmung von Kupfer, Mangan, Eisen und Blei in Klebebändern und anderen Materialien. Fresenius Z Anal Chem 322: 719–720
39. Völlkopf U, Lehmann R, Weber D (1987) Determination of cadmium, copper, manganese and rubidium in plastic materials by graphite furnace atomic absorption spectrometry using solid sampling. J Anal At Spec 2:455–458
40. Rühl WJ (1985) Cadmium in Polymers – Product control in the automobile industry. Fresenius Z Anal Chem 322:710–712
41. Frech W, Baxter DC (1987) Evaluation of the solid sampling technique for the determination of aluminium in biological materials by atomic absorption and atomic emission spectrometry. Fresenius Z Anal Chem 328:400–404
42. Krebs B (1987) Direct determination of nickel in margarine. Fresenius Z Anal Chem 328:388–389
43 K. H. Grobecker und B. Klüßendorf (1985) Schwermetalle in marinen Lebensmitteln unterschiedlicher Herkunft Fresenius Z Anal Chem 322:673–676
44. Klüßendorf B, Rosopulo A, Kreuzer W (1985) Untersuchungen zur Verteilung und Schnellbestimmung von Blei, Cadmium und Zink in Lebern von Schlachtschweinen mittels Feststoff-Zeeman-Atomabsorptionsspektrometrie. Fresenius Z Anal Chem 322:721–727
45. Rosopulo A (1985) Schwermetallbestimmung direkt aus dem Feststoff und nach chemischem Aufschluß – ein Methodenvergleich. Fresenius Z Anal Chem 322:669–672
46. Lindberg I, Lundberg E, Arkhammer P, Berggren P-O (1988) Direct determination of selenium in solid biological materials by graphite furnace atomic absorption spectrometry. J. Anal Atom Spec 3:493–501
47. Kurfürst U, Rues B (1981) Schwermetallbestimmung (Pb, Cd, Hg) in Klärschlämmen ohne chemischen Aufschluß mit der Zeeman-Atomabsorptionsspektroskopie. Fresenius Z Anal Chem 308:1–6
48. Fleckenstein J (1985) Direktmessung von Quecksilber in biologischen Feststoffproben mittels Zeeman-Atomabsorption im Graphitrohr. Fresenius Z Anal Chem 322:704–707
49. Kurfürst U, Rues B (1982) Quecksilberbestimmung direkt aus dem Feststoff. Laborpraxis 10:1097–1099
50. Tobis K-H, Großmann W (1989) Die Bestimmung von Quecksilber in Böden, Kohlen und Aschen ohne Aufschluß. In: 5. Colloquium Atomspektrometrische Spurenanalytik, 512–521. Hrg Welz B, Bodenseewerk Perkin-Elmer, Überlingen
51. Grobecker KH, Kurfürst U (1990) Solid sampling by Zeeman graphite-furnace-LAAS, a suitable tool for environmental analysis. In: Element Concentration Cadasters in Ecosystems, 121–137. Eds Lieth B, Markert B, VCH Verlagsgesellschaft Weinheim
52. Pesch HJ (1984) Direkt-Cadmiumbestimmung in menschlichen Organen mit der Zeeman-AAS. Eine postmortale Untersuchung. Fresenius Z Anal Chem 317:461–465
53. Strübel G, Rzepka-Glinder V, Grobecker K-H (1987) Heavy metals in human salivary calculi by direct solid sampling atomic absorption spectrometry. Fresenius Z Anal Chem 328:382–385
54. van Son M, Muntau H (1987) Determination by direct Zeeman-AAS of cadmium, lead and copper in water-borne suspended matter collected on filters. Fresenius Z Anal Chem 328:390–392
55. Lichtenberg W (1987) Determination of gun shot residues in biological

samples by means of Zeeman atomic absorption spectrometry. Fresenius Z Anal Chem 328:367–369
56. Low PS, Hsu GJ (1990) Direct determination of atmospheric lead by Zeeman solid sampling graphite furnace atomic absorption spectrometry. Fresenius J Anal Chem 337:299–305
57. Epstein MS, Carnick GR, Slavin W (1989) Automated slurry sample introduction for analysis of a river sediment by graphite furnace atomic absorption spectrometry. Anal Chem 61/13:1414–1419
58. Miller-Ihli NJ (1990) Slurry sampling for graphite furnace atomic absorption spectrometry. Fresenius J Anal Chem 337:271–274
59. Kurfürst U, Kempeneer M, Stoeppler M, Schuierer O (1990) An automated solid sample analysis system. Fresenius J Anal Chem 337: 248–252
60. Toro EC, Parr RM, Clements SA (1990) Biological and environmental reference materials for trace elements, nuclides and organic microcontaminants. International Atomic Energie Agency, IAEA/128 (Rev. 1), Wien

Röntgenfluoreszenzanalyse mit Synchrotronstrahlung

Gerhard Gaul und Arndt Knöchel

Institut für Anorganische und Angewandte Chemie, Universität Hamburg,
Martin-Luther-King-Platz 6, D-20146 Hamburg

1 Einleitung

In dem großen Kanon von Analysenprinzipien zur Bestimmung von Elementspuren sind Multielementmethoden besonders gefragt. Im Prinzip sollte die Röntgenfluoreszenzanalyse (RFA) zur Befriedigung dieses Bedarfs einen wesentlichen Beitrag liefern können, denn ein Vorteil der Methode liegt darin, daß die die Fluoreszenz beeinflussenden Parameter eine stetige Abhängigkeit von der Kernladungszahl Z besitzen (Moseleysches Gesetz) und der die Fluoreszenzintensität bestimmende Photoionisationswirkungsquerschnitt sowie die als Konkurrenzprozess auftretende Auger-Elektronenemission elementare physikalische Prozesse sind, die sich für isolierte Atome genau berechnen lassen.

Die Röntgenfluoreszenz kann allgemein durch alle Teilchen angeregt werden, die der elektromagnetischen Wechselwirkung unterliegen oder durch Röntgenstrahlung selbst. Für die Praxis von Bedeutung sind die Anregung von Fluoreszenzstrahlung der Probe durch:

- Elektrisch geladene Teilchen (Elektronen, Protonen und Alpha-Teilchen)
- Röntgenstrahlung von Radionuklidquellen
- Röntgenröhren mit und ohne Sekundärtarget

Die von Radionukliden abgegebene Anregungsstrahlung wird monochromatisch, isotrop und unpolarisiert abgestrahlt. Die Intensität der Radionuklidquellen ist für die RFA i.a. zu gering.

Bei der Verwendung von Röntgenröhren als Anregungsquelle ist

- der durch Streustrahlung (Rayleigh- und Comptonstreuung) hervorgerufene Untergrund zu hoch

  und
- die Intensität der Anregungsstrahlung meist zu gering.

Bei Fluoreszenzanregung durch geladene Teilchen (PIXE) wird zwar ein geringer Strahlungsuntergrund erzeugt, die Fluoreszenzwirkungsquerschnitte und damit das Nachweisvermögen nehmen jedoch mit wachsender Ordnungszahl stark ab und sind stark von der Ordnungszahl abhängig.

Um mit der Fluoreszenzanalyse Zugang zum Bereich der Spurenanalyse zu erhalten, wurden verschiedene Modifikationen der klassischen RFA im Hinblick auf die Art der Primäranregung genutzt:

- Anregung durch monochromatisierte Röntgenstrahlung reduziert den Untergrund unterhalb der comptongestreuten Primärstrahlung. Gleichzeitig führt die Monochromatisierung aber zu einer erheblichen Verringerung des primären Photonenflusses und damit zu einer Verlängerung der Meßdauer.
- Anregung unter totalreflektierenden Bedingungen (TRFA) reduziert die zur Streuung beitragende Masse im wesentlichen auf die als dünner amorpher Film vorliegende Probe, die auf eine polierte Quarzglasplatte aufgebracht ist.

Insbesonders mit der Röntgenfluoreszenzanalyse mit totalreflektierenden Probenträgern (TRFA) konnte die Nachweisstärke der RFA in den eigentlichen Spurenbereich hinein ausgedehnt werden.

Die Fluoreszenzwirkungsquerschnitte sind aber auch in diesem Falle nur dann hoch, wenn die zur Anregung benutzte Linie knapp oberhalb der Absorptionskante des zu analysierenden Elements liegt.

Bei alleiniger Betrachtung der Fluoreszenzausbeuten wäre eine Anregung durch „weiße" Röntgenstrahlung im Vergleich hierzu wesentlich günstiger sie führt aber zu einer starken Erhöhung des Streuuntergrunds.

Alle diese Nachteile kann man vermeiden wenn der Röntgenanteil der Synchrotronstrahlung als Anregungsquelle benutzt wird. Die so erhältliche Röntgenfluoreszenzanalyse mit Synchrotronstrahlung (SYRFA) stellt nicht nur, wie im folgenden zu zeigen sein wird, das z.Zt. nachweisstärkste Multielementanalysenprinzip für Bulkanalysen dar, aufgrund der Möglichkeit, Mikrosynchrotronstrahlen bereitzustellen ermöglicht sie auch den Aufbau mikroanalytischer Verfahren für die Erfassung der lateralen bzw. Tiefenverteilung von Elementspuren in Festkörpern.

SYRFA erweitert damit auch das Methodenspektrum in einem Bereich, der bisher durch SIMS (Secondary Ion Mass Spectroscopy), (Laser Microprobe Mass Analysis), PIXE (Particle Induced X-Ray Emission) und EPMA (Electron Probe Micro Analysis) dominiert wird.

2 Grundlagen der Röntgenfluoreszenzanalyse

2.1 Röntgenübergänge

Das Prinzip der Röntgenfluoreszenzanalyse [MAY80, BER84, HAK87, AGR91] beruht auf der Erzeugung von Leerstellen in den inneren kernnahen Elektronenschalen eines Atoms durch elektromagnetische Strahlung oder Stoßprozesse mit geladenen Teilchen (PIXE) [TRA81, JOH88, TUN91].

Beim Übergang von Elektronen aus höheren Schalen in die erzeugte Leerstelle wird ein Röntgenquant mit einer für das jeweilige Element charakterischen Energie abgestrahlt oder ein Auger – Elektron emittiert. Die Energie des Röntgenquants ist nur von der Art des Übergangs abhängig und zeigt im Rahmen der mit Si(Li) – Detektoren erreichbaren Energieauflösung von ca. 140 eV keine Abhängigkeit von der chemischen Bindung.

Je nachdem, ob sich die aufgefüllte Leerstelle in einer K-, L- oder M-Schale befindet, bezeichnet man die entstehende Spektrallinie als K-, L- oder M-Linie. Mit dem Index α kennzeichnet man die stärkste Linie innerhalb einer Serie, mit $\beta, \gamma, \varepsilon$ die schwächeren Linien. Abbildung 1 zeigt schematisch typische Elektronenübergänge, die nach der Erzeugung eines Loches in der K-Schale entstehen können.

Die Energie E_i der einzelnen Übergänge ist streng von der Ordnungszahl Z der Atome abhängig. Den Zusammenhang beschreibt das Moseleysche Gesetz:

Die Konstanten k_i und σ_i besitzen abhängig von den Übergängen K_α, K_β, usw. verschiedene Werte.

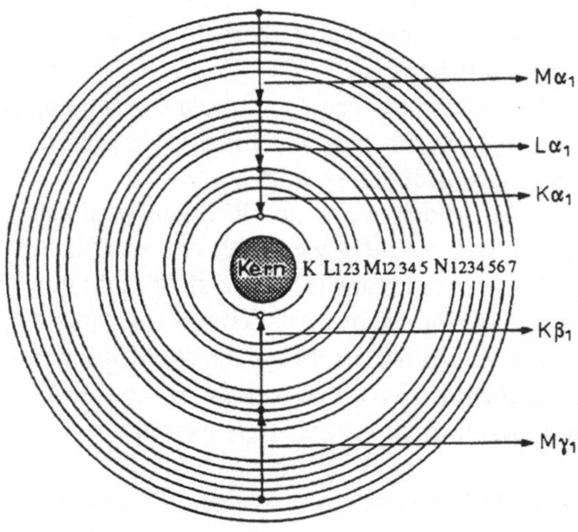

Abb. 1. Typische Elektronenübergänge, die nach der Erzeugung eines Loches in der K-Schale entstehen können

Damit ist der Zusammenhang zwischen der charakteristischen Energie E_i und der Ordnungszahl Z des Elements gegeben, d.h. die Energie der Strahlung beinhaltet eine elementspezifische, analytisch verwertbare Information.

Dies wird möglich, weil die charakteristischen Energien E_i experimentell mit hoher Genauigkeit [BE67, XRA86] bekannt sind und daher in der Praxis zur Identifikation der Elemente herangezogen werden können.

Die Intensitätsverhältnisse der einzelnen Serien sind bei allen Elementen weitgehend ähnlich. Die Intensitätsverhältnisse zwischen K_α und K_β variieren schwach mit der Ordnungszahl Z und betragen im Mittel K_β und K_α $=0.17$ [TER82, BER84, AGR91]. Abbildung 2 stellt das Intensitätsverhältnis K_β/K_α in Abhängigkeit von der Ordnungszahl dar.

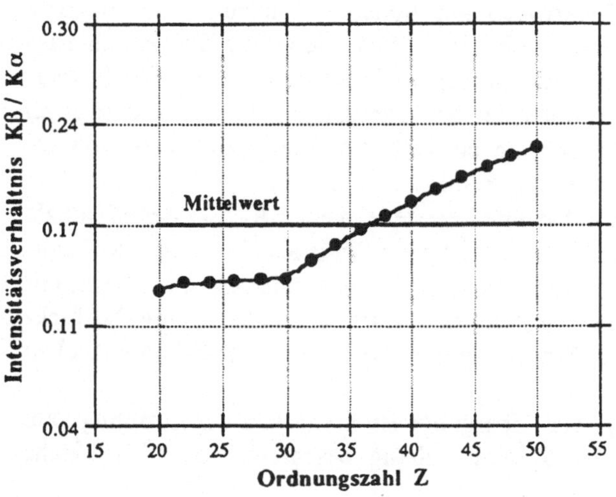

Abb. 2. Intensitätsverhältnis K_β/K_α in Abhängigkeit von der Ordnungszahl

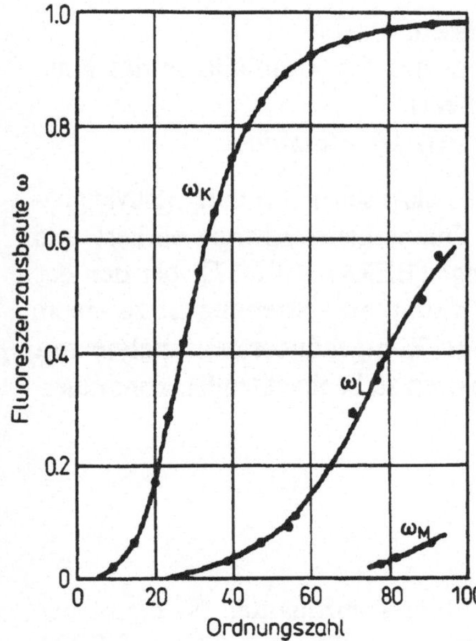

Abb. 3. Fluoreszenzausbeute ω als Funktion der Ordnungszahl Z

In Konkurrenz zur Emission eines Fluoreszenzquants kann ein Auger-Elektron emittiert werden. Bei leichten Elementen überwiegt die Emission von Auger-Elektronen stark [BER84, XRA86, AGR91].

Die Gesamtintensität der Fluoreszenzstrahlung der einzelnen Serien ist abhängig von der Stärke dieses Konkurrenzprozesses. Die Fluoreszenzausbeute ω ist definiert als das Verhältnis zwischen der Anzahl der emittierten Röntgenquanten und der Zahl der emittierten Auger-Elektronen (Abb. 3).

$$\omega_{K,L} = \frac{\text{Zahl der emittierten Fluoreszenzquanten}}{\text{Zahl der erzeugten Löcher in der K, L-Schale}}$$

Offensichtlich überwiegt der Auger – Prozeß bei den Elementen mit $Z < 15$ und reduziert damit die Fluoreszenzausbeute bei den leichten Elementen stark. Dies hat eine Verschlechterung des Nachweisvermögens der RFA für leichte Elemente zur Folge.

2.2 Absorption von Röntgenstrahlen

Beim Durchgang durch Materie wird Röntgenstrahlung absorbiert [BER84, XRA86, LEO87, AGR91]. Beträgt die Intensität des Strahls anfänglich N_0, so beträgt sie nach einer Wegstrecke x:

$$N(x) = N_0 \cdot \exp(-(\mu/\rho)\rho x)$$

μ/ρ Massenschwächungskoeffizient

ρ Dichte.

Die Absorption beruht auf folgenden Prozessen:
- Induzierung des Übergangs eines Elektrons aus der Atomhülle in das Kontinuum durch ein Röntgenquant (Photoeffekt)
- Streuung eines Röntgenquants an Elektronen der Atomhülle.

Im zweiten Fall unterscheidet man zwischen elastischer Streuung (Rayleigh - Streuung) [BER84, LEO87], bei der das Quant keine Energie verliert und inelastischer Streuung (Compton - Streuung) [BER84, LEO87], bei der das Quant im Stoßprozeß Energie abgibt. Die Compton - Streuung ist zu einem großen Teil verantwortlich für den bei der Röntgenfluoreszenzanalyse mit Synchrotronstrahlung in den Fluoreszenzspektren zu beobachtenden kontinuierlichen Untergrund.

2.3 Intensität der Fluoreszenzstrahlung

Die Anzahl der pro Zeiteinheit emittierten Fluoreszenzquanten N_F ergibt sich aus dem Wirkungsquerschnitt des Primärprozesses, der Photoionisation [TER82, BER84, IFF92]. Für eine dünne Probe erhält man aus dem Photoionisationswirkungsquerschnitt in guter Näherung die pro Zeiteinheit erzeugten Ionen N_i:

$$N_i = N_0 \cdot \mu_\tau \rho d$$

N_0 Zahl der einfallenden Röntgenquanten
μ_τ Absorptionskoeffizient (näherungsweise nur für den wichtigsten Übergang, den K - Übergang)
ρ Dichte
d Dicke der Probe

Zur Berechnung der Anzahl der Fluoreszenzquanten ist in dieser Näherung zu berücksichtigen, daß ein Loch in der K - Schale durch verschiedene Übergänge aufgefüllt werden kann. Approximativ zieht man hierzu nur den stärksten Übergang (K_α) heran und berücksichtigt den Beitrag schwächerer Übergänge (z.B. K_β) durch einen Korrekturfaktor f.

Wie aus Abb. 2 ersichtlich ist, nimmt das Intensitätsverhältnis f von K_β/K_α im Mittel den Wert 0.17 an.

Unter Berücksichtigung aller Korrekturen ergibt sich die pro Zeiteinheit erzeugte Anzahl von Fluoreszenzquanten N_F:

$$N_F = N_0 \cdot \sigma_\tau \rho d$$

mit

$$\sigma_\tau = \mu_\tau f \omega$$

3 Eigenschaften der Synchrotronstrahlung

Als Synchrotronstrahlung bezeichnet man elektromagnetische Strahlung, die bei der Bewegung hochenergetischer, nahezu mit Lichtgeschwindigkeit bewegter Leptonen auf gekrümmten Bahnen (Kreisbahn) emittiert wird [EAS83, IFF87, MAR88, IFF92, WIL92]. In Abb. 4 ist das Prinzip der Erzeugung von Synchrotronstrahlung durch relativistische Elektronen schematisch dargestellt.

Die mit hochenergetischen Elektronen oder Positronen ($E \gg mc^2$) erzeugte Synchrotronstrahlung

- weist ein kontinuierliches Spektrum vom Infraroten bis in den Röntgenbereich auf
- ist im gesamten Spektralbereich um Größenordnungen intensiver als herkömmliche Quellen elektromagnetischer Strahlung, wie z.B. UV – Lampen oder Röntgenröhren
- ist laserähnlich gebündelt
- ist in der Bahnebene der Elektronen zu nahezu 100% linear polarisiert
- besitzt eine Zeitstruktur.

Einen Vergleich der Leuchtdichten verschiedener Strahlungsquellen zeigt Abb. 5.

Mit den heute verfügbaren Hochenergie – Elektronenspeicherringen [WIN87, ESR90] (z.B. National Synchrotron Light Source (NSLS), Brookhaven [USA]; Photon Factory, Tsukuba [Japan]; CHESS, Cornell University [USA]; SRS, Daresbury [England]; DORIS III, Hamburg und ESRF, Grenoble [Frankreich]), stehen der Forschung Quellen elektromagnetischer Strahlung zur Verfügung, deren Spektrum vom Infrarot bis in den Bereich der harten Röntgenstrahlung reicht.

Diese einzigartigen Eigenschaften machen die Synchrotronstrahlung zu einer herausragenden Strahlungsquelle, die Einblicke in die Elektronenstruktur

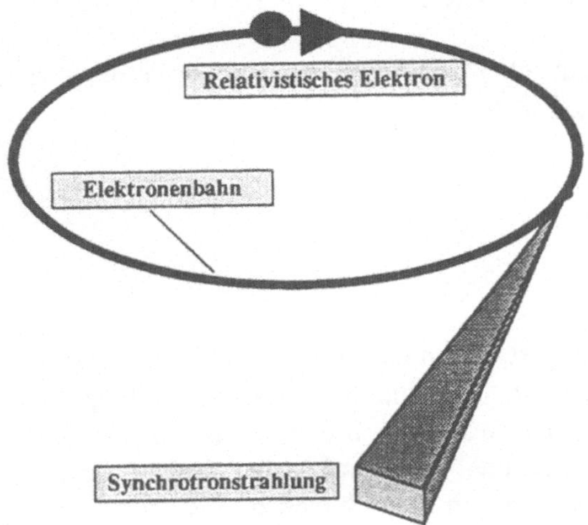

Abb. 4. Prinzip der Erzeugung von Synchrotronstrahlung durch relativistische Elektronen auf einer Kreisbahn

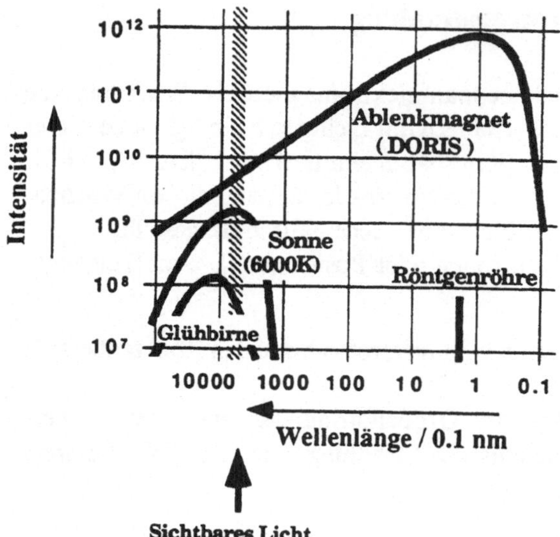

Abb. 5. Leuchtdichte von DORIS in Abhängigkeit von der Wellenlänge im Vergleich zu einigen bekannten Strahlungsquellen. Der Zusammenhang zwischen Wellenlänge und Energie ergibt sich aus der Beziehung $E\,(keV) = 1{,}24/\lambda\,(nm)$

der Atome und in die geometrische Anordnung von Atomen in Molekülen, Flüssigkeiten und Festkörpern vermittelt. Sie ist damit bei der Lösung diverser Fragestellungen aus Biologie, Geologie, Chemie, Physik, Technik und Materialforschung ein unverzichtbares Hilfsmittel geworden [WIN80, EAS83, IFF87, SUT88, HAS90, BAC92, HOR92, IFF92, LIF92, PRZ92, PUS87, TRU91].

3.1 Zur Theorie der Synchrotronstrahlung

Beim Umlauf geladener, relativistischer Teilchen auf einer Kreisbahn werden polarisierte elektromagnetische Wellen abgestrahlt [WIN80, EAS83, IFF92, WIL92].

Ihre Intensität ist proportional zu γ^4. Dabei ist γ das Verhältnis von Gesamtenergie zu Ruheenergie des Teilchens:

$$\gamma = E/mc^2$$

E Gesamtenergie des Teilchens
m Ruhemasse des Teilchens
c Lichtgeschwindigkeit.

Aus dieser Beziehung zwischen der abgestrahlten Leistung und der Ruhemasse m des Teilchens ergibt sich unmittelbar, daß die Synchrotronstrahlung an Elektron- und Positronspeicherringen wesentlich intensiver ist als die bei Protonspeicherringen anfallende Strahlung. Von praktischer Bedeutung als Synchrotronstrahlungsquellen sind deshalb ausschließlich Elektron- und Positronspeicherringe.

Die in einem Speicherring während eines Umlaufs durch ein Elektron abgestrahlte Leistung P beträgt:

$$P = 0{,}0885 \cdot E^4 I/r$$

P Leistung in kW
E Energie in GeV
r Bahnradius in m
I Teilchenstrom in mA.

Längs eines Bogenelements θ wird damit die Leistung:

$$P_\Theta = 1{,}41 \cdot 10^{-5} \cdot E^4 (I/r) \cdot \Theta$$

abgestrahlt.

Beispielsweise strahlt die Synchrotronstrahlungsquelle DORIS III mit einem Bahnradius von 12,2 m bei einer Elektronenenergie von 4,5 GeV und einem Elektronenstrom von 100 mA pro mrad der Kreisbahn eine Leistung von 51,6 W ab.

Ein wesentliches Charakteristikum der Synchrotronstrahlung ist ihre laserähnliche Bündelung.

Im Gegensatz zu Elektronen mit einer Umlaufgeschwindigkeit $v < c$, die eine Dipol-Strahlungscharakteristik aufweisen, strahlen hochrelativistische Elektronen ($v \approx c$) ihre Energie tangential in einen sehr engen Strahlungskegel ab. Der vertikale Öffnungswinkel Ψ dieser Strahlungskeule beträgt in guter Näherung:

$$\Psi \cong \gamma^{-1}$$

Bei DORIS III (4,5 GeV) ergibt sich damit beispielsweise ein vertikaler Öffnungswinkel der Strahlungskeule von 0.1 mrad. Bei einem Abstand der Experimentierplätze von 20 m bis zum Tangentenpunkt der Elektronenbahn ergibt sich daraus eine vertikale Aufweitung des Strahls am Meßplatz auf 2 mm.

Da sich die Achse des Strahlungskegels mit dem Elektron bewegt, während es seine Kreisbahn beschreibt, existiert in horizontaler Richtung keine Bündelung. Eine Begrenzung der Synchrotronstrahlung in horizontaler Richtung erfordert deshalb stets den Einsatz entsprechender Blenden.

Ein weiterer entscheidender Vorteil einer Synchrotronstrahlungsquelle besteht darin, daß ihre charakteristischen Eigenschaften wie spektraler Fluß, Brightness, Brillanz und Polarisation für jede Energie quantitativ mit hoher Genauigkeit berechnet werden können. Die Brightness der Quelle wird bestimmt durch den spektralen Fluß pro Querschnitt des Synchrotronstrahls. Die Brightness, dividiert durch den Raumwinkel, in den die Strahlung emittiert wird, definiert die Brillanz der Synchrotronquelle. In Tabelle 1 sind die Definitionen und die Einheiten zusammengestellt.

Hinsichtlich der Details der Berechnung der charakteristischen Eigenschaften der Synchrotronstrahlung sei auf die Literatur verwiesen [WIN80, EAS83, IFF92, WIL92].

Tabelle 1. Begriffsdefinitionen zur Charakterisierung der Synchrotronstrahlung

Größe	Definition	Einheit	Synonyme Bezeichnung
Fluß	Zahl der Photonen, die pro Sekunde bei einem Elektronenstrom von 1 mA in einem Energieintervall von 0,1% der angegebenen Energie emittiert werden.	Photonen/s/mA/(0,1% Bandbreite)	Intensität spektraler Fluß Photonenfluß
Brightness	Fluß der Photonen, der von 1 mm^2 des Querschnitts des Elektronenstrahls emittiert wird	Photonen /s/mA/mm^2/ (0,1% Bandbreite)	Leuchtdichte
Brillanz	Fluß der Photonen, der von 1 mm^2 des Querschnitts des Elektronenstrahls in den horizontalen und vertikalen Winkelbereich ($mrad^2$) emittiert wird	Photonen /s/mA/mm^2/ $mrad^2$/(0,1% Bandbreite)	

Die Anzahl der pro Sekunde innerhalb einer gegebenen Energiebandbreite emittierten Photonen bezeichnet man als spektralen Fluß. Aufgrund des hohen spektralen Flusses, des kleinen natürlichen Emissionswinkels und des geringen Querschnitts des Elektronenstrahls, der Quelle der Synchrotronstrahlung, ergeben sich daraus Leuchtdichten, die millionenfach höher sind als die anderer Röntgenquellen.

Wie Abb. 5 zeigt, erstreckt sich der nutzbare Energiebereich der Synchrotronstrahlung bei Speicherringen mit hoher Elektronenenergie, hier beispielhaft dargestellt für die Synchrotronstrahlungsquelle DORIS II bei HASYLAB/DESY, bis weit in den Bereich der harten Röntgenstrahlung.

Zur groben Charakterisierung des Primärspektrums eignet sich die kritische Energie E_c. Sie ist so definiert, daß die Hälfte der Synchrotronstrahlungsleistung im Energiebereich unterhalb der kritischen Energie, die andere Hälfte im Energiebereich oberhalb von E_c abgestrahlt wird.

$$E_c = 2{,}218 \cdot E^3/r$$

E_c Kritische Energie in keV
E Elektronenenergie in GeV
r Bahnradius in m

Beispielsweise ergibt sich für DORIS III mit einem Bahnradius r von 12,2 m und einer Energie von 4.5 GeV eine kritische Energie E_c von 16,5 keV.

Erfahrungsgemäß ist bei dieser kritischen Energie die Intensität der Synchrotronstrahlung bis zur Energie $E_g = 5\,E_c$ ausreichend, um die Elemente anhand ihrer K – Fluoreszenzstrahlung nachzuweisen.

Dies bedeutet, daß bei DORIS III mit einer Energie E_g von etwa 80 keV selbst schwere Elemente wie Pb noch durch ihre K – Strahlung identifiziert werden können. DORIS III/HASYLAB nimmt damit z.Zt. eine Spitzenstellung unter den für die Synchrotronstrahlung verfügbaren Speicherringen ein. Für die europäische Synchrotronstrahlungsquelle ESRF in Grenoble wird E_c = 19,2 keV betragen.

Die Polarisation der abgestrahlten elektromagnetischen Wellen und ihre Zeistruktur sind weitere Eigenschaften, die die Synchrotronstrahlung vor anderen Strahlungsquellen auszeichnen und ihr ein weites Feld von Anwendungen eröffnen.

Oberhalb der Bahn der Elektronen ist die Strahlung linkszirkular polarisiert, unterhalb dagegen rechtszirkular. Strahlung, die in der Bahn der Elektronen emittiert wird, ist aufgrund dessen zu 100% linear Compton-polarisiert. Die Nutzung dieses Polarisationszustands ist für die Reduktion des Streuuntergrunds bei der SYRFA von entscheidender Bedeutung (Kap. 4).

Die im Speicherring umlaufenden Elektronen stellen keinen kontinuierlichen Strom dar, sondern liegen in Form von Paketen (Bunches) vor, die sich über ihre Anzahl, ihre Länge sowie ihre Umlauffrequenz charakterisieren lassen. Die daraus resultierende Zeitstruktur ermöglicht die Untersuchung dynamischer Vorgänge in Experimenten mit der Synchrotronstrahlung.

Insgesamt stellt die Synchrotronstrahlung aufgrund ihrer hohen Intensität im Bereich harter Röntgenstrahlung und ihres Polarisationszustands eine einmalige Anregungsquelle für die Röntgenfluoreszenz dar, deren Möglichkeiten die klassischer Anregungsquellen weit übertrifft.

3.2 Einfluß von Ablenkmagneten, Wigglern und Undulatoren auf das Spektrum der Synchrotronstrahlung

Bei Synchrotronstrahlungsquellen der 1. Generation, die man ursprünglich als Beschleuniger für die Elementarteilchenphysik gebaut hat, wird die elektromagnetische Strahlung ausschließlich durch Ablenkmagnete erzeugt, die die Elektronen auf eine kreisförmige Bahn zwingen. Derartige „Bending“ Magnete sind auch heute noch die Basis aller Speicherringe für Synchrotronstrahlung. Abbildung 6 zeigt einen Vergleich der spektralen Flüsse für Ablenkmagneten an einigen europäischen Synchrotronstrahlungslabors [WIN87, ESR90].

Im allgemeinen variieren die spektralen Flüsse bei verschiedenen Synchrotronstrahlungsquellen für kleine Energien ($E < E_c$) um weniger als den Faktor 10. Sie werden im wesentlichen durch den umlaufenden Elektronenstrom bestimmt.

Erst bei hohen Energien ($E > E_c$) macht sich der Einfluß der unterschiedlichen Elektronenenergien bzw. der Ablenkradien r entscheidend bemerkbar.

Um die Anzahl der hochenergetischen Photonen weiter zu erhöhen, muß die Energie E und/oder das Magnetfeld B erhöht werden. Dies bewerkstelligen in Synchrotronstrahlungsquellen der 2. und 3. Generation (z.B. ESRF, Grenoble)

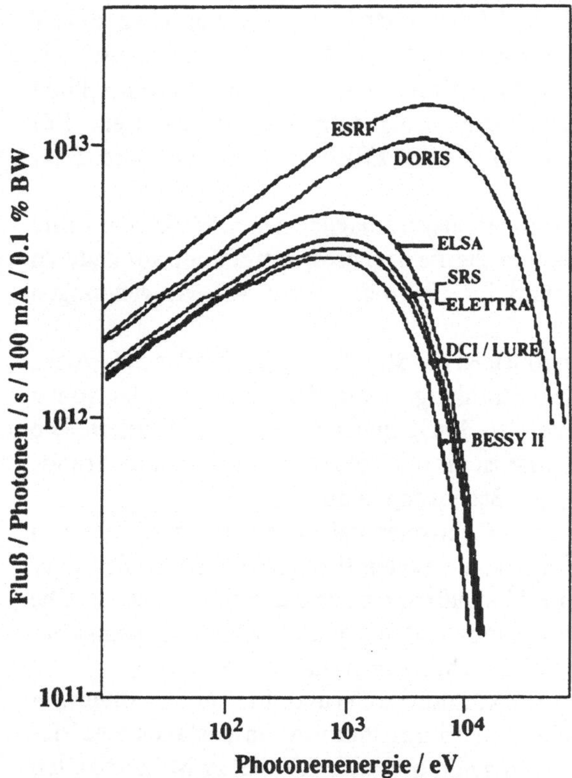

Abb. 6. Vergleich der spektralen Flüsse für Ablenkmagneten an einigen europäischen Snchrotronlabors (ESRF, Grenoble; DORIS, Hamburg; ELSA, Bonn; SRS, Daresbury; ELETTRA, Treste; DCI, Lure Paris; BESSY II, Berlin)

die Wiggler oder Undulatoren, oft auch als „insertion devices" bezeichnete, periodisch alternierende Strukturen aus Permanentmagneten (Abb. 7), die zwischen die Ablenkmagnete eines Speicherrings gesetzt werden und die Elektronen zu wellenförmigen Bewegungen zwingen. Als Folge der dadurch erzwungenen sinusförmigen Bewegung strahlen die Elektronen elektromagnetische Strahlung in Bewegungsrichtung ab [WIN80, EAS83, IFF92, WIL92].

Neben der Photonenenergie werden dabei sowohl der Fluß und als auch die Brightness und die Brillanz der Synchrotronstrahlung weiter gesteigert.

Die Abb. 8, 9 und 10 zeigen schematisch die Abstrahlungscharakteristika von Ablenkmagnet, Wiggler und Undulator sowie die zugehörigen charak-

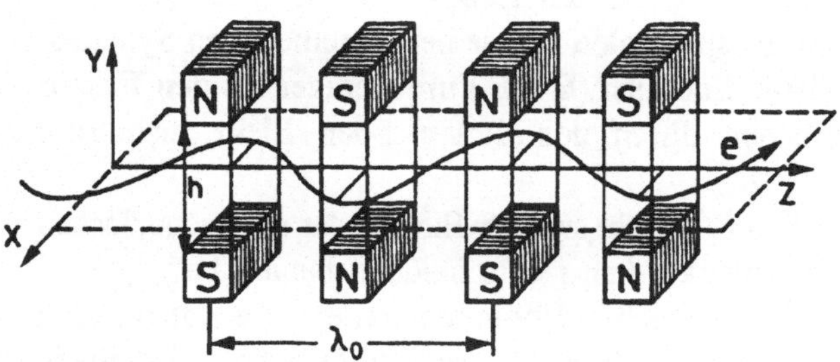

Abb. 7. Schematischer Aufbau eines Wigglers/Undulators

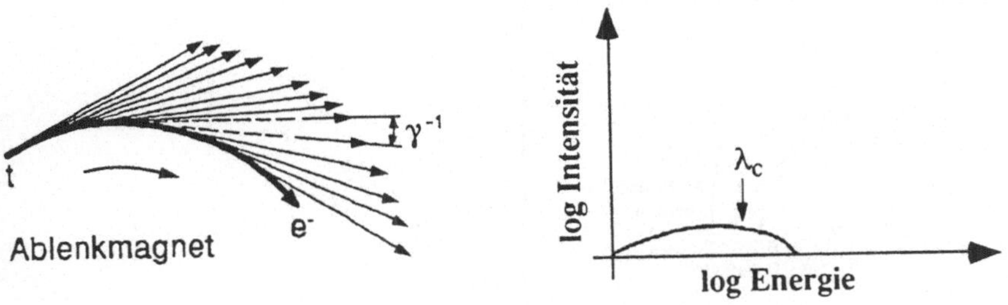

Abb. 8. Strahlungscharakteristik und Spektrum der durch einen Ablenkmagneten erzeugten Synchrotronstrahlung

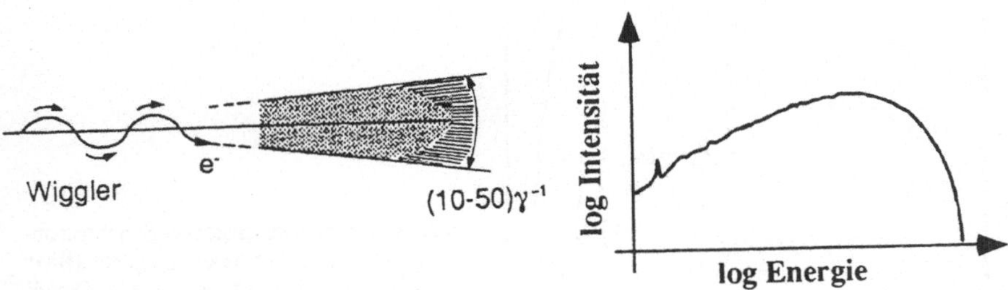

Abb. 9. Strahlungscharakteristik und Spektrum der durch einen Wiggler erzeugten Synchrotronstrahlung

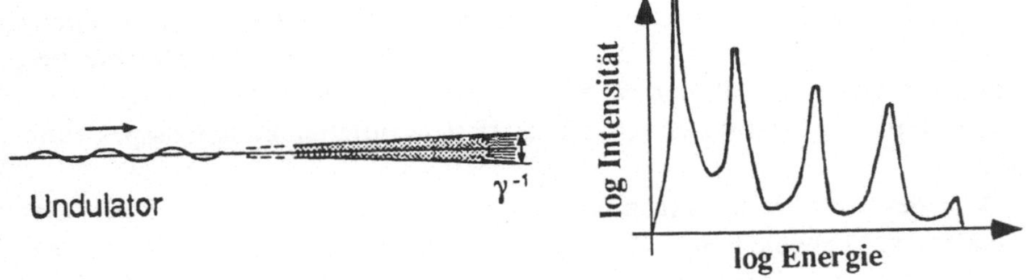

Abb. 10. Strahlungscharakteristik und Spektrum der durch einen Undulator erzeugten Synchrotronstrahlung

teristischen Spektren der Synchrotronstrahlung. Die charakteristischen Werte der Brillanz für Ablenkmagnete, Wiggler und Undulatoren, die an verschiedenen Speicherringen eingesetzt werden, ergeben sich aus Abb. 11.

Der prinzipielle Unterschied zwischen Wiggler und Undulator liegt in der Größe des Öffnungswinkels der abgestrahlten Synchrotronstrahlung [EAS83, IFF92, WIL92]. Bei einem Wiggler ist er groß im Vergleich zum natürlichen Emissionswinkel γ^{-1} der Synchrotronstrahlung. Somit resultiert ein ähnlich kontinuierliches Emissionsspektrum wie bei einem Ablenkmagneten (Abb. 9), jedoch mit einer deutlichen Erhöhung des spektralen Flußes und der Leuchtdichte.

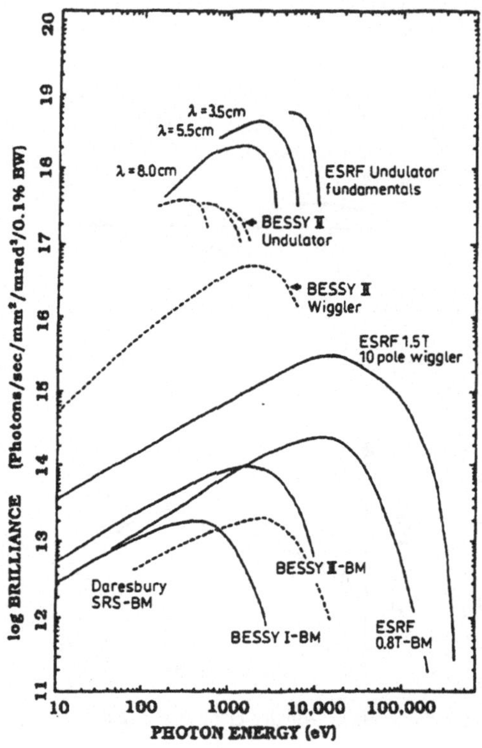

Abb. 11. Brillanz verschiedener Synchrotronstrahlungsquellen mit Ablenkmagneten(BM), Wigglern oder Undulatoren. Weitere Details sind der nachfolgenden Tabelle zuentnehmen [WIN87, ESR90]

Bei einem Undulator ist die Winkelablenkung kleiner als der natürliche Emissionswinkel. Die emittierten elektromagnetischen Wellen können interferieren. Dadurch erhöht sich der spektrale Fluß und die Leuchtdichte bei bestimmten Energien, während bei anderen Energien eine Reduktion der Intensität stattfindet. Dies führt zu einem sehr stark strukturierten Emissionsspektrum (Abb. 10).

Wie der Abb. 11 zu entnehmen ist, beeinflussen Wiggler das Spektrum besonders im Bereich hoher Photonenenergien, d.h. im Bereich der harten Röntgenstrahlung. Undulatoren dagegen haben großen Einfluß auf die Brillanz der Quelle, insbesonders im Bereich der weichen Röntgenstrahlung. Nur bei Synchrotronquellen mit sehr hohen Elektronenenergien (z.B. ESRF, Grenoble) haben Undulatoren auch Einfluß auf das hochenergetische Photonenspektrum.

Beurteilt man die verschiedenen Erzeugungsmethoden von Synchrotronstrahlung durch Ablenkmagneten, Wiggler und Undulatoren hinsichtlich ihrer Bedeutung als Quelle für die Röntgenfluoreszenzanalyse, so ist festzugestellen:

- Die Steigerung des Flusses und der Photonenenergie durch den Einsatz der Wiggler ermöglicht kürzere Meßzeiten und besseres Nachweisvermögen speziell für Elemente mit hohem Z, da ihr Nachweis über die K – Fluoreszenzstrahlung möglich wird.
- Beim Einsatz von Undulatoren als Quelle für die Röntgenfluoreszenzanalyse mit Synchrotronstrahlung muß wegen des sehr stark strukturierten Anregungsspektrums die sich daraus ergebende starke Z – Abhängigkeit des Nachweis-

Tabelle 2. Weltweit für die Röntgenfluoreszenz mit Synchrotronstrahlung interessante Quellen und ihre für die SYRFA wesentlichen Parameter, soweit sie aus der Literatur [WIN87, ESR90] zu entnehmen waren. (BM = Ablenkmagnet, W = Wiggler)

Land	Ort	Speicherring	Elektronenenergie	Kritische Energie	Brillanz (Magnet)	Brillanz (Wiggler)	Brillanz (Undul.)
		[Bezeich.]	[GeV]	[keV]	[Photonen/s/ $mm^2/mrad^2$]	[Photonen/s/ $mm^2/mrad^2$]	[Photonen/s/ $mm^2/mrad^2$]
China	Beijing	BSRL	2,80	2,5 (W)		$1{,}5* 10^{13}$	
Frankreich	Grenoble	ESRF	6,00	19,2 (BM)	$1*10^{14}$	$1*10^{15}$	$1*10^{18}$
Frankreich	Orsay	LURE	1,85	3,6 (BM)			
Deutschland	Berlin	BESSY II	1,70	2,5 (BM)			
Deutschland	Bonn	BONN II	2,50	4,5 (BM)			
Deutschland	Bonn	ELSA	3,50	8,85 (BM)			
Deutschland	Hamburg	DORIS III	4,50	16,5 (BM)	$1*10^{13}$	$5*10^{14}$	
Italien	Trieste	ELETTRA	2,00	3,2 (BM)	$1*10^{15}$	$1*10^{18}$	
Japan	Tsukuba	PH.FACT.	3,00	2,5 (BM)			
England	Daresbury	SRS	2,00	3,0 (BM)	$1.5*10^{12}$	$1*10^{13}$	
USA	Brookhaven	NSLS	2,50	5,0 (BM)			
USA	Cornell	CHESS	5,40	10,0 (BM)			
Rußland	Moskau	SIBERIA II	2,5	7,1 (BM)			

vermögens berücksichtigt werden. Vorteilhaft erscheint in diesem Falle die Kopplung mit speziellen Fokussieroptiken (s. Kapitel 5).

In Tabelle 2 sind die weltweit für die Röntgenfluoreszenz mit Synchrotronstrahlung interessanten Quellen und ihre für dieses Analysenprinzip wesentlichen Parameter zusammengestellt. Eine Sonderstellung nimmt die ESRF, Grenoble ein, die voraussichtlich 1994 den Routinebetrieb aufnehmen wird. Sie ist, was die Intensität bzw. die Brillanz des Strahls angeht, allen anderen Quellen weit überlegen.

4 Prinzip der Röntgenfluoreszenzanalyse mit Synchrotronstrahlung

Für die Röntgenfluoreszenzanalyse mit Synchrotronstrahlung (SYRFA) [SPA80, GOR82, GIL83, KNÖ83, TOL83, DAV84, PRI84, JAK85, BAR86, PET86, KHV87, GIL89, JOHN89, CHE90, GOH91, IID85, IID91, BAR91, KHV91, IFF92, SUT93] ist aufgrund der hohen Primärintensität der anregenden Strahlungsquelle eine hohe Intensität der Fluoreszenzstrahlung charakteristisch. Nutzt man gleichzeitig ihre fast 100%ige Linearpolarisation in der Bahnebene, läßt sich auch eine deutliche Reduktion des Untergrunds erreichen. Daraus resultiert für SYRFA im Vergleich zu anderen RFA – Varianten eine beträchtliche Verbesserung des Nachweisvermögens.

4.1 Reduktion des Streuuntergrunds als Folge der linearen Polarisation der Synchrotronstrahlung

Der in den Fluoreszenzspektren stets auftretende Untergrund hat seine Ursache in den die Fluoreszenz stets begleitenden Rayleigh- und Compton – Streuprozessen [TER82, BER84, XRA86, LEO87].

Der Rayleigh – Wirkungsquerschnitt der Streuung von zu 100% linear polarisierten Röntgenquanten ist für Photonen, die in der Ebene der Elektronenbahn emittiert werden, unter einem Streuwinkel von 90° exakt gleich Null. Der Compton – Wirkungsquerschnitt bei 90° ist dagegen ungleich Null und fällt mit wachsender Photonenenergie. Insgesamt resultiert daraus ein Minimum in der Zahl der Streuereignisse unter 90° in der Bahnebene [HAN86].

Grundsätzlich erfordert deshalb die Nutzung der hohen linearen Polarisation zur Reduktion des Streuuntergrunds eine spezielle Strahl – Detektor – Geometrie [MAN87], die bei den Meßanordungen stets einzuhalten ist.

In der sogenannten „horizontalen“ Geometrie wird die isotrop emittierte Fluoreszenzstrahlung durch einen Detektor in der durch die Elektronenkreisbahn definierten Ebene nachgewiesen (Abb. 12).

Bei der „vertikalen“ Geometrie wird die Fluoreszenzstrahlung senkrecht zur Bahnebene detektiert.

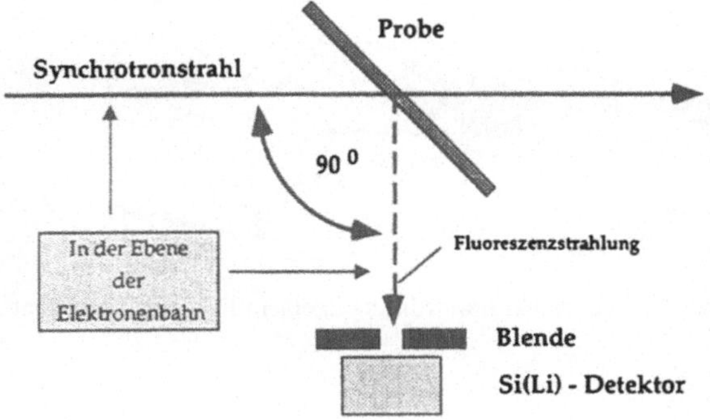

Abb. 12. Die „horizontale" Detektoregeometrie zur Reduktion des Streuuntergrunds durch Ausnutzung der linearen Polarisation der Synchrotronstrahlung. Die isotrop emittierte Fluoreszenzstrahlung wird durch einen Detekror in der durch die Elektronenkreisbahn definierten Ebene nachgewiesen

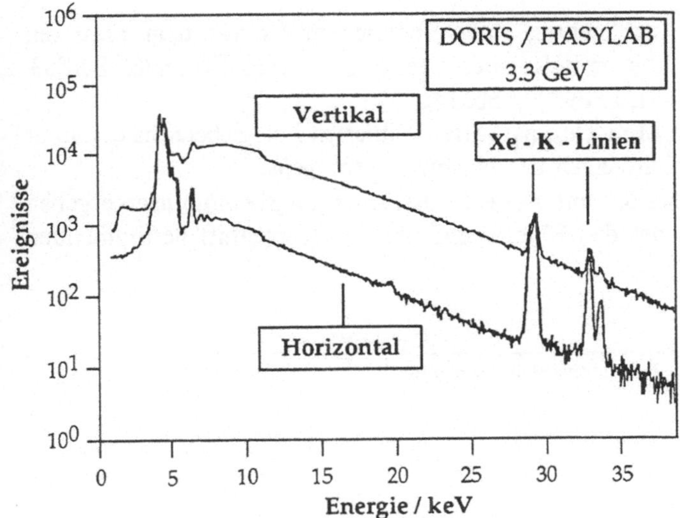

Abb. 13. Reduktion des Streuuntergrunds in dem Röntgenfluoreszenzspektrum einer Stickoff-Xenon-Probe durch Ausnutzung der linearen Polarisation der Synchrotronstrahlung in der Bahnebene der Elektronen [KNÖ90]

Den Einfluß dieser Proben - Detektor - Geometrie auf den Streuuntergrund verdeutlicht Abb. 13 anhand von Messungen an einer Stickstoff - Xenon - Probe. In der „horizontalen" Geometrie reduziert sich der Streuuntergrund etwa um den Faktor 10, verglichen mit der „vertikalen" Geometrie [KNÖ90].

4.2 Realisierung der SYRFA

Bei Röntgenfluoreszenzuntersuchungen mit der Synchrotronstrahlung besteht grundsätzlich die Wahlmöglichkeit zwischen verschiedenen Anregungsbedingungen [KNÖ90]:

- Polychromatische Anregung mit dem gesamten, „weißen" Röntgenkontinuum der Synchrotronstrahlung [HAN87]

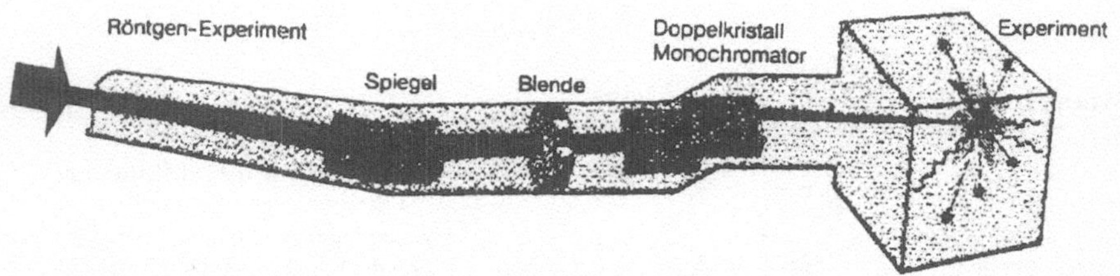

Abb. 14. Schematische Darstellung einer Monochromatoranordnung in einem Röntgenexperiment mit Synchrotronstrahlung

- Monochromatische Anregung mit einem schmalbandigen Ausschnitt aus dem Primärspektrum der Synchrotronstrahlung [JAK85].

Die schmalbandige Ausblendung eines Energiebereichs aus dem primären Röntgenspektrum erfolgt mittels eines Monochromators [WIN80, EAS83, KET86, XRA86, ANT91, IFF92] (Abb. 14).

Die Wahl des vom Monochromator transmittierten Energiebereichs bestimmt wesentlich die Z – Abhängigkeit des Nachweisvermögens.

Die Charakteristika der unterschiedlichen Anregungsbedingungen ergeben sich aus dem Verlauf des den Fluoreszenzwirkungsquerschnitt bestimmenden

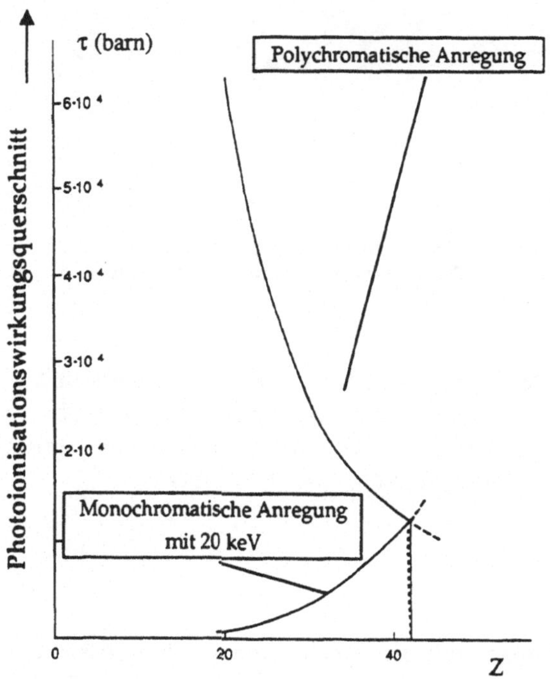

Abb. 15. Vergleich der Photoionisationswirkungsquerschnitte für die polychromatische und monochromatische Anregung von K-Röntgenfluoreszenz. Für die monochromatische Anregung wurde eine Energie von 20 keV zugrunde gelegt [KNÖ90]

Photoionisationswirkungsquerschnitts. Er ist für polychromatische Anregung und für monochromatische Anregung mit Röntgenstrahlung von 20 keV in Abb. 15 dargestellt.

Elemente, deren charakteristische Energien knapp unter der Energie der monoenergetischen Röntgenstrahlung liegen, werden mit hohem Nachvermögen nachgewiesen. In Abb. 15 gilt dies für Elemente mit Ordnungszahlen um 40. Andererseits wird die K-Strahlung von Elementen, deren Absorptionskante über der Anregungsenergie liegen, nicht angeregt. Für sehr leichte Elemente variiert der Photoionisationswirkungsquerschnitt außerdem sehr stark mit der Ordnungszahl Z. Bei Anregung mit „weißer" Synchrotronstrahlung erfolgt die Fluoreszenzanregung im gesamten Elementbereich mit maximalem Wirkungsquerschnitt in derNähe der Absorptionskanten.

Abbildung 16 zeigt ein mit monochromatischer Röntgenstrahlung (15 keV) aufgenommenes Fluoreszenzspektrum. Man erkennt die für die monochromatische Anregung charakteristischen köhärenten und inkohärenten Streupeaks bei etwa 15 keV und die Fluoreszenzlinien.

Da der Photoionisationswirkungsquerschnitt direkt in die Kalkulation des Nachweisvermögens eingeht, ergibt sich bei Wahl der monochromatischen Anregung eine sehr starke Z-Abhängigkeit des Nachweisvermögens, mit schlechten Werten für einen bestimmten Elementbereich. Die Wahl der optimalen Energie für eine Analyse mit monochromatischer Strahlung setzt deshalb eine gewisse Vorkenntnis der Zusammensetzung der Probe voraus. Eine umfassende Multielementanalyse ist bei monochromatischer Anregung deshalb nur bei stufen-

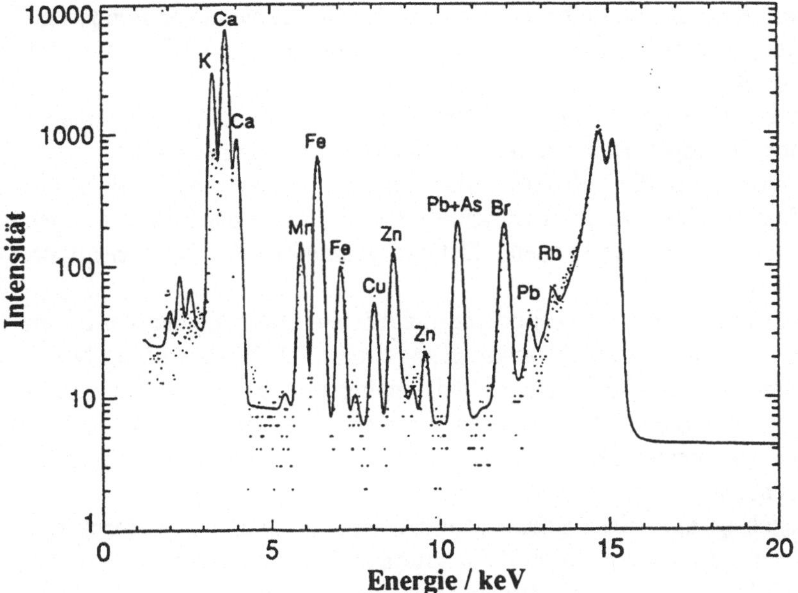

Abb. 16. SYRFA-Spektrum des NIST-Standards bei monochromatischer Anregung (Monochromatorenergie 15 keV), gemessen an der SRS in Daresbury [JAN93]

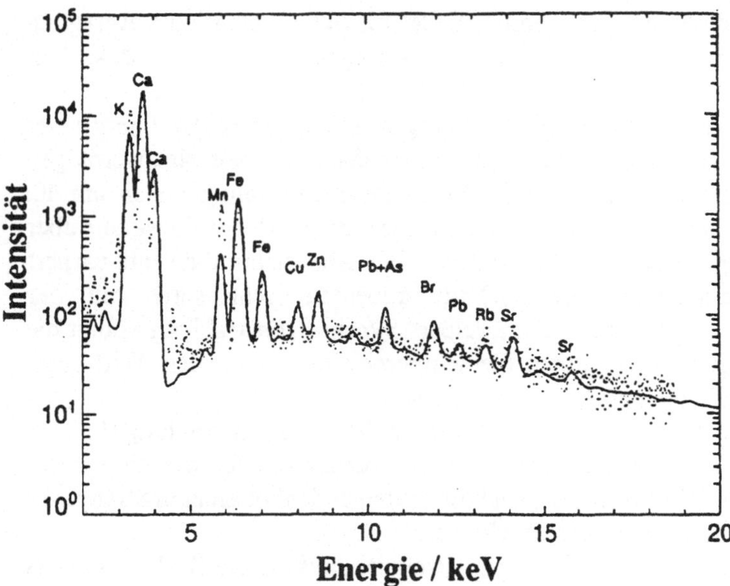

Abb. 17. SYRFA-Spektrum des NIST-Standards bei polychromatischer Anregung, gemessen an der NSLS in Brookhaven [JAN93]. Die Elektroenenergie beträgt 2,5 GeV, die charakteristische Energie $E_c = 5$ keV

weisem Durchstimmen der Energie des Monochromators und damit des Z-Bereichs möglich. Unter diesen apparativ aufwendigen Bedingungen wird eine komplette Multielementanalyse aber sehr langwierig und damit teuer. In der Praxis bedarf es in solchen Fällen einer optimierenden Auswahl von mindestens zwei Anregungsenergien analog der Vorgehensweise bei der TRFA [KNÖ90, KLO91, KLO92].

Abbildung 17 zeigt ein mit „weißer" Röntgenstrahlung aufgenommenes Röntgenfluoreszenzspektrum des gleichen Standardreferenzmaterials.

Offensichtlich hat die polychromatische Anregung einen stärkeren Streuuntergrund zur Folge. Durch Ausnutzung der linearen Polarisation können jedoch mit der horizontalen Proben – Detektorgeometrie diese Nachteile überkompensiert werden.

Maßgebend ist dabei, daß bei polychromatischer Anregung der Verlust an Primärintensität durch Monochromatisierung entfällt. Dadurch wird das Nachweisvermögen für fast alle Elemente gleichmäßig und besser als bei monochromatischer Anregung. Nur in unmittelbarer Nähe der der Monochromatorenergie entsprechenden Absorptionskante ist das Nachweisvermögen im Falle monochromatischer Anregung höher.

Berücksichtigt man alle 3 Effekte (optimale Anregung an der Absorptionskante, Untergrundreduktion durch Polarisation und die hohe Primärintensität), so ergibt sich für die polychromatische Anregung insgesamt gesehen das beste und gleichmäßigste Signal/Untergrund-Verhältnis und ein entsprechendes Verhalten des Nachweisvermögens.

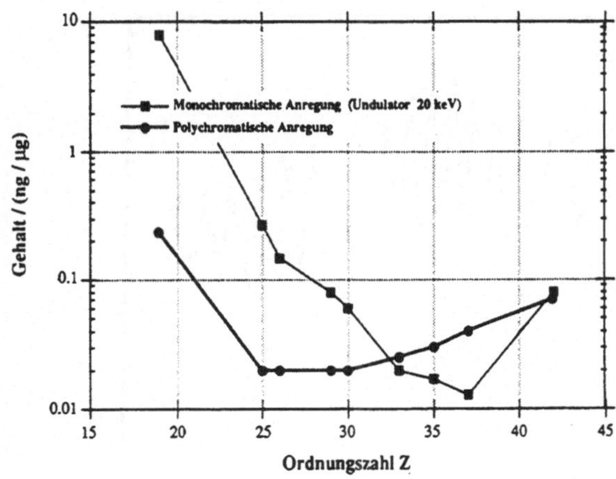

Abb. 18. Vergleich der Nachweisvermögen bei Anregung von K-Linien mit polychromatischer und monochromatischer Synchrotronstrahlung im Falle einer organischen Matrix. Die Rechnungen wurden für die Dimensionierung der Experimentierbedingungen bei der SRF, Grenoble durchgeführt [Jan 93].

Die in Abb. 18 dargestellten Modellrechnungen für die polychromatische und monochromatische Anregung von K-Linien für die ESRF, Grenoble [JAN93] verdeutlichen dieses wichtige Ergebnis.

4.3 Nachweis der Röntgenfluoreszenzstrahlung

Zum Nachweis der Fluoreszenzquanten [TIM83, RUS84] kommen einerseits energiedispersive und andererseits wellenlängendispersive Detektorsysteme in Frage, Sie unterscheiden sich in ihrer Funktionsweise und damit auch in ihren Anwendungsbereichen.

Als energiedispersive Detektoren werden in der Regel Si(Li)- oder Reinstgermanium – Halbleiterdetektoren eingesetzt [GOU77, DOS82, KNO91, LEO87, IFF87, IFF92]. Das Auflösungsvermögen anderer energiedispersiver Detektorsysteme wie z.B. Gasionisations-oder Szintillationsdetektoren ist zu gering, um die Fluoreszenlinien der verschiedenen Elemente mit hinreichender Güte aufzulösen.

Die Energieauflösung der meistens eingesetzten Si(Li) – Detektoren ist mit ca. 180 eV (bei einer Temperatur von 77 K, bezogen auf die 5.9 keV Mn – K_α-Linie) hinreichend zur Fluoreszenzanalyse von Multielementproben geeignet. Die Abb. 19 zeigt das mit einem Si(Li) – Detektor gemessene SYRFA – Spektrum des Multielementstandards (NIST 611).

Die Energieauflösung eines Si(Li) – Detektors besitzt bei mit 140 eV eine untere Grenze, die in Eigenschaften des Siliziums begründet ist [KNO91,LEO87] und prinzipiell nicht weiter unterschritten werden kann.

Für den Nachweis der Fluoreszenzstrahlung schwerer Elemente macht sich bei Si(Li) – Detektoren als Nachteil bemerkbar, daß die Nachweiswahrscheinlichkeit infolge des geringen Absorptionsvermögens von Silizium (niedriges Z) mit wachsender Energie der Röntgenquanten sehr schnell abnimmt [WOR82]. Bei einem 3 mm dicken Si(Li) – Detektor werden beispielsweise ab Röntgenenergien von 32 keV aufwärts maximal die Hälfte der Quanten im Detektor

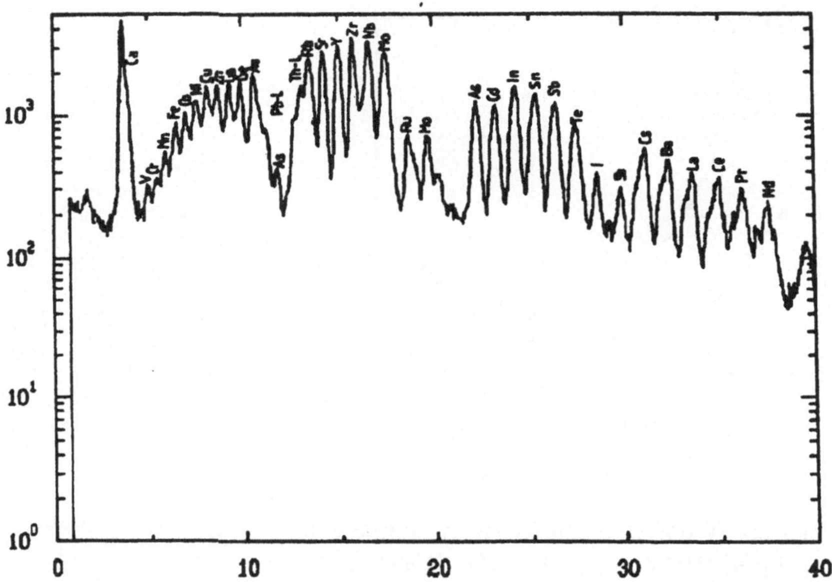

Abb. 19. Röntgenfluoreszenzspektrum eines Multielementstandards (NIST611), gemessen bei HASYLAB (E = 4,5 GeV). Der Standard enthält die Elemente Ca, V, Cr, Mn, Fe, Co, Ni, Cu, Zn, Ga, As, Rb, Sr, Y, Zr, Nb, Mo, Au, Cd, In, Sn, Sb, Te, J, Se, Cs, Ba, La, Ce, Pr, Nd, Pb und Th, jeweils in einer Konzentration von 500 µg/g

absorbiert. Das Nachweisvermögen für K – Fluoreszenzstrahlung aller Elemente, die schwerer als Barium sind, ist damit deutlich reduziert [KNO91, RUS84, XRA86]. Höhere Nachweiswahrscheinlichkeiten für die schweren Elemente erfordern entweder die Wahl eines dickeren Si-Kristalls oder den Einsatz eines Detektors mit höherem Absorptionsvermögen, d.h. höherem Z.

Eingesetzt werden hierfür heute Reinstgermanium – Detektoren (HPGe – Detektoren). Sie gestatten auch die Detektion der K-Fluoreszenzstrahlung schwerer Elemente mit $Z > 50$ mit hoher Nachweiswahrscheinlichkeit. Ihre Energieauflösung beträgt typischerweise 120 eV. Ihr Einsatzbereich ist jedoch aufgrund von fertigungstechnischen Problemen bei der Kristallherstellung (tote Schichten) auf den Nachweis der Fluoreszenzstrahlung von Elementen mit $Z > 16$ beschränkt. Unzulängliche Ladungssammlung und die damit verbundene Deformation der Detektorimpulse sind verantwortlich für diese Effekte.

In der Praxis werden Ge-Detektoren nur zum Nachweis von Fluoreszenzstrahlung mit $E_\gamma > 15$ keV eingesetzt. Bei kleineren Energien beobachtet man Interferenzen von Linien infolge des Entweichens eines K-Fluoreszenzquants von Ge ($E_\gamma = 9.88$ keV). Wegen der geringeren Energie des K-Fluoreszenzquants von Si ($E_\gamma = 1.74$ keV) ist dies bei Si-Detektoren von untergeordneter Bedeutung [TIM83, KNO91].

Die klassischen Si/Li-Detektoren sind durch die Absorption der Fluoreszenzstrahlung in den üblicherweise verwendeten Be-Detektorfenstern auf den Nachweis von Elementen mit $Z > 13$ beschränkt. Neuere Detektorsysteme mit

Kunststoff-, Diamant- oder Bornitridfenstern gestatten auch den Nachweis von leichteren Elementen wie F, O, N, C und B..

Die im Detektor erzeugten Ladungsimpulse werden in einem Vorverstärker und anschließend in einem Hauptverstärker verstärkt, danach in einem Analog-Digital-Wandler (ADC) digitalisiert, in einem Vielkanalanalysator die Anxahl der registrierten Impulse als Funktion der Energie akkumuliert und das Energiespektrum dargestellt [LEO87]. Bei energiedispersiver Analyse können Detektorsignale bis zu einer Impulsrate von max. 20 kHz verarbeitet werden. Die gesamte Datenverarbeitung wird bei den heute üblichen Datenerfassungssystemen meist mit Hilfe eines PC's realisiert.

Wellenlängendispersive Systeme sind energiedispersiven Systemen hinsichtlich ihrer Energieauflösung weit überlegen. Zur Selektion der gewünschten Photonenergie werden die Reflexionen an den Netzebenen eines Kristalls ausgenutzt, die durch die Bragg-Gleichung beschrieben werden. Die Interferenzbedingung verknüpft die Wellenlänge λ, den Netzebenenabstand d und den Einfallswinkel θ. Durch Variation des Winkels θ kann bei festem Netzebenenabstand d ein Wellenlängenfenster $\Delta\lambda$ analysiert werden. Der Winkel θ legt dabei die Wellenlänge λ bzw. die Photonenenergie E fest. Die Datenerfassung beschränkt sich deshalb auf eine reine Messung der Impulse in Abhängigkeit vom Winkel θ. Die verarbeitbaren Impulsraten sind aus diesem Grunde mit 200 kHz wesentlich höher als bei energiedispersiven Systemen. Die Analyse eines gesamten Fluoreszenzspektrums kann allerdings nicht instantan wie im energiedispersiven Fall erfolgen, sondern erfordert die sukzessive Vermessung des Spektrums durch Variation von θ und in der Regel von d durch den Einsatz eines anderen Kristalls. Mit modernen Multikristall – Analysatorsystemen können Röntgenenergien bis etwa 32 keV analysiert werden.

Die dabei erreichbare Energieauflössung ist mit 3 eV deutlich besser als die energiedispersiver Systeme.

Dies ermöglicht auch die Auflösung der üblichen RFA-Interferenzen, z.B. Pb-L/As-K-Linien bzw. die der Seltenen Erden, die mit energiedispersiven Systemen nicht erreichbar sind. Mit wellenlängendispersiven Systemen ist außerdem die niederenergetische Fluoreszenzstrahlung leichter Atome (Be, B, C, N, O, F) problemlos nachweisbar, wenn in Vakuum oder Helium gearbeitet wird. Das sukzessive Meßprinzip hat allerdings erheblich längere Meßzeiten zur Folge.

4.4 Nachweisvermögen des Analysenprinzips „SYRFA"

In Kapitel 3.4 wurde dargestellt, daß die Photoionisationsquerschnitte und damit die Fluoreszenzintensitäten und folglich das Nachweisvermögen der SYRFA in hohem Maße von den Anregungsbedingungen abhängen. Um dies noch weiter zu spezifizieren, sind in Abb. 20 absolutes und relatives Nachweisvermögen für den Fall einer organischen Matrix für verschiedene Anregungsbedingungen mit mono- und polychromatischer Strahlung angegeben [KNÖ90].

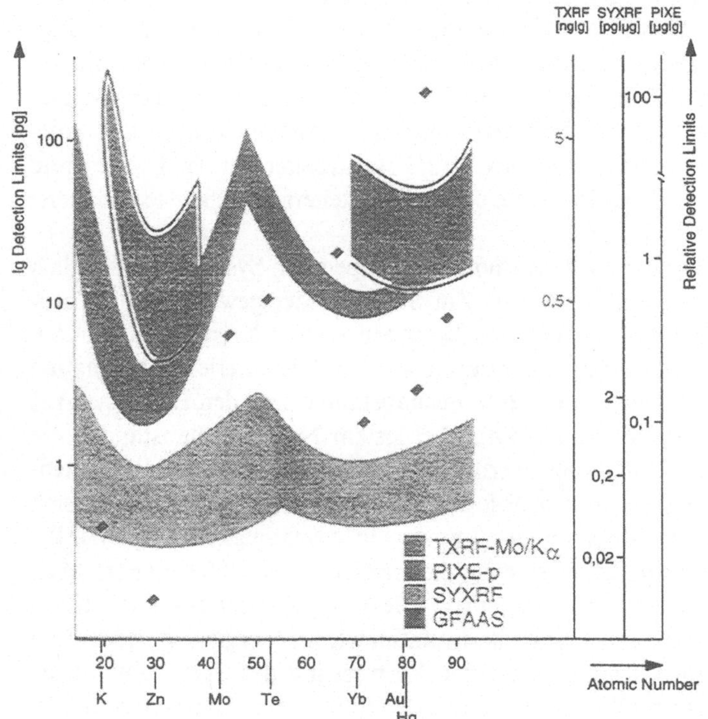

Abb. 20. Absolute und relative Nachweisgrenzen verschiedener Methoden der Röntgenfluoreszenzanalyse. Bei der SYRFA liegt polychromatische Anregung zugrunde [KNÖ90]

Das Nachweisvermögen ist dabei wie folgt definiert [BER84, GOR82]:

$$\mathrm{NWV} = c\,\frac{3\cdot\sqrt{U}}{P}$$

NWV Nachweisvermögen für ein Element
c Konzentration des Elements in der Probe
P Zahl der Ereignisse im Fluoreszenzpeak
U Zahl der Ereignisse im Untergrund

Auf der linken Skala sind die absoluten Mengen angegeben, die mit den verschiedenen Methoden nachweisbar sind.

Die rechte Skala zeigt die relativen Gehalte.

Charakteristisch für den Verlauf der Kurven ist die Aufspaltung in 2 Äste. Der linke Zweig (leichte Elemente) resultiert aus der Analyse der K-Linien, der rechte Zweig (schwere Elemente) aus der Analyse der L-Linien. Im Übergangsbereich ist das Nachweisvermögen deutlich schlechter.

Die Wahl der Anregungsbedingungen für SYRFA-Messungen hat entscheidenden Einfluß auf den Verlauf des Nachweisvermögens.

- Monochromatische Anregung führt für die Elemente grundsätzlich zu einem inhomogeneren Verlauf des Nachweisvermögens mit einer starken Verschlechterung im Übergangsbereich zwischen der Anregung von K- und L-Strahlung. Die Kurve ähnelt dann von der Form her der PIXE. Die Lage des Bereichs schlechten Nachweisvermögens wird durch die Energie der monochromatisierten Anregungsstrahlung bestimmt.
- Bei polychromatischer Anregung verläuft die Z-Abhängigkeit des Nachweisvermögens gleichmäßiger, d.h. Elemente im Übergangsbereich von K- zu L-Anregung sind deutlich besser nachweisbar als bei monochromatischer Anregung. Auch bei polychromatischer Anregung verschiebt sich dieser Übergangsbereich mit Zunahme der kritischen Energie der Synchrotronstrahlung zu höherem Z, d.h. in Richtung schwererer Elemente. Gleichzeitig wird der Kurvenverlauf immer gleichmäßiger.
- Die Erhöhung der Intensität bewirkt grundsätzlich eine Verbesserung des Nachweisvermögens für alle Elemente, ohne die Z-Abhängigkeit, d.h. den Kurvenverlauf, zu beeinflussen.

Mit den hohen Anregungsenergien ($E_\gamma > 80$ keV), die z.B. bei DORIS III, Hamburg oder an anderen Speicherringen mit einer hohen Elektronenenergie zur Verfügung stehen, können Elemente selbst hoher Ordnungszahl noch anhand ihrer K-Strahlung identifiziert werden. Dies hat entscheidende Auswirkungen auf das Nachweisvermögen für Elemente mit hohem Z und die Optimierung von komplexen Multielementanalysen. Zur Charakterisierung ist es hilfreich, die Kurve des Nachweisvermögens durch drei Größenpaare zu charakterisieren:

- Lage des Minimums (tiefstes Nachweisvermögen) im K-Ast
- Lage des Minimums (tiefstes Nachweisvermögen) im L-Ast
- Lage des Maximums (schlechtestes Nachweisvermögen) im (K-L)-Übergangsgebiet

In Verbindung mit der Angabe mono-oder polychromatischer Anregung gestallet die Angabe dieser Wertepaare sofort eine klare Beschreibung der an dem jeweiligen SYRFA - Meßplatz herrschenden Nachweisbedingungen und eine Zuordnung zu den vom Nutzer gestellten analytischen Anforderungen (Kap. 7.3).

5 Quantifizierung von Röntgenfluoreszenzanalysen mit Synchrotronstrahlung

In den durch Anregung einer Probe erhaltenen RFA-Spektren ist die Zuordnung der Fluoreszenzpeaks zu den einezelnen Elementen über eine Energieeichung und die Tabellen der Fluoreszenzlinien [BEA67] ohne größere Probleme möglich. Problematischer ist aber ihre Quantifizierung. Dies beruht darauf, daß die Hauptelemente der Probenmatrix einen starken Einfluß auf die Fluoreszenzintensität der zu analysierenden Spurenelemente ausüben [TER82, RUS84,

BER84, KLO87, JEN88]. Ohne diese Matrixeffekte wäre die beobachtete Fluoreszenzintensität n_i des Elements i direkt proportional zu seiner Konzentration c_i in der Probe.

Der Einfluß der Matrix bewirkt, daß die Fluoreszenzintensität n_i des Elements i von den Konzentration $c_i, c_j, \ldots$, aller in der Probe vorhandenen Element i, j, k,..., abhängt.

Dies rührt daher, daß
- Röntgenquanten der primären Strahlungsquelle durch Atome der Matrix absorbiert werden und so nicht mehr zur Anregung des Elements i zur Verfügung stehen (Absorptionseffekt)
- Fluoreszenzstrahlung aller schwereren Elemente mit der Ordnungszahl Z_k zusätzlich die Atome des Elements i anregen können, falls $Z_k > Z_i$ ist. Dies führt zu einer Verstärkung der Fluoreszenzintensität n_i (Enhancement - Effekt).
- Fluoreszenzstrahlung des Elements mit der Ordnungszahl Z_i auf dem Weg zum Detektor durch durch die Elemente k der Matrix mit $Z_k < Z_i$ absorbiert werden kann. (Absorptionseffekt)

In der Regel sind deshalb für jede Probenmatrix Kalibrierungen mit Hilfe von internen Standards erforderlich, um den Zusammenhang zwischen der gemessenen Fluoreszenzintensität und der Konzentration eines Elements zu bestimmen. Wir entwickeln daher ein Meßtargetsystem, bei dem eine als Träger für die zu vermessenden Proben dienende Folie auf Basis von Polyacrylamid oder Methacrylaten definierte, homogenverteilte Mengen eines freiwählbaren Standards enthält.

Sollen Proben ohne internen Standard mittels Röntgenfluoreszenz quantitativ analysiert werden, wie dies regelhaft bei ortsabhängigen Messungen nach der Mikrosondenmethode gefordert wird, sind bei der Auswertung der gemessenen Fluoreszenzspektren Korrekturmodelle heranzuziehen. Die Modelle lassen sich in zwei Gruppen unterteilen:
- Bei den empirischen Modellen werden die gemessenen Fluoreszenzintensitäten eines Elements in mathematische Relation zu seiner Konzentration gesetzt. Die Anpassungskoeffizienten müssen zuvor durch Standardproben bekannter Zusammensetzung bestimmt werden (externe Standardisierung) [TER82, BER84]. Die Methode spielt bei Röntgenfluoreszenzanalysen mit Röntgenröhren eine wichtige Rolle, wenn gleiche Klassen von Probengütern vorliegen. Bei der ortsabhängigen SYRFA ist dieses Modell nicht anwendbar, da für diesen Zweck keine Standards zur Verfügung gestellt werden können.
- Bei dem Fundamental-Parameter-Modell wird die Konzentration eines Elements aus seinen Fluoreszenzintensitäten und aus den relevanten physikalischen Parametern wie z.B. der spektralen Verteilung der Primärstrahlung, den Fluoreszenzausbeuten, den Photoionisations- und Absorptionswirkungsquerschnitten bestimmt [BER84, PET86A, PAN92].

Je nach Lage der Anregungsbedingungen erfolgt die Quantifizierung dabei über die Analyse der K-Fluoreszenzintensitäten bzw. bei schweren Element über die L-Übergänge.

5.1 Quantifizierung unter alleiniger Berücksichtigung der primären Anregung

Für eine Probe der Dicke T, die das Element i in der Konzentration c_i enthält, ergibt sich im Rahmen der Fundamentalparameter-Methode die Intensität der Fluoreszenzstrahlung durch Integration aller Beiträge aus den Schichten der Dicke dx in den Probentiefen x. Unter der Annahme einer monoenergetischen Röntgenstrahlung der Energie E mit der Intensität X(E) wird der einfallende Strahl auf dem Weg d entsprechend dem mittleren μ der Probe um folgenden Faktor geschwächt:

$$\exp(-\mu(E)\rho x/\sin\Psi_1)$$

Die auslaufende Fluoreszenzstrahlung der Energie E_i wird entsprechend um den Faktor:

$$\exp(-\mu(E_i)\rho x/\sin\Psi_2)$$

abgeschwächt.

Berücksichtigt man die Fluoreszenzausbeute und die Konzentration c_i des Elements i, trägt die Schicht dx mit dem Anteil $dn_i(E,x)$ zur gesamten Fluoreszenzstrahlung des Elements i bei:

$$dn_i(E,x) = \frac{X(E)c_i\sigma_{\tau,i}(E)\cdot\exp(-\rho A x)\cdot\rho dx}{\sin\Psi_1}\left(\frac{\Omega}{4\pi}\right)$$

mit

$$A = \mu(E)/\sin\Psi_1 + \mu(E_i)/\sin\Psi_2$$

Der Faktor $\Omega/4\pi$ berücksichtigt den Raumwinkel des Detektors.

Die gesamte Fluoreszenzstrahlung des Elements i in der Probe ergibt sich durch Integration über die gesamte Dicke T der Probe:

$$n_i(E,x) = \frac{X(E)c_i\sigma_{\tau,i}(E)(1-\exp(-\rho A T))}{A\sin\Psi_1}\cdot\left(\frac{\Omega}{4\pi}\right)$$

Diese Beziehung hängt nur von einfachen geometrischen Größen und weiteren oben definierten Parametern ab.

Hieraus egeben sich die Grenzfälle:

- Unendlich dicke Probe ($T > 1/\mu\rho$):

$$n_i(E,x) = \frac{X(E)c_i\sigma_{\tau,i}(E)}{A\sin\Psi_1}\cdot\left(\frac{\Omega}{4\pi}\right)$$

- Sehr dünne Probe.

$$n_i(E,x) = \frac{X(E)c_i\sigma_{\tau,i}(E)\rho T}{\sin\Psi_1}\cdot\left(\frac{\Omega}{4\pi}\right)$$

Bei Verwendung von polychromatischer an Stelle monochromatischer Strahlung ist noch über den gesamten, im primären Anregungsspektrum verfügbaren Energiebereich zu integrieren.

Berücksichtigt man, wie bisher geschehen, nur den Beitrag der primären Fluoreszenz, so sind offenbar die gemessenen Fluoreszenzintensitäten I_i direkt proportional zu den Elementkonzentrationen c_i.

5.2 Quantifizierung nach der Fundamentalparametermethode

In der Praxis spielen aber die bisher nicht berücksichtigten Sekundäreffekte eine entscheidende Rolle. Enthält z.B. die Probenmatrix Elemente mit einer höheren Ordnungszahl als das zu analysierende Element, so bewirkt sowohl die Primärquelle als auch die Fluoreszenzstrahlung dieser schweren Elemente eine Anregung des zu untersuchenden Elements.

Die Fluoreszenzintensität I_i des Elements i ist damit nicht nur von der Konzentration c_i des Elements i in der Probe abhängig, sondern hängt über Sekundäreffekte und Effekte höherer Ordnung von den Konzentrationen c_j weiterer Elemente j in der Probenmatrix ab. Diesen Einfluß der Elemente der Matrix auf die Fluoreszenzstrahlung des Elements i bezeichnet man als Matrixeffekt.

Damit ergibt sich ein stark nichtlinearer Zusammenhang zwischen den gesuchten Konzentrationen c_i und den beobachteten Fluoreszenzintensitäten I_i.

Zu seiner Beherrschung, auch bei komplexer Zusammensetzung der Probe, wurde die Fundamentalparametermethode entwickelt [SHE55, GAR75, SPA76, BER84, MAN86, PET86A, MAN87, PAN92].

Basierend auf der Theorie von J. Sherman [SHE55] wird bei ihr sowohl die Absorption als auch die Sekundärarnregung innerhalb der zu analysierenden Probe berücksichtigt und somit eine standardfreie Quantifizierung der Proben ermöglicht.

Bei der Auswertung von Röntgenfluoreszenzspektren mit Hilfe der Fundamentalparametermethode wird die Konzentration c_i eines Elements i aus der gemessenen Intensität I_i und einer Vielzahl bekannter physikalischer Parameter [MCM69, HAN86], den sogenannten Fundamentalparametern (z.B. spektrale Verteilung der Anregungsstrahlung, Absorptionsquerschnitte, Übergangswahrscheinlichkeiten) berechnet.

Der Zusammenhang zwischen gemessener Fluoreszenzlinienintensität n_i und Elementkonzentration ist nach diesem Modell gegeben durch:

$$n_i = n_{i,prim} + n_{i,sek}$$

$$n_{i,prim} = \frac{\eta(E_i)}{\sin\Psi_i} c_i P_i \int_{E_i}^{E_{max}} B(E, E_i, \Psi_1, \Psi_2)\tau_i(E)X(E)dE$$

$$n_{i,sek} = g_{i,j} \int_{E_i}^{E_{max}} B(E, E_i, \Psi_1, \Psi_2)[D(E, E_j, \Psi_1) + D(E_i, E_j, \Psi_2)]$$

$$\times\ \tau_j(E)\tau_i(E_j)X(E)dE$$

mit

$$B(\varepsilon_1, \varepsilon_2, \Psi_1, \Psi_2) = \frac{1}{\mu(\varepsilon_1)/\sin\Psi_1 + \mu(\varepsilon_2)/\sin\Psi_2}$$

$$D(\varepsilon_1, \varepsilon_2, \Psi) = \frac{\sin\Psi}{\mu(\varepsilon_1)} \ln\left[1 + \frac{\mu(\varepsilon_1)}{\mu(\varepsilon_1)\sin\Psi}\right]$$

und

$$g_{i,j} = \frac{\eta(E_i)}{2\sin\Psi_1} c_i c_j P_i P_j$$

n_i Anzahl der pro Sekunde nachgewiesenen Fluoreszenzphotonen des Elements i

$n_{i,prim}$ Anzahl der pro Sekunde nachgewiesenen, aus primärer Anregung stammenden Fluoreszenzphotonen des Elements i

$n_{i,sek}$ Anzahl der pro Sekunde nachgewiesenen, aus sekundären Prozessen stammenden Fluoreszenzphotonen des Elements i

c_i Konzentration des Elements

P_i Anteil der Fluoreszenzlinie des Elements i an der gesamten Emission

ρ Dichte der Probe

Ψ_1 Winkel, unter dem die Primärstrahlung auf die Probe trifft

Ψ_2 Winkel, unter dem die Fluoreszenzphotonen die Probe verlassen

$X(\varepsilon)$ Spektrale Verteilung der Primärstrahlung als Funktion der Energie ε

$\tau_i(\varepsilon)$ Photoionisationswirkungsquerschnitt des Elements i bei der Energie ε

$\mu(\varepsilon)$ Massenabsorptionskoeffizient bei der Energie ε

$\eta(\varepsilon)$ Nachweiswahrscheinlichkeit (Detektor Efficiency u. Raumwinkel) bei der Energie ε

E_i Energie der Fluoreszenzphotonen des Elements i

E_{max} Maximal zu berücksichtigende Energie E derPrimärstrahlung

Für eine erfolgreiche quantitative Elementanalyse ist damit neben probenspezifischen Materialparametern eine genau Kenntnis folgender gerätespezifischer, physikalischer Parameterfelder erforderlich:
- Spektrale Vereilung X(E) der Primärstrahlung am Ort der Probe
- Efficiency und Nachweiswahrscheinlichkeit des Detektors
- Geometrie des Systems Strahl-Probe-Detektor.

Die Güte der Quantifizierung hängt zum einen von der genauen Kenntnis der proben- und gerätespezifischen Parameter ab und erfordert zum andern die Bestimmung der Fluoreszenzlinienintensitäten in den Röntgenfluoreszenzspektren. Dabei ist die Beschreibung der spektralen Verteilung des Untergrunds von entscheidender Bedeutung.

Die Abb. 21 zeigt ein Röntgenfluoreszenzspektrum, das typisch für die Anregung mit „weißer" Synchrotronstrahlung ist. Der Streuuntergrund ist infolge spezifischer Anregungseffekte der Synchrotronstrahlung gänzlich verschieden von dem bei der Anregung mit einer Röntgenröhre auftretenden Untergrund.

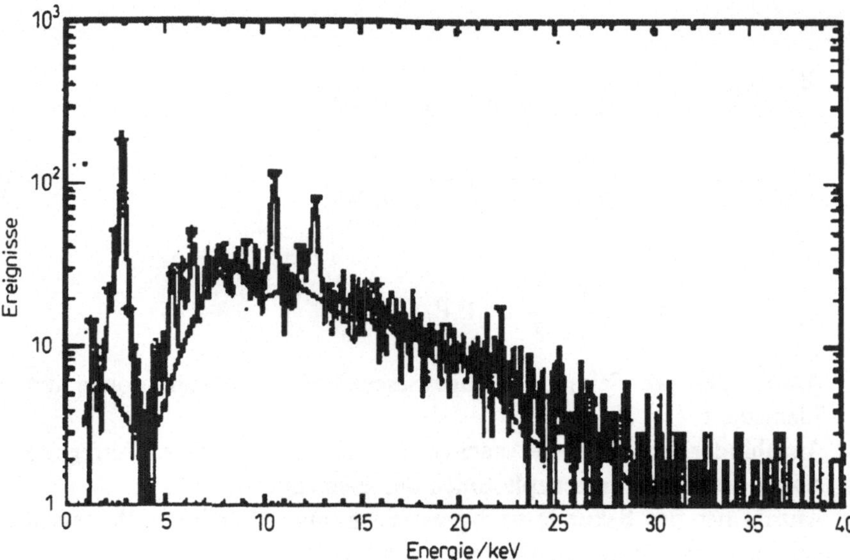

Abb. 21. Typisches SYRFA-Spektrum mit automatischer Peakidentifizierung und Untergrundanpassung: Die Dreiecke symbolisieren die Orte, an denen das Analyseprogramm einen Peak als signifikant erkannt hat. Der Untergrund (durchgezogene Linie) wird als Splinefunktion durch vom Programm selbst gewählte Stützstellen berechnet

In der Praxis erfolgt die Auswertung der SYRFA – Spektren nach dieser Methode mit Hilfe eines integrierten Programmpakets, das folgende Funktionen durchführt:

- Identifizierung der Fluoreszenzlinien
- Untergrundanpassung und -subtraktion
- Zuordnung der Linien zu Elementen
- Bestimmung der Linienintensitäten

Diese Informationen und die während der SYRFA – Messung aufgezeichneten Strahl-, Meßplatz- und Probenparameter (z.B. Elektronenenergie, Strahlstrom, Strahlquerschnitt, Blendenabmessungen, Absorberfolien, Probenposition) dienen als Grundlage für die sich anschließende standardfreie Bestimmung der Elementkonzentrationen.

Bei Anwendung der Fundamentalparametermethode entfallen die zeitaufwendigen Monoelement- und Interelementkalibrierungen. Die Methode macht eine Vielzahl von Probenformen ohne besonderen Aufwand der quantitativen Röntgenfluoreszenzanalyse zugänglich:

- Feste Proben, bei denen interne Standards nicht zerstörungsfrei zugesetzt werden können,
- Proben, bei denen die örtliche Verteilung von Elementen bestimmt werden soll und der Zusatz von Eichstandards diese Verteilung verändern würde.

Nachteilig ist allerdings der sehr hohe Rechenaufwand. Oftmals ist es auch nicht einfach, alle relevanten Einflußgrößße exakt zu erfassen.

5.3 Quantifizierung durch Monte-Carlo – Simulation

Einen diese letztgenannten Nachteile vermeidenden Ansatz zur Quantifizierung liefern die Arbeiten von K. Janssens et al. [VIN93, JAN93A]. Sie basieren auf früheren Ansätzen [GAR75, HE92, VER88], Röntgenfluoreszenzspektren durch Monte-Carlo Simulation zu erzeugen. Das theoretische Fluoreszenzspektrum wird dabei durch Monte-Carlo Simulationen unter Zugrundelegung einer ersten Annahme über die vorliegende Elementzusammensetzung der Probe generiert. Durch iterative Variation dieser Zusammensetzung wird das Simulationsspektrum dem Experimentalspektrum möglichst gut angenähert. Die dem Simulationsspektrum zugrundeliegenden Elementkonzentrationen geben dann die Zusammensetzung der Probe wieder.

Die Methode befindet sich derzeit noch im Teststadium. Röntgenfluoreszenzmessungen an zahlreichen Standards werden mit den Ergebnissen der Simulationen verglichen, um die Leistungsfähigkeit der Methode zu charakterisieren. Erste Analysen lassen vermuten, daß die iterative Monte-Carlo Simulationsmethode die Fundamentalparametermethode bei der Quantifizierung von SYRFA-Spektren zumindest ergänzen wird.

6 Mikrosonden für die Röntgenfluoreszenzanalyse mit Synchrotronstrahlung

Zu den herausragenden Eigenschaften der SYRFA gehört die Möglichkeit des Betriebs als Multielementmikrosonde, indem man aus dem Synchrotronstrahl durch Ausblenden bzw. durch Einsatz eines Fokussiersystems einen Mikrostrahl erzeugt und die Probe rasterformig unter ihm bewegt. [LAN87, BAV88, RIV88, SUT88, UND88, CHE90, GOR90, HAY89, HAY90, LAN90, WU90, WU90, DEV91, VIS91, LAN92, RIV92, THO92, SUT93].

In verschiedenen Synchrotronstrahlungslabors sind entsprechende Mikrosonden in Betrieb bzw. in der Weiterentwicklung.

Dabei werden unterschiedliche Systeme zur Erzeugung des Mikrostrahls eingesetzt:

- Blenden [PET86, BAV88]
- Spiegelsysteme [GOR85, THO88, GOH87]
- Kristallsysteme [LAN87, DEV91]
- Bragg-Fresnel-Optiken [ERK92]
- Kapillaroptiken [ENG91]

Einen Überblick über fokussierende Systeme für Röntgenstrahlung und ihre Grundlagen geben die Artikel von [EAS83, IFF87, IFF92, THO92].

Die einzelnen Methoden zur Erzeugung des Mikrostrahls bedingen unterschiedliche laterale Auflösungen und Anregungsbedingungen.

6.1 Blenden

Die bei Messungen mit kreisformigen Blenden erreichbare Ortsauflösung ist durch mechanishe Bedingungen begrenzt. Das Ausblenden von Röntgenstrahlen mit Energien über 40 keV erfordert Blenden aus Wolfram oder Tantal von 1–4 mm Dicke. Blendendurchmesser wesentlich unter 10 µm sind für sie aufgrund der erforderlichen Materialstärke und der schwierigen Bearbeitbarkeit der genannten Materialien bisher nicht in der erforderlichen Güte herstellbar.

Blenden als nichtfokussierende Systeme haben außerdem generell den Nachteil, daß mit fallendem Blendenquerschnitt die Intensitat der Strahlung auf der Probe abnimmt und das Nachweisvermögen der Methode damit herabgesetzt wird. Dieser Effekt ist bei den strahlungsintensiven Hochenergiespeicherringen von untergeordneter Bedeutung.

Bei der Verwendung eines Schlitzblendensystems (z.B. Schlitzöffnung 5 µm × 5 µm) kann die Probe streifenförmig und rotierend abgetastet werden. Die anschließende Bildrekonstruktion mit Algorithmen, wie sie aus bildgebenden Verfahren in der Medizin [BAV88, HER80] bekannt sind, liefert Ortsauflösungen bis herab zu etwa 5 µm. Bessere Ortsauflösungen sind aus den gleichen Gründen wie bei den Lochblenden auch hier nur schwer zu realisieren.

6.2 Spiegelsysteme und Bragg – Fresnel – Linsen

Die Verwendung von Spiegelsystemen und Bragg – Fresnel – Linsen hat zwangsläufig eine monochromatische Anregung mit den in Kap. 4 beschriebenen Vor- und Nachteilen zur Folge. Die Fokussierung ist darüberhinaus im wesentlichen auf Energien <25 keV beschränkt.

Entsprechende Mikrosonden existieren im SRS in Daresbury (UK) [LAN92] und bei der Photon Factory in Tsukuba (Japan) [GOH87]. Es werden ellipsoidal gebogene Si-111-Kristalle bzw. Pt beschichtete Wolter-Spiegel verwendet. Die damit erreichbare laterale Auflösung beträgt ca. 2 µm × 34 µm bzw. 10 µm × 20 µm.

An der NSLS in Brookhaven (USA) [GOR85] wird eine Kirkpatrick-Baez-Optik mit ähnlicher Dimension des Fokalpunkts verwendet.

6.3 Kapillaroptiken

Basisprinzip der Fokussierung mit Kapillaren ist die wiederholte Totalreflexion der Röntgenstrahlen im ihrem Innern gemäß Abb. 22.

Totalreflexion an der Grenzfläche Luft/Glas tritt auf, weil der Brechungsindex n von Glas für Röntgenstrahlen kleiner als 1, der von Luft dagegen fast 1 ist. Die Fokussierung von Röntgenstrahlen durch konische Kapillaren ist damit in gewisser Analogie zur Lichtleitung in Glasfaserkabeln zu sehen.

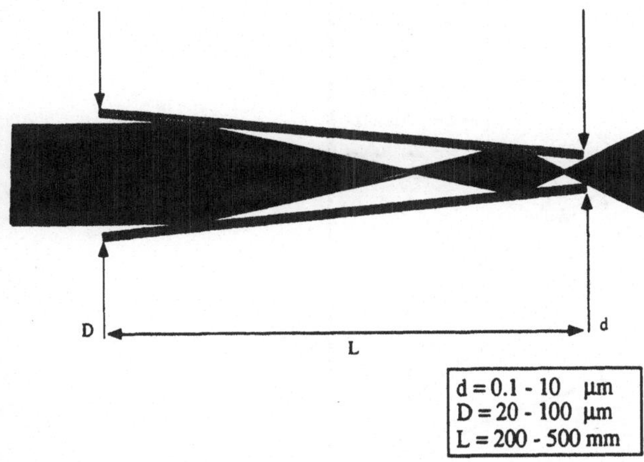

Abb. 22. Prinzip der Fokussierung von Röntgenstrahlen durch konische Kapillaren. Die angegebenen Abmessungen sind typische Werte.

Der Winkel der Totalreflexion Θ_c ist abhängig von der Energie der Röntgenstrahlen und beträgt bei einer Röntgenenergie von 20 keV für Glas etwa 1.5 mrad.

Röntgenstrahlen dieser Energie mit einem Einfallswinkel $\Theta > \Theta_c$ werden im Glas absorbiert, während alle anderen totalreflektiert werden.

Die Fokussierungseigenschaften der Kapillare sind im wesentlichen durch den Eintrittsdurchmesser, den Austrittsdurchmesser und die Länge der Kapillare bestimmt. Zur Zeit lassen sich so im Prinzip laterale Auflösungen bis 0,1 µm erreichen [ENG91].

Die Fokussierung von Röntgenstrahlen durch Kapillaroptiken ist auch für weiße Röntgenstrahlung bis ca. 40 keV anwendbar.

Der Winkel der Totalreflexion wird für Röntgenenergien über etwa 40 keV so gering, daß ein Großteil der Röntgenstrahlung nicht mehr totalreflektiert, sondern absorbiert wird. Eine konische Glaskapillare stellt damit für Röntgenstrahlung ein Tiefpaßfilter mit einer Grenzenergie von etwa 40 keV dar. Für die Anregung der Probe ist man also im Gegensatz zu anderen fokussierenden Verfahren nicht auf monochromatische Strahlung beschränkt. Damit bleibt der Vorteil der Multielementanalyse mittels SYRFA mit „weißer" Röntgenstrahlung im wesentlichen gewahrt.

Die genaue Form des nach der Kapillare zur Verfügung stehenden Anregungsspektrums ist aus dem Primärspektrum der Synchrotronstrahlungsquelle und den Kapillarparametern berechenbar, in erster Näherung bleibt die Form des Spektrums erhalten, wie Abb. 23 zeigt.

Aus der Abbildung ist auch ersichtlich, daß derartige Kapillaren eine Erhöhung der Photonendichte im Strahl bewirken und von daher bei zu geringer

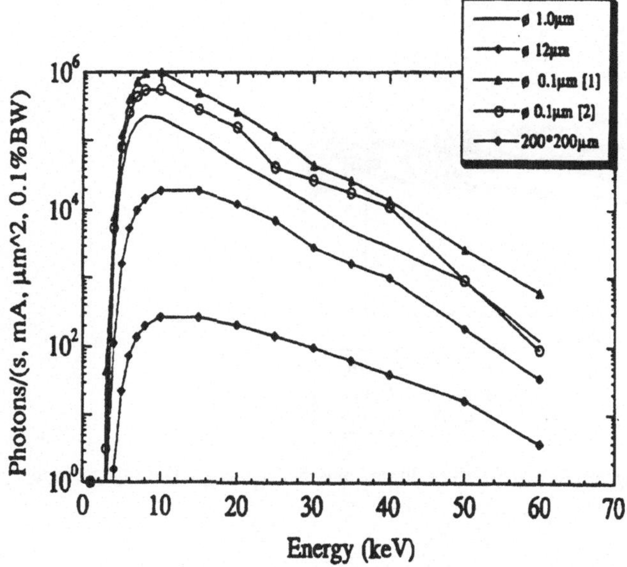

Abb. 23. Photonendichten als Funktion der Energie für verschiedene Kapillaren und für den Fall der mechanischen Kollimation des Strahls (200 × 200 µm²) [ENG91]

Photonendichte der Anregungsstrahlung als reine Intensitäts- „Verstärker" benutzt werden können. Dies ist in Abb. 24 für eine 100 µm-Kapillare dargestellt. Wie für Kapillarspektren charakteristisch, wird das Primärspektrum oberhalb von 40 keV abgeschwächt unterhalb dagegen erhöht.

Dieser Effekt kann durch Variation der Kapillarparameter in weiten Grenzen den experimentellen Erfordernissen angepaßt werden und das Nachweisvermögen der jeweiligen SYRFA – Variante günstig beeinflussen.

6.4 Bewertung

Blenden und konische Kapillaren erlauben eine polychromatische Anregung der Probe, so daß alle Elemente gleichzeitig mit ähnlichem Nachweisvermögen erfaßbar sind (Fig. 20).

Ihr Haupteinsatzgebiet sind Speicherringe mit kritischen Energien, > 8 keV, entsprechend Anregungsenergien bis 40 keV.

Spiegeloptiken und Fresnellinsen werden bevorzugt bei monochromatischer Anregung in Speicherringen mit kritischen Energien < 5 keV, entsprechend einer Anregungsenergie von etwa 25 keV eingesetzt (vgl. Tab. 11).

Tabelle 3 gibt eine Übersicht über die z.Zt. mit den verschiedenen Röntgenoptiken erreichbaren lateralen Auflösungen.

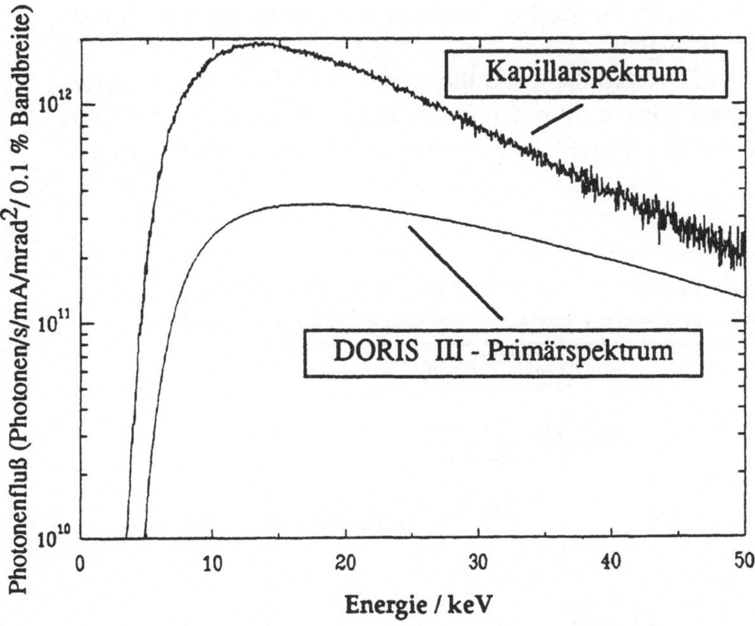

Abb. 24. Vergleich des Primärspektrums von DORIS III mit dem Spektrum am Ausgang einer 100 µm-Kapillare [LEC93]

Tabelle 3. Übersicht über die laterale Auflösung von SYRFA – Mikrosonden bei Anwendung verschiedener Fokussiersysteme

Methode	Durchmesser des Mikrostrahls
Kreisförmige Blenden	10 µm
Abtastung mit rotierenden Schlitzblenden und Auswertung mit mathematische Algorithmen	5 µm
Spiegelsysteme (Wolter-Spiegel, ellipsoidaler Spiegel)	10 µm
Kristallsysteme (gebogner Si – Kristall, Multilayer)	10 µm
Bragg – Fresnel – Optiken	5 µm
Kapillaroptiken	0.1 µm

Eine Sonderstellung wird der SYRFA-Meßplatz bei der ESRF einnehmen. Er soll hinter einem Undulator mit einem stark energieabhängigen Anregungsspektrum (vgl. Abb. 10) aufgebaut werden. Es ist vorgesehen, seine Strahlung breitbandig variabel zu monochromatisieren. Als darauf abgestimmte Fokussierungselemente werden z.Zt. Kapillaroptiken und Bragg – Fresnel – Linsen favorisiert.

Mit der Entwicklung eines Mikroröntgenstrahls, basierend auf der Fokussierung durch konische Kapillaren, ist erstmals eine Mikrosonde für ortsauflösende SYRFA – Messungen im Mikro- und Submikrometerbereich mit hohem Nachweisvermögen verfügbar.

Die Abb. 25 und 26 zeigen die Ortsauflösungen und Photonenintensitäten der zur Zeit an verschiedenen internationalen Synchrotronlabors im Einsatz befindlichen Röntgenmikrosonden. Die Vergleiche verdeutlichen die heraus-

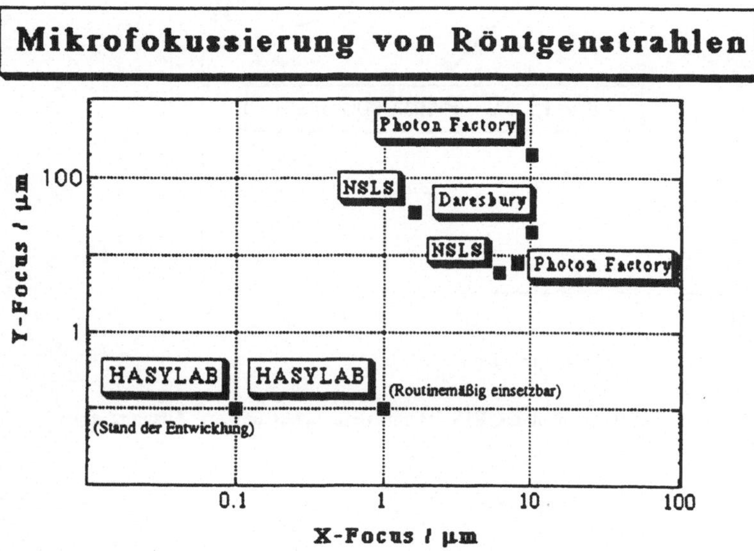

Abb. 25. Vergleich der Strahlabmessungen von Röntgenmikrosonden in verschiedenen Synchrotronstrahlungslabors (Stand 1993)

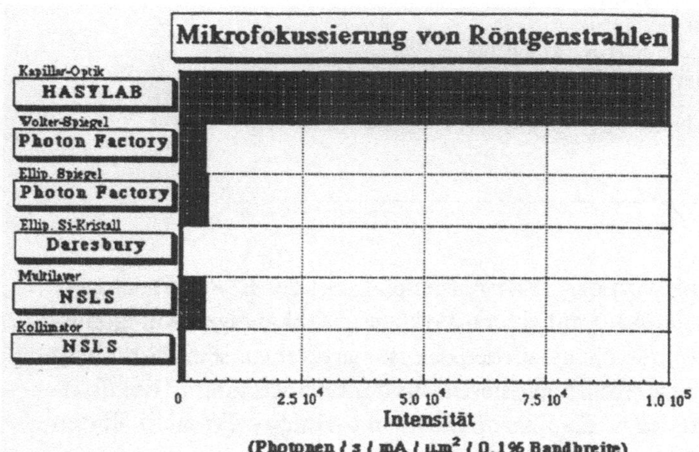

Abb. 26. Vergleich der Intensitäten von Röntgenmikrosonden in verschiedenen Synchrotronstrahlungslabors (Stand 1993)

ragende Stellung der Kapillaroptik bei der Erzeugung von SY-Mikrostrahlen für ortsauflösende Röntgenfluoreszenzanalysen.

7 Realisierung der SYRFA als Analysenmethode

Aufgrund ihrer herausragenden Möglichkeiten bietet die SYRFA vielfältige Einsatzmöglichkeiten überall dort, wo Multielementspurenanalysen in sehr kleinen Mengen bzw. in sehr kleinen Regionen gefragt sind. Hierbei ist es notwendig, die zu vermessenden Probengüter in eine für SYRFA meßbare Form zu überführen und das an sich hochflexible Analysenprinzip SYRFA durch geeignete Wahl der Anregungs- und Meßbedingungen der jeweils vorgegebenen analytischen Fragestellung optimal anzupassen.

7.1 Einsatzbreite

Das aus Abb. 20 ersichtliche außerordentliche absolute Nachweisvermögen von SYRFA und die Möglichkeit der Erzeugung eines Mikrostrahls zur Anregung der Röntgenfluoreszenz eröffnen der SYRFA vielfältige, zum Teil bisher nur schwer zugängliche Einsatzfelder. Grundsätzlich ist die Methode effizient einsetzbar im Bulkbetrieb, wenn nur sehr geringe Substanzmengen zur Verfügung stehen und von daher keine Möglichkeit der Spurenanreicherung gegeben ist. Es sind auf diese Weise Multielementanalysen in ng/µg - Bereich möglich. Derartiges wird z.B. gefordert für

- Forensische und mikrotechnische Probengüter
- Größenklassierte Luftstäube
- Schwebstofffraktionen aus aquatischen Systemen
- Biopsieproben
- Etablierung eines HPLC-Multielementdetektors

Daneben ist die Analyse von Einzelpartikeln mit Durchmessern im Bereich von 1–50 µm möglich. Entsprechende Fragestellungen fallen z.B. an bei

- Aerosolforschung
- Extraterrestrischen Untersuchungen
- Verfahrenstechnischen Fragestellungen
- Spurenelement- und Schadelementforschung an Blutpartikeln.

Als ein Beispiel ist in Abb. 27 das von uns gemessene Spektrum eines Partikels aus dem Weltraum dargestellt. Das bebachtete Elementspektrum gibt Hinweise auf seine Herkunft und die Dauer seines Aufenthalts in der Erdatmösphäre.

Das vielfältigste Anwendungsgebiet ist sicherlich die Mikrosondentechnik, d.h. die Bestimmung der Multielementverteilung, abhängig vom Ortsparameter, in Konzentrationen, die für die klassischen Mikrosonden [FUC90] nicht erreichbar sind. Die sich daraus ergebenden Anwendungsfelder erstrecken sich

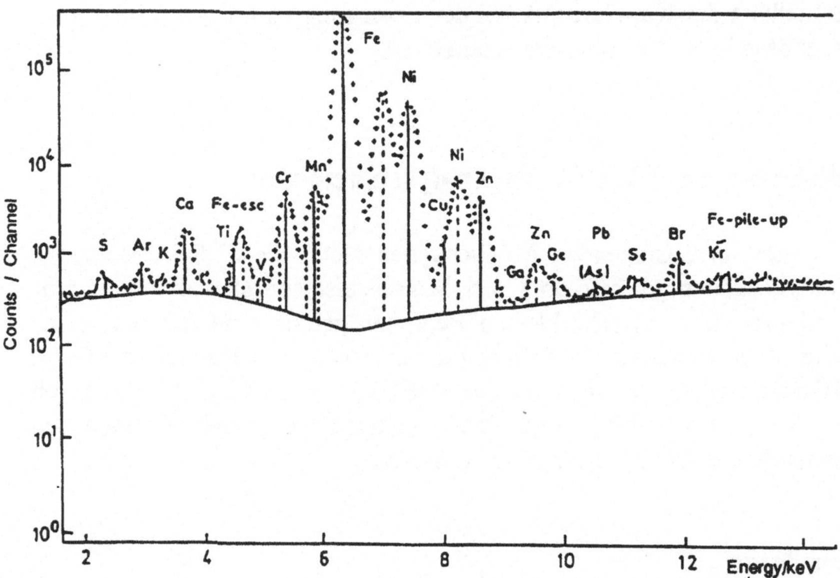

Abb. 27. Röntgenfluoreszenzspektrum eines interstellaren Staubteilchens

auf alle Bereiche der experimentellen Naturwissenschaften einschließlich der Medizin, auf die Forensik, die Technik (Werkstoffe und Mikrostrukturen, sowie auf die Grenzgebiete zur Archäologie, Kunst und Kulturgeschichte, d.h. in Wissenschaftsbereiche, in denen die Aufnahme ortscharakteristischer Spurenmuster die kulturelle, alters- bzw. personenbezogene Zuordnung der untersuchten Objekte erleichtert.

Die dabei bestehenden Möglichkeiten verdeutlichen die Abbildungen 27 und 28. Dargestellt sind Röntgenfluoreszenzspektren der beim Druck der

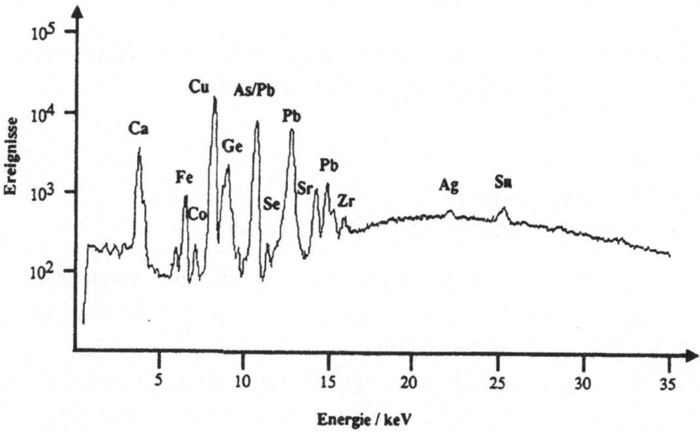

Abb. 28. Röntgenfluoreszenzspektrum von Buchstaben einer Gutenbergbibel, deren Herkunft aus der Gutenberg – Werkstatt gesichert ist

Gutenbergbibel und des Weltgerichts abgedruckten Buchstaben. Die Herstellung der benutzten Druckfarben war ein streng gehütetes Betriebsgeheimnis. Ihre Zusammensetzung ist deshalb charakteristisch für die jeweilige Druckwerkstatt. Das erhaltene RFA – Spektrum stellt daher einen für die jeweilige Druchwerkstatt charakteristischen „Fingerprint" dar. Im vorliegenden Fall spricht der Vergleich dafür, daß das Fragment „Weltgericht" nicht aus der Gutenbergwerkstatt stammt.

Einen Siegeszug vollführt die SYRFA-Mikrosonde zur Zeit in den Geowissenschaften, wo sie die spurenmäßige Charakterisierung von

- Mineralien
- Amorphen Zonen
- Phasengrenzbereichen
- Einschlüssen

ermöglicht und Aussagen über die Genese sowie über Druck- und Temperatureinflüsse der Mineralien gestattet.

Das Röntgenfluoreszenzspektrum eines Minerals mit einem besonders hohen Gehalt an Seltenen Erden ist in Abbildung 30 dargestellt.

Ähnliche Einsatzmöglichkeiten erwartet man für die Lebenswissenschaften durch die ortsabhängige Analyse von dünnen Gewebeschnitten, insbesondere wenn der Ortsauflösungsbereich unterhalb 1 µm routinemäßig verfügbar sein wird. Abbildung 31 zeigt exemplarisch die Kupferverteilung in der Wurzelspitze von Silena vulgaris, aufgenommen mit einem rotierenden Schlitzblendensystem bei einer Ortsauflösung von 5 µm × 5 µm. Bei der Auswertung wurden computertomographische Verfahren benutzt. Der Schwärzungsgrad repräsentiert die Zahl der registrierten Röntgenquanten. Der Bereich besonders hoher Schwärzung kennzeichnet ein Gebiet von ca. 5 µm × 4 µm mit einer besonders hohen Konzentration an Kupfer.

In der Reinststoffanalytik, einem wesentlichen Aspekt moderner Werkstofftechnik, setzt man auf die Kombination der SYRFA mit der monochromatischen

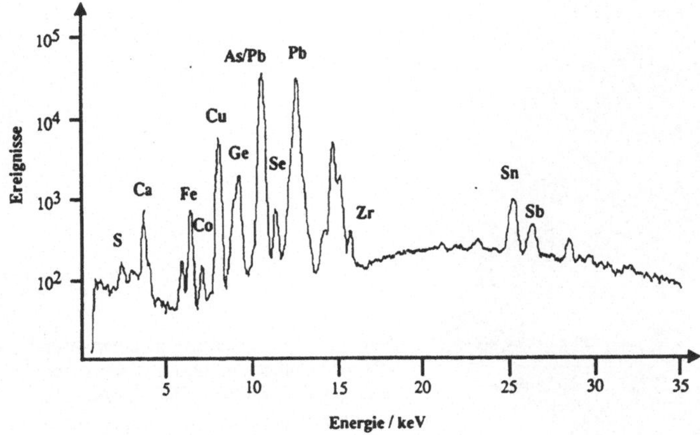

Abb. 29. Röntgenfluoreszenzspektrum von Buchstaben des Fragments „Weltgericht"

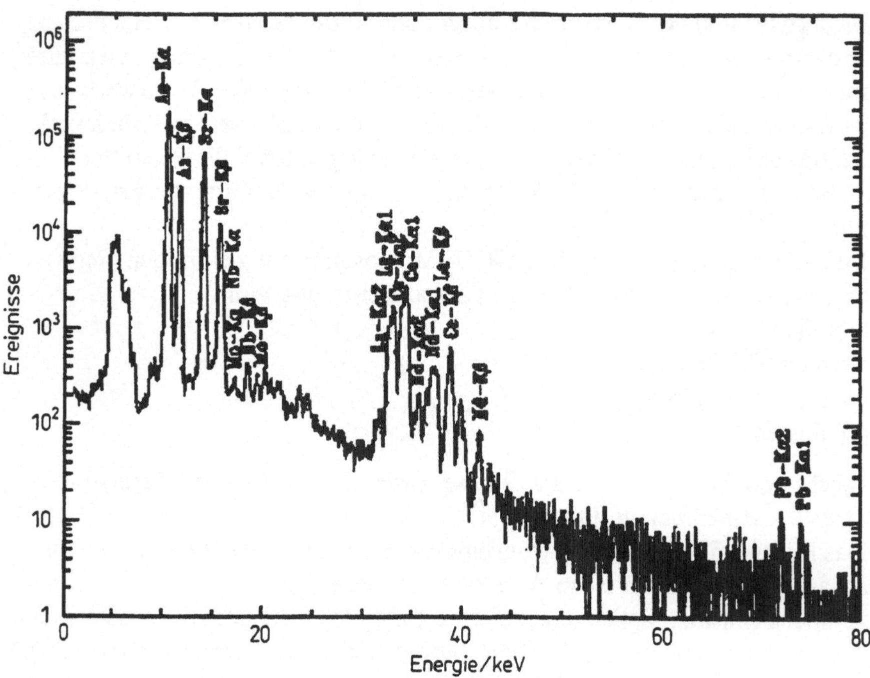

Abb. 30. Röntgenfluoreszenzspektren eines Kemmlizit – Minerals mit einem besonders hohen Gehalt an Seltenen Erden (< 500 µg/mg)

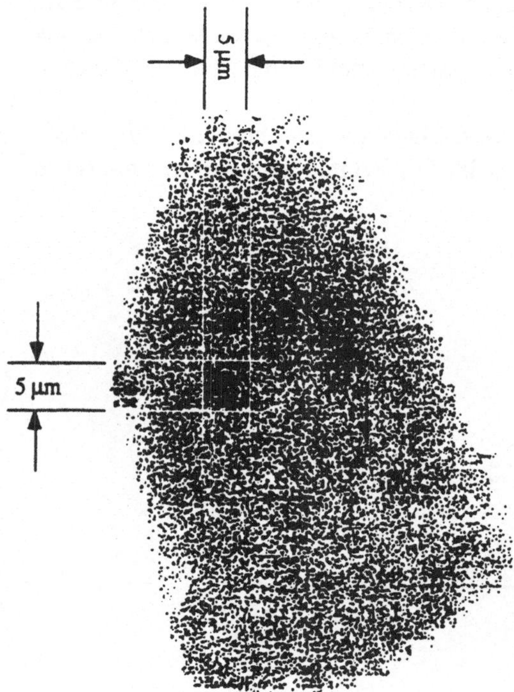

Abb. 31. Cu–Verteilung in einer Wurzelspitze, aufgenommen mit der ortsabhängigen SYREA. Die Dichte der Schwärzungspunkte im 5 µm × 5 µm – Pixel charakterisiert die lokale Cu-Konzentration

Anregung in der Umgebung des Winkels der Totalreflexion. Man erwartet eine wesentliche Steigerung des Nachweisvermögens an der Oberfläche bzw. in oberflächennahen Schichten von Reinstmaterialien bis unter den durch die klassische TRFA vorgegebenen Wert von. etwa 10^9 Atomen/cm^2 [KLO91, KLO92].

7.2 Meßprobensysteme für SYRFA

Die Bereitstellung von Meßproben für SYRFA ist ein für die Praxis der Messung besonders wichtiges Problemfeld. Im Idealfall müssen die dazu benötigten Trägerysteme folgenden Anforderungen genügen:

- Mechanische Stabilität
- Handhabbarkeit in einem automatischen Probenwechsler
- Fixierung der Probe unabhängig von ihrer Natur (Mikromengen, Partikel, Dünnschnitte bzw. Dünnschliffe).
- Chemisch inert und strahlungsresistent
- Geringer Beitrag zur Streustrahlung
- Ohne Blindwerte
- Aufnahmefähig für einen homogen zu verteilenden internen Standard (Option)

In den meisten Synchrotronlaboratorien werden dünne Trägerfolien (z.B. Kapton®) als Basissystem verwandt, die in geeigneten Klemmrahmen eingespannt werden. Auf ihnen werden die Proben entweder aufgrund elektrostatischer Aufladung oder unter Zuhilfenahme von Klebern fixiert. Die Methode ist umständlich, störanfällig und nicht frei von Blindwerteinschleppungen. Soweit es sich um Partikel handelt, kann man diese auch auf Netzstrukturen, wie sie bei der Elektronenmikroskopie ülich sind, fixieren.

Um ein universelleres System bereitzustellen und die genannten Nachteile auszuschließen, haben wir, unter Benutzung von Reinstmaterialien für die Gelelektrophorese, Folien aus quervernetzten Polyacrylamiden entwickelt.
Sie besitzen folgende Vorteile:

- Das ausgehärtete Polyacrylamid trägt nur wenig zum Streuuntergrund bei.
- Aufgrund seiner hohen mechanischen Stabilität stellt es eine gute Stützstruktur für flächige Proben wie Mikrotomschnitte oder Gesteinschliffe bereit.
- Eine zusätzliche Fixierung erreicht man, wenn man die Trägerfolie vor der Auftragung der flächigen Probe mit wenig Wasser „anweicht".
- Auf diese Weise ist auch die sichere Fixierung von Einzelpartikeln möglich.
- Flüssige Proben werden bei der Herstellung mit dem Monomer vermischt. Ihre Spurenbestandteile lassen sich nach Zugabe eines Additivs in der erhaltenen Folie homogen verteilen.
- Auf diese Weise kann in der Trägerfolie auch ein interner Standard homogen verteilt und auf ihm die eigentliche Probe vermessen werden.

Dieses Probenhaltersystem wird am SYRFA-Meßplatz des HASYLAB in Zukunft routinemäßig eingesetzt und wird die sonst schwierige und aufwendige Meßprobenherstellung in wesentlichen Bereichen verbessern.

7.3 Optimierung der Meßbedingungen

Mit Hilfe des Analysenprinzips SYRFA kann man ein leistungsfähiges Analysenverfahren aufbauen, wenn man die verschiedenen Betriebsparameter optimierend den von der Meßaufgabe her gestellten Anforderungen anpaßt.

Dabei ist grundsätzlich zu beachten, daß das für optimales Messen entscheidende Signal/Untergrundverhältnis durch verschiedene, z.T. stufenweise voneinander abhängige Betriebsparameter beeinflußt wird. Tabelle 4 beschreibt die wichtigsten, dabei eine Rolle spielenden Parameter.
Zentrale Bedeutung spielt dabei die
- Entscheidung monochromatische/polychromatische Anregung
- Wahl der Energie bei monochromatischer Anregung
- Wahl des Detektionssystems.

Bei ortsabhängigen Analysen spielt zusätzlich unter Umständen das von der Anregungsenergie abhängige Fokussiersystem eine bedeutende Rolle.

Mit der optimierenden Auswahl bzw. Einstellung dieser Betriebsparameter kann unter Umständen die Entscheidung über die zu wählende Synchrotronstrahlungsquelle verbunden sein, denn nicht immer gilt, daß die bezüglich Anregungsenergie und Brillanz leistungsstärkste Quelle am besten geeignet ist.
Die Breite des Entscheidungsspielraums sei an folgenden Beispielen erläutert.
- Geologische Fragestellungen erfordern oftmals die ortsabhängige Bestimmung der Lanthanoiden in sehr kleinen Mengen.
  Hierfür ist es wünschenswert, auf eine Synchrotronquelle hoher Brillanz und hoher Anregungsenergie zurückzugreifen, um die Lanthanoiden möglichst über ihre K-Strahlung energiedispersiv aufgelöst erfassen zu können. Polychromatische Anregung ist anzustreben, wenn die Matrix nicht zu stark streut.
  Bei mittleren Anregungsenergien kann die Einzelerfassung der L-Linien der Lanthanoiden mit Hilfe eines wellenlängendispersiven Detektionssystems erfolgen. Dies geht allerdings auf Kosten der Strahlzeit.
- Bei Dünnschnitten biologischer Proben kommt es meistens auf sehr hohe Ortsauflösung (< 1 µm) und gleichmäßiges Nachweisvermögen an.
  In Verbindung mit einer Kapillaroptik bietet sich eine energiedispersive Messung

Tabelle 4. Beeinflussung des Signal-/Untergrundverhältnisses

Erhöhung des Fluoreszenz-Photopeaks	Totzeitreduktion
Energie der Anregungsstrahlung	monochromatische Anregung
Brillanz der Anregungsstrahlung	Absorber im Anregungsstrahl
Absenkung des Streuuntergrunds	Meßprobenvariation
Nutzung der Polarisation	Optimierung des Detektionssystems
monochromatische Anregung	
Absorber im Anregungsstrahl	
Vermeidung streuender Materialien (z.B. He statt Luftatmosphäre)	

nach polychromatischer Anregung wegen der streuarmen Matrix mit Energien bis 40 keV an.
Bei sehr hohem Photonenfluß kann der Energieeintrag in das Probengut Probleme machen. Absorber im Anregungsstrahl wirken dem entgegen, allerdings auf Kosten der Meßzeit.

- Kunstgüter, z.B. alte Drucke, Bilder usw. dürfen durch die Messung auf keinen Fall geschädigt werden. Die Frage des Energieeintrags in das Probengut ist daher besonders bedeutungsvoll. Da andererseits im allgemeinen weder eine extrem hohe Ortsauflösung noch eine extreme Sensitivität der Messung gefordert werden, ist im allgemeinen eine monochromatische Anregung bei relativ niedrigen Energien (E_{max} = 20 keV.) ausreichend. Zur Fokussierung genügen Blenden bzw. Röntgenspiegel. Der Lagerung der kostbaren Probengüter kommt entscheidende Bedeutung zu.
- Bei der Analytik von Halbleitermaterialien (z.B. Wafern) wird meist nur nach einem eingeschränkten Elementspektrum, dies aber bei möglichst kleinen Konzentrationen, gefragt.
  Es empfiehlt sich dann oftmals (bei TRFA-Messungen stets), mit monochromatischer Anregungstrahlung maximaler Brillanz bei Energien zu arbeiten, die auf die Absorptionskante der Einzelelemente abgestimmt sind. Die verlängerte Meßzeit wird durch die anderweitig nicht erreichbare Qualität der Aussage i.a. überkompensiert.
- Entsprechendes gilt für kostbare, als Unikate vorliegende Einzelpartikel. Auch bei ihnen wird der Wert der analytischen Information die Meßeinstellung absolut bestimmen.

Die aus den Grenzbereichen gewählten Beispiele verdeutlichen, daß es sich lohnt, bei der Planung von SYRFA-Messungen gründlich darüber nachzudenken, wo man unter welchen Bedingungen seine Analysen durchführen will. Nicht vergessen darf man dabei die Blindwertsituation, denn die Meßgeräte sind in einer von Metallen vielfältigster Art geprägten Umgebung aufgebaut.

Um die davon ausgehenden Risiken zu minimieren, sollte der SYRFA-Meßplatz zumindest unter einem Cleanbenchsystem installiert sein. Für den kontaminationssicheren Transport der i.a. wertvollen Probengüter dorthin muß der Initiator der Analysen in der Regel selbst Sorge tragen.

Anhang 1. Nutzung von Synchrotronstrahlungsquellen für die SYRFA

Im Gegensatz zu vielen anderen Analysenmethoden, die im „Hauslabor" durchgeführt werden können, erfordert der Einsatz der SYRFA ein Arbeiten in der typischen Experimentierumgebung eines Beschleunigerlabors.

Die Verfahren für die Beantragung und Genehmigung solcher Experimente an verschiedenen Synchrotronstrahlungsquellen gleichen sich in der Regel. Sie seien deshalb hier für den Fall von HASYLAB, Hamburg exemplarisch dargestellt.

Außerdem finden sich im Anhang 2 die Adressen der wichtigsten für die SYRFA geeigneten Synchrotronstrahlungsquellen.

Beantragung, Einteilung und Zulassung von Experimenten

Beantragung des Experimentes

Der Antrag für die Experimente ist an den Leiter von HASYLAB zu richten. Bevor ein Antrag gestellt wird, empfiehlt es sich, mit HASYLAB formlos Kontakt aufzunehmen. Jedem Antrag sollte eine kurze, zur Veröffentlichung gedachte Zusammenfassung beigefügt werden.

Zulassung

Der Forschungsbeirat Synchrotronstrahlung (FBS) prüft Vorschläge für neue Experimente in Bezug auf ihre wissenschaftliche Qualität und ihre grundsätzliche Durchführbarkeit bei HASYLAB, auf die Angemessenheit der apparativen Ausstattung und auf ihre Stellung im Gesamtprogramm.

Der Leiter von HASYLAB läßt im Einvernehmen mit dem FBS Experimente entsprechend den gültigen DESY-Richtlinien für eine Förderperiode zu, wobei er auch die Voten anderer externer Gutachter berücksichtigt werden.

Einteilung der Anträge

Kategorie I (kurzzeitige SYRFA–Experimente)
Kurzzeitige SYRFA – Experimente bzw. Testmessungen die einige Meßschichten nicht überschreiten, können an bereits vorhandenen Apparaturen in Zusammenarbeit mit der eingearbeiteten Gruppe durchgeführt werden.

Kategorie II (mittelfristige SYRFA–Experimente)
Das Projekt erstreckt sich in der Regel über mehrere Jahre. Es sind jedoch keine zusätzlichen Sach- oder Personalmittel erforderlich. Wissenschaftler halten sich längere Zeit bei HASYLAB auf.

Das Experiment wird an einer vorhandenen Apparatur, eventuell mit spezifischen eigenen Ergänzungen durchgeführt.

Kategorie III (langfristige SYRFA–Experimente)
Das langfristige Forschungs- und Entwicklungsvorhaben erfordert einen neuen Aufbau oder wesentliche Modifikationen an einer vorhandenen Apparatur. Die erforderlichen Sach- und (oder) Personalmittel werden durch Drittmittelgeber finanziert. Die Wissenschaftler halten sich für längere Zeit am HASYLAB auf.

Vergabe von Meßzeit

Der FBS gibt Empfehlungen zur Meßzeitverteilung.

Unter den gegebenen Randbedingungen wird an den einzelnen Meßplätzen die Meßzeit für die einzelnen Arbeitsgruppen festgelegt. Dabei werden die Empfehlungen des FBS zur Meßzeitverteilung berücksichtigt. Ferner geschieht die Verteilung unter Berücksichtigung folgender Gesichtspunkte:

Optimale Ausnutzung der verfügbaren Meßzeit:
Dies bedeutet unter den gebenenen Randbedingungen ein möglichst flexibles Reagieren auf den Betriebsmodus von Elektronenspeicherrings DORIS, die Einsatzbereitschaft von Meßplätzen sowie Wünsche und persönliche Randbedingungen der Nutzer. Grundlage ist der enge Kontakt der Nutzergruppen mit dem Koordinator oder dem für die einzelnen Meßplätze zuständigen Ansprechpartner. Die Minimierung von Umrüstzeiten durch Monochromatorumstellung, Wechsel der Probenkammern usw. ist ein ganz wesentlicher Gesichtspunkte.

Ausgewogene Berücksichtigung der verschiedenen Experimente:
Hierbei werden die Anforderungen der Experimente und die Möglichkeiten der Forschungsgruppe berücksichtigt:

1. Die aktuelle Verteilung der Meßzeit wird den Arbeitsgruppen bekanntgegeben.
2. Kann mit dem Koordinator für Synchrotronstrahlungsexperimente keine Einigung über die Meßzeit erreicht werden, so legt dieser die Angelegenheit dem FBS zur Beratung vor.
3. Ausfälle von DORIS oder der Strahlführung haben keine Änderung der Meßzeitverteilung zur Folge.

Anhang 2. Adressen von Synchrotronstrahlungsquellen für die SYRFA

LURE
Synchrotron Laboratory
91405 Orsay
France

SRS – Daresbury Laboratory
Warrington WA4 4AD
Lancashire, England

HASYLAB/DESY
Notkestr. 85
22603 Hamburg
Germany

BESSY
Lentzeallee 100
14195 Berlin
Germany

Photon Factory, KEK
Oho-Machi, Tsukuba/Gun
Ibaraki/Ken 300–32
Japan

NSLS
National Synchrotron Light Source
Brookhaven National Laboratory
Upton, NY 11973
USA

CHESS
Cornell University
Ithaca, NY 14853
USA

SSRL
Standard Synchrotron Radiation Lab.
P.O. Box 4349, Bin 49
Standard, CA 94305
USA

ESRF
European Synchrotron Research Facility
BP 22038043
Grenoble
France

ELLETRA
Synchrotrone Trieste
Padriciano 99
34012 Trieste
Italia

8 Literatur

AGR91 – Agrawal B (1991) X-Ray Spectroscopy. Springer, Berlin

ANT91 – Anatov A, Grigoryeva I, Shchipov N, Baryshev V, Kulipanov G (1991) Focusing Shaped Pyrographite Monochromators in Synchrotron Radiation Experiments. Nucl. Instr. Meth. A308, 442

BAC92 – Bachrach R (1992) Synchrotron Radiation Research Bd 1–2. Plenum, New York

BAR86 – Baryshev V, Kulipanov G, Skrinsky A (1986) Review of X-Ray Fluorescent Analysis using Synchrotron Radiation. Nucl. Instr. Meth. A246, 739

BAR91 – Baryshev V, Kulipanov G, Shrinsky A (1991) X-Ray Fluorescent Elemental Analysis, Handbook on Synchrotron Radiation, Vol 3. North-Holland, Amsterdam

BAV88 – Bavdaz M, Knöchel A, Ketelsen P, Petersen W, Gurker N, Salehi M, Dietrich T (1988) Imaging Multielemental Analysis with Synchrotron excited X-Ray Fluorescence Radiation. Nucl. Instr. Meth. A266, 308

BEA67 – Bearden J (1967) X-Ray Wavelengths. Rev Mod Phys 39, 78

BER84 – Bertin E (1984) Principles and Practice of X-Ray Spectrometric Analysis. Plenum, New York

CHE90 – Chen JR, Chao EC, Minkin JA, Back JM, Jones KW, Rivers ML, Sutton SR (1990) The Uses of Synchrotron Radiation Sources for Elemental and Chemical Microanalysis. Nucl. Instr. Meth. B49, 533

DAV84 – Davies ST, Bowen DK, Prins M. Bos A (1984) Trace Element Analysis by Synchrotron Radiation excited XRF. Adv in X-Ray Anal Vol 27, 557

DEV91 – Devoti R, Zontone F, Tuniz C, Zanini F (1991) A Synchrotron Radiation Microprobe for X-Ray Fluorescence and Microtomography at ELETTRA. Focussing with bent Crystals. Nucl. Instr. Meth. B54, 424

DOS82 – Doster J, Gardner R (1982) The Complete Spectral Response for EDXRF Systems. X-Ray Spect. 11, 173

EAS83 – Eastman D, Farge Y (1983) Handbook on Synchrotron Radiation 1–4. North Holland, Amsterdam

ENG91 – Engström P, Larsson S, Rindby A, Buttkewitz A, Garbe S, Gaul G, Knöchel A, Lechtenberg F (1991) A Submicron Synchrotron X-ray Beam generated by Capillary Optics. Nucl. Instr. Meth. A 302, 547

ERK92 – Erko A, Khzmalian E, Panchenko L, Redkin S, Zinnenko V, Chevalier P, Dhez, P, Khan Malek C, Freund A, Vidal B (1992) First Test of a Bragg-Fresnel X-Ray Fluorescence Microscopy Proceed, 3. Int, Symp on X-Ray Microscopy, Springer Ser Opt Sci V 67, Springer 217

ESR90 – Herausgeber: European Synchrotron Radiation Society (ESRS) (1990) World Compendium of Synchrotron Radiation Facilities. ESRS

FUC90 – Fuchs E, Oppholzer H, Rehm H (1990) Particle Beam Micro Analysis: Fundamentals, Methods, Applications. VCH, Weinheim

GAR75 – Gardner R, Wielopolski L, Doster J (1976) Adaption of Fundamental Parameters Monte Carlo Simulation to EDXRF. Adv X-Ray Anal 21, 129

GIL83 – Gilfrich J, Skelton E, Nagel D, Webb A, Qadri S, Kirkland J (1983) X-Ray Fluorescence Analysis using Synchrotron Radiation (SR). Adv X-Ray Anal 26, 313

GIL89 – Gilfrich J (1989) Synchrotron Radiation X-Ray Analysis. Adv X-Ray Anal 32, 1

GOH87 – Goshi A, Aoki S, Iida A, Hayakawa S, Yamaji H, Sakurai K (1987) Jpn J Appl Phys 26, L1260

GOH91 – Gohshi Y (1991) Ultratrace Analysis by Synchrotron Radiation. Nucl. Instr. Meth. A303, 544

GOR82 – Gordon B (1982) Sensitivity Calculations of Multielemental Trace Analysis by Synchrotron Radiation induced X-Ray Fluorescence. Nucl. Instr. Meth. A204, 223

GOR85 – Gordon B, Jones K (1988) Nucl. Instr. Meth. B10/11, 293

GOR90 – Gordon B, Hanson A, Jones K, Pounds J, Schidlovsky G, Rivers M, Sutton S, Spanne P (1990) The Application of Synchrotron Radiation to Microprobe Trace-Element Analysis of Biological Samples. Nucl. Instr. Meth. B45, 527

GOU77 – Goulding F (1977) Some Aspects of Detectors and Electronics for X-Ray Fluorescence Analysis. Nucl. Instr. Meth. 142, 213

HAK87 – Haken E, Wolf H (1987) Atom- und Quantenphysik. Springer, Berlin

HAN86 – Hanson A (1986) The Calculation of Scattering Cross Sections for Polarized X-Rays. Nucl. Instr. Meth. A243, 583

HAN87 – Hanson A, Gordon K, Pounds J, Kwiatek W, Long G, Rivers M, Sutton S (1987) Trace Element Measurements using white Synchrotron Radiation. Nucl. Instr. Meth. B24/25, 400

HAS90 – Hasnain S (1990) Synchrotron Radiation and Biophysics. Harwood, Chichester

HAY89 – Hayakawa S, Iida A, Aoki S, Goshi Y (1989) Development of a Scanning X-Ray Microprobe with Synchrotron Radiation. Rev Sci Inst 60, 2452

HAY90 – Hayakawa S, Goshi Y, Iida A, Aoki S, Ishikawa M (1990) X-Ray Microanalysis with Energy tuneable Synchrotron X-Rays. Nucl. Instr. Meth. B49, 555

HE92 – He T, Gardner R, Verghese K (1992) A General Geometry Monte Carlo Simulation Code for EDXRF Analysis. Adv X-Ray Anal 35, 727

HER80 – Herman GT (1980) Image Reconstruction from Projections. Academic Press, New York

HOR92 – Hormes J, Chauvistre R, Schmitt W, Pantelouris M (1992) Examples for the Industrial Use of Synchrotron Radiation. Acta Phys Pol A92(37)

IID97 – in EAS83 Vol 4, S 307–348

IID85 – Iida A, Sakurai K, Gohshi Y (1985) Energy Dispersive X-Ray Fluorescence Analysis with Synchrotron Radiation. Nucl. Instr. Meth. A228, 556

IFF87 – Vorlesungsmanuskript 18. IFF-Fereinkurs KFA Jülich Synchrotronforschung in der Festkörperforschung. Herausgeber: KFA Jülich

IFF92 – Vorlesungsmanuskript 23. IFF-Ferienkurs KFA Jülich Synchrotronforschung zur Erforschung kondensierter Materie. Herausgeber: KFA Jülich

JAK85 – Jaklevic J, Giauque R, Thompson A (1985) Quantitative X-Ray Fluorescence Analysis using Monochromatic Synchrotron Radiation. Nucl. Instr. Meth. B10, 303

JAN93 – Janssens K. Universität Antwerpen, Dept Chemie priv Mitteilung

JAN93A – Janssens K, Vincze L, van Espens P, Adams F (1993) Simulation of Conventional and Synchrotron Energy-Dispersive X-Ray Spectrometers. X-Ray Spect 22

JEN88 – Jenkins R (1988) X-Ray Fluorescence Spectrometry. Chem Anal Vol 99. Wiley, Chichester

JOH88 – PIXE (1988) A novel Technique for Elemental Analysis. Wiley, Chichester

JON89 – Jones K, Gordon B (1989) Trace Element Determination with Synchrotron induced X-Ray Emission, Anal Chem 61, 341

KET86 – Ketelsen P, Knöchel A, Petersen W (1986) Synchrotron Radiation excited X-Fluorescence Analysis using a Graphite Monochromator. Fres Z Anal Chem 323, 807

KHV87 – Khvostova V (1987) Samples for X-Ray Fluorescence Analysis using Synchrotron Radiation. Nucl. Instr. Meth. A261, 295

KHV91 – Khostova VP, Trunova V, Baryshev V, Zolotarev K (1991) The SRXFA Technique in Analytical Concentrates Analysis. Nucl. Instr. Meth. A308, 315

KLO87 – Klockenkämper R (1987) X-Ray Spectral Analysis. Present Status and Trends. Spectrochim Acta B42, 423

KLO91 – Klockenkämper R (1991) Analytiker Taschenhandbuch Bd 10, Springer, Berlin

KLO92 – Klockenkämper R, Knoth J, Prange A, Schwenke H (1992) Totalreflection X-Ray Fluorescence Spectrometry. Anal Chem 4, 1115

KNÖ83 – Knöchel A, Petersen W, Tolkiehn G (1983) X-Ray Fluorescence Analysis with Synchrotron Radiation. Nucl. Instr. Meth. A208, 659

KNÖ90 – TXRF, PIXE, SYXRF (1990) Principles critical comparison and applications. Fres J Anal Chem 337, 614

KNO91 – Knoll G (1991) Radiation Detection and Measurement. Wiley, New York

LEO87 – Leo W (1987) Techniques for Nuclear and Particle Physics Experiments. Springer, Berlin

LAN87 – van Langevelde F, Lenglet W, Overwater R, Vis R, Huizing A, Viegers M, Zegers C, Heide J (1987) X-Ray focusing for Synchrotron Radiation Microprobe Analysis at the SRS, Daresbury. Nucl. Instr. Meth. A257, 436

LAN90 – van Langevelde F, Tros G (1990) The Synchrotron Radiation Microprobe at the SRS. Nucl. Instr. Meth. B49, 544

LAN92 – van Langevelde F, Janssens K, Adams F, Vis R (1992) Prediction of the Optical Characteristics and Analytical Qualities of an X-Ray Fluorescence Microprobe at the ESRF, Grenoble. Nucl. Instr. Meth. A317, 383

LEC93 – Lechtenberg F, HASYLAB (1992) private Mitteilung

LIF92 – Lifshin E (1992) Characterization of Materials. VCH Verlag

MAN87 – Mantler M (1987) Advances in Fundamental Parameter Methods for quantitative X-Ray Fluorescence Analysis. Adv X-Ray Anal 30, 97

MAN86 – Mantler M (1986) X-Ray Fluorescence Analysis for Multiple Layer Films Anal Chem Acta 188, 20

MAR88 – Margaritando (1988) Introduction to Synchrotron Radiation. Oxford Uni Press, New York

MAE90 – Maenhaut W (1990) Recent Advances in Nuclear and Atomic Spectrometric Techniques for Trace Element Analysis. Nucl. Instr. Meth. B49, 518

MAY80 – Mayer-Kuckuk T (1980) Atomphysik. Teubner, Stuttgart

MCM69 – McMaster W et al (1969) Compilation of X-Ray Cross Sections herausgegeben von Lawrence Rad Lab. UCRL-59174, Section II, Rev 1

PAN92 – Pantenberg FJ Beier T, Heinrich F, Mommsen H (1992) The Fundamental Parameter Method applied to X-Ray Fluorescence Analysis with Synchrotron Radiation. Nucl. Instr. Meth. B68, 125

PET86 – Petersen W, Ketelsen P, Knöchel A, Pausch R (1986) New Developments of X-Ray Fluorescence Analysis with Synchrotron Radition. Nucl. Instr. Meth. A246, 731

PET86A – Petersen W, Ketelsen P, Knöchel A (1986) XSPEK – A new Program for the Evaluation of Energy Dispersive X-Ray Fluorescence Spectra Nucl. Instr. Meth. A245, 535

PRI84 – Prins M, Davis S, Bowen D (1984) Experimental Comparison of Synchrotron Radiation with other Methods of Excitation of X-Rays for Trace Element Analysis. Nucl. Instr. Meth. A222, 324

PRZ92 – Przybylowicz W, Lankosz M, van Langevelde F, Kucha H, Wyszomirski P (1992) Trace Element Determinations in selected Geological Samples using a 15 keV Microprobe at the SRS Daresbury. Nucl. Instr. Meth. B68, 115

PUS87 – Pushkin S, Mizgina T, Feorov T (1987) Elemental Composition Study of Atmospheric Aerosols by the X-Ray-Fluorescence Method using Synchrotron Radiaton. Nucl. Instr. Meth. A261, 290

RIV88 – Rivers ML (1988) X-Ray Fluorescence Imaging with Synchrotron Radiation 2. Int Symp on X-Ray Microscopy, Upton (NY). Ser Opt Sci 56, 233, Springer, Germany

RIV92 – Rivers ML, Sutton SR, Jones KW (1992) Proceed, 3. Int Symp on X-Ray Microscopy X-Ray Fluorescence Microscopy. Ser Opt Sci 67, 212, Springer, Germany

RUS84 – Fundamentals of Energy Dispersive X-Ray Analysis (1984) Butterworths

SHE55 – Sherman J (1955) The Theoretical Derivation of Fluorescent X-Ray Intensities from Mixtures. Spectrochim Acta 7, 285

SPA76 – Sparks C (1976) Quantitative X-Ray Fluorescence Analysis using Fundamental Parameters. Adv X-Ray Anal 19, 19

SPA80 – Sparks C in WIN80 S 459–512

SUT88 – Sutton SR, Rivers ML, Smith JV (1988) Advances in Geochemistry and Cosmochemistry. Trace Element Microdistributions with the Synchrotron X-Ray Fluorescence Microprobe. Ser Opt Sci 56, 438, Springer, Germany

SUT93 – Sutton RS, Rivers ML, Bajt S (1993) Synchrotron X-Ray Fluorescence microprobe analysis with bending magnets and insertion devices. Nucl. Instr. Meth. B75, 553

TER82 – Tertian R, Claisse F (1982) Principles of Quantitative X-Ray Fluorescence Analysis. Heyden, London

THO88 – Thompson A, Underwood J, Wu J, Giauque R, Jones K (1988) Nucl. Instr. Meth. A266, 318

THO92 – Thompson AC, Chapman KL, Sparks GE, Yun W, Lai B, Legnini D, Vicarro PJ, Rivers ML, Bilderback DH, Thiel DJ (1992) Focussing Optics for a Synchrotron based X-Ray Microprobe. Nucl. Instr. Meth. A319, 320

TIM83 – in EAS83 Vol 1A, S 315

TOL83 – Tolkiehn G, Petersen W (1983) A Method for the quantitative Determination of Synchrotron Radiation X-Ray Spectra for Absolute XRF Trace Element Detection. Nucl. Instr. Meth. A215, 515

TRA81 – Traxel K, Chen J, Kneis H, Martin B, Nobiling R, Pelte D, Povh B (1981) Nucl. Instr Meth. A181, 141

TRU91 – Trunova V, Danilovich V, Baryshev V (1991) Application of SR-XFA for Identification of the Basic Composition of High-Temperature Semiconductors. Nucl. Instr. Meth. A308, 321

TUN91 – Tuniz C, Zanini F, Jones KW (1991) Probing the Environment with Accelerator-based Techniques. Nucl. Instr. Meth. B56/57, 877

UND88 – Underwood JH, Thompson A, Wu Y, Giaque R (1988) X-Ray Microprobe using Multilayer Mirrors. Nucl. Instr. Meth. A266, 296

VER88 – Verghese K, Michael M, He T, Gardner R (1988) A New Analysis Principle for EDXRF: The Monte Carlo – Library Least-Squares Principle. Adv X-Ray Anal 31, 461

VIS91 – Vis RD, van Langevelde F (1991) On the Development of X-Ray Microprobes using Synchrotron Radiation. Nucl. Instr. Meth. B54, 417

VIN93 – Vincze L, Janssens K, Adams F (1993) A general Monte-Carlo Simulation of Energy dispersive X-Ray Fluorescence Spectra Spectrochim. Acta 48B, 553

WIL92 – Wille K (1992) Physik der Teilchenbeschleuniger und Synchrotronstrahlungsquellen. Teubner, Stuttgart

WIN80 – Winnick H, Doniach S (1980) Synchrotron Radiation Research. Plenum, New York

WIN87 – Winnick (1987) H Synchrotron Radiation Facilities. Nucl. Instr. Meth. A261, 9

WU90 – Wu Y, Thompson A, Underwood J, Giauque R, Chapman R, Rivers ML, Jones KW (1990) A tuneable X-Ray Microprobe using Synchrotron Radiation. Nucl. Instr. Meth. A291(146)

WOR82 – Worgan JS (1982) Nucl. Instr. Meth. 201 85

XRA86 – X-Ray Data Booklet. Published by: Lawrence Berkeley Lab, Technical Information Dept PUB-490 Rev.

Voltammetrische Analytik Anorganischer Stoffe

Hendrik Emons

Forschungszentrum Jülich, Institut für Angewandte Physikalische Chemie, D-52425 Jülich

1 Zusammenfassung

Die Übersicht faßt Prinzipien, experimentelle Erfordernisse und Anwendungsschwerpunkte der modernen analytisch relevanten voltammetrischen Methoden unter besonderer Berücksichtigung ihrer Bedeutung für die Spurenanalytik zusammen. Nach einer komprimierten Darstellung der elektrochemischen Grundlagen werden die notwendigen apparativen Voraussetzungen bei Betonung der Vielfalt praktisch einsetzbarer Arbeitselektroden beschrieben. Analytische Parameter der voltammetrischen Methoden wie Nachweisgrenze, Empfindlichkeit, dynamischer Bereich, Selektivität und Interferenzprobleme werden diskutiert. Entsprechend der gegenwärtigen Entwicklung spielt bei den Applikationsbeispielen die Umweltanalytik eine wesentliche Rolle, wobei auch auf Aspekte wie z.B. Speciation oder Probenvorbereitung biologischer Matrices eingegangen wird. Zukünftige Trends zeichnen sich in Richtung verbesserter Automatisierung, verstärktem Einsatz von Durchflußverfahren, der *on line* Kopplung mit Trennmethoden und der voltammetrischen Sensoren für den Feldeinsatz ab.

2 Einleitung

Dynamische elektrochemische Analysenmethoden finden seit Anfang der achtziger Jahre wieder eine zunehmend stärkere Anwendung für praktische Analysenprobleme. Dies resultiert insbesondere aus wesentlichen Verbesserungen der instrumentellen Basis nach Einführung der Mikroprozessortechnik sowie aus neuen Herausforderungen an die chemische Konzentrationsanalytik bezüglich der Erweiterung des Analyt-Spektrums und hinsichtlich immer niedrigerer Nachweisgrenzen, stimuliert durch ökologische und medizinisch-toxikologische Bedenken.

Für die analytische Bestimmung anorganischer Stoffe mittels voltammetrischer Methoden wirken sich die Entwicklungen von neuen Stripping-Techniken und erste Erfolge bei der „Speciation“ -Analytik besonders nachhaltig aus. Für einige Ionen lassen sich heute in bestimmten Matrices Nachweisgrenzen bis zu 10^{-12} M erreichen, so daß die Stripping-Methoden zu den nachweisstärksten Analysenmethoden mit besonderer Bedeutung für die Umweltanalytik zählen. Der Schwerpunkt liegt dabei weiterhin auf der Spurenanalytik von Schwermetallen, für die voltammetrische Methoden in den meisten Fällen eine leistungsfähige und kostengünstige Ergänzung bzw. Alternative zu spektrometrischen Methoden wie Atom- oder Massenspektrometrie darstellen. Als hauptsächliche Anwendungsgebiete haben sich die Umweltanalytik in ihrer gesamten Vielfalt sowie Spurenbestimmungen für die medizinische Diagnostik, die Lebensmittelüberwachung und die industrielle Prozeßkontrolle herauskristallisiert [1–5]. Die potentiellen Anwendungsmöglichkeiten sind aber wesentlich größer als bisher ausgenutzt, wie in den folgenden Abschnitten aufgezeigt werden soll.

3 Methodenübersicht

Voltammetrische Methoden sind eine Untergruppe der elektrochemischen Methoden und zeichnen sich dadurch aus, daß in Abhängigkeit von einer zwischen zwei oder mehreren Elektroden angelegten Spannung (Anregungssignal) Grenzflächenprozesse an Elektroden ablaufen, die anhand von Strommessungen (Antwortsignal) verfolgt werden. Der Begriff „Voltammetrie“ stellt dabei eine

Verkürzung von Volt-Ampere-Metrie, d.h. also der Spannungs-Stromstärke-Messung dar, die im folgenden dem weitverbreiteten Sprachgebrauch in der Fachliteratur folgend als Messung von Strom (I)-Potential (E)-Kurven bezeichnet werden soll. Wenn diese I-E-Messungen an sich kontinuierlich oder periodisch erneuernden Elektrodenoberflächen (z.B. an der Quecksilbertropfelektrode) erfolgen, bezeichnet man sie auch als Polarographie. Deren Anregungssignale sind jedoch identisch mit den entsprechenden voltammetrischen Techniken und bedürfen deshalb keiner separaten Behandlung. Analytisch wichtige elektrochemische Grenzflächenmethoden unter Stromfluß neben den voltammetrischen Techniken sind die Amperometrie, wo ein konstantes Elektrodenpotential angelegt wird, und die Coulometrie.

Voltammetrische Analysenmethoden basieren auf der Ableitung des Faradayschen Gesetzes:

$$I = z\,F\,(dn/dt) \tag{1}$$

wobei die Stromstärke I als Maß für die Geschwindigkeit der Elektrodenreaktion von der Konzentration c nach

$$I = z\,F\,A k_{ER} c \tag{2}$$

abhängt. Dabei symbolisiert z die Anzahl der ausgetauschten Elektronen, F die Faraday-Konstante, n die Stoffmenge des Analyten, t die Zeit, A die Elektrodenoberfläche und k_{ER} die Geschwindigkeitskonstante der Elektrodenreaktion.

Da es sich bei den signalerzeugenden Elektrodenreaktionen um Grenzflächenprozesse handelt und mit der Faraday-Konstante ein numerisch großer Proportionalitätsfaktor in Gl. (2) auftritt, genügen wenige elektroaktive, d.h. oxidier- oder reduzierbare Analytspezies an der Elektrodenoberfläche, um ein analytisch verwertbares Stromsignal als Konzentrationsmaß mit hoher Empfindlichkeit zu erhalten. Der dynamische Bereich voltammetrischer Methoden umfaßt daher ohne verfahrensintegrierte Anreicherungsprozesse (vgl. Abschn. 3.8) etwa 6 Größenordnungen, von ca. 10^{-8} M bis 10^{-2} M. Im folgenden werden, wie in der analytischen Literatur weitverbreitet, auch teilweise Massenkonzentrationen wie $\mu g \cdot l^{-1}$ oder ppb verwendet, obwohl für das Analysensignal die Anzahl der Moleküle und nicht deren Masse entscheidend ist.

Die verschiedenen voltammetrischen Methoden, deren Zahl durch die Verwendung einer nicht einheitlichen Terminologie scheinbar noch vergrößert wird, können für den Einsteiger manchmal etwas verwirrend und für den Anwender bezüglich einer Abschätzung von Vor- und Nachteilen unübersichtlich erscheinen. Die Abb. 1 gibt eine Möglichkeit der Zuordnung analytisch wichtiger voltammetrischer Methoden an. Diese sollen im folgenden in ihren Grundprinzipien kurz erläutert werden, wobei für vertiefte Darstellungen auf die Literatur verwiesen werden muß [6–9]. Einteilungsprinzip für voltammetrische Techniken ist die Form des Anregungssignals für den elektrochemischen Prozeß, d.h. die Potential-Zeit-Funktion.

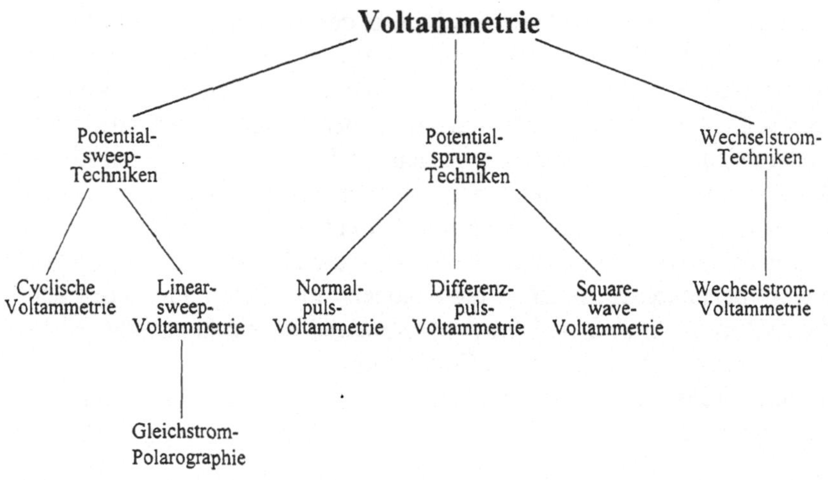

Abb. 1. Übersicht über wichtige voltammetrische Analysenmethoden

3.1 Cyclische Voltammetrie (CV)

Die cyclische Voltammetrie ist i.a. die Methode der Wahl zur Erstcharakterisierung des elektrochemischen Verhaltens der zu analysierenden Spezies. Sie bietet relativ schnell einen Überblick über deren Redoxverhalten in einem breiten Potential-, d.h. also Energiebereich, so daß die Methode auch als „elektrochemische Spektroskopie“ bezeichnet wird. Als Anregungssignal (Abb. 2a) wird an die elektrochemische Zelle (vgl. Abschn. 4) eine Potentialänderung in Dreieckform angelegt. Befindet sich in der Meßlösung ein elektroaktiver Stoff, d.h. eine unter den experimentellen Bedingungen oxidierbare bzw. reduzierbare Spezies, so erhält man peakförmige Signale in der Strom-Potential-Kurve (Abb. 2b). Die Analyse von Anzahl, Potentiallage und Form der Stromsignale gestattet die Charakterisierung des untersuchten Systems bezüglich der für das zu entwickelnde Analysenverfahren wichtigen Parameter wie Potentialbereich des Analytsignals, Anzahl der im Redoxprozeß ausgetauschten Elektronen, chemische Reversibilität und Geschwindigkeit der Elektrodenreaktion. Die letztgenannten Informationen sind für die Wahl der konzentrationsanalytisch günstigsten voltammetrischen Technik und deren Zeitparameter wichtig. Dabei bezeichnet man Elektrodenreaktionen als „elektrochemisch reversibel“, wenn der heterogene Elektronenübergang zwischen Elektrodenmaterial und Analyt viel schneller als alle anderen Teilprozesse, insbesondere schneller als die Diffusion, abläuft.

Die cyclische Voltammetrie stellt eine auch theoretisch wohlfundierte Methode zur qualitativen Analyse von Redoxsystemen, die sich sowohl in einer Lösung als auch immobilisiert am Elektrodenmaterial befinden können, dar [10]. Zur Konzentrationsbestimmung findet sie in der analytischen Praxis kaum Anwendung.

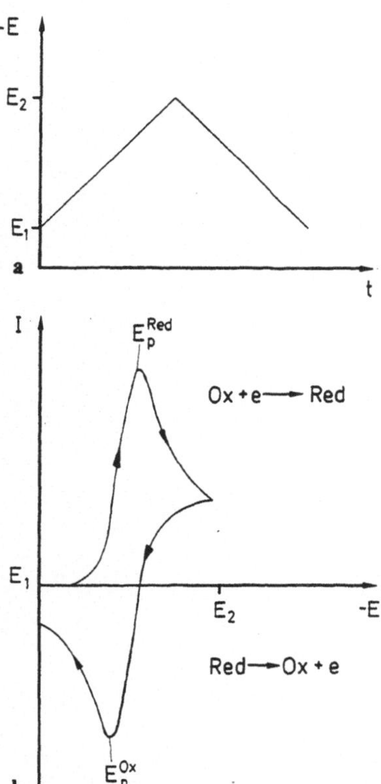

Abb. 2a,b. Cyclische Voltammetrie: **a** Anregungssignal; **b** Meßkurve (schematisch)

3.2 Linear-Sweep-Voltammetrie (LSV)

Diese Methode kann als „halbes" CV-Experiment aufgefaßt werden. Als Anregungssignal dient ein linearer Potentialvorschub mit 10–1000 $mV \cdot s^{-1}$ (Abb. 3a). Die Höhe I_p des resultierenden peakförmigen Signals in der I-E-Kurve (Abb. 3b) hängt linear von der Konzentration c des reagierenden Spezies ab und läßt sich für elektrochemisch reversible Elektrodenreaktionen an den üblichen Arbeitselektroden (vgl. Abschn. 4.2) mit der Randles-Sevcik-Gleichung beschreiben:

$$I_p = 0{,}4463\, z\, F\, A\, (zF/RT)^{1/2}\, v^{1/2}\, D^{1/2}\, c \qquad (3)$$

wobei R die allgemeine Gaskonstante, T die Temperatur, v die Potentialvorschubgeschwindigkeit und D der Diffusionskoeffizient des Analyten sind.

Die Nachweisstärke der LSV wird im wesentlichen durch den sogenannten Kapazitätsstrom I_c limitiert. Dieser resultiert während der Messung aus potentialabhängigen Veränderungen von Struktur und Zusammensetzung der elektrochemischen Doppelschicht, welche sich an der Phasengrenze Elektrode/Lösung ausbildet [6]. Der auch als Doppelschichtladestrom oder nichtfaradayscher Strom bezeichnete Beitrag I_c hängt u.a. von der potentialabhängigen Doppelschichtkapazität der Grenzfläche, der Lage des Potentialmeßbereiches

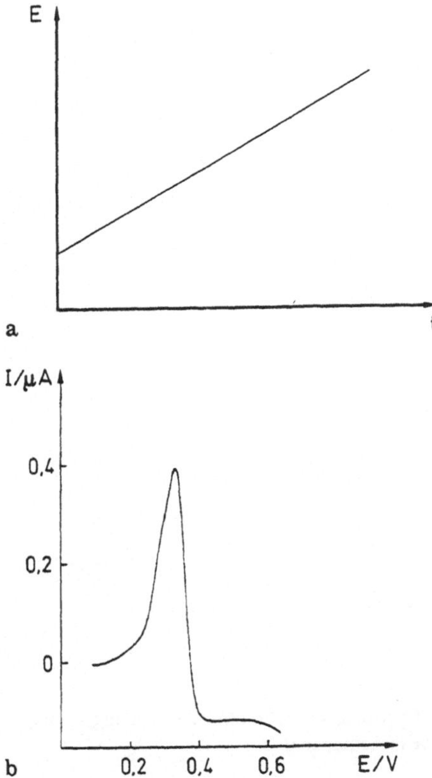

Abb. 3a,b. Linear-Sweep-Voltammetrie: **a** Anregungssignal; **b** Meßkurve von 0,1 mM Pb(II) an einer HMDE

relativ zum Nulladungspotential der Elektrodengrenzfläche, dem Lösungswiderstand sowie linear von Potentialvorschubgeschwindigkeit und Elektrodenoberfläche ab. I_c ist Bestandteil des während der Messung erfaßten Gesamtstromes, trägt aber meist nur zum konzentrationsunabhängigen Grundstromanteil bei. Für Analytkonzentrationen unterhalb ca. 10^{-5} M kann der analytisch interessierende sogenannte Faraday-Strom I, der aus einer Oxidation oder Reduktion resultiert, in der gleichen Größenordnung wie I_c liegen, so daß eine Abtrennung des konzentrationsabhängigen Signals nicht mehr mit der notwendigen Präzision und Reproduzierbarkeit möglich ist.

Die Linear-Sweep-Voltammetrie wurde in der Vergangenheit trotz der Schwierigkeiten bei der I_c-Eliminierung, der relativ hohen Nachweisgrenze von ca. 10^{-5} M und Problemen bei der Peakauftrennung infolge sich im Potentialbereich überlagernder Redoxprozesse häufig eingesetzt, da sich eine lineare Potentialänderung mittels Analogelektronik einfach realisieren ließ. Diese instrumentelle Limitierung hinsichtlich komplizierterer Anregungssignale existiert aber heute durch die preiswerte Verfügbarkeit der Digitaltechnik nicht mehr. Mit letzterer registriert man I-E-Kurven wie in Abb. 3b mittels Staircase-Voltammetrie, bei der anstelle der linearen eine treppenförmige Potentialänderung mit kleinen Amplituden (1–5 mV) verwendet wird.

3.3 Gleichstrompolarographie (DCP)

Seit 1922 hat die Gleichstrompolarographie für die Konzentrationsanalytik vieler anorganischer Ionen, insbesondere der Schwermetallionen, eine wichtige Rolle gespielt. Dazu trug entscheidend die Verwendung der Quecksilbertropfelektrode (DME) mit ihrer gut reproduzierbaren, definierten Elektrodenoberfläche bei (vgl. Abschn. 4.2).

In den siebziger Jahren wurde die klassische Gleichstrompolarographie, bei der eine kontinuierliche Strommessung an der DME in Abhängigkeit von einem linear geänderten Elektrodenpotential (Abb. 3a) erfolgt, fast vollständig durch analytisch vorteilhaftere Techniken substituiert. Dies resultierte hauptsächlich aus der limitierten Nachweisstärke der DCP von ca. 10^{-5} M aufgrund des sich mit dem Tropfenwachstum vergrößernden Kapazitätsstromanteils.

Gegenwärtig führt man noch einen erheblichen Teil polarographischer Analysen mit der Gleichstrom-Tast-Polarographie durch. Dabei wird ein Teil des Kapazitätsstromes eliminiert, indem die Strommessung nur in einem kurzen Zeitraum (für ca. 15–40 ms) am Ende des Quecksilbertropfenlebens erfolgt (Abb. 4a). Da außerdem in modernen Laboratorien anstelle der DME eine statische Quecksilbertropfenelektrode (vgl. Abschn. 4.2) eingesetzt wird, bei der die Tropfenoberfläche während der Strommessung konstant bleibt, fällt der Kapazitätsstrom im Meßzeitraum exponentiell ab, während der interessierende

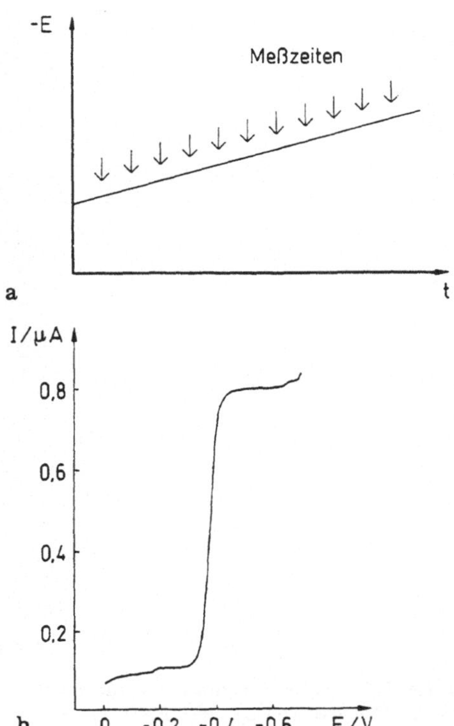

Abb. 4a,b. Gleichstrom-Tast-Polarographie: **a** Anregungssignal; **b** Meßkurve von 0,1 mM Pb(II) an einer SMDE

Faraday-Strom nur proportional zu $t^{-1/2}$ abnimmt. Dies verbessert das Nachweisvermögen um ca. eine Größenordnung im Vergleich zur klassischen DCP. Ein typisches Polarogramm stellt Abb. 4b dar. Die Analytkonzentration ist in einem weiten Konzentrationsbereich (bis ca. 10^{-2} M) der Stufenhöhe direkt proportional.

Der Kapazitätsstromanteil am Meßsignal läßt sich noch weiter verringern, wenn anstelle der linearen Potentialänderung die Staircase-Anregung verwendet wird. Heutzutage erfolgt dies ja durch die Digitaltechnik generell, kann aber bei entsprechender Synchronisation mit dem Strommeßzyklus zur Verbesserung des Meßsignals bewußter ausgenutzt werden.

3.4 Normalpuls-Voltammetrie (NPV)

Diese voltammetrische Methode stellt eine Folge von chronoamperometrischen Messungen mit steigender Potentialsprunghöhe dar, wie Abb. 5a zeigt. Der Strom wird, wie bei der Tastpolarographie, nur kurzzeitig am Ende jedes Pulses gemessen, um den Kapazitätsstrom zu verringern. Das Anfangspotential E_0 sollte in einem Potentialbereich ohne Elektrodenreaktionen der untersuchten Lösung liegen und die Pulszeit sollte kurz (oft ca. 50 ms) sein. Das Normalpuls-Voltam-

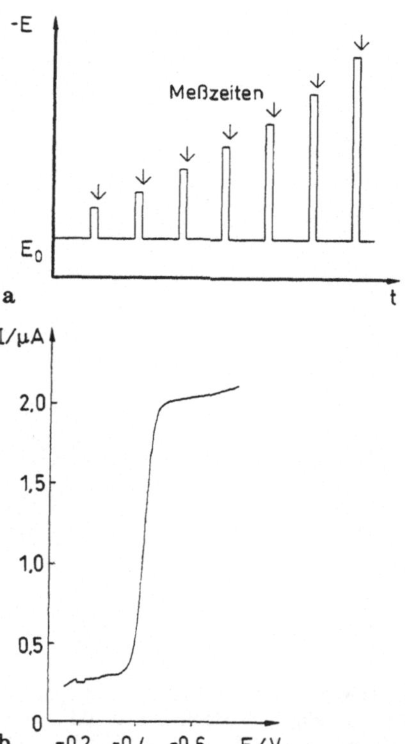

Abb. 5a,b. Normalpuls-Voltammetrie: **a** Anregungssignal; **b** Meßkurve von 0,1 mM Pb(II) an einer SMDE

mogramm erscheint als sigmoidale I-E-Kurve (Abb. 5b), wobei die Stufenhöhe aufgrund des diffusionskontrollierten Grenzstroms wieder der Volumenkonzentration an Analyt proportional ist. Wenn die Wartezeit zwischen den Pulsen vernünftig gewählt wurde (ca. 1–4 s), damit sich jeweils bei E_0 die ursprüngliche Konzentrationsverteilung in der Nähe der Elektrode wieder einstellt, so erhält man im Vergleich zu Gleichstrom-Tast-Messungen in der gleichen Lösung einen etwa um den Faktor 5–6 größeren NPV-Grenzstrom [6]. Deshalb lassen sich mit der NPV Nachweisgrenzen bis ca. $5 \cdot 10^{-7}$ M erreichen. Die Methode fand jedoch analytisch nur eine geringe Verbreitung.

3.5 Differenzpuls-Voltammetrie (DPV)

Eine weitere Verringerung des Kapazitätsstromanteils läßt sich mit der Differenzpuls-Voltammetrie erreichen. Das Anregungssignal (Abb. 6a) besteht aus einer treppenförmigen (oder linearen) Potentialänderung, der periodisch Pulse konstanter Größe überlagert werden. Im Unterschied zu den bisher beschriebenen voltammetrischen Methoden erfolgt bei der DPV noch eine Differenzbildung

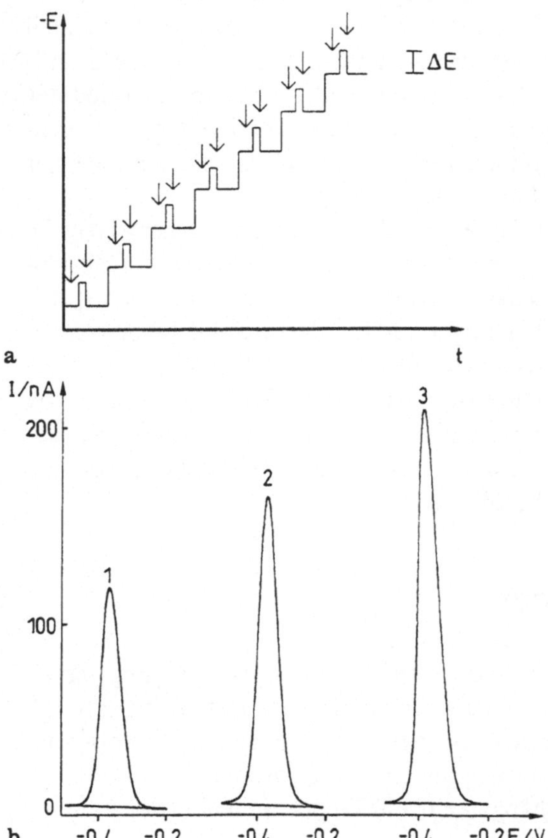

Abb. 6a,b. Differenzpuls-Voltammetrie: **a** Anregungssignal; **b** Meßkurven von Pb(II) an einer HMDE; Pb(II)-Konzentrationen: *1* 0,5 μM; *2* 0,75 μM; *3* 1 μM

zwischen den einzelnen Strömen, die jeweils kurz vor dem Pulsbeginn und am Pulsende gemessen werden. Daraus resultiert ein peakförmiges Meßsignal (Abb. 6b). Typische Parameter für analytische DPV-Experimente liegen bei 10–100 mV für die Pulshöhe ΔE, etwa 50 ms für die Pulsweite t_p, Pulsabständen von 0,5–5 s und Vorschubgeschwindigkeiten um 1–10 $mV \cdot s^{-1}$. Es ist erwähnenswert, daß sich die DPV-Meßkurve der Ableitung des Normalpuls-Voltammograms annähert, wenn ΔE gegen Null geht.

Die Peakstromstärke I_p hängt wieder linear von der Analytkonzentration ab:

$$I_p = nFAc(D/\pi t_p)^{1/2} \{(1-\sigma)/(1+\sigma)\} \quad (4)$$

mit $\sigma = \exp(nF\Delta E/2RT)$ für reversible Systeme.

Das Peakpotential E_p liegt für kleine ΔE nahe am für viele anorganische Elektrodenreaktionen tabellierten polarographischen Halbstufenpotential $E_{1/2}$:

$$E_p = E_{1/2} - \Delta E/2 \quad (5)$$

Der in der Routineanalytik oft verwendete ΔE-Wert von 50 mV resultiert aus einem Kompromiß zwischen maximalem Peakstrom (I_p steigt mit ΔE entsprechend Gl. (4)) und einer ausreichenden Peakauflösung, da sich die Signalbreite mit ΔE vergrößert.

Nachweisgrenzen für DPV-Messungen liegen i.a. niedriger als für die NPV – bei geeigneten Analyten im Bereich von 10^{-7} M – da der kapazitive Stromanteil durch die Subtraktion weiter reduziert wird. Außerdem ist der kapazitive Grundstrom vor und nach Anlegen des Pulses i.a. weitgehend konstant aufgrund der meist geringen Potentialabhängigkeit der Doppelschichtkapazität in dem kleinen Potentialbereich ΔE. Peakförmige DPV-Kurven lassen sich auch oft leichter auswerten als sigmoidale DCP- oder NPV-Signale.

Aufgrund dieser Vorteile ist die Differenzpuls-Voltammetrie gegenwärtig die populärste voltammetrische Analysenmethode. Man sollte jedoch berücksichtigen, daß das konzentrationsabhängige Meßsignal, d.h. der Peakstrom I_p, für irreversible Reaktionen wesentlich geringer ausfällt als durch Gl. (4) berechnet. Solche langsameren Elektrodenreaktionen, die im analytischen Alltag den Normalfall darstellen, rufen auch breitere Peaks hervor. Die Zeitskala für DPV- wie auch für NPV-Experimente ist i.a. wesentlich kürzer als für die Linear-Sweep-Voltammetrie. Deshalb können bei den Pulsmethoden kinetische Effekte die Messung stärker beeinflussen als bei der LSV.

3.6 Square-wave-Voltammetrie (SWV)

Diese Methode benutzt ein symmetrisches rechteckförmiges Anregungssignal, das einer treppenförmigen Potential-Zeit-Funktion überlagert wird (Abb. 7a). Für jeden Square-wave-Zyklus werden kurzzeitig jeweils am Ende des Vorwärts- bzw. Rückwärts-Pulses die Stromstärken gemessen und voneinander subtrahiert. Diese Stromdifferenz bildet in Abhängigkeit vom Treppenpotential das Voltammogramm (Abb. 7b).

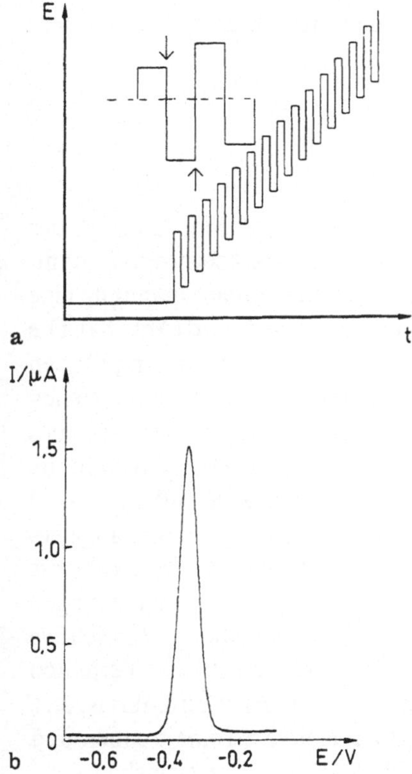

Abb. 7a,b. Square-wave-Voltammetrie: **a** Anregungssignal; **b** Meßkurve von 10 μM Pb(II) an einer HMDE

Oft werden die meisten experimentellen Parameter ähnlich denen der DPV gewählt. Die Vorschubgeschwindigkeit ist jedoch höher aufgrund von Square-wave-Frequenzen im Bereich von 1–100 Hz. Die Nachweisgrenzen von SWV und DPV liegen häufig in vergleichbarer Größenordnung, d.h. bei ca. 10^{-7} M.

Vom analytischen Standpunkt aus besteht der wesentliche Vorteil der SWV in der höheren Geschwindigkeit. Selbstverständlich ist die kürzere Meßzeit hinsichtlich der Gesamtzeit von Analysenverfahren in puncto Probendurchsatz für praktische Zwecke vernachlässigbar. Aber es gibt verschiedene analytische Problemstellungen, für die eine schnelle Voltammetrie vorteilhaft bzw. notwendig ist. Einerseits wird die Elektrodenoberfläche nur kurzzeitig der Analytreaktion, aber auch Interferenzprozessen ausgesetzt, wodurch sich Oberflächenänderungen an Festelektroden weniger störend auswirken (vgl. Abschn. 4). Andererseits gestattet eine solche schnelle Technik die Messung von dreidimensionalen Strom-Potential-Zeit-Profilen in der Fließinjektionsanalyse oder der HPLC (vgl. Abschn. 6). Außerdem kann eine kinetische Diskriminierung gegen irreversible Interferenzreaktionen wie die Sauerstoff-Reduktion erreicht werden. Für spezielle methodische Entwicklungen lassen sich auch die separaten Messungen von Oxidations- und Reduktionsströmen bei der SWV ausnutzen [11]. Die Methode wird durch ihre zunehmend stärkere Einbeziehung in kommerzielle Gerätesysteme sicher in den nächsten Jahren eine weitere Verbreitung finden.

3.7 Wechselstrom-Voltammetrie (ACV)

Verschiedene elektrochemische Meßmethoden basieren auf dem Konzept der Impedanz [12]. Davon ist für analytische Zwecke die Wechselstrom-Voltammetrie am wichtigsten, bei der einer sich linear ändernden Gleichspannung eine sinusförmige Wechselspannung kleiner Amplitude überlagert wird (Abb. 8a). Die Frequenzen liegen i.a. bei $f = 10\text{–}1000$ Hz und die Peak-zu-Peak-Amplituden ΔE_{ac} zwischen 4–20 mV. Entsprechend der angelegten Gleichspannung stellen sich mittlere Grenzflächenkonzentrationen für beide Redoxzustände des Analyten an der Elektrode ein, welche dann dem Störsignal kleiner Amplitude ausgesetzt werden. Der resultierende Strom durch die Meßzelle enthält sowohl Gleich- als auch Wechselstromanteile. Man registriert als Funktion der angelegten Gleichspannung entweder den gesamten Wechselstrom oder vorzugsweise die Wechselstromkomponenten bei bestimmten Phasenverschiebungen bezüglich des Störsignals (Abb. 8b). Letztgenannte Methode heißt phasenselektive Wechselstromvoltammetrie und nutzt das unterschiedliche elektrische Verhalten von Ohmschen bzw. kapazitiven Widerständen im Wechselstromkreis aus. Damit lassen sich oft günstig Faradaysche und kapazitive Ströme trennen und Nachweisgrenzen bis zu $5 \cdot 10^{-7}$ M für reversible Redoxsysteme erreichen.

Die Konzentrationsbestimmung aus der ACV-Meßkurve erfolgt über den Peakstrom, der für reversible Systeme und kleine Wechselspannungsamplituden

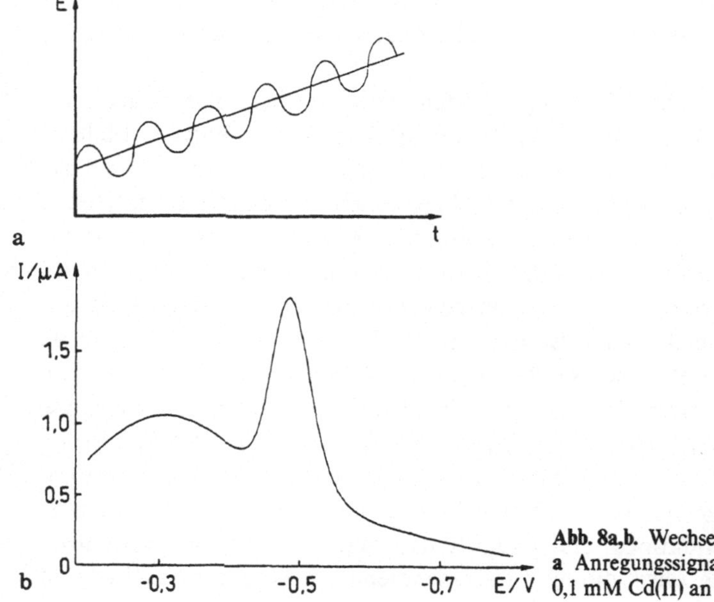

Abb. 8a,b. Wechselstrom-Voltammetrie: **a** Anregungssignal; **b** Meßkurve von 0,1 mM Cd(II) an einer HMDE

linear von der Analytkonzentration abhängt:

$$I_p = c \cdot n^2 F^2 A (2\pi f D)^{1/2} \Delta E_{ac}/4RT \qquad (6)$$

Die ACV-Signale können bei einem langsameren Elektronentransfer der Analytreaktion wesentlich unter den mit Gl. (6) abgeschätzten Werten liegen. Daher lassen sich jedoch auch wieder irreversible Interferenzprozesse wie die Sauerstoffreduktion eliminieren.

Besonders bei der Analyse schnell reagierender Spezies kann es sich als vorteilhaft erweisen, den Wechselstrom bei der doppelten Anregungsfrequenz 2f zu messen. Diese sogenannte Oberwellenvoltammetrie (Messung der zweiten Harmonischen) gestattet in einigen Fällen eine bessere Kapazitätsstromseparation und damit niedrigere Nachweisgrenzen [13].

3.8 Stripping-Voltammetrie

Voltammetrische Stripping-Methoden, in der Literatur auch teilweise als „Inverse Voltammetrie" bezeichnet, finden zunehmend Anerkennung als nachweisstarke und empfindliche Analysenmethoden für die Spurenanalytik einer zunehmenden Zahl von anorganischen Ionen [1, 4, 14–16]. Die oft extrem niedrigen Nachweisgrenzen (in einigen Fällen bis 10^{-12} M!) ermöglicht ein *in situ* Zweischrittverfahren: Der Analyt wird an der Elektrode angereichert und anschließend während der eigentlichen Messung wieder elektrochemisch aufgelöst („stripping"). Die Stripping-Voltammetrie umfaßt eine Gruppe von Techniken, die sich in der Natur des Anreicherungs- bzw. Auflösungsvorganges unterscheiden und deren wichtigste im folgenden kurz beschrieben werden.

Für die Spurenbestimmung vieler Schwermetallionen eignet sich die anodische Stripping-Voltammetrie (ASV). Zur Anreicherung wird der Analyt bei konstantem Elektrodenpotential an der Arbeitselektrode in gerührter Lösung für eine fixierte Zeit (10–1800 s je nach Konzentration) reduziert. Da dies meist an einer Quecksilberelektrode geschieht, bildet sich das entsprechende Amalgam mit einer wesentlich höheren Analytkonzentration aufgrund des verringerten Elektrodenvolumens im Vergleich zum Volumen der Meßlösung. Nach Abschalten des Rührers ändert man das Potential in positive Richtung durch Linear-Sweep- bzw. Differenzpuls- oder Square-wave-Voltammetrie (Abb. 9a). Dadurch wird das Metall wieder oxidiert und aufgelöst, woraus ein peakförmiges Signal resultiert (Abb. 9b). Die Peakhöhe hängt von der Metallkonzentration in der Elektrode ab, welche wiederum proportional der ursprünglichen Analytkonzentration bei adäquater Wahl der experimentellen Parameter wie Elektrodenfläche, Anreicherungszeit, Rühreffekt usw. ist. Die Akkumulationszeiten hängen von der Analytkonzentration ab und erreichen etwa 20 min bei Lösungen von 10^{-9} M. Mit der ASV-Technik lassen sich ca. 12 amalgambildende Metalle gut bestimmen, z.B. Bi, Cd, Cu, Pb, Tl oder Zn. Geeignete Elektroden sind in Abschn. 4.2 beschrieben.

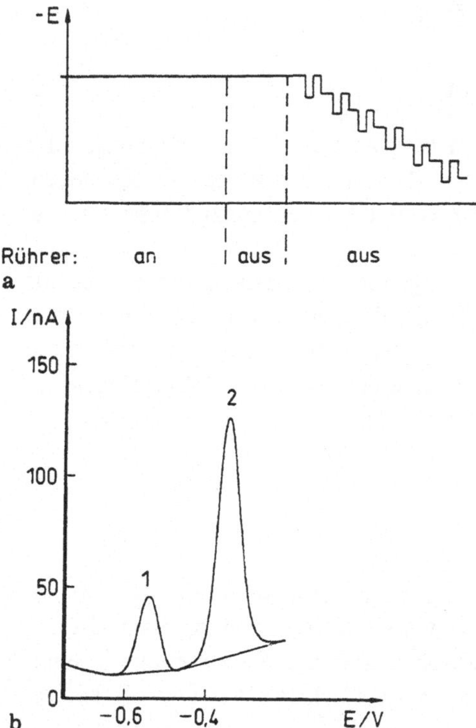

Abb. 9a,b. Anodische Stripping-Voltammetrie: **a** Anregungssignal mit DPV-Detektion; **b** Meßkurve von 10 nM Cd(II) *1* und 30 nM Pb(II) *2*

In den letzten Jahren wurden zunehmend Stripping-Verfahren entwickelt, die auf einer Anreicherung des Analyten durch Adsorption an der Elektrodenoberfläche beruhen [16–18]. Mit dieser adsorptiven Stripping-Voltammetrie (AdSV) lassen sich Spuren von Metallionen bestimmen, die mit der ASV aufgrund fehlender Amalgambildung oder ungünstiger, d.h. meist chemisch irreversibler Elektrodenreaktionen nicht meßbar sind, wie z.B. die Ionen von Al, Co, Cr, Fe, La, Mo, Ni, Pt, Ti, U oder V. Die Spezies werden i.a. bei konstantem Elektrodenpotential in Form von Chelatkomplexen, die sich nach Zugabe entsprechender grenzflächenaktiver Liganden zur Meßlösung bilden, angereichert. Ihre Quantifizierung erfolgt über eine Messung der elektrochemischen Reduktion der adsorbierten Spezies mittels LSV, DPV oder SWV bei negativem Potentialvorschub. Dabei können auch katalytische Prozesse zu einer erheblichen Signalverstärkung beitragen, wie z.B. bei der Co- oder Pt-Bestimmung [19, 20].

Die AdSV kann auch verbesserte analytische Parameter für andere, bisher mit der ASV bestimmte Metalle wie Cu, Sb oder Sn liefern. Dies liegt hauptsächlich an der Anreicherung in Form einer Monoschicht an der Elektrodenoberfläche, wodurch sich wesentlich höhere Akkumulationsfaktoren als bei der Verteilung im Elektrodenmaterial erreichen lassen. Daraus resultiert jedoch ein auf ca. zwei Größenordnungen eingeschränkter dynamischer Bereich der AdSV bei fixierter Anreicherungszeit, da höhere Analytkonzentrationen bereits eine Anreicherung im konzentrationsunabhängigen Sättigungsbereich der Adsorptionsisotherme bedeuten würden. Dies läßt sich aber durch sorgfältige Anpassung der experimentellen Parameter an die Problemstellung vermeiden. Beim Einsatz der sehr nachweisstarken AdSV für die Analytik in komplexen Matrices muß berücksichtigt werden, daß grenzflächenaktive organische Begleitkomponenten die Bestimmung aufgrund von Konkurrenzadsorptionseffekten stören.

Eine besondere Bedeutung erlangt die AdSV gegenwärtig im Bereich der organischen Elektroanalytik, insbesondere für biochemisch interessante Verbindungen und Pharmaka [2, 4, 21].

In der Literatur wird die Bestimmung von Metallkomplexen nach ihrer adsorptiven Akkumulation auch teilweise als katodische Stripping-Voltammetrie (CSV) bezeichnet, da das Meßsignal aus einer Reduktion resultiert. Die konventionelle CSV nutzt jedoch als Anreicherung die Oxidation des Analyten unter Bildung eines unlöslichen Filmes auf der Elektrode mit anschließendem reduktiven Bestimmungsschritt. Sie wird hauptsächlich für Spezies angewendet, die mit Quecksilber unlösliche Salze bilden, wie z.B. Halogenide, Pseudohalogenide und Thiole.

4 Instrumentation

4.1 Geräte

Die Geräteausstattung für elektrochemische Analysenmethoden hat sich seit Mitte der siebziger Jahre durch die Einbeziehung der Mikroelektronik extrem gewandelt und verbessert. Computergesteuerte Meßsysteme, welche nutzerfreundlich die Anwendung eines ganzen Spektrums von Methoden erlauben, gehören heute zum Standard eines Labors. Die in Abb. 10 dargestellte Grundkonzeption blieb jedoch erhalten. Das voltammetrische Meßsystem beinhaltet einen heute auf der Digitaltechnik basierenden Funktionsgenerator, der die in den vorangegangenen

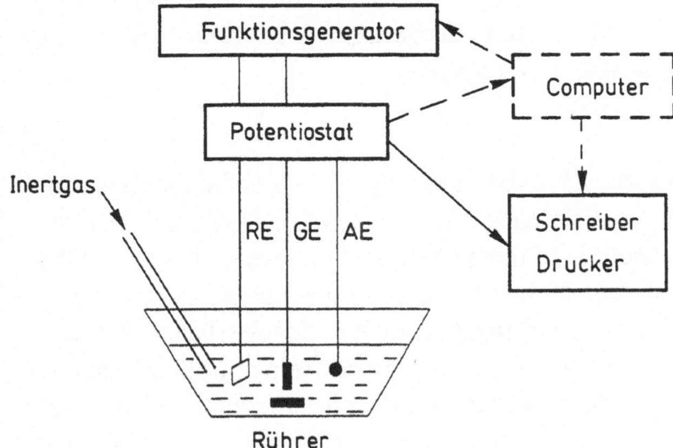

Abb. 10. Prinzipskizze voltammetrischer Meßanordnungen (3-Elektroden-Technik)

Abschnitten beschriebenen E-t-Anregungsfunktionen realisiert. Entscheidend für die Qualität des Meßsystems ist der Potentiostat, der die Potentialkontrolle zwischen Arbeitselektrode und Referenzelektrode gewährleistet sowie den Strom mißt, über einen Strom-Spannungswandler in ein Spannungssignal umsetzt und verstärkt. Er beruht gegenwärtig noch auf der Analogtechnik.

Kommerziell werden sowohl Kompaktgeräte als auch über separate Personalcomputer bedien- und steuerbare Potentiostateneinheiten angeboten. Die entsprechende Software unterscheidet sich im Umfang der implementierten voltammetrischen Methoden, aber auch in den durch den Nutzer variierbaren experimentellen Parametern (wie Wartezeiten, Strommeßzeiten, Vorpolarisationspotentialen u.ä.) und den Auswertemöglichkeiten. Drucker bzw. Plotter substituieren immer mehr die bisher als Ausgabemodul dominierenden XY-Schreiber.

Als Elektrodenanordnung in der Meßzelle hat sich die 3-Elektrodentechnik durchgesetzt, bei der Arbeitselektrode, Referenzelektrode und Gegenelektrode in die Lösung tauchen. Die Referenzelektrode (für wäßrige Lösungen i.a. Kalomel- oder Ag/AgCl-Referenzsysteme) dient als Potentialbezugspunkt und wird nicht von Strom durchflossen. An der großflächigen Gegenelektrode (meist aus Pt oder Glaskohlenstoff) laufen die der Meßreaktion entgegengesetzten Redoxreaktionen mit geringer Überspannung ab.

4.2 Arbeitselektroden

Den wesentlichsten und kritischsten Teil der voltammetrischen Meßanordnung stellt die Arbeitselektrode dar. Da die signalbildenden Prozesse in der Voltammetrie an der Grenzfläche Elektrode/Lösung ablaufen, kommt der Struktur und Stabilität dieser Grenzfläche entscheidende Bedeutung zu. Deshalb hat die Auswahl der Arbeitselektrode hinsichtlich Material und geometrischer Form, ihrer Oberflächenbehandlung und Wartung einen dominierenden Einfluß auf die Bestimmbarkeit des interessierenden Analyten mit adäquater Selektivität, Empfindlichkeit, Nachweisstärke und Reproduzierbarkeit. Analytisch wesentliche Elektrodenmaterialien sind in Abb. 11 dargestellt.

Quecksilberelektroden

Für die Entwicklung voltammetrischer bzw. polarographischer Analysenverfahren spielten und spielen die verschiedenen Formen von Quecksilberelektroden eine besondere Rolle. Auch heute wird dieses Elektrodenmaterial besonders für die Routineanalytik von Schwermetallen am häufigsten eingesetzt. Quecksilber bietet die Vorteile einer definierten, homogenen Elektrodenoberfläche, die sich einfach und zuverlässig reproduzieren läßt. Aufgrund seiner hohen Wasserstoffüberspannung besitzt es einen ausgedehnten Potentialbereich, in neutraler wäßriger Lösung ca. 0,1 V bis −1,8 V gegen die gesättigte Kalomelelektrode (SCE). Wesentliche Nachteile bestehen im begrenzten Potentialbereich für Oxidationsreaktionen, der mechanischen Instabilität des Quecksilbertropfens

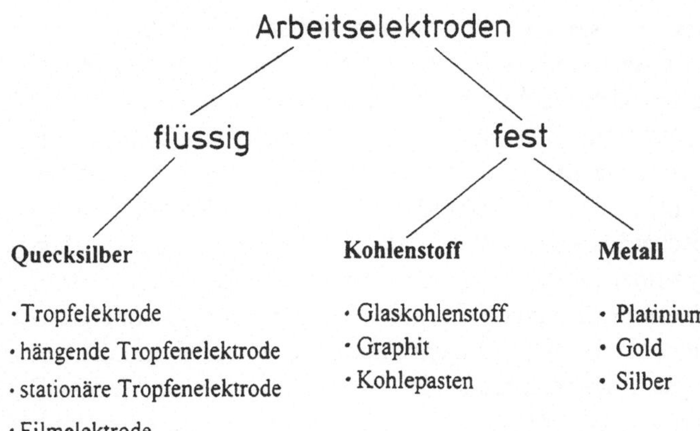

Abb. 11. Analytisch wichtige Elektrodenmaterialien

und der Verwendung eines potentiell toxischen Stoffes. Es muß jedoch darauf hingewiesen werden, daß heute kompakte Designs für Quecksilberelektroden existieren, die unter Beachtung der üblichen Arbeitsvorschriften für chemische Laboratorien einen gefahrlosen Umgang mit Quecksilber bei elektroanalytischen Messungen gestatten.

Die klassische Quecksilbertropfelektrode (DME), bei der ständig Quecksilber aus einem Glaskapillarende austritt, ist noch recht weit verbreitet. Eine DME läßt sich leicht herstellen bzw. handhaben und bietet eine sich ständig erneuernde Oberfläche. Dies erweist sich als besonders günstig für Messungen in solchen Lösungen, in denen die Elektrode mit der Zeit durch Interferenzstoffe (grenzflächenaktive Matrixkomponenten, unlösliche Produkte von Nebenreaktionen) bedeckt wird. Aber die sich während der Messung ändernde Elektrodenoberfläche und die begrenzte Lebensdauer eines Quecksilbertropfens beschränken den DME-Einsatz in der Spurenanalytik. Deshalb wurden hängende Quecksilbertropfenelektroden (HMDE) und später statische Quecksilbertropfenelektroden (SMDE) entwickelt. Letztere kombinieren Merkmale der DME und der HMDE, indem über ein elektronisch steuerbares Ventil der Austritt einer bestimmten Quecksilbermenge aus der Kapillare kontrolliert erfolgt und während der Strommeßzeit die Hg-Oberfläche konstant bleibt. Nach jedem Meßpunkt wird der Tropfen mechanisch abgeschlagen und anschließend neu gebildet, um Interferenz- und Memory-Effekte auszuschließen.

In der Stripping-Voltammetrie setzt man häufig eine andere Form der Quecksilberelektrode ein, die Quecksilberfilmelektrode (MFE). Sie läßt sich durch elektrochemische Abscheidung eines dünnen Quecksilberfilmes auf einem elektrisch leitenden Substrat wie Glaskohlenstoff, Platin, Gold oder Iridium herstellen. Der Film kann *in situ* während der Messung nach Zugabe von Hg^{2+} zur Analysenlösung oder vor dem Bestimmungsvorgang in einer separaten Zelle gebildet werden. Im Prinzip ist die MFE der HMDE bei der Stripping-

Voltammetrie überlegen, da sie eine bessere mechanische Stabilität sowie niedrigere Nachweisgrenzen und schärfer ausgebildete Stripping-Peaks aufgrund des vergrößerten Oberflächen/Volumen-Verhältnisses und kürzerer Diffusionswege im Vergleich zur HMDE bietet. Andererseits läßt sich bei der HMDE im Routineeinsatz leichter und schneller die Elektrodenoberfläche erneuern. So kommt es bei Kohlenstoffelektroden sehr auf deren Vorbehandlung und eine angepaßte Abscheidungsprozedur an, da dort bei der elektrolytischen Quecksilberfilmbildung zumeist nur eine Vielzahl kleiner Quecksilbertropfen auf der Oberfläche erzeugt werden. Bei einer MFE auf Goldbasis kann die Amalgambildung unerwünschte elektrochemische Eigenschaften hervorrufen und die Reproduzierbarkeit verringern. Bei entsprechender Handhabung bieten Quecksilberfilmelektroden jedoch sehr gute Möglichkeiten zur extremen Spurenanalytik in Konzentrationsbereichen $< 10^{-10}$ M.

Metallische Festelektroden

Metallische Festelektroden werden meist in Form von Platin- oder Goldelektroden zur Messung von Oxidationsreaktionen eingesetzt. Die Edelmetalle bieten den Vorteil ausreichender chemischer Inertheit. Ihr praktischer Einsatz wird jedoch stark durch die Bildung von Wasserstoff, Sauerstoff, Oxidschichten oder anderen Oberflächeneffekten beeinflußt. Deshalb muß die Elektrodenoberfläche regelmäßig und oft sogar zwischen den Meßzyklen so behandelt werden, daß reproduzierbare Verhältnisse herrschen. Da aufgrund von fest haftenden Ablagerungen häufig ein mechanisches Polieren nötig ist, empfehlen sich scheibenförmige Festelektroden mit Isolationsmaterial aus PEEK oder Kel-F als Zylindermantel. An die mechanische Behandlung schließen sich chemische und elektrochemische Reinigungsprozeduren an, die hinsichtlich der analytischen Meßbedingungen in Bezug auf Lösungszusammensetzung und Potentialbereich zu optimieren sind [22]. Die auf viel Erfahrung und experimentellem Geschick basierende Reinigung und „Aktivierung" von Festelektroden stellt gegenwärtig noch einen wesentlichen Hinderungsgrund für deren stärkere Anwendung im Routineeinsatz dar.

Kohlenstoffelektroden

Ein ebenfalls weitverbreitetes Elektrodenmaterial ist Kohlenstoff. Obwohl die elektrochemischen und teilweise sogar die chemischen Eigenschaften der Grenzflächen Kohlenstoff/Lösung noch nicht vollständig aufgeklärt wurden [23], setzt man dieses Material hauptsächlich in Form von Graphit, Kohlepasten oder sogenanntem Glaskohlenstoff für analytische Zwecke ein. Insbesondere Glaskohlenstoffelektroden bieten aufgrund ihres breiten Potentialbereiches, der sich in neutraler wäßriger Lösung von ca. $-1{,}5$ V bis $+1{,}5$ V (vs. SCE) erstreckt, sowie ihrer glatten Oberfläche vielfältige analytische Anwendungsmöglichkeiten und sind das am häufigsten eingesetzte Elektrodenmaterial in elektrochemischen Durchflußzellen. Die Oberflächenbehandlung beeinflußt den Ablauf von Elektrodenprozessen am Kohlenstoff so stark, daß eine adäquate Vorbehandlung über das Auftreten von Signalen und deren Form entscheidet [24].

Kohlepastenelektroden bestehen aus Graphitpulver und einem organischen Bindemittel wie Nujol. Sie zeichnen sich durch einen sehr niedrigen Grundstrom aus und lassen sich zwischen ca. −0,8 V und +1,0 V (vs. SCE) in wäßriger Lösung einsetzen. Dabei können besonders einfach Modifier wie z.B. Chelatbildner zugemischt werden, um selektiv bestimmte Analyte an der Elektrode anzureichern [25]. Derartige Elektroden stellen dann bereits eine Form von modifizierten Elektroden dar, die im folgenden kurz vorgestellt werden.

Modifzierte Elektroden

In den letzten Jahren wurden zahlreiche Arbeitselektroden entwickelt, deren Oberflächen modifiziert wurden, um eine Selektivitätserhöhung und/oder niedrigere Nachweisgrenzen durch selektive chemische Voranreicherung an der Elektrode bzw. Elektrokatalyse bei der voltammetrischen Bestimmung oder Verbesserungen von Stabilität und Lebensdauer der Arbeitselektroden zu erreichen [26].

Die Modifizierungstechniken reichen dabei von der einfachen mechanischen Fixierung von Membranen mit physikalischer Siebwirkung oder Ionenaustauschereigenschaften vor der Elektrode bis zu verschiedenen Verfahren zur Immobilisierung der Modifizierungssubstanz an der Grenzfläche Elektrode/Lösung via Adsorption, chemische Bindung zu Oberflächengruppen des Elektrodenmaterials, Einschluß in Gel- bzw. Polymerschichten oder chemischer Vernetzung der Moleküle. Letzteres führt zu polymermodifizierten Elektroden, an denen sich z.B. Metallionen chemisch anreichern lassen [27]. Auch Biosensoren, bei denen eine biologische Komponente zur selektiven Analyterkennung an bzw. in der Elektrode immobilisiert wird, können sich für anorganische Spezies eignen, wie am Beispiel der Akkumulation von Cu(II) durch in einer Kohlepastenelektrode fixierte Braunalgen demonstriert wurde [28].

Die Entwicklung von maßgeschneiderten Strukturen an der Elektrode war eines der aktivsten Forschungsgebiete der Elektroanalytik in den letzten 15 Jahren. Aber trotz der interessanten Fortschritte in den Forschungslaboratorien werden modifizierte Elektroden bisher kaum in der Routineanalytik eingesetzt. Wesentliche praktische Probleme bestehen nämlich noch in der reproduzierbaren Herstellung solcher Elektroden, ihrer Stabilität unter realen analytischen Bedingungen und dem Mangel an entsprechenden Herstellungstechnologien, um kostengünstig modifizierte Elektroden mit wesentlich verbesserten analytischen Eigenschaften im Vergleich zu existierenden Routineverfahren im Labor oder für Feldmessungen zu produzieren.

Mikroelektroden

Für die in Abschn. 3 vorgestellten voltammetrischen Methoden werden überwiegend Arbeitselektroden mit einer Oberfläche im mm^2-Bereich eingesetzt, so daß in der Nähe von planaren Elektroden der Stofftransport hauptsächlich durch lineare Diffusion erfolgt. In den letzten Jahren finden jedoch elektroanalytische Messungen an wesentlich kleineren Elektroden zunehmendes Interesse [29, 30]. Es wurden verschiedene Elektrodendesigns in Form von Scheiben-, Band-,

Faser-, Ring- oder Hg-Tropfenelektroden entwickelt, bei denen mindestens eine Dimension der aktiven Elektrodenoberfläche im Bereich weniger Mikrometer bzw. darunter liegt. Deshalb bezeichnet man sie als Mikroelektroden oder sogar als Ultramikroelektroden. Ihr charakteristisches Merkmal besteht im erhöhten Stofftransport zur Elektrode durch nichtlineare (sphärische) Diffusion.

Für die analytische Voltammetrie bieten Mikroelektroden eine Reihe von interessanten Möglichkeiten, wie die Vermeidung zusätzlichen Rührens bei der Anreicherungsphase in der anodischen Stripping-Voltammetrie, die Messung in extrem kleinen Probevolumina bzw. in Lösungen geringer Leitfähigkeit, verbesserte Signal-Rausch-Verhältnisse aufgrund reduzierter Kapazitätsstromanteile sowie die Möglichkeit der *in vivo* Messung. Besonders vorteilhaft gestaltet sich ihr Einsatz in elektrochemischen Durchflußdetektoren (vgl. Abschn. 6).

Die Hauptprobleme für einen breiteren analytischen Einsatz von voltammetrischen Mikroelektroden bestehen gegenwärtig bei der rauscharmen Messung kleiner Ströme im Pikoampere-Bereich und darunter sowie bei der schwierigen reproduzierbaren und kostengünstigen Herstellung derartiger Elektroden und ihrer mechanischen Reinigung. Zumindest die Signalerfassung läßt sich durch die Verwendung von Mikroelektrodenarrays vereinfachen.

4.3 Lösungsmittel und Leitelektrolyte

Da die oben beschriebenen voltammetrischen Analysenmethoden praktisch ausschließlich in Lösungen angewendet werden, kommt der Auswahl des Lösungsmittels sowie des meist zur Gewährleistung einer ausreichenden Grundleitfähigkeit zugesetzten Leitelektrolyten eine wesentliche Bedeutung zu. Beide müssen im für die Analytreaktion interessierenden Potentialbereich i.a. elektrochemisch und chemisch inert sein, obwohl in ausgewählten Fällen durchaus vor- oder nachgelagerte Reaktionen erwünscht sein können, und sie müssen in adäquater Reinheit preiswert verfügbar sein.

Die Bestimmung anorganischer Spezies wird natürlich hauptsächlich in Wasser durchgeführt. Als Lösungsmittel sollte zwei- bis dreifach destilliertes Wasser, aus dem auch organische Komponenten durch UV-Photolyse oder Adsorption entfernt wurden, verwendet werden. Aber auch andere Solventien, wie z.B. Methanol, Ethanol, Acetonitril, DMF oder DMSO lassen sich z.B. für die Bestimmung anorganischer Komplexverbindungen bzw. metallorganischer Verbindungen einsetzen. Vor Messungen im Potentialbereich $E < -50$ mV (vs. SCE) muß der in der Lösung vorhandene Sauerstoff entfernt werden, da dessen Reduktionsprozesse sonst stören. Dies geschieht i.a. durch Spülen mit Stickstoff oder Argon entsprechender Reinheit. Die Lösungsmittel müssen nicht nur den Analyten und notwendige Reagenzzusätze (z.B. Chelatbildner bei der AdSV), sondern auch Elektrolyte zur Gewährleistung einer ausreichenden elektrischen Leitfähigkeit der Meßlösung solubilisieren.

Der Elektrolyt sollte in einer Ionenstärke von ca. 0,1 M, wenigstens aber in einem 100–1000 fachen Überschuß im Vergleich zum Analyten präsent sein, um Migrationseffekte und Änderungen der elektrochemischen Doppelschicht während der Analyse zu minimieren. Es kommen hauptsächlich anorganische Säuren und Salze in Form der Chloride, Nitrate, Sulfate oder Perchlorate bzw. Puffergemische zum Einsatz. Bei der Wahl des Leitelektrolyten sind die chemischen Reaktionen mit dem Analyten (z.B. Komplexbildung), elektrochemische Zersetzungsreaktionen, die den verfügbaren Potentialbereich einschränken, sowie spezifische Adsorptionseffekte (z.B. bei Halogeniden) zu berücksichtigen. Letztere können die Analysensignale beeinflussen und hängen stark von Elektrodenmaterial und Potentialbereich ab [31]. In der Spurenanalytik limitiert oft die Reinheit des Leitelektrolyten die praktisch erreichbare Nachweisgrenze.

5 Applikationen

Die voltammetrische und polarographische Analytik hat sich in allen Bereichen, in denen es insbesondere um die Spurenbestimmung von Schwermetallen, aber auch um die Quantifizierung von Neben- und Spurenbestandteilen aus einer immer größer werdenden Palette anderer Spezies geht, einen festen Platz erobert. Dabei spielt die problem- und methodenangepaßte Probenvorbereitung eine wesentliche Rolle. So müssen die Proben i.a. in einen gelösten Zustand überführt werden und es sind außer bei der Speciation-Analytik (vgl. Abschn. 5.2) alle grenzflächenaktiven organischen Komponenten in der Analysenlösung vor der Messung zu beseitigen, um Inhibitionseffekte bis hin zur vollständigen Blockierung und damit Inaktivierung der Elektrodenoberfläche zu verhindern. Dafür eignen sich je nach Matrix z.B. UV-Bestrahlungen, Mikrowellen-, offene Naß-, Druck- oder Hochdruckaufschlüsse.

Bei der Analyse komplex zusammengesetzter Proben sollte die eingeschränkte Möglichkeit, mittels Voltammetrie simultan mehrere Analyte zu bestimmen, berücksichtigt werden. Aufgrund des nur begrenzt zur Verfügung stehenden Potential-, d.h. also Energiebereiches (1–2 V) lassen sich i.a. maximal 4–5 Spezies in einem Experiment erfassen. Deshalb beinhalten entsprechende Analysenverfahren eventuell noch vorgeschaltete Trennoperationen, wie z.B. Extraktionen, bzw. chemische Reaktionen in der Meßlösung, wie z.B. das Maskieren von Interferenzsubstanzen mittels Komplexbildung. Da nur selten matrixangepaßte Standards zur Verfügung stehen, erfolgt die Auswertung bei realen Proben i.a. nach dem Standardadditionsverfahren.

Im folgenden werden anhand ausgewählter Problemfelder und Analyte hauptsächliche Anwendungen für die anorganische Analytik vorgestellt. Es muß jedoch unbedingt darauf hingewiesen werden, daß diese Analysenmethoden auch zunehmend im Bereich der organischen, insbesondere der biochemisch-pharmazeutischen Analytik, Eingang finden.

5.1 Wasserproben

Sowohl im Bereich der Umweltkontrolle als auch bei der industriellen Prozeß- und Abwasserüberwachung lassen sich voltammetrische Verfahren für eine breite Palette anorganischer Analyte einsetzen. Einen Eindruck davon vermittelt Tabelle 1, die nur eine Auswahl von Möglichkeiten ohne Anspruch auf Vollständigkeit präsentiert. Die Originalliteratur zu diesem Gebiet ist nahezu unüberschaubar. Die Beispiele in Tabelle 1 wurden unter dem Gesichtspunkt der Spurenanalytik in realen Proben zusammengestellt. Deshalb dominieren Stripping-Verfahren, die jeweils in Klammern auch die verwendete Detektionstechnik enthalten. In wäßrigen Proben lassen sich die Spezies überwiegend bis in den unteren ppb-Bereich hinein bestimmen, wobei durch Ausnutzung katalytischer Prozesse teilweise sogar wenige ppt erfaßbar sind (z.B. für Pt, Cr).

Je nach Herkunft der wäßrigen Proben und in Abhängigkeit von der Problemstellung beinhalten die Analysenverfahren verschiedene Probenvorbereitungsschritte. Für die Bestimmung von Totalgehalten kann bei Trink-, Regen- und Meerwasser eine Filtration (oft 0,45 μm Filter) und das Ansäuern auf ca. pH 2 ausreichen. Die Ionen müssen vor der Messung auf eine einheitliche und elektrochemisch günstige Oxidationsstufe (z.B. As(III), Se(IV)) gebracht werden. Mittels Stripping-Methoden lassen sich sogar Schwermetallspuren in Schnee, arktischem Eis oder Aerosolen bestimmen [52]. Probleme treten hauptsächlich

Tabelle 1. Beispiele zur voltammetrischen Analyse wäßriger Proben

Analyt	Methode	Arbeitselektrode	Konzentrationsbereich	Literatur
Ag (I)	ASV (LSV)	GC	> 100 ng · l^{-1}	[32]
Al (III)	AdSV (DPV)	HMDE	> 1 μg · l^{-1}	[33]
As (III)	ASV (DPV)	Au	> 200 ng · l^{-1}	[34]
Au (III)	ASV (LSV)	GC	> 200 μg · l^{-1}	[35]
Bi (III)	ASV (SWV)	GC	> 2 ng · l^{-1}	[36]
CN^-	DPV	DME	0,01 – 10 mg · l^{-1}	[37]
Cd (II)	ASV (DPV)	HMDE	0,1 – 50000 μg · l^{-1}	[38]
Co (II)	AdSV (DPV)	HMDE	0,1 – 10 μg · l^{-1}	[38]
Cr (VI, III)	AdSV (DPV)	HMDE	> 1 ng · l^{-1}	[39]
Cu (II)	ASV (DPV)	HMDE	1 – 50000 μg · l^{-1}	[38]
Fe (II)	ASV (LSV)	MFE	> 5 μg · l^{-1}	[40]
Fe (III)	AdSV (DPV)	HMDE	> 20 ng · l^{-1}	[41]
Hg (II)	ASV (DPV)	Au	> 50 ng · l^{-1}	[42]
In (III)	ASV (LSV)	HMDE	> 0,58 μg · l^{-1}	[43]
Mn (II, III)	SWV	HMDE	> 10 μg · l^{-1}	[44]
Mo (VI)	DPV	DME	> 30 ng · l^{-1}	[45]
Ni (II)	AdSV (DPV)	HMDE	0,1 – 10 μg · l^{-1}	[38]
Pb (II)	ASV (DPV)	HMDE	0,1 – 50000 μg · l^{-1}	[38]
Pt (II)	AdSV (DPV)	HMDE	> 0,1 ng · l^{-1}	[46]
Sb (III)	ASV (DPV)	MFE	> 50 ng · l^{-1}	[47]
Se (IV)	AdSV (DPV)	HMDE	> 30 ng · l^{-1}	[48]
Sn (IV)	ASV (ACV)	HMDE	> 2,4 μg · l^{-1}	[49]
Tl (I)	ASV (DPV)	HMDE	0,1 – 50000 μg · l^{-1}	[38]
U (VI)	AdSV (DPV)	HMDE	> 70 ng · l^{-1}	[50]
V (V)	AdSV (DPV)	HMDE	> 5 ng · l^{-1}	[51]
Zn (II)	ASV (DPV)	HMDE	1 – 50000 μg · l^{-1}	[38]

bei der Vermeidung von Kontaminationen, die ja generell in der Spurenanalytik nur mit größter Sorgfalt und recht hohem Aufwand bei allen Verfahrensschritten von der Probenahme bis zur Messung zu minimieren sind, und durch Störungen in Gegenwart organischer grenzflächenaktiver bzw. komplexbildender Begleitkomponenten auf. Diese lassen sich in vielen Fällen durch UV-Bestrahlung, teilweise nach Zugabe starker Oxidationsmittel, beseitigen.

Als besonders leistungsfähig hat sich die Voltammetrie bei Spurenanalysen in Meerwasser erwiesen. Gerade die sprunghafte Entwicklung neuer adsorptiver Stripping-Verfahren erlaubt jetzt Bestimmungen im Bereich um 10^{-10} M [53]. Der hohe Salzgehalt, der ja z.B. für atomspektroskopische Methoden Probleme hervorruft, erweist sich für die Voltammetrie als günstig hinsichtlich einer guten Eigenleitfähigkeit der Meßlösung.

Stark belastete Proben wie Abwässer, eine ganze Reihe von Flußwässern, Deponiesickerwässer oder Prozeßwässer der Industrie müssen in teilweise mehrstufigen Prozessen vorbereitet werden, um nach Filtration, Extraktion, Photolyse, chemischer Oxidation etc. Totalgehalte von Analyten bestimmen zu können. Interferenzen durch mehrere an der Elektrode im gleichen Potentialbereich reagierende Spezies bzw. durch hohe Überschüsse einer elektroaktiven Matrix erfordern eine problemangepaßte Verfahrensentwicklung unter Optimierung der chemischen und elektrochemischen Parameter wie Lösungszusammensetzung, Elektrodenmaterial, Detektionsmethode, Meßintervall usw. So wurden derartige Interferenzen bei der Cobaltbestimmung in technischen Zinkelektrolyten durch eine *in situ* Kombination von chemischen, grenzflächenchemischen und elektrochemischen Prozessen beseitigt [54].

5.2 Speciation

Für die Bewertung von Umweltbelastungen, aber auch für die medizinische Diagnostik und Toxikologie sowie die biochemisch-biologische Forschung kommt es zunehmend nicht nur bzw. nicht mehr primär auf die Bestimmung von Gesamtgehalten der Elemente in der jeweiligen Probe an, sondern es werden quantitative Aussagen zu Vorliegen und Verteilung bestimmter Spezies benötigt. Deshalb bildet sich gegenwärtig eine als „Speciation" bezeichnete anorganisch-analytische Arbeitsrichtung heraus, in deren Mittelpunkt die Identifizierung und Bestimmung von Spezies, d.h. von Elementen (vorwiegend Metalle und Metalloide) und metallorganischen Verbindungen in ihren natürlich vorliegenden Oxidationsstufen und Bindungsformen (z.B. koordinativ in Komplexen, kovalent in metallorganischen Verbindungen etc.) steht [55]. Dieser Übergang von der Element- zur Speziesbestimmung, in der organischen Analytik ja bereits im vorigen Jahrhundert vollzogen, erweitert natürlich die Analytpalette erheblich und stellt völlig neue Anforderungen an entsprechende Analysenverfahren, von der Probenahme über die Lagerung, Aufbereitung, Messung und Kalibrierung bis hin zur Qualitätskontrolle. Die Konzentrationen der interessierenden Spezies liegen teilweise erheblich unter den Gesamtgehalten,

Stabilitätsprobleme spielen eine entscheidende Rolle und neben kombinierten Trenn- und Bestimmungsverfahren sind strukturanalytische Methoden oft unverzichtbar, um die entsprechenden Liganden bzw. organische Bestandteile in metallorganischen Verbindungen identifizieren zu können.

Die voltammetrische Detektion zeichnet sich ja im Unterschied zu anderen weitverbreiteten anorganischen Analysenmethoden, wie der Atomspektrometrie, prinzipiell durch eine Spezies- und nicht durch eine Elementselektivität aus. Natürlich ist sie aufgrund des Faraday-Gesetzes (Gl. (1)) besonders für die selektive Bestimmung unterschiedlicher Oxidationsstufen einer Reihe gelöster Spezies, vorwiegend von Metallionen, prädestiniert. Anhand der Halbstufen- bzw. Peakpotentiale, deren Lage auch durch die chemischen Potentiale der reagierenden Teilchen bestimmt werden, lassen sich jedoch auch schwach oder stark durch organische Liganden komplexierte Metallionen unterscheiden [56]. Die Stripping-Methoden bieten oft eine ausreichende Nachweisstärke, z.B. für die Speziesanalytik von Cu-, Cd- oder Pb-Verbindungen in Meer- oder Flußwasser [57]. Da sich jedoch voltammetrisch nur eingeschränkt eine simultane Mehrkomponentenbestimmung elektrochemisch ähnlicher Spezies durchführen läßt, erfordern reale Proben i.a. speziell angepaßte vorgeschaltete Trennverfahren. In der Literatur wurden verschiedene Analysenschemata für die Speciation mit voltammetrischer Detektion beschrieben [58, 59], wobei sich gerade das Gebiet der species- und gleichgewichtserhaltenden Analysenverfahren im Ultraspurenbereich noch in starker Entwicklung befindet.

5.3 Biologische Proben

Voltammetrische Methoden eignen sich gut für die Bestimmung von Schwermetallgehalten in Körperflüssigkeiten wie Blut oder Urin. So läßt sich z.B. der neue US-amerikanische Grenzwert von $100\ \mu g \cdot l^{-1}$ (ca. $5 \cdot 10^{-7}$ M) Blei im Blut von Kindern unter Berücksichtigung des Aufwandes für ein entsprechendes flächendeckendes Monitoring-Programm nur mittels anodischer Stripping-Voltammetrie bzw. eventuell der Stripping-Potentiometrie kontrollieren [60]. Eine Bestimmung von Totalgehalten im Blut erfordert neben der Probenverdünnung auch eine Probenvorbereitung zur Freisetzung der protein- bzw. komplexgebundenen Analyte und zur Abtrennung bzw. Zerstörung der organischen Interferenzen, da insbesondere Proteine irreversibel an Elektrodenoberflächen adsorbieren [61].

Biologische Proben mit festen Matrixbestandteilen lassen sich je nach Art und Problemstellung für die voltammetrische Analyse aufschließen. Die Abb. 12 stellt dies am Beispiel des Probenvorbereitungsschemas, welches im Rahmen der Umweltprobenbank des Bundes angewandt wird, dar. Besonders gute Ergebnisse liefert der insgesamt vier Stunden dauernde Hochdruckaufschluß in Quarzgefäßen bei 290° C [62]. In auf diese Weise aufgeschlossenen Proben, die z.B. aus Muscheln, Algen, Vogeleiern, Fischorganen, Baumblättern bzw. -nadeln oder Regenwürmern stammen können, lassen sich Analyte wie Cd, Co, Cu, Ni,

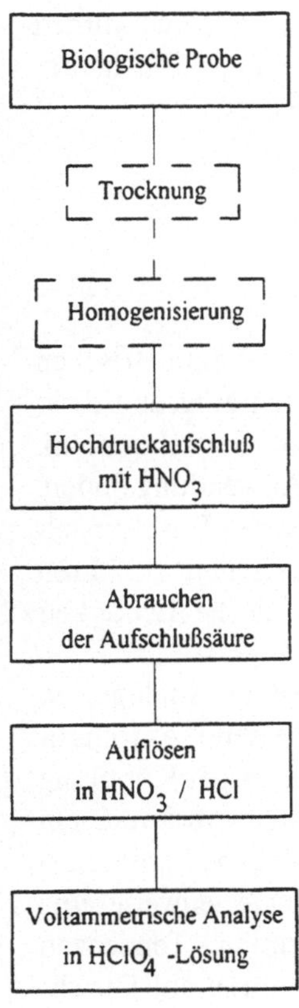

Abb. 12. Fließschema zur Probenvorbereitung biologischer Materialien (nach [62])

Pb, Se, Tl und Zn bis in den unteren ppb-Bereich (bezogen auf die Ausgangsprobenmasse) mittels Stripping-Methoden bestimmen [63].

Auch in der Lebensmittelanalytik können voltammetrische Methoden aufgrund ihrer Nachweisstärke und Empfindlichkeit vorteilhaft eingesetzt werden. So läßt sich z.B. die Schwermetallbestimmung in Weinen mittels ASV direkt nach UV-Bestrahlung durchführen [64], während andere Matrices wie Milch, Fleisch oder Früchte mit den oben erwähnten Verfahren vollständig aufgeschlossen werden müssen [1].

Natürlich gewinnt zukünftig gerade für die Analytik von biologischen Proben die im vorigen Abschnitt diskutierte Spezies-Bestimmung unter toxikologischen, biologischen und ökologischen Aspekten enorm an Bedeutung.

5.4 Sonstige Proben

Für eine Vielzahl anderer Probenarten wurden voltammetrische Verfahren hauptsächlich unter dem Gesichtspunkt der Schwermetallbestimmung eingesetzt. Dies reicht von der Bodenanalytik, wo sich z.B. mittels anodischer Stripping-Voltammetrie simultan Cd, Cu, Pb und Zn in den Aufschlußlösungen bestimmen lassen [65], über geologische Proben [66, 67] bis hin zur Luftanalytik anhand von Staubpartikeln und Luftfiltern [68]. Entsprechende Analysenverfahren wurden z.B. auch für die Produktkontrolle bei der Pharmaherstellung [69], in der Metallurgie [70] und in der Halbleiterindustrie [71] beschrieben.

6 Ausblick

Die in den vorangegangenen Abschnitten beschriebenen voltammetrischen Analysenmethoden werden wohl auch in den nächsten Jahren aufgrund ihrer Nachweisstärke und Empfindlichkeit hauptsächlich in der Umweltanalytik und für spezielle Fragestellungen der klinischen Diagnostik Anwendung finden. Gleichzeitig stellen sie für eine zunehmende Zahl von analytischen Problemstellungen eine unabhängige Vergleichsmethode zu spektrometrischen Verfahren dar, um im Rahmen der internen und externen Qualitätskontrolle die Richtigkeit von Analysendaten zu prüfen.

Dabei entwickeln sich die voltammetrischen Verfahren in Analogie zu anderen instrumentalanalytischen Methoden in Richtung besserer Automatisierung und personalsparender Erhöhung des Probendurchsatzes, der Kopplung mit leistungsfähigen Trennverfahren und der Miniaturisierung, wobei auch ein längerer wartungsfreier Dauerbetrieb, z.B. bei großflächigen quasikontinuierlichen Monitoring-Programmen unter Feldbedingungen, sowie teilweise eine Selektivitätserhöhung angestrebt werden. Die erstgenannten Tendenzen stimulieren stark die Umstellung von bekannten batch-Verfahren auf Durchflußsysteme sowie die Neuentwicklung von entsprechenden kontinuierlichen oder Fließinjektionsverfahren. Die elektrochemische Detektion in der Durchflußanalytik [72, 73], bisher hauptsächlich in Form der Amperometrie praktiziert, kann durch voltammetrische Messungen in Form der I-E-t-Profile erheblich an Information gewinnen [74]. Bisherige Stripping-Verfahren lassen sich ebenfalls aus dem batch- in das Durchflußprinzip überführen [75] und gestatten dadurch leichter eine integrierte Probenvorbehandlung flüssiger Proben, die Konditionierung und Kalibrierung der Arbeitselektrode sowie den Lösungswechsel zur interferenzärmeren Detektion im Stripping-Schritt. Eine Kopplung der voltammetrischen Detektion mit Trennmethoden ist nicht nur für die HPLC, sondern auch für die sich zur leistungsfähigen Ergänzung entwickelnde Kapillarelektrophorese in Sicht [75].

Mit diesen Verbundverfahren sollten auch wesentliche Fortschritte bei der sich erst in den Anfängen befindlichen Hinwendung zur anorganischen Speciation-Analytik möglich werden. Gerade für ein selektives Umweltmonitoring können voltammetrische Verfahren einen wesentlichen Beitrag leisten. Dies wird durch die weitere Entwicklung entsprechender Sensoren unterstützt, die z.B. in Form von Mikroelektrodenarrays mit jeweils unterschiedlich modifizierten Elektrodenoberflächen die Nachweisstärke und Empfindlichkeit der Voltammetrie mit selektiven chemischen bzw. physikalischen Anreicherungsprozessen koppeln. Insgesamt können Verbesserungen bei der Stabilität und Handhabbarkeit der

Arbeitselektroden, ob in Form modifizierter oder „konventioneller" Elektroden, wesentlich zur Weiterverbreitung und stärkeren analytischen Anwendung der Voltammetrie und zur Akzeptanzerhöhung der damit erzielten Resultate beitragen.

7 Symbole und Abkürzungen

A	Elektrodenoberfläche
c	Konzentration
D	Diffusionskoeffizient
E	Elektrodenpotential
E_0	Anfangspotential (NPV)
E_p	Peakpotential
$E_{1/2}$	polarographisches Halbstufenpotential
ΔE	Pulshöhe in der DPV
ΔE_{ac}	Peak-zu-Peak-Amplitude in der ACV
F	Faraday-Konstante
f	Frequenz
I	Stromstärke
I_c	kapazitiver Strom
I_p	Peakstrom
k_{ER}	Geschwindigkeitskonstante der Elektrodenreaktion
n	Stoffmenge
R	allgemeine Gaskonstante
T	Temperatur
t	Zeit
t_p	Pulszeitdauer
z	Anzahl der ausgetauschten Elektronen

ACV	Wechselstrom-Voltammetrie
AdSV	adsorptive Stripping-Voltammetrie
ASV	anodische Stripping-Voltammetrie
CV	Cyclische Voltammetrie
DCP	Gleichstrompolarographie
DME	Quecksilbertropfelektrode
DPV	Differenzpuls-Voltammetrie
GC	Glaskohlenstoff
HMDE	hängende Quecksilbertropfenelektrode
LSV	Linear-Sweep-Voltammetrie
MFE	Quecksilberfilmelektrode
NPV	Normalpuls-Voltammetrie
SMDE	statische Quecksilbertropfenelektrode
SWV	Square-wave-Voltammetrie

8 Literatur

1. Henze G, Neeb R (1986) Elektrochemische Analytik. Springer-Verlag, Heidelberg
2. Hart JP (1990) Electroanalysis of Biologically Important Compounds. E Horwood, Chichester
3. Wang J (1988) Electroanalytical Techniques in Clinical Chemistry and Laboratory Medicine. VCH Publ, New York
4. Smyth MR, Vos JG (eds) (1992) Analytical Voltammetry. Elsevier, Amsterdam
5. Junter GA (ed) (1988) Electrochemical Detection Techniques in the Applied Biosciences, Ellis Horwood, Chichester
6. Bard AJ, Faulkner LR (1980) Electrochemical Methods. J Wiley, Chichester
7. Bond AM (1980) Modern Polarographic Methods in Analytical Chemistry. Marcel Dekker, New York
8. Kissinger PT, Heineman WR (eds) (1984) Laboratory Techniques in Electroanalytical Chemistry. Marcel Dekker, New York
9. Southampton Electrochemistry Group (1985) Instrumental Methods in Electrochemistry. Ellis Horwood, Chichester
10. Parker VD (1986) in: Bard AJ (ed) Electroanalytical Chemistry, vol 14. Marcel Dekker, New York, pp 1–111
11. Osteryoung J, O'Dea JJ (1986) in: Bard AJ (ed) Electroanalytical Chemistry, vol 14, Marcel Dekker, New York, pp 209–308
12. Smith DE (1966) in: Bard AJ (ed) Electroanalytical Chemistry, vol 1, Marcel Dekker, New York, pp 1–155
13. Woodson AL, Smith DE (1970) Anal Chem 42: 242
14. Neeb R (1969) Inverse Polarographie und Voltammetrie, Akademieverlag, Berlin
15. Vydra F, Stulik K, Julakova E (1976) Electrochemical Stripping Analysis, E. Horwood, Chichester
16. Wang J (1985) Stripping Analysis, VCH Publ, Deerfield Beach
17. Wang J, Mahmoud J, Zadeii J (1989) Electroanalysis 1: 229
18. Wang J (1989) in: Bard AJ (ed) Electroanalytical Chemistry, vol 16, Marcel Dekker, New York, pp 1–88
19. Weinzierl I, Umland F (1982) Fresenius Z Anal Chem 312: 608
20. Zhao Z, Freiser H (1986) Anal Chem 58: 1498
21. Bersier PM, Bersier J (1985) CRC Crit Rev Anal Chem 16: 15
22. Adams RN (1969) Electrochemistry at Solid Electrodes. Marcel Dekker, New York
23. Kinoshita K (1988) Carbon-Electrochemical and Physicochemical Properties, Wiley, Chichester
24. McCreery RL (1991) in: Bard AJ (ed) Electroanalytical Chemistry, vol 17, Marcel Dekker, New York, pp 221–374
25. Cai X, Kalcher K, Neuhold C, Goessler W, Grabec I, Ogorevc B (1994) Fresenius J Anal Chem 348: 736
26. Ryan MD, Chambers JQ (1992) Anal Chem 79R
27. Oyama N, Anson FC (1979) J Am Chem Soc 101: 3450
28. Gardea-Torresdey J, Darnall D, Wang J (1988) Anal Chem 60: 72
29. Wightman RM, Wipf DO (1989) in: Bard AJ (ed) Electroanalytical Chemistry, vol 15, Marcel Dekker, New York, pp 267–353
30. Montenegro MI, Queiros MA, Daschbach JL (eds) (1991) Microelectrodes. Theory and Applications. Kluwer Academic Publ, Dordrecht
31. Anson FC (1975) Acc Chem Res 8: 400
32. Kopanica M, Vydra F (1971) J Electroanal Chem 31: 175
33. van den Berg CMG, Murphy K, Riley JP (1986) Anal Chim Acta 188: 177
34. Bodewig FG, Valenta P, Nürnberg HW (1982) 311: 187
35. Petak P, Vydra F (1974) Collect. Czech. Chem. Commun. 39: 943
36. Komorsky-Lovric S (1988) Anal Chim Acta 204: 161
37. Canterford DR (1975) Anal Chem 47: 88
38. DIN 38406, Teil 16 (1990) Deutsche Einheitsverfahren zur Wasser-, Abwasser- und Schlammuntersuchung, Kationen (Gruppe E), Beuth Verlag, Berlin
39. Wang J, Lu J, Olsen K (1992) Analyst 117: 1913
40. Ogura K, Miwa Y (1980) J Electroanal Chem 111: 253
41. van den Berg CMG, Huang ZQ (1984) J Electroanal Chem 177: 269

42. Sipos L, Golimowski J, Valenta P, Nürnberg HW (1979) Fresenius Z Anal Chem 298:1
43. Neeb R, Dessaules J (1967) Fresenius Z Anal Chem 224:276
44. Luther GW, Nuzzio DB, Wu J (1994) Anal Chim Acta 284:473
45. Magyar B, Wunderli S (1985) Microchim Acta III:223
46. Metrohm, Application Bulletin Nr. 220/1 d
47. Gillain G, Duyckaerts G, Disteche A (1979) 106:23
48. Wang J, Sun C, Jin W (1990) J Electroanal Chem 291:59
49. Mendez JH, Martinez RC, Lopez MEG (1982) Anal Chim Acta 138:47
50. van den Berg CMG, Huang ZQ (1984) Anal Chim Acta 164:209
51. van den Berg CMG, Huang ZQ (1984) Anal Chem 56:2383
52. Wang J, Farias PAM, Mahmoud JS (1985) Anal Chim Acta 172:57
53. Yokoi K, van den Berg CMG (1992) Electroanalysis 4:65
54. Emons H, Schmidt T, Werner G (1990) Anal Chim Acta 228:55
55. Broekaert JAC, Gücer S, Adams F (eds) (1990) Metal Speciation in the Environment, Springer-Verlag, Berlin
56. Nürnberg HW, Valenta P, Mart L, Raspor B, Sipos L (1976) Fresenius Z Anal Chem 282:357
57. Batley GE, Florence TM (1976) Mar Chem 4:347
58. Batley GE, Florence TM (1976) Anal Lett 9:379
59. Figura P, McDuffie B (1980) Anal Chem 52:1433
60. Noble R (1993) Anal. Chem. 65:265A
61. Ohme M, Lund W (1979) Fresenius Z Anal Chem 298:260
62. Standard Operating Procedures der Umweltprobenbank des Bundes (in Vorbereitung)
63. Ostapczuk P, Froning M, Stoeppler M (1989) Fresenius Z Anal Chem 334:661
64. Golimowski J, Valenta P, Nürnberg HW (1979) Z. Lebensm. Unters. Forsch. 168:333
65. Reddy SJ, Valenta P, Nürnberg HW (1982) Fresenius Z Anal Chem 313:390
66. Scholz F, Lange B (1992) Trends Anal Chem 11:359
67. Liem I; Kaiser G, Sager M, Tölg G (1984) Anal Chim Acta 158:179
68. Nguyen VD, Valenta P, Nürnberg HW (1979) Sci Total Environ 12:151
69. Patriarche GJ, Zhang H (1990) Electroanalysis 2:573
70. Gottesfeld S, Ariel MJ (1965) J Electroanal Chem 9:112
71. Lanza P (1983) Anal Chim Acta 146:61
72. Stulik K, Pacakova V (1987) Electroanalytical Measurements in Flowing Liquids, E Horwood, Chichester
73. Emons H, Jokuszies G (1988) Z Chem 28:197
74. Samuelsson R, O'Dea J, Osteryoung J (1980) Anal Chem 52:2215
75. Wang J, Setiadji R, Chen L, Lu J, Morton SG (1992) Electroanalysis 4:161
76. Lu W, Cassidy RM (1993) Anal Chem 65:1649

Massenspektrometrische Spurenanalyse mit Funken- und Laserionisation

Dr. H.-J. Dietze

Zentralinstitut für Isotopen- und Strahlenforschung,
Permoserstraße 15, D-04318 Leipzig

1 Einleitung

Im Verlaufe der fast einhundertjährigen Entwicklung der Massenspektroskopie konnten mit ihrer Hilfe wesentliche Erkenntnisse nicht nur über den Aufbau und die Systematik der Atomkerne, die Isotopie stabiler Elemente und die genauen Massen der Elemente gewonnen werden, sondern bereits frühzeitig wurde ihr Wert als eine universelle Analysenmethode erkannt, die heute einen bevorzugten Platz unter den physikalischen Analysenmethoden einnimmt.

In den fünfziger Jahren begann die Anwendung massenspektrometrischer Verfahren zur Bestimmung von Spurenverunreinigungen in Fest-

Analytiker Taschenbuch Bd. 10. Herausgegeben von H. Günzler et al.

körpern, indem der von A. J. Dempster [1] entwickelte Hochfrequenzfunken als Ionenquelle und die von J. Mattauch und R. Herzog [2] vorgeschlagene doppelfokussierende Feldkombination zur Ionentrennung zu einer Analyseneinheit verbunden wurden. In der Folgezeit wurden zwar einige andere Ionisierungsmethoden entwickelt, wie die Ionisation mittels Gleichstrom-Abreißfunken oder Niedervolt-Entladung, die sich jedoch gegenüber dem Hochfrequenzfunken nicht durchsetzen konnten. Die sogenannte Funkenquellen-Massenspektrometrie (Spark Source Mass Spectrometry — SSMS) auf der Grundlage der Ionisation im Hochfrequenzfunken wurde zu einer spurenanalytischen Methode mit breitem Anwendungsbereich und hohem Nachweisvermögen. Mit der Entdeckung der Laserstrahlung begann Ende der sechziger Jahre die Entwicklung der Laser-Massenspektrometrie, die heute ein eigenständiges Arbeitsgebiet innerhalb der Massenspektrometrie darstellt. Die Möglichkeit, mit einer fokussierten Laserstrahlung Festkörper zu verdampfen und zu ionisieren, erschloß neue Anwendungsbereiche für die massenspektrometrische Spurenanalyse. Die Laserionisations-Massenspektrometrie (Laser Ionisation Mass Spectrometry — LIMS) ergänzte und erweiterte die analytischen Möglichkeiten der massenspektrometrischen Spurenanalyse.

2 Physikalische Grundlagen

Grundprinzip der Massenspektrometrie ist es, in einer Ionenquelle aus den Atomen oder Molekülen des zu untersuchenden Probenmaterials Ionen zu erzeugen, diese in einem Ionentrennsystem nach ihrem Masse/Ladung-Verhältnis und Energie/Ladung-Verhältnis zu trennen und mit einem ionenempfindlichen Detektor nach Masse und Intensität zu registrieren. Naturgemäß muß die Ionenerzeugung, die Ionentrennung und der Ionennachweis zur spurenanalytischen Anwendung der Massenspektrometrie im Ultrahochvakuum erfolgen. Die Wahl der Ionisierungsmethode, hier die Funken- und Laserionisation, hat Konsequenzen für das erforderliche Ionentrennsystem und den zu wählenden Ionennachweis.

2.1 Ionenerzeugung

2.1.1 Die Hochfrequenzfunken-Ionenquelle

Die Hochfrequenzfunken-Ionenquelle ist eine Vakuum-Entladungs-Ionenquelle, in der die zu untersuchende Substanz im Plasma einer Vakuum-Entladung verdampft und ionisiert wird. Um ein Funkenplasma zu erzeugen, wird an zwei Elektroden, von denen eine oder beide aus dem Probenmaterial bestehen, eine hochfrequente Hochspannung von 10^4 V bis 10^5 V angelegt. An mikrofeinen Spitzen (Whisker) an der Oberfläche des Elektrodenmaterials ergeben sich zwischen den als Anode bzw. Kathode geschalteten Elektroden Feldstärken bis zu 10^7 V · cm^{-1}. Unter dem Einfluß dieser hohen Feldstärken kommt es zur Feldemission, indem aus der negativen Elektrode (Kathode) Elektronen emittiert werden, die unter dem Einfluß der angelegten Spannung zur positiven Elektrode (Anode) beschleunigt werden, lokale Bereiche der Anodenoberfläche aufheizen und Elektrodenmaterial verdampfen. Der Neutraldampf wird durch nachfolgende Feldelektronen über Stoßprozesse ionisiert. Dieser Vorgang schaukelt sich infolge der Ausbildung einer positiven Raumladung vor der Kathode, wodurch die Elektronenemission aus der Kathode

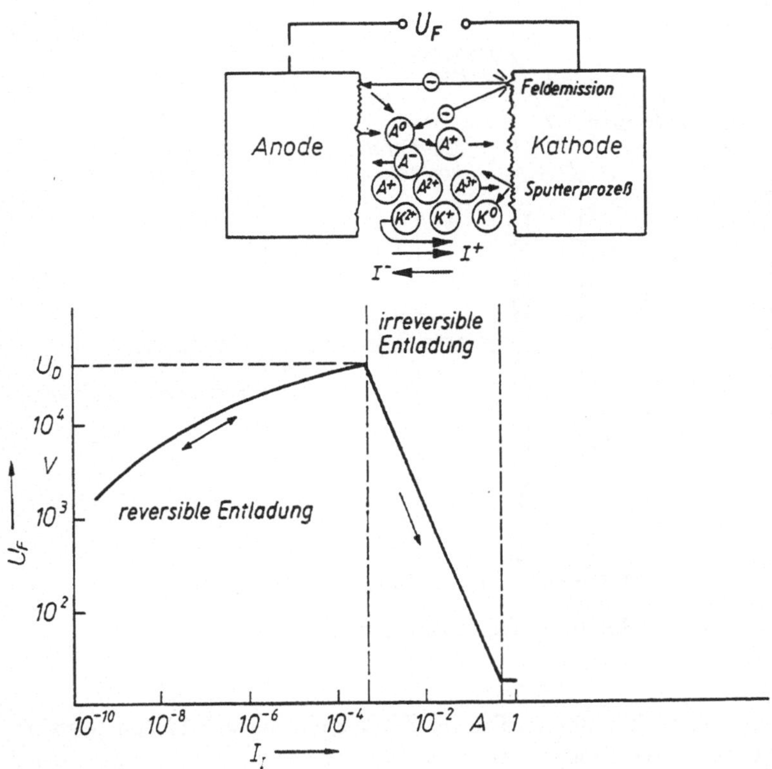

Abb. 1. Spannung-Strom-Verlauf einer Hochfrequenzfunken-Entladung zwischen zwei Elektroden

verstärkt wird, und den zur Kathode hin beschleunigten positiv geladenen Ionen so auf, daß es in weniger als 10^{-7} s zu einem irreversiblen Spannungszusammenbruch durch den um Größenordnungen ansteigenden Entladestrom kommt. Abbildung 1 zeigt den Spannungs-Strom-Verlauf einer Hochfrequenzfunken-Entladung. Dieser Vorgang wiederholt sich bei jeder positiven und negativen Halbwelle der Hochfrequenzspannung, wenn die momentane Mikrostruktur der Elektrodenoberfläche die Einleitung einer Entladung zuläßt. Anderenfalls erfolgt eine Entladung erst nach mehreren Halbwellen. Da die Polarität der Entladung laufend wechselt, werden im Hochfrequenzfunken Ionen aus dem Material beider Elektroden gebildet, im Gegensatz zur Niederspannungs-Entladung, bei der vorwiegend Material der Kathode ionisiert wird.

Abbildung 2 zeigt schematisch den Aufbau einer Hochfrequenzfunken-Ionenquelle. Die zur Ausbildung einer Entladung erforderlichen hohen Spannungen werden durch einen Tesla-Transformator, der die durch einen Hochfrequenzgenerator erzeugte Spannung mit einer Frequenz von 1 MHz auf die im Vakuum nötige hohe Durchbruchspannung von bis zu 100 kV hochtransformiert. Um eine zu starke Erhitzung des Elektrodenmaterials zu vermeiden, wird die Ausgangsspannung des Hochfrequenzgenerators getriggert, meist mit Impulsfolgefrequenzen von 1 Hz bis 10 kHz und

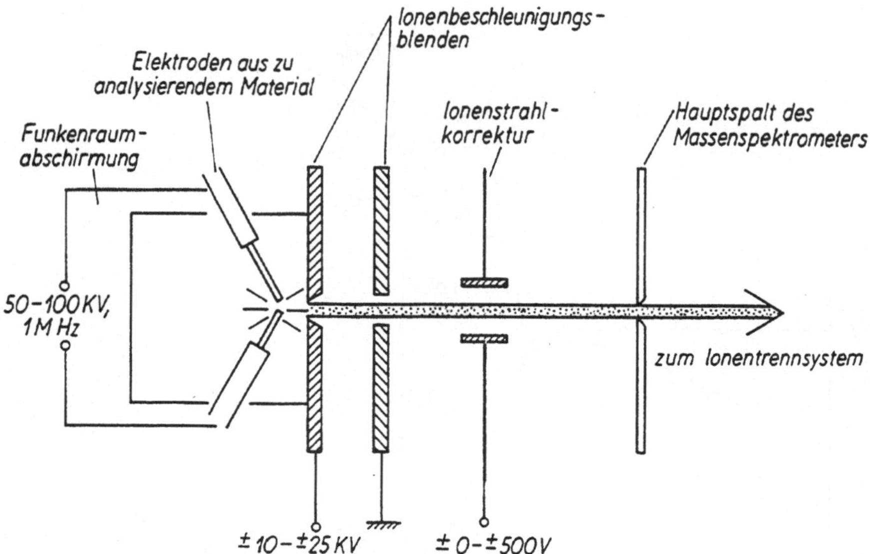

Abb. 2. Schema einer Hochfrequenzfunken-Ionenquelle

Impulslängen von 10 bis 200 μs. Die im Funkenplasma gebildeten positiv bzw. negativ geladene Ionen werden mittels einer Gleichspannung zwischen 10 kV und 25 kV aus dem Plasma extrahiert und in das Ionentrennsystem beschleunigt.

Im Funkenplasma werden positiv und negativ geladene Atom-, Molekül- und Clusterionen gebildet, wobei die einfach geladenen Spezies am häufigsten nachgewiesen werden. Es konnten in Funkenplasmen bis zu 18+-geladene Atomionen nachgewiesen werden. Von Ladungszahl zu Ladungszahl verringert sich die Ionenintensität um etwa den Faktor 5 (Abb. 3). Im allgemeinen werden deshalb zur Analyse nur die einfach positiv geladenen Atomionen benutzt. Darum konzentrierten sich die meisten Untersuchungen zur qualitativen und quantitativen massenspektrometrischen Spurenanalyse auf diese Ionen, so z. B. deren Anfangsenergie in Abhängigkeit von den Funkenbedingungen (Funkenspannung und Elektrodenabstand, den Geometriebedingungen in der Ionenquelle, dem Elektrodenmaterial u. a.). Die im Funkenplasma gebildeten Ionen weisen eine breite Verteilung ihrer Anfangsenergien auf. Wie man aus Abb. 4 entnehmen kann, liegen diese zwischen einigen eV und einigen keV. Diese Tatsache hat Konsequenzen für die Wahl des Ionentrennsystems.

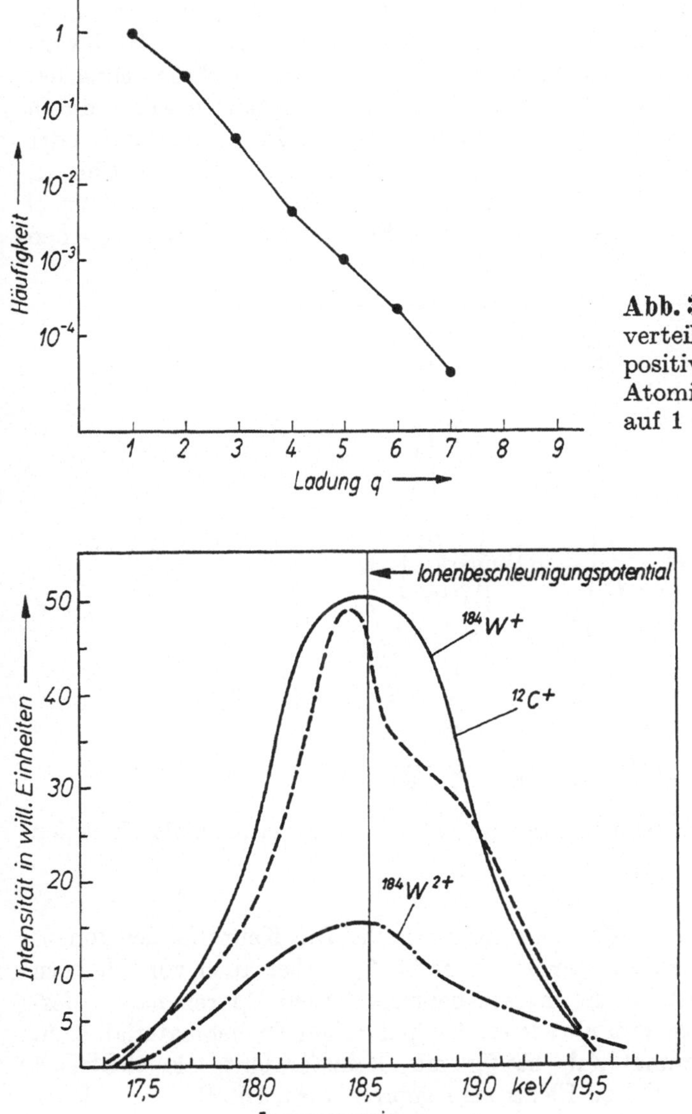

Abb. 3. Häufigkeitsverteilung mehrfach positiv geladener Atomionen (bezogen auf 1 +-Ionen = 1)

Abb. 4. Verteilung der Ionenenergien für Ionen aus dem Hochfrequenzfunken

Versuche, zu einer einheitlichen theoretischen Beschreibung der Ionisationsmechanismen im Funkenplasma, z. B. mit Hilfe der Saha-Eggert-Gleichung, zu gelangen, hatten nur teilweise Erfolg. In diesem Zusammenhang wurde auch die Bildung von Molekül- und Clusterionen im Funkenplasma untersucht [3].

Die Kenntnis der Häufigkeitsverteilung und Intensitäten von Molekül- und Clusterionen ist nicht nur für die Klärung der Ionisationsvorgänge im Funkenplasma von Interesse, sondern sie ist für die massenspektrometrische Spurenanalytik mit Plasma-Ionenquelle von außerordentlicher Bedeutung. Durch die Existenz von Linien der Molekül- und Clusterionen in den Massenspektren werden Interferenzen dieser Linien mit den Linien der zu analysierenden Atomionen hervorgerufen, die die Nachweisempfindlichkeit massenspektrometrischer Analysenverfahren entscheidend herabsetzen. Molekül- und Clusterionen entstehen entweder durch direkte Ionisation verdampfter Verbindungen des Probenmaterials oder von deren Dissoziationsprodukten durch Ionisation von neutralen Cluster, die durch chemische Reaktionen im Plasma gebildet werden. Als Beispiel sind in Abb. 5 die Ionenintensitäten der im Funkenplasma nachgewiesenen

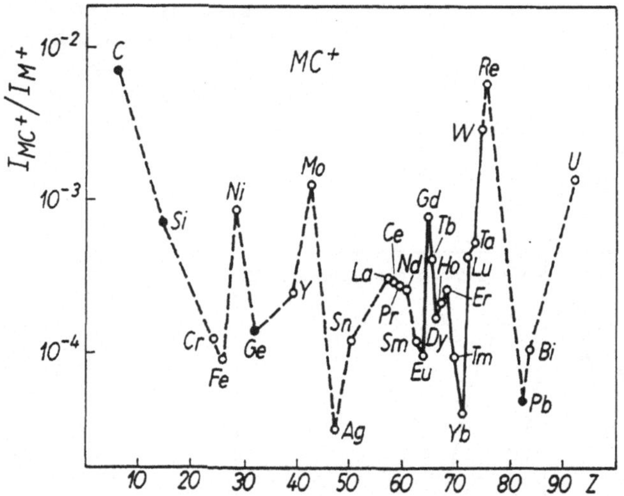

Abb. 5. Relative MC^+-Ionenintensitäten in Funkenplasmen als Funktion der Ordnungszahl

Carbidionen des Typs MC^+ zusammengestellt. Die Kenntnis der Ionenintensitäten der Carbidcluster des Typs $M_mC_n^+$, aber auch von Clustern des Typs $M_mO_n^+$ ist für die massenspektrometrische Spurenanalyse deshalb von Bedeutung, weil nichtleitendes, pulveriges Probenmaterial, z. B. geologisches Probenmaterial, häufig mit Reinstgraphit, als elektrisch leitendes Trägermaterial zu Elektroden gepreßt wird. Die Bildung solcher die Analyse störender Ionen ist ein allgemeines Problem der Plasma-Ionisation und einer der wichtigsten empfindlichkeitsbegrenzenden Faktoren in der Massenspektrometrie mit Funken- und Laser-Ionenquellen.

In der Praxis der massenspektrometrischen Spurenanalyse von anorganischen Feststoffen hat sich die Ionisation im Funkenplasma als eine der brauchbarsten Methoden erwiesen, nicht zuletzt deshalb, weil sie sowohl nichtselektive Analysenverfahren (Übersichtsanalyse) als auch selektive Analysenverfahren (z. B. Isotopenverdünnungsanalyse) zuläßt. Im Funkenplasma werden alle im Probenmaterial enthaltenen Elemente mit etwa gleicher Empfindlichkeit ionisiert. Dem steht gegenüber, daß die breite Verteilung der Anfangsenergie der im Plasma gebildeten Ionen zur Ionentrennung ein doppelfokussierendes Trennsystem und der zeitlich stark schwankende Ionenstrom einen speziellen Ionennachweis erfordern und daß nur elektrisch leitende Elektroden eingesetzt werden können.

2.1.2 Die Laserionisations-Ionenquelle

Bei der Laserionisation wird das Probenmaterial mit einer fokussierten Laserstrahlung eines Impulslasers bestrahlt. Im Wechselwirkungsbereich der Laserstrahlung und der Probenoberfläche wird das Probenmaterial verdampft und in dem sich ausbildenden Plasma ionisiert (Abb. 6). Die Ionisierung erfolgt über Stoßprozesse mit freien Elektronen. Diese werden durch Multiphotonen-Übergänge (Mehrfach-Quantenphotoeffekte) erzeugt und ihre Zahl wird durch Kaskadenionisation erhöht. Die Aufheizung des Plasmas erfolgt durch Energieabsorption aus dem Strahlungsfeld durch inverse Bremsstrahlung. Der Ionisationsprozeß ist in starkem Maße von der Leistungsdichte, der Energiedichte, Wellenlänge und Impulslänge

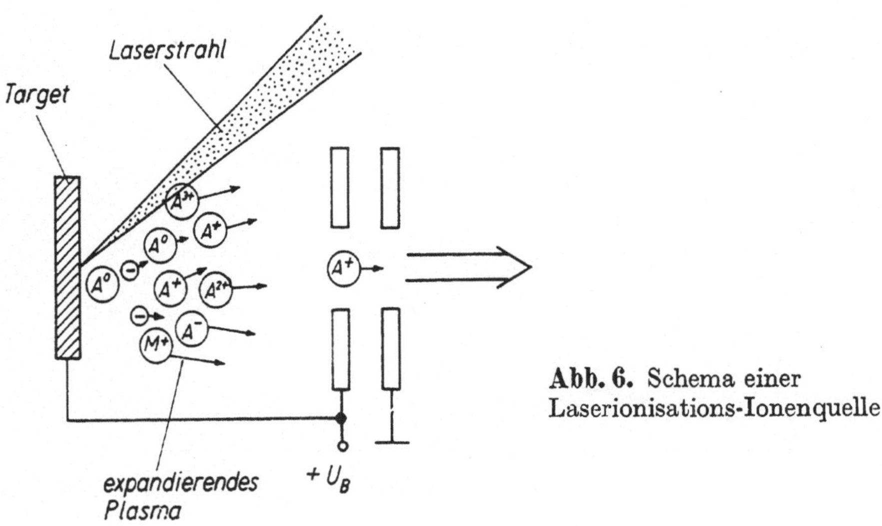

Abb. 6. Schema einer Laserionisations-Ionenquelle

der eingestrahlten Laserimpulse abhängig. Zur Laserionisation wurden bisher meist Nd-YAG-Laser mit $\lambda = 1064$ nm bzw. $\lambda/2 = 532$ nm oder $\lambda/4 = 266$ nm, in jüngster Zeit auch Excimerlaser im Wellenlängenbereich von $\lambda = 200$ nm bis 350 nm, mit Impulsenergien von einigen mJ bis zu einigen J und Impulslängen von einigen 10 ns bis zu einigen 100 ns eingesetzt. Der Ionisationsgrad des Plasmas, d. h. das Verhältnis der Zahl der Ionen zur Zahl der Neutralteilchen, hängt von den obengenannten Laserparametern ab. Gesicherte Ergebnisse liegen für dessen Abhängigkeit von der Leistungsdichte der Laserstrahlung vor. In einem Leistungsdichtebereich von $\Phi = 10^7\ \mathrm{W \cdot cm^{-2}}$ bis $10^{10}\ \mathrm{W \cdot cm^{-2}}$ läßt sich so ein Regime von einer thermischen Verdampfung bis zu einem vollständig ionisierten Plasma einstellen. Mit steigender Leistungsdichte lassen sich verschiedene Ionisationsmechanismen einstellen. Bei Leistungsdichten von etwa $10^7\ \mathrm{W \cdot cm^{-2}}$ wird das Probenmaterial nur verdampft. Dieser Dampf wird durch einen Elektronenstrahl ionisiert (Elektronenstoßionisation). Im Leistungsdichtebereich 10^7 bis $10^8\ \mathrm{W \cdot cm^{-2}}$ werden nur einfach geladene Atomionen in einem schwach ionisierten Plasma gebildet (das entspricht etwa der thermischen Oberflächenionisation), während die hochionisierten

Plasmen bei 10^9 W · cm^{-2} bis 10^{10} W · cm^2 vergleichbar einem Funkenplasma sind. Mit diesen Möglichkeiten ist einer der Vorteile der Laserionenquelle begründet. Bei der Ionisation im Laserplasma muß man also von der eingestrahlten Leistungsdichte ausgehen. In einem Laserplasma werden positiv und negativ geladene Ionen gebildet; meist werden nur die positiven Ionen zur Analyse genutzt. Der Ladungszustand der Atomionen, die Bildung von ein- und zweifach positiv geladenen Molekül- und Clusterionen, die Anfangsenergie dieser Ionen und deren Häufigkeits-

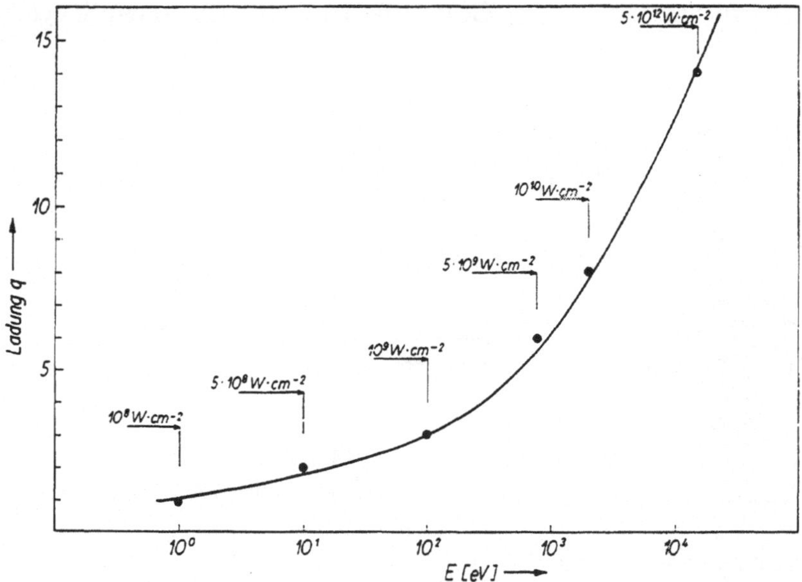

Abb. 7. Ladungszustände für positiv geladene Atomionen und deren Anfangsenergie in Abhängigkeit von der Leistungsdichte der Laserstrahlung für im Laserplasma gebildete Ionen

verteilung lassen sich durch die eingestrahlte Leistungsdichte der Laserstrahlung einstellen. In Abb. 7 ist die Abhängigkeit des Ladungszustandes und der Anfangsenergie von Atomionen im Leistungsdichtebereich von $5 \cdot 10^7$ W · cm^{-2} bis 10^{13} W · cm^{-2} dargestellt. Aus diesen Ergebnissen kann man entnehmen, daß der günstigste Leistungsdichtebereich für eine massenspektrometrische Analyse von $5 \cdot 10^8$ W · cm^{-2} bis $5 \cdot 10^9$ W · cm^{-2} ist. Das bei diesen Leistungsdichten ausgebildete Laserplasma weist einen hohen Ionisierungsgrad auf. Bei $5 \cdot 10^9$ W · cm^{-2} kann man von einem vollständig ionisierten Plasma ausgehen, wobei i. allg. nicht höhere Ladungszustände als 6+ existieren. Die Anfangsenergie für einfach positiv geladene Atomionen liegt in diesem Leistungsdichtebereich zwischen 100 eV und 1 keV, und es werden alle Elemente im Probenmaterial verdampft und ionisiert. Wie im Funkenplasma werden auch im Laserplasma einfach positiv geladene Atomionen am häufigsten gebildet. Die Zahl der pro Laserschuß bei einer Leistungsdichte von einigen 10^9 W · cm^{-2} erzeugten einfach geladenen Atomionen liegt bei etwa 10^{14} bis 10^{15}. Eine weitere Steigerung der Leistungsdichte führt zur Erhöhung der Zahl der Ionen mit höheren Ladungszuständen und zur Erhöhung der Anfangsenergie aller Ionen. Dagegen ist eine Erhöhung der Energie der Laserstrahlung bei konstanter Leistungsdichte ohne Bedeutung. Der Ionisierungsgrad ist im Leistungsdichtebereich von 10^7 W · cm^{-2} bis 10^8 W · cm^{-2} stark vom zu analysierenden Element abhängig. So ergibt sich z. B. für die Elemente In und Mo eine Differenz im Ionisierungsgrad von 10^2. Mit steigender Leistungsdichte wird diese Differenz kleiner. Ausgedrückt wird dieses Verhalten, wie bei der Funkenionisation, durch die relativen Elementempfindlichkeiten der zu analysierenden Elemente im Laserplasma. Diese sind für Leistungsdichten von 10^9 W · cm^{-2} bis $5 \cdot 10^9$ W · cm^2 mit denen im Funkenplasma vergleichbar. Unterhalb und oberhalb dieser Leistungsdichte weichen die relativen Elementempfindlichkeiten stark von 1 ab [5].

Wie bei allen Ionenquellen, in denen die Ionisierung über ein Plasma erfolgt, werden auch im Laserplasma Molekül- und Clusterionen gebildet. Die massenspektrometrischen Untersuchungen zur Bildung von Clusterionen in Laserplasmen sind zu einem eigenständigen Forschungsgebiet innerhalb der Clusterforschung geworden. Für die Spurenanalyse sind diese Ionen Störionen, die durch Linieninterferenzen die Analyse beeinflussen. In einer Laserionisations-Ionenquelle wird eine Vielzahl von Clusterionen gebildet. Die Bildung solcher Clusterionen erfolgt durch plasmachemische Reaktionen der Komponenten im Probenmaterial entweder über eine Assoziationsreaktion, z. B. bei der Bildung von Carbidclustern, Dissoziationsreaktionen, z. B. Dissoziation von oxidischem Probenmaterial, oder Substitutionsreaktionen. Diese Prozesse sind abhängig von der eingestrahlten Leistungsdichte (Abb. 8). Ihre Korrelation mit den Dissoziationsenergien konnte nachgewiesen werden [6, 7].

In der Praxis haben sich zwei Betriebsarten der Laserionisations-Ionenquelle durchgesetzt, der Transmissionsmode und der Reflektionsmode. Die im Plasma gebildeten Ionen werden mittels einer Ionenoptik in das Ionentrennsystem beschleunigt. Die Anforderungen an die Ionenoptik ergeben sich aus den spezifischen Eigenarten der Ionenerzeugung im Laserplasma, das sind: eine breite Verteilung der Anfangsenergie der Ionen, kurze Ionenimpulse hoher Intensität und die damit verbundenen Raumladungseffekte und nicht zuletzt Probleme, die mit Aufladungseffekten an den Elektroden der Ionenoptik verbunden sind. Es wurden deshalb spezielle Ionenoptiken entwickelt, mit denen die Ionenquellenausbeute, d. h. das Verhältnis Zahl der Ionen am Ausgang der Ionenquelle zur Zahl der verdampften Atome, optimiert werden kann (s. Abb. 27) Trotz des hohen Ionisationsgrades (von nahezu 1) im Laserplasma ist die Ionenausbeute wegen der obengenannten Effekte wesentlich niedriger. 10^{-3} bis 10^{-5} der im Laserplasma gebildeten Ionen gelangen in das Ionentrennsystem. Die wesentlichsten Vorteile einer Laserionisations-Ionenquelle ergeben sich aus den speziellen Eigenschaften der Ionisierung durch die Wechselwirkung einer fokussierten Photonenstrahlung mit dem Probenmaterial, indem keinerlei Einschränkungen durch physikalische oder chemische Eigenschaften des Probenmaterials (elektrische Leitfähigkeit, Schmelztemperaturen, Form der chemischen Bindung u. a.) bestehen

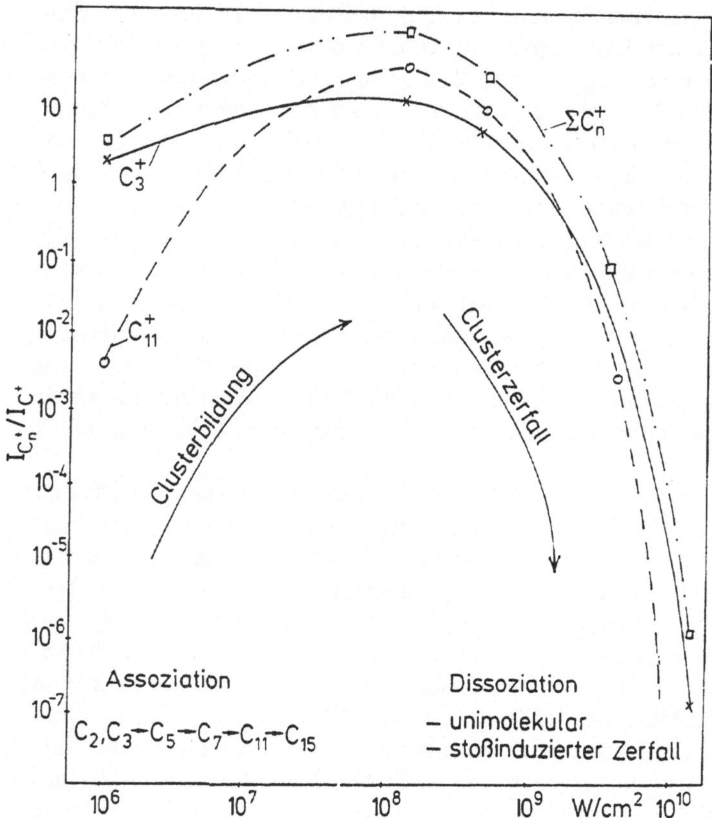

Abb. 8. Schema der Clusterbildung und des Clusterzerfalls in Laserplasmen in Abhängigkeit von der Laserleistungsdichte Φ für Kohlenstoffcluster

und daraus, daß eine genaue Bestimmung der zur Erzeugung des Plasmas benutzten Leistungsdichte im zu analysierenden Festkörperbereich möglich ist.

2.2 Ionentrennung

Der aus der Ionenquelle extrahierte und in ein Ionentrennsystem beschleunigte Ionenstrahl besteht aus allen Ionen, die im Funken- oder Laserplasma aus dem Probenmaterial gebildet werden, d. h., aus Atom-, Molekül- und Clusterionen unterschiedlicher Masse, unterschiedlicher Ladungszahl und verschiedener Anfangsenergien. Das Ionentrennsystem hat die Aufgabe, diesen Ionenstrahl in Teilionenstrahlen mit gleichem Masse/Ladungs-Verhältnis (m/q) aufzutrennen und diese Teilionenstrahlen einem Ionennachweissystem örtlich oder zeitlich getrennt zuzuführen. Zu diesem Zwecke werden statische und dynamische Trennsysteme eingesetzt. Statische Trennsysteme nutzen die fokussierende und dispergierende Wirkung magnetischer und elektrischer Felder auf Ionenstrahlen aus, die vergleichbar ist mit den Eigenschaften lichtoptischer Systeme. Solche Trennsysteme sind das homogene magnetische Sektorfeld, das durch ebene Polschuhe, die zueinander parallel stehen, erzeugt wird, so daß die Feldstärke an jedem Punkt des Feldes gleich ist, und elektrische Sektorfelder, die mit Hilfe eines elektrischen Zylinderkondensators oder Toroidkondensators erzeugt werden. Ausführliche Ausführungen dazu sind in [8, 9] zu finden.

Dynamische Ionentrennsysteme beruhen auf verschiedenen physikalischen Prinzipien, die zur Trennung geladener Teilchen geeignet sind. Von den etwa 50 verschiedenen Prinzipien sind z. Z. für die Spurenanalyse mit Funken- oder Laserionisation die Quadrupol-Spektrometer und die Flugzeit-Spektrometer von Interesse. Zur Spurenanalyse mit Funken- und Laserionisation müssen Ionentrennsysteme eingesetzt werden, die eine gleichzeitige Richtungs- und Energiefokussierung (Geschwindigkeitsfokussierung) erlauben. Solche Systeme sind die sogenannten doppelfokussierenden Feldkombinationen aus statischen, elektrischen und magnetischen Feldern und Time-of-Flight-Trennsystemen mit Energieselektor. Diese Forderung ergibt sich aus der beiten Anfangsenergieverteilung der Ionen, die im Funken- und Laserplasma erzeugt werden.

Um auch bei sehr hohen Werten der Anfangsenergien scharfe Massenlinien (Bilder) und damit ein hohes Massenauflösungsvermögen zu erzielen, wird bei doppelfokussierenden Ionentrennsystemen ein elektrisches und ein magnetisches Sektorfeld so kombiniert, daß Ionen eines von der Ionenquelle ausgehenden divergenten Ionenstrahls mit Ionen unterschiedlicher Energie an einer Stelle der Bildkurve zur Fokussierung gelangen.

Eine allgemeine Theorie der Doppelfokussierung wurde von Mattauch und Herzog [2] entwickelt, die auch als Spezialfall einer allgemeinen Theorie der Doppelfokussierung eine Feldkombination mit Doppelfokussierung für alle Massen auf einer geraden Bildkurve angaben, die als Mattauch-Herzogsche Feldkombination bezeichnet wird. Diese Feldkombination hat für die massenspektrometrische Spurenanalytik mit Vakuum-Entladungs-Ionenquelle und Laserionisations-Ionenquellen eine große Bedeutung erlangt (Abb. 9). Dadurch, daß bei der Mattauch-Herzogschen Feldgeometrie die Bildkurve eine Gerade ist, läßt sich eine Photoplatte zur Registrierung des Massenspektrums vorteilhaft einsetzen. Mit der Mattauch-Herzogschen Feldkombination ist es möglich, die von einer Funken-Ionenquelle bzw. Laserionisations-Ionenquelle ausgehenden extrem divergenten und energieinhomogenen Ionenbündel so zu fokussieren, daß Massenauflösungsvermögen von 10000 bis 20000 erreicht werden können. Dies ist deshalb von Bedeutung, weil bei vielen spurenanalytischen Analysenproblemen, z. B. bei der Bestimmung der Elementkonzentrationen von Seltenen-Erden-Elementen in geologischem Probenmaterial, ein Massenauflösungsvermögen von > 8000 erforderlich ist.

In Verbindung mit Laserionisations-Ionenquellen lassen sich auch Flugzeit-Massenspektrometer (Time-Of-Flight — TOF) zur Ionentrennung einsetzen, wenn die Anfangsenergie der Ionen nicht viel höher als einige 100 eV ist und wenn zur Energiefokussierung ein Ionen-Reflektron verwendet wird [10]. Bei dem in Abb. 10 schematisch dargestellten TOF-Reflektron-Massenspektrometer werden die Ionen durch ein kurzzeitig angelegtes elektrisches Feld aus dem Laserplasma extrahiert und in die Laufzeitstrecke beschleunigt. Das „Ionenpaket" durchläuft den feldfreien Raum der Laufzeitstrecke bis zum Reflektron und weiter zum Ionen-

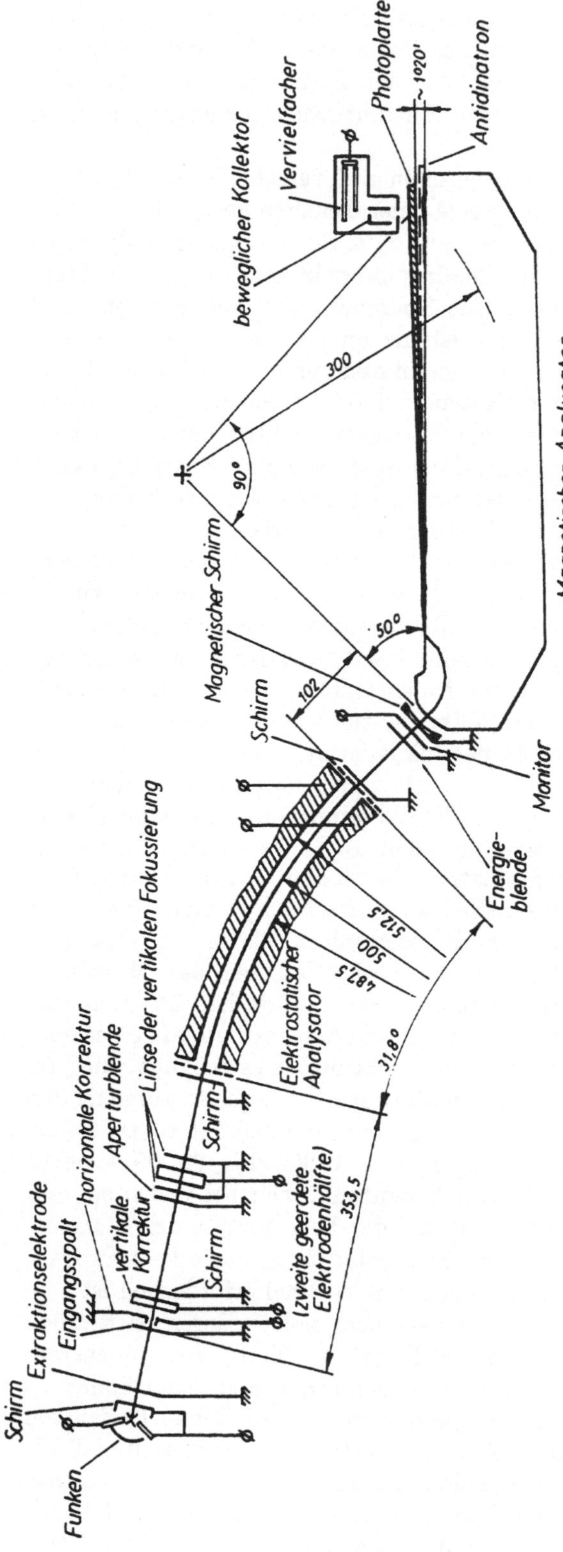

Abb. 9. Schematische Darstellung eines Funkenquellen-Massenspektrometers mit Mattauch-Herzog-Geometrie. Die Darstellung gibt die klassische Mattauch-Herzog-Feldkombination wieder. Zur Erhöhung der „Lichtstärke“ und der Massendispersion wird für moderne Funkenquellen-Massenspektrometer ein Torroid-Kondensator als elektrischer Analysator verwendet und ein nichtsenkrechter Eintritt des Ionenstrahls in den magnetischen Analysator eingeführt

detektor. Im Falle gleicher Energie haben die Ionen mit verschiedenen m/q-Werten verschiedene Geschwindigkeiten, d. h., die leichten Ionen gelangen zuerst zum Ionendetektor. Die stark unterschiedlichen Anfangsenergien der Ionen aus dem Laserplasma würden mit einer einfachen linearen Flugzeit-Trennung (ohne Reflektron) nur ein sehr niedriges Massenauflösungsvermögen zulassen. Aus diesem Grunde wird in der Lauf-

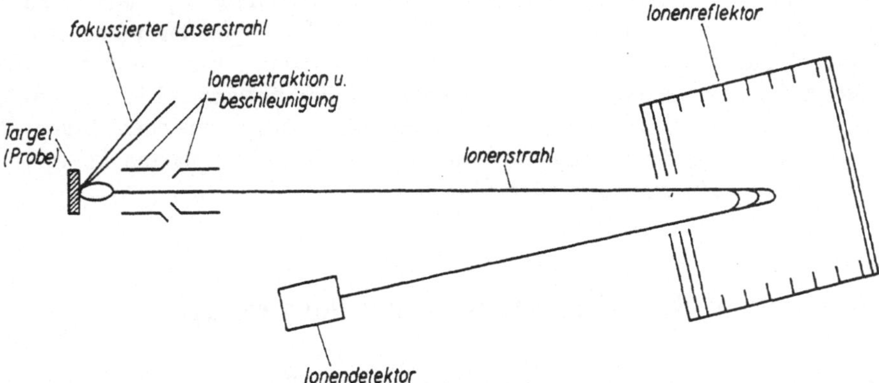

Abb. 10. Schema eines Laser-TOF-Massenspektrometers

zeitstrecke ein Reflektron eingeschaltet. Das Reflektron besteht aus einem Kollimatorsystem zur Erzeugung eines homogenen elektrischen Retardingfeldes. Dieses kompensiert die Flugzeit von Ionen mit unterschiedlicher kinetischer Energie, so daß unabhängig von deren Energie alle Ionen gleichzeitig am Ionendetektor registriert werden können. Da die TOF-Massenspektrometer ohne ein Spaltsystem arbeiten, kann man absolute Nachweisempfindlichkeiten von 10^{-14} g bis zu 10^{-20} g pro Laserschuß erreichen [11]. Das Massenauflösungsvermögen solcher Geräte ist jedoch trotz der Energiefokussierung durch das Reflektron begrenzt. Bei den üblicherweise angewandten Laserleistungsdichten von 10^9 W · cm^{-2} bis 10^{10} W · cm^{-2} werden Werte bis 1000 erreicht. Wegen der hohen Anfangsenergie der Ionen aus Funkenplasmen können TOF-Geräte nicht in Verbindung mit Funkenionenquellen betrieben werden.

2.3 Ionennachweis

Zum Ionennachweis werden in der Funkenquellen- und Laserionisations-Massenspektrometrie Sekundärelektronenvervielfacher offener Bauart, Channeltrons, Channelplates und Photoplatten mit ionenempfindlicher Photoemulsion eingesetzt. Diese Nachweissysteme erlauben einen hochempfindlichen Ionennachweis und ermöglichen einen großen dynamischen Meßbereich für die Messungen. Mit den heute zur Verfügung stehenden elektrischen Ionennachweissystemen lassen sich problemlos kurze sowohl intensitätsstarke als auch intensitätsschwache Ionensignale, wie sie bei der Laserionisations-Massenspektrometrie vorkommen, durch computergesteuerte Channelplate-Nachweissysteme registrieren.

Für die Funkenquellen-Massenspektrometrie werden nach wie vor Photoplatten eingesetzt, deren Vorteile die hohe Empfindlichkeit und die Möglichkeit einer gleichzeitigen Integration aller zu registrierenden Ionen eines Massenspektrums sind. Die Photoplatte ist der ideale Ionendetektor zur Registrierung stark intensitätsschwankender Ionenströme. Hinzu kommt, daß die Photoplatte ein analoges Speicherelement mit hoher Speicherkapazität darstellt.

Verwendung finden gelatinearme oder gelatinefreie Spezialplatten (Ilford-Q-2-Platten bzw. ORWO-UV-2-Platten). Photoplatten haben sich besonders zur Registrierung hochaufgelöster Massenspektren mit einem Massenauflösungsvermögen bis zu einigen 10000 bewährt. Nähere Angaben zu den physikalischen Grundlagen des photographischen Ionennachweises, der Entwicklung und Auswertung der Photoplatten können der Literatur entnommen werden [8, 9].

3 Richtigkeit, Reproduzierbarkeit und Nachweisgrenzen

Die massenspektrometrische Spurenanalyse mit Funkenionisation bzw. mit Laserionisation wird in der Regel zur Analyse anorganischen Probenmaterials eingesetzt. Die qualitative Analyse der Massenspektren dieses Probenmaterials stützt sich auf die Massen der Elemente, die Zahl der Isotope eines Elementes und deren Isotopenhäufigkeiten. Die Orientierung in den Massenspektren wird erleichtert durch die Linien der verschiedenen Ladungszustände der Atomionen der Hauptelemente im Probenmaterial und dadurch, daß man das Massenspektrum einer Probe recht genau mit der Kenntnis der sich im Plasma bildenden Atom-, Molekül- und Clusterionen der Haupt- und Nebenelemente im Probenmaterial vorhersagen kann. Mit dieser Kenntnis lassen sich auch Linieninterferenzen zwischen Analysenlinien, das sind in der Regel die Linien der einfach geladenen Atomionen des zu bestimmenden Elementes, und Störlinien, also z. B. Linien von Molekül- und Clusterionen oder Linien isobarer Nuklide, erkennen. Für eine quantitative Spurenanalyse müssen die Analysenlinien zweifelsfrei als ungestörte Linien erkannt sein, da in nur wenigen Fällen eine Korrektur durch z. B. eine rechnerische Berücksichtigung der Störung möglich ist.

Die quantitative Analyse beruht auf der Tatsache, daß zwischen dem gemessenen Ionensignal und der Anzahl der Atome des zu bestimmenden Elementes bzw. der Konzentration im Probenmaterial ein eindeutiger Zusammenhang besteht. Sie wird über ein Interstandardelement durchgeführt, dessen Konzentration bekannt ist. Meist wird das Hauptelement des Probenmaterials dazu verwendet, oder es wird ein geeignetes Internstandardelement dem Probenmaterial zugemischt. Auch eine leitprobengebundene Analyse mit Standardproben bekannter Zusammensetzung ist möglich, wird jedoch wegen der Verfügbarkeit geeigneter Standardproben für Spurenanalysen im ppm- bzw. ppb-Bereich und des hohen Aufwandes wegen selten angewandt.

Die quantitative Analyse erfolgt über die Analysengleichung des jeweiligen Analysenverfahrens.

Bei der photographischen Registrierung treffen die Ionen auf die Silberbromidkörner der Photoemulsion und machen diese durch Energieübertragung entwickelbar. Als Maß für die Zahl der Ionen, mit der die Platte exponiert wird, dient die Ladungsmenge, die die Ionen eines Teils des Ionenstrahls an einen Monitor-Auffänger vor dem Eintritt in das Magnetfeld übertragen (jedes einfach geladene Ion besitzt eine Ladung von $1{,}6 \cdot 10^{-19}$ As). Diese Ladungsmenge ist ein relatives Maß für die auf die Photoplatte aufgetroffene Ladung. Da der dynamische Bereich der Schwärzungskurve einer Photoplatte nur $1:10^2$ beträgt, wird dieser durch i. allg. um den Faktor 3 steigende Expositionen (Ladungsmengen) auf bis zu $1:10^9$ erweitert, d. h., Photoplatten werden für Spurenanalysen mit Ladungen von $1 \cdot 10^{-15}$ As bis zu einigen 10^{-6} As exponiert. Mit dem unteren Wert wird mit 10^3 bis 10^4 Ionen eine gerade sichtbare Linie im Massenspektrum erzeugt. Während beim elektrischen Ionennachweis das meist digitale Meßsignal (SEV- oder Channel-plate-Detektoren) über einen großen dynamischen Meßbereich der Intensität der einzelnen Komponenten in der Probe direkt proportional ist und direkt in die Analysengleichung eingesetzt werden kann, muß beim photographischen Ionennachweis das Ionenstromsignal (Ionenzahl) aus der Schwärzungskurve zurückgewonnen werden. Dazu gibt es verschiedene Verfahren, die letztendlich auf den verschiedenen Methoden der Linearisierung von Schwärzungskurven beruhen.

Die Konzentration C_x eines Spurenelementes x wird mit der Analysengleichung

$$C_x = C_v \frac{I_v}{I_x} \cdot \frac{E_v}{E_x} \cdot \frac{H_v}{H_x}$$

berechnet, wobei C_v die Konzentration des Vergleichselementes (Internstandardelement) und I_x und I_v die gemessenen Ionenströme bzw. Ionenzahlen sind. H_v und H_x sind die entsprechenden Isotopenhäufigkeiten, die einer Tabelle entnommen werden können. E_x und E_v sind Empfindlichkeitsfaktoren, die in komplizierter Weise von den Analysenparametern abhängen und in ihrer Gesamtheit den Grad der unterschiedlichen Ionenbildung für Ionen verschiedener Elemente im Funken- oder Laserplasma, die Ionentrennung und die unterschiedlichen Empfindlichkeiten des Ionennachweises charakterisieren.

Der Einfluß dieser Faktoren läßt sich durch die relativen Elementempfindlichkeitsfaktoren, also E_x/E_v = RSC (engl. **R**elative **S**ensitivity **C**oefficient), korrigieren, u. a. lassen sich dadurch folgende Einflüsse berücksichtigen:

- physikalische und chemische Eigenschaften des Probenmaterials und des zu analysierenden Elements, wie Siedetemperatur, Dampfdrücke, Elektronenaustrittsarbeiten, Ionisierungsenergien
- Einflüsse von elektrischen und ionenoptischen Ionenquellenparametern, wie die Ionenbeschleunigung, Funkenspannung, Elektrodenabstand, Laserleistungsdichten, Ionenabsaug- und Ionenfokussierungsbedingungen, Anfangsenergie der Ionen.

Durch die Korrektur der Analysenergebnisse mit RCS-Werten wird die Richtigkeit der Analysenergebnisse gesichert.

Die relativen Elementempfindlichkeitsfaktoren werden mit Hilfe von Standardprobenmaterial bestimmt, indem man den massenspektrometrisch ermittelten Konzentrationswert durch den wahren Konzentrationswert in der Eichprobe dividiert. Die so ermittelten RCS-Werte gelten nur für ein genau festgelegtes Analysenverfahren, das mit dem für die spätere Spurenanalyse angewandten Analysenverfahren identisch sein muß. Die RSC-Werte sind anwendbar bis in den extremen Spurenbereich, obwohl sie i. allg. mit wesentlich höheren Elementkonzentrationen in der Eichprobe gewonnen werden. Sie sind jedoch matrixabhängig, d. h., eine Bestimmung ist für jedes Analysenverfahren erforderlich, wenngleich die maximalen Unterschiede in den verschiedenen Matrices nicht größer als 10 sind. RSC-Werten liegen meist experimentell bestimmte Werte zugrunde, da trotz verschiedener Berechnungsmethoden, die auf Korrelationen der RSC-Werte mit Siedetemperaturen, Sublimationswärmen, Ionisationspotentialen, Ionisationsquerschnitten u. a. beruhen, in nur wenigen Fällen eine befriedigende Übereinstimmung von berechneten RSC- und experimentell bestimmten RSC-Werten erreicht werden konnte. Abb. 11 zeigt die RSC-Werte für Verunreinigungselemente in der Fe-Matrix [12].

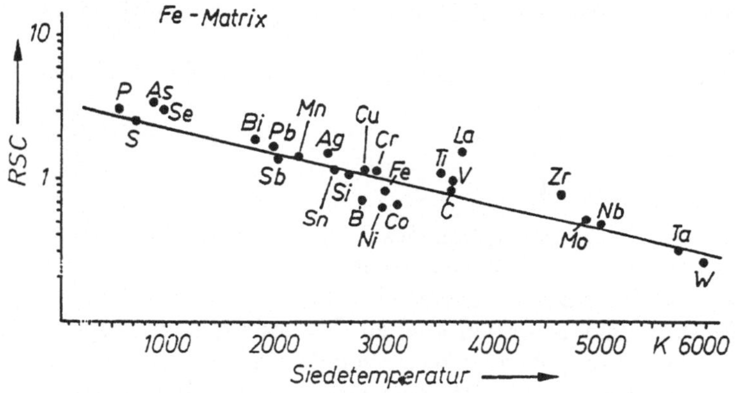

Abb. 11. RSC-Werte in einer Fe-Matrix (Fe = 1) als Funktion der Siedetemperaturen der Elemente [12]

Die prozentuale Verteilung für RSC-Werte in 15 verschiedenen Matrices ist in Abb. 12 zusammengestellt. Streng genommen sind die RSC-Werte auch nur für Analysen an dem Massenspektrometer anwendbar, mit denen sie bestimmt worden sind.

Für eine Reihe von Anwendungen, insbesondere in extremen Spurenbereichen, verzichtet man auf eine Korrektur mit RSC-Werten und setzt RSC = 1. Dadurch kann die Richtigkeit der massenspektrometrischen Spurenanalyse verschlechtert werden, aber man gewinnt ein eichprobenfreies Analysenverfahren, also ein halbquantitatives Verfahren zur Bestimmung von Spurenelementkonzentrationen im ppm- und sub-ppm-Bereich. Eine hohe Richtigkeit und Reproduzierbarkeit der Analysenergebnisse erreicht man durch die Verbindung der Technik der Isotopenverdünnungsanalyse und der Funken- oder Laserionisation. Dadurch wird das Problem der Abhängigkeiten von RSC-Werten gegenstandslos, und man erhält ein absolutes spurenanalytisches Verfahren, das jedoch in der Regel nur für multiisotope Elemente anwendbar ist.

Die Reproduzierbarkeit der Analysenergebnisse, ausgedrückt durch deren relative Standardabweichung, wird bei der Funkenionisations- und Laserionisations-Massenspektrometrie durch den stark schwankenden Ionisationsprozeß im Plasma und durch Inhomogenitäten im Probenmaterial bestimmt. Die erreichten Reproduzierbarkeiten liegen im Bereich von 5% bis 50%, abhängig vom zu analysierenden Element und für den

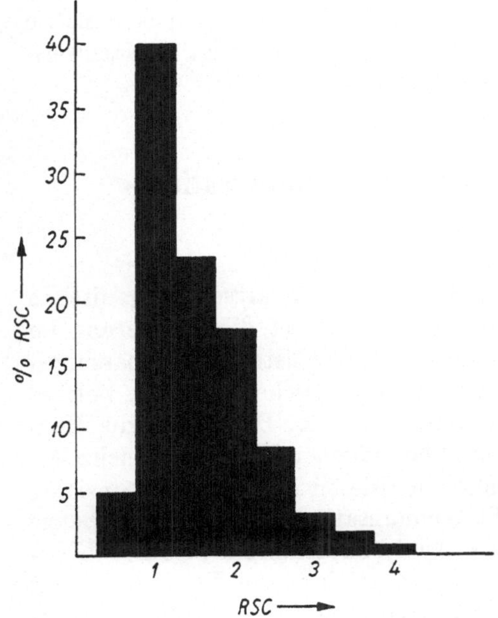

Abb. 12. Prozentuale Verteilung von RSC-Werten in 15 verschiedenen Probenmaterialien

photographischen Ionennachweis weitgehendst unabhängig von der Elementkonzentration. Das bedeutet, daß im %-Konzentrations- und im ppm-Bereich mit der gleichen Reproduzierbarkeit gemessen werden kann.

Spurenanalytische Analysenverfahren werden durch Begriffe wie Nachweisvermögen, Nachweisempfindlichkeit, Nachweisgrenze und Garantiegrenze für Reinheit charakterisiert. Während die beiden letzteren in ihrer Bedeutung durch eindeutige Definitionen genau festgelegt sind [13], ist dies bei dem in jüngster Zeit häufiger gebrauchten Begriff der Nachweisempfindlichkeit nicht der Fall, und er wird oft im Sinne einer Nachweisgrenze der Analysenmethode verstanden. Die wichtigsten Faktoren, die die Nachweisempfindlichkeit massenspektrometrischer Methoden begrenzen, sind die bereits erwähnten Linieninterferenzen, hervorgerufen durch Molekül- und Clusterionen, die in der Ionenquelle gebildet werden, durch isobare Nuklide der Elemente und durch sekundäre Ionen, die durch Ladungswechsel- und/oder Umladungsprozesse zwischen Ionenquelle und Ionendetektor entstehen. Beim photographischen Ionennachweis wird die Nachweisempfindlichkeit durch den bei hohen Expositionen im Massenbereich der Linien der Hauptelemente auftretenden „Halo“-Effekt, das ist eine u. U. weit über die Photoplatte reichende diffuse Schwärzung, beeinflußt. Linieninterferenzen lassen sich im Prinzip nur durch ein hohes Massenauflösungsvermögen des Massenspektrometers beherrschen. Die umgekehrte Proportionalität von Empfindlichkeit und Massenauflösungsvermögen für statische Ionentrennsysteme stellt eine Grenze für Empfindlichkeitssteigerungen dar. Bei Time-of-Flight-Massenspektrometern läßt sich das Massenauflösungsvermögen durch die breite Anfangsenergieverteilung der Ionen aus Plasmen kaum über 1000 steigern. Mit der Laserionisations-Massenspektrometrie erreicht man absolute Nachweisempfindlichkeiten bis zu 10^{-20} g und relative Nachweisempfindlichkeiten von 10^{-7} g/g [11], während bei der Funkenionisations/Massenspektrometrie absolute Nachweisempfindlichkeiten bis zu 10^{-15} g und relative Nachweisempfindlichkeiten von 10^{-11} g/g möglich sind.

4 Methoden und Anwendungen der Funkenionisations-Massenspektrometrie

Von den für die massenspektrometrische Spurenanalyse anorganischen Probenmaterials geeigneten Ionisationsmethoden ist die Ionisierung im Plasma eines Hochfrequenzfunkens die universellste und anpassungsfähigste Methode. Es gibt kaum ein spurenanalytisches Problem, welches nicht mit dieser Ionenquelle gelöst werden könnte. Darin, daß die Möglichkeit besteht, alle im Probenmaterial befindlichen Elemente gleichzeitig und mit etwa gleicher Empfindlichkeit ionisieren und damit analysieren zu können, liegt die Stärke der Funkenionisations-Massenspektrometrie begründet. Sie ist für nichtselektive Analysenverfahren, also zur Übersichtsanalyse, und für selektive Analysenverfahren, in Verbindung mit der Isotopenverdünnungsanalyse, gleichermaßen geeignet. Ihre Hauptanwendungsbereiche sind die Spurenanalyse im ppm- und ppb-Konzentrationsbereich, in leitenden, halbleitenden und nichtleitenden Probenmaterialien. Mit speziellen Techniken ist die Analyse von Umweltproben, z. B. Wässern, Luftstaub, Flugasche, Pflanzenmaterial und biologischen Proben, möglich. Zum Ionennachweis wird auch heute noch ausschließlich die ionenempfindliche Photoplatte verwendet, nachdem Versuche mit elektrischen Nachweismethoden wenig erfolgreich waren.

Im folgenden sollen anhand einiger besonders charakteristischer Beispiele die Techniken der massenspektrometrischen Spurenanalyse dargestellt werden, wobei eine Einteilung in eine Spurenanalyse in leitendem, halbleitendem und nichtleitendem Probenmaterial insofern zweckmäßig ist, da sich die Arbeitstechniken zur Analyse dieser Probenmaterialiengruppen gleichen.

4.1 Spurenanalyse in leitendem Probenmaterial

Die massenspektrometrische Spurenanalyse leitenden Probenmaterials ist mit Funkenionisation problemlos. Die in eine geeignete Elektrodenform, meist runder Querschnitt von 1—3 mm Durchmesser oder quadratischer

Querschnitt von 2×2 mm, gebrachten Proben werden nach einer Oberflächenreinigung in die Ionenquelle eingebaut und abgefunkt. In der Regel werden die Proben zur Beseitigung organischer Verunreinigungen mit Trichloräthylen und metallischer Verunreinigungen mit verdünnter Salzsäure oder Flußsäure behandelt und mit deionisiertem Wasser nachbehandelt. Die Funkenparameter, das sind die Funkenspannung, die Impulsfolgefrequenz und die Impulsbreite, werden entsprechend den thermodynamischen Eigenschaften des Probenmaterials gewählt, um die Ionen-

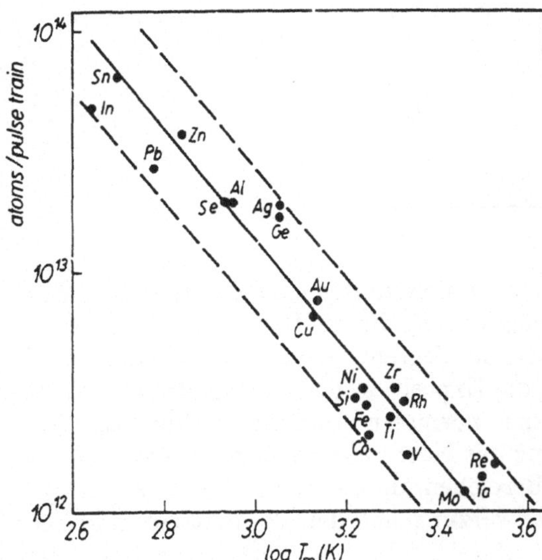

Abb. 13. Materialverbrauch pro Funkenimpuls für verschiedene Elemente in Abhängigkeit von deren Schmelztemperatur bei gleichem Funkenparameter [14]

ausbeute zu optimieren. So zeigt Abb. 13, daß die Zahl verdampfter Atome stark vom Schmelzpunkt des Materials abhängt [14]. Der Ionisierungsgrad hängt vom Ionisierungspotential des zu ionisierenden Atoms ab. Am besten lassen sich die komplizierten Verhältnisse der Verdampfung, Ionisation des Probenmaterials und die im Funkenplasma ablaufenden Vorgänge der Dissoziation, Assoziation und Rekombination in ihrer Gesamtheit durch eine Korrektur mit RSC-Werten erfassen.

Untersucht wurden bisher vor allem Reinstmetalle, wie Aluminium, Kupfer, Eisen, hochschmelzende Reinstmetalle, wie Wolfram, Tantal, Molybdän, niedrigschmelzende Reinstmetalle, wie Quecksilber, Gallium, Indium, Lithium, und hoch- und niedriglegierte Eisenverbindungen sowie Graphit.

Die Massenspektren von Reinstmetallproben sind dann relativ linienarm, wenn das Hauptelement mononuklid ist, z. B. Al, Co oder Au, oder wenn es nur wenige Nuklide besitzt, z. B. Cu, Ga, Ag, In oder Re. In diesen Fällen kommt es im Massenspektrum nur zu wenigen Interferenzen, die die Analyse stören könnten. Beispielsweise werden im Massenspektrum einer Reinstaluminiumprobe die in Tabelle 1 zusammengestellten Massenlinien des Hauptelementes auftreten, und man erkennt, daß das Massenspektrum des Aluminiums selbst linienarm ist. Die wenigen Linieninterferenzen beeinflussen eine Spurenanalyse nicht. Dagegen kommt es beim

Tabelle 1. Massenlinien des Hauptelementes im Massenspektrum einer Reinst-Aluminiumprobe und mögliche Linieninterferenzen

Linien bei der Massenzahl	Ion	Interferenz mit
5,396307	Al^{5+}	
6,7453837	Al^{4+}	
8,993845	Al^{3+}	$^{9}Be^{+}$
11,979801	$Al^{4+\rightarrow 3+}$	$^{12}C^{+}$
13,490767	Al^{2+}	
20,236151	$Al^{3+\rightarrow 2+}$	
26,981535	Al^{+}	
42,980685	$Al^{16}O^{+}$	
53,96307	Al_2^{+}	$^{54}Fe^{+}$
69,957985	$Al_2{}^{16}O^{+}$	
80,944605	Al_3^{+}	

Aluminium, wie auch bei anderen mononukliden und polynukliden Elementen, zu einer anderen Störmöglichkeit, die die Spurenanalyse wesentlich beeinflussen kann. Um die Nachweisgrenze eines Analysenverfahrens zu erreichen, steigert man i. allg. die Exposition der Photoplatte auf Werte bis zu 10^{-6} oder 10^{-5} As. Bei einer normalen Aufnahmetechnik ist diese aber nicht mit einer Verbesserung des Nachweisvermögens verbunden, da das Massenspektrum in weiten Bereichen um die Hauptlinie bzw. Hauptlinien eine starke Untergrundschwärzung auf der Photoplatte aufweist. Diese Schwärzungserscheinung („Halo-Effekt") hat ihre Ursache in einer Sekundär-Untergrundschwärzung, die durch positiv geladene Sekundärionen und Elektronen unter dem Einfluß des Streufeldes des Trennmagneten und einer Aufladung der Photoplatte hervorgerufen wird. Man kann diese Störung vermindern, indem man den Bereich der Photoplatte, in dem die Linien des Hauptelementes (der einfach und zweifach geladenen Atomionen) erscheinen, mit einer elektrisch leitfähigen Schicht versieht [15] oder die Photoplatte an dieser Stelle teilt, so daß der Ionenstrahl auf die Rückwand der Plattenkassette fällt [16]. Wie die Nachweisgrenzen durch die letztgenannte Methode gesenkt werden können, zeigt Abb. 14 am Beispiel eines mit $1 \cdot 10^{-5}$ As exponierten Aluminiumspektrums. Ein weiteres Problem bei der Spurenanalyse des Aluminiums und auch anderer mononuklider Elemente ist, daß das Matrixelement als Vergleichselement für die quantitative Analyse herangezogen werden muß. Die Vergleichsexposition wird aber in solchen Fällen bei sehr niedrigen Ladungsmengen am Monitor erreicht. Typische Werte liegen z. B. für Aluminium bei einigen 10^{-15} As. Solche geringen Ladungen lassen sich jedoch auch mit modernsten Meßmethoden nur schwierig messen. Ein Ausweg besteht darin, daß man den Probenmaterialverbrauch zur Erzielung der Vergleichsexposition erhöht, indem man mit der sogenannten „beamchopper"-Technik den Ionenstrahl intermittierend unterbricht [17].

Die massenspektrometrische Analyse erlaubt i. allg., bei leitendem Probenmaterial Nachweisgrenzen von einigen ppm bis 10^{-1} ppb problemlos zu erreichen. Daß dies auch bei komplizierten Massenspektren der Fall

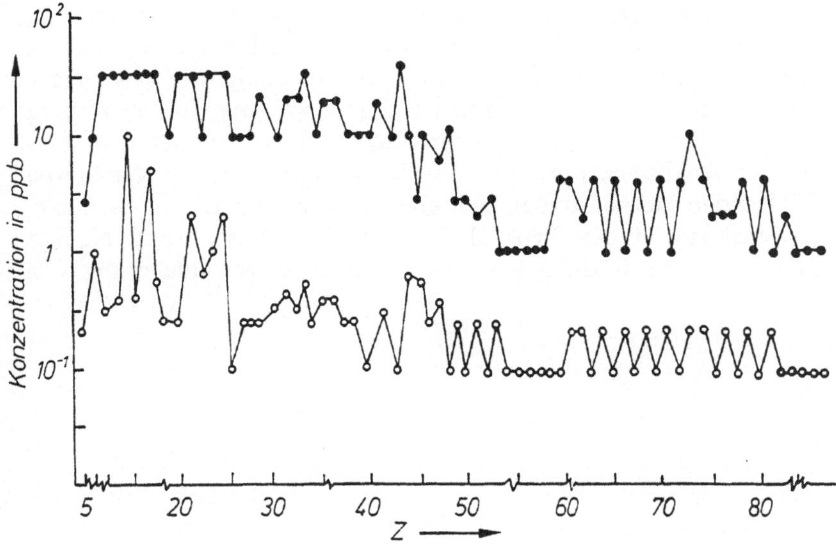

Abb. 14. Nachweisgrenzen für Spurenelemente in Aluminium • ohne Unterdrückung, ∘ mit Unterdrückung der Sekundär-Untergrundschwärzung [16]

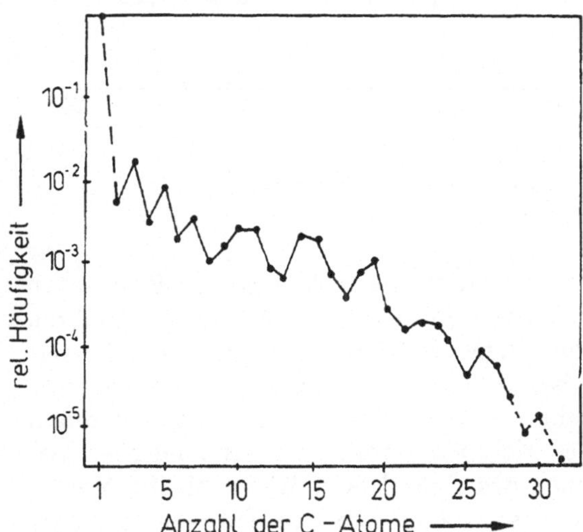

Abb. 15. Relative Häufigkeitsverteilung C_n^+/C^+ im Funkenplasma einer hochreinen Graphitprobe

sein kann, zeigt das Beispiel des Graphits. Für die Funkenquellen-Massenspektrometrie besitzt Graphit eine besondere Bedeutung, weil er vorzugsweise als leitendes Trägermaterial zur Herstellung von Elektroden aus nichtleitendem Probenmaterial eingesetzt wird. Vom Graphit (als Kohlenstoffmodifikation) mit seinen zwei Isotopen ^{12}C (Masse = 12.000 amu) und ^{13}C (Masse = 13.003354 amu) werden im Funkenplasma vielatomige Clusterionen des Typs C_n^+ mit n bis zu 31 gebildet (Abb. 15). Trotz der Vielzahl dieser Cluster im Massenspektrum des Graphits lassen sich etwa 70 Verunreinigungselemente im Reinstgraphit mit Nachweisgrenzen von einigen ppb und darunter bestimmen (Abb. 16).

Zur Verdampfung und Ionisierung hochschmelzender Reinstmetalle, wie z. B. Niob, Molybdän, Tantal und Wolfram, sind wesentlich höhere Energien zur Erzeugung eines Funkenplasmas notwendig. Der erreichbare mittlere Ionenstrom für solche Elemente liegt etwa eine Größenordnung niedriger als z. B. für Aluminium oder Kupfer. Das bedeutet eine Verlängerung der Analysenzeiten [18]. Im Massenspektrum der genannten hochschmelzenden Metalle finden sich eine Vielzahl von Linien der Molekül- und Clusterionen des Typs $M_nO_m^+$, $M_nN_m^+$, $M_nC_m^+$ und $M_nH_m^+$ (M = Metall), deren Bildung auf eine chemiesorptive Anlagerung von

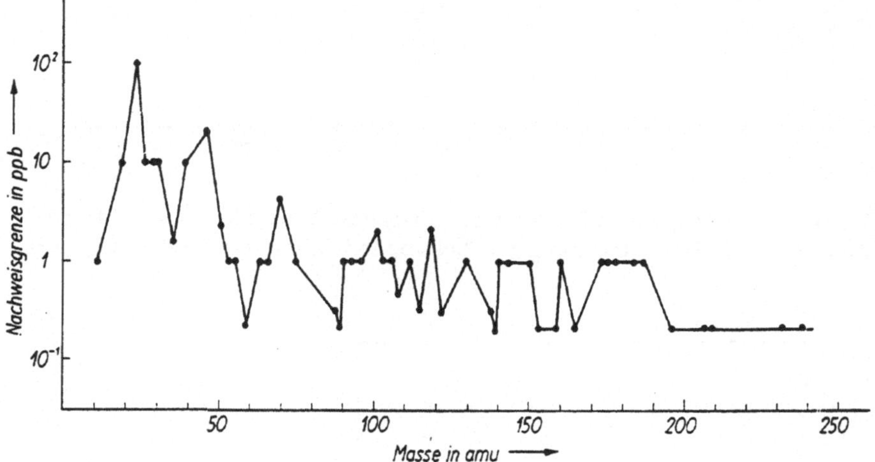

Abb. 16. Nachweisgrenzen für Spurenelemente im Graphit

Sauerstoff, Stickstoff, Kohlenstoff und Wasserstoff aus dem Restgas an der durch den Funken aufgeheizten Probenoberfläche zurückzuführen ist. Während in den Spektren der Elemente Niob und Tantal diese Clusterionen die Spurenanalyse wenig beeinflussen, kommt es im Massenspektrum des Molybdäns zu einer Vielzahl von Linieninterferenzen, bedingt durch die sieben stabilen Nuklide des Molybdäns mit annähernd gleicher Isotopenhäufigkeit. Durch die Ionen des Typs MoC^+, MoN^+, MoO^+, MoO_2^+, MoO_3^+, MoH^+, MoH_2^+ usw., von denen auch zweifach geladene Ionen gebildet werden, entsteht ein linienreiches Massenspektrum sowohl im Massenbereich unterhalb des Molybdäns als auch oberhalb. Zur gesicherten Spurenanalyse ist ein Massenauflösungsvermögen von > 5000 Voraussetzung, jedoch lassen sich auch dann einige Interferenzen nicht auflösen.

Aufgrund dieser Schwierigkeiten ergeben sich für die Spurenanalyse in hochschmelzenden Metallen Nachweisgrenzen, je nach Element und angewandter Analysentechnik, zwischen 1 ppm bis 0,01 ppm. In Tabelle 2 sind die Ergebnisse an einem hochreinen Niob-Einkristall zusammengefaßt. Auch Reinstmetalle mit niedrigem Schmelzpunkt, wie z. B. Ga, In, Hg, Na oder Li, wurden massenspektrometrisch analysiert. Solche Metalle lassen sich jedoch nicht mit den üblichen Ionenquellenausführungen untersuchen. Zu ihrer Analyse werden spezielle Ionenquellen eingesetzt, in denen das Probenmaterial während des Abfunkvorganges

Tabelle 2. Analysenergebnisse in ppm einer hochreinen Niobprobe (die Konzentration für die nicht aufgeführten Elemente ist kleiner als 1 ppm) [19]

Element	Konzentration	Element	Konzentration
C	15	Cr	0,54
N	32	Fe	0,45
O	0	Mo	1,9
Na	0,28	Ta	20
Al	11	W	0,56
Si	0,63		

mittels flüssigem Stickstoff gekühlt wird. Dazu bedient man sich im wesentlichen zweier Ausführungen von Ionenquellen, die schematisch in Abb. 17 dargestellt sind. Die Ionenquellenausführung (Abb. 17b) mit direkt gekühlten Elektroden wird häufig auch zur Spurenanalyse höherschmelzenden Probenmaterials mit Schmelzpunkten > 500 °C eingesetzt, um zu verhindern, daß leichtflüchtige Spurenkomponenten fraktioniert verdampfen.

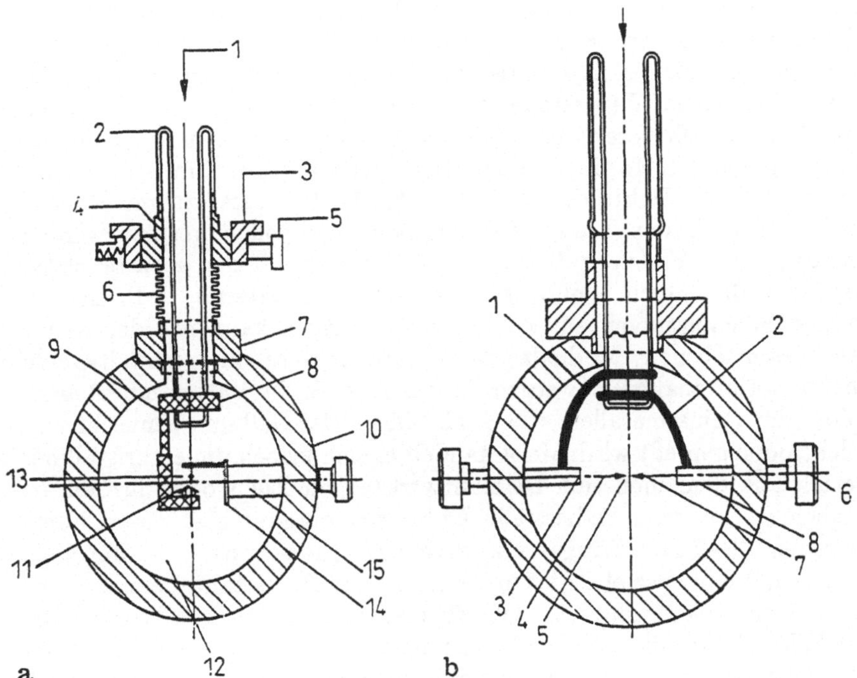

Abb. 17. Hochfrequenzfunken-Ionenquelle zur Ionisierung leitenden Probenmaterials mit niedrigem Schmelzpunkt. **a** *1* flüssiger Stickstoff, *2* Dewargefäß, *3* und *4* Glas-Metallverbindung, *5* Halterung, *6* Faltenbalg, *7* Vakuumdichtung, *8* und *9* Tiegelhalterung, *10* Ionenquellengehäuse, *11* Probentiegel, *12* Ionenquellenraum, *13* Gegenelektrode, *14* Elektrodenhalterung, *15* Isolator. **b** *1* und *2* Verbindung zwischen Dewargefäß und Probenhalterung, *3* und *8* Elektrodenhalterung, *4* und *7* Elektroden, *5* Funken, *6* Elektrodenverstellung

Durch die Maßnahmen der Kühlung des niedrigschmelzenden Probenmaterials lassen sich Nachweisgrenzen bis in den 10-ppb-Bereich erreichen. Durch geeignete Maßnahmen, wie z. B. spezielle Probenreinigungsmethoden und Verbesserung des Vakuums in der Ionenquelle, ist es auch möglich, gasförmige Verunreinigungen in Reinstmetallproben, aber auch in Halbleitermaterial, nachzuweisen. Durch die Kombination einer heliumgekühlten Cryosorptionspumpe in der Ionenquelle und einer an das Ionenquellengehäuse direkt angeflanschten Turbomolekularpumpe gelingt es, einen Druck von 10^{-7} Pa auch während des Abfunkvorganges aufrechtzuerhalten. Dadurch ist die Bestimmung von Wasserstoff, Stickstoff und Sauerstoff im Konzentrationsbereich bis zu 1 ppm möglich [20].

4.2 Spurenanalyse in halbleitendem Probenmaterial

Halbleitendes Probenmaterial läßt sich im Hochfrequenzfunken-Plasma bei Einhaltung bestimmter Anregungsbedingungen ionisieren. Untersucht wurden bisher Ausgangsmaterialien zur Halbleiterproduktion und halbleitende III-V-Verbindungen, wie z. B. Si, Ge, Ga, As, GaAs, GaP, InSb, GaSb usw. Die zu wählenden optimalen Anregungsbedingungen sind bei halbleitendem Probenmaterial, dessen thermodynamische und elektrische Eigenschaften außerordentlich stark variieren können, besonders kritisch, so daß sehr unterschiedliche Parameter gewählt werden müssen. So läßt sich z. B. einkristallines Silicium mit niedrigem spezifischem elektrischem Widerstand wie eine metallische Probe ionisieren, während GaAs sich bereits bei üblichen Funkenparametern (z. B. Folgefrequenzen von 1 KHz und Impulslängen von 100 μs) infolge der Aufheizung der GaAs-Elektroden auf 800 °C bis 1000 °C zersetzt und As verdampft, wodurch das Analysengleichgewicht erheblich gestört werden kann. In solchen Fällen muß man die Elektroden mit der oben beschriebenen Methode kühlen. Polykristallines Ausgangsmaterial, z. B. metallurgisches Siliciumpulver zur Halbleiterproduktion, kann mit der weiter unten beschriebenen Methode zur Spurenanalyse in nichtleitendem Probenmaterial analysiert werden, indem es z. B. als Pulver mit Reinstgraphit oder Reinstmetallen, wie Gold, Silber oder Gallium, gemischt und zu Elektroden gepreßt wird. Meist handelt es sich jedoch um einkristallines Material, aus dem man mit Diamantwerkzeugen Elektroden in den erforderlichen Abmessungen herstellt. Es hat sich als günstig erwiesen, kurze Elektroden (3—5 mm Länge) mit geringem Querschnitt (~ 1 mm^2) zu verwenden, die in spezielle Elektrodenhalter aus Reinsttantal eingespannt werden. Zur Beseitigung von Oberflächenverunreinigungen werden die in der Mikroelektronik üblichen Reinigungsmethoden angewandt. Da beim Halbleitermaterial die Verunreinigungskonzentrationen niedrig sind, meist im ppb-Bereich, müssen maximale Expositionen von 10^{-6} As und höher angewendet werden. Dies führt aber zu der bereits beschriebenen Sekundär-Untergrundschwärzung der Photoplatte. Hinzu kommt, daß man bei der Analyse halbleitenden Materials meist nicht das zur Trennung von Linieninterferenzen notwendige Massenauflösungsvermögen erreicht, da die gebildeten Ionen hohe Anfangsenergien besitzen. Daß trotz dieser Schwierigkeiten für das wohl am häufigsten massenspektro-

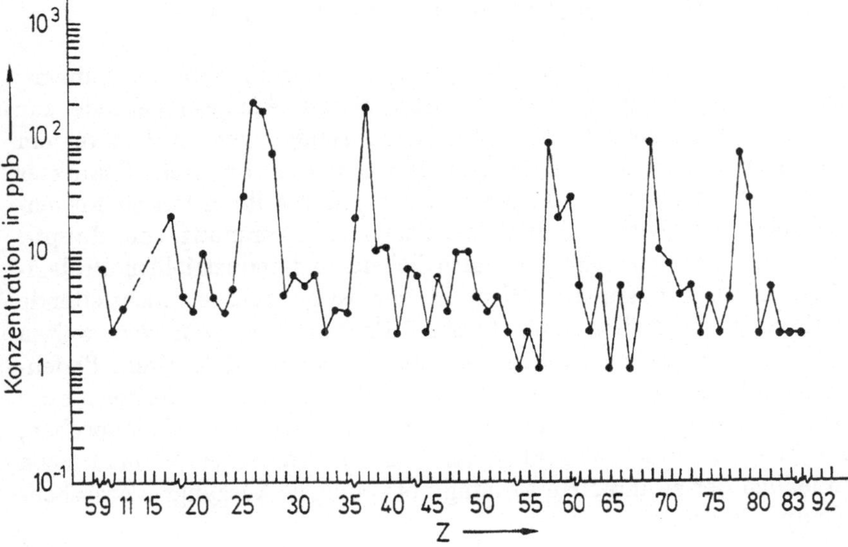

Abb. 18. Nachweisgrenzen für Spurenelemente in Silicium [21]

metrisch untersuchte Halbleiter-Silicium beachtliche Nachweisgrenzen erreicht werden können, zeigt Abb. 18. Daß auch für andere Materialien der Mikroelektronik diese Nachweisgrenzen erreicht werden können, kann man Tabelle 3 entnehmen.

Tabelle 3. Zahl bestimmbarer Elemente und deren Nachweisgrenzen in verschiedenen mikroelektronischen Materialien [22]

	Zahl der Elemente		
Matrix	1 ppb	10 ppb	100–1 000 ppb
Si	38	31	4
Ge	36	21	13
In	46	20	5
As	55	12	4
GaAs	34	33	5

Die angegebenen Nachweisgrenzen gelten auch für andere Probenmaterialien, wie GaP oder II-VI-Verbindungen (CdS, CdSe, ZnS u. a.). Bei den erreichbaren Nachweisgrenzen ist es oft nicht möglich, mit der SSMS Elemente im sub-ppb-Bereich nachzuweisen. Deshalb wird oft nur die Garantiegrenze für Reinheit angegeben. Elemententempfindlichkeitsfaktoren (RSC) werden an dem metallurgischen Ausgangsmaterial bestimmt und zur Korrektur der Analysenwerte auch hochreiner Proben benutzt.

4.3 Spurenanalyse in nichtleitendem Probenmaterial

Die bisher angeführten Anwendungsbeispiele zeigen, daß die Funkenquellen-Massenspektrometrie eine leistungsfähige Analysenmethode zur Multielement-Bestimmung von Spurenverunreinigungen in hochreinem Probenmaterial bis in den ppb-Bereich darstellt. Der universelle Charakter dieser Analysenmethode wird noch deutlicher durch ihren weiten Anwendungsbereich zur gleichzeitigen Konzentrationsbestimmung von Haupt-, Neben- und Spurenelementen in natürlichem und industriellem Probenmaterial. Diese Probenmaterialien, in der Regel sind es nichtleitende pulverförmige, kristalline oder flüssige Proben, umfassen den weiten Bereich der geologischen Proben (Gesteine, Minerale, Meteoriten, Bodenproben u. a.), der biologischen Proben (Pflanzenaschen, tierische oder humane Gewebeproben), Umweltproben (Filterstäube, Bodenproben, Wässer u. a.) und die Vielzahl technischer anorganischer Verbindungen einschließlich der zu ihrer Herstellung notwendigen Ausgangs-, Zwischen- und Endprodukte.

Probenmaterial in Form von nichtleitendem Pulver wird mit einem leitenden ultrareinen Metallpulver (Gold, Silber oder andere) bzw. Graphit

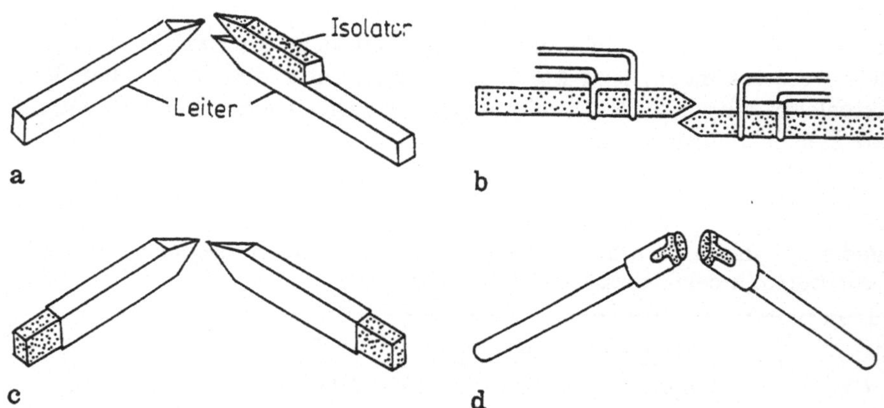

Abb. 19. Elektrodenformen zur massenspektrometrischen Analyse nichtleitender kompakter Proben. **a** Probe zusammen mit einer leitenden Elektrode eingespannt, **b** Probe wird mit Golddraht gehalten, **c** Probe mit aufgedampfter leitender Oberfläche, **d** Probe in Reinstmetall (Al oder Au)-Elektroden eingeklemmt

höchster Reinheit, meist gemischt im Verhältnis 1:1, homogenisiert und zu Elektroden gepreßt. Aus kompaktem nichtleitendem Probenmaterial, z. B. Einkristallen, werden kleine Elektroden geschnitten und mit den in Abb. 19 dargestellten Möglichkeiten in die Ionenquelle eingebaut. Flüssigkeiten, insbesondere kleinste Mengen, werden auf der Stirnfläche von Elektroden aus hochreinem leitendem Material eingedampft. Größere Flüssigkeitsmengen werden in Teflongefäßen eingedampft, die Rückstände homogenisiert und wie andere nichtleitende Pulver vorbereitet. Zur Durchführung quantitativer Analysen pulverförmigen Probenmaterials wird der Mischung aus Probenmaterial und leitendem Trägermaterial eine bekannte Konzentration eines Standardelementes zugemischt, auf das bezogen die Spurenelementkonzentrationen bestimmt werden. Als Internstandardelement werden hochreine Verbindungen der Elemente Rhenium (^{185}Re und ^{187}Re), Indium (^{113}In und ^{115}In), Lutetium (^{175}Lu und ^{176}Lu) oder Yttrium (^{89}Y) eingesetzt. Auch ist es möglich, ein in der Probe enthaltenes Element als internen Standard zu verwenden, wenn dessen Konzentration mit einem anderen Analysenverfahren bestimmt wurde. Die Richtigkeit der Analysenergebnisse wird durch relative Elementempfindlichkeitsfaktoren (RSC) gewährleistet, die entweder mit Standardprobenmaterial, besonders im Falle geologischer Proben, oder mit synthetischen Standardmischungen bestimmt werden. Vorbedingung für diese RSC-Bestimmung ist, daß das Standardprobenmaterial bezüglich seiner chemischen Zusammensetzung und der Konzentration der Hauptelemente weitgehendst mit denen der späteren Analysenprobe übereinstimmt. Eine ausreichende homogene Verteilung der Elemente im Probenmaterial ist für die Richtigkeit und Reproduzierbarkeit der massenspektrometrischen Analysenergebnisse eine wichtige Voraussetzung und ist für die SSMS deshalb ein Problem, weil für eine Analyse gewöhnlich nicht mehr als eine Gesamtmenge von 3–5 mg Probenmaterial verbraucht werden. Aus diesem Umstand ergeben sich besonders bei der Analyse von Pulverproben Probleme, zu deren Behebung besonders Maßnahmen zur Homogenisierung der Mischung aus Probenmaterial, leitendem Trägermaterial und dem Internstandardelement angewendet werden müssen. Einzelheiten zur Probenpräparation nichtleitenden Probenmaterials können der Literatur [8] entnommen werden.

Das analytische Leistungsvermögen der Funkenquellen-Massenspektrometrie nichtleitenden Probenmaterials zeigt sich besonders deutlich am Beispiel der Analyse geologischen Probenmaterials. Sie ist eine empfindliche, schnelle und genügend genaue Übersichtsanalysenmethode zur gleichzeitigen Elementkonzentrationsbestimmung von gewöhnlich bis zu 70 Elementen bis in den ppb-Konzentrationsbereich. Als leitendes Trägermaterial wird meist hochreiner Graphit eingesetzt. Dies geschieht nicht nur aus Kostengründen, sondern auch deshalb, weil die geringen Korndurchmesser des Graphits günstige Homogenitätseigenschaften der Elektroden ermöglichen und damit auch günstige Abfunkeigenschaften im Hochfrequenzfunken. Von Nachteil ist dagegen die ausgeprägte Bildung von Clusterionen im Funkenplasma, deren Häufigkeitsverteilung aber bekannt ist, sowohl der Clusterionen des Typs C_n^+ als auch der Carbidionen des Typs MeC_n^+ [23, 24]. Um die dadurch hervorgerufenen Linieninterferenzen zwischen Analysenlinien und den Linien der Clusterionen aufzulösen, ist i. allg. ein Massenauflösungsvermögen von 8000 ausreichend. Bei diesem Massenauflösungsvermögen stören die C_n^+-Ionen die Analyse nicht, sondern ihr Auftreten im gesamten Massenbereich (C_{30}^+ = 360 amu) erleichtert eine Orientierung im Massenspektrum.

Die analytische Leistungsfähigkeit der Methode zeigt Abb. 20, in der die massenspektrometrischen Analysenergebnisse für den US Geological Survey Basalt-Standard BCR-1 über den Zertifikatwerten für diesen Standard aufgetragen wurden.

Für die Analyse terrestrischen und extraterrestrischen Probenmaterials gibt es grundsätzlich keine Einschränkung bezüglich eines hohen erreichbaren Nachweisvermögens. Lediglich die Nachweisgrenzen für Elemente in der Nähe der von Probenmaterial zu Probenmaterial unterschiedlichen Hauptelemente unterscheiden sich. Besonders günstig ist die Bestimmung der Seltenen-Erden-Elemente. Die Massenspektrometrie erlaubt einen schnellen und vollständigen Vergleich aller Seltenen-Erden-Elemente in einer geologischen Probe. So ist u. a. ein schneller Vergleich der Seltenen-

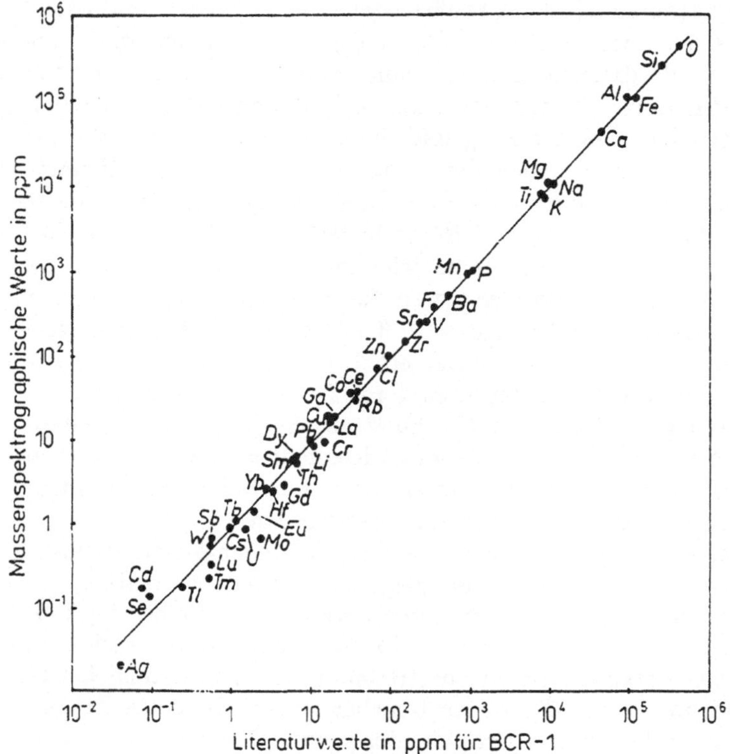

Abb. 20. Vergleich massenspektrometrischer Analysenergebnisse mit den Literaturwerten für den US Geol. Survey Standard BSR-1 [25]

Erden-Elemente über einen Elementkonzentrationsbereich von mehr als 3 Größenordnungen verschiedener Mineralfraktionen eines geologischen Probenmaterials möglich. In Tabelle 4 sind die Analysenergebnisse der Seltenen-Erden-Bestimmung an Ostseeschwermineralfraktionen vergleichsweise zusammengestellt [26].

Bei der Spurenanalyse an Umweltproben besteht analytisch praktisch kein Unterschied gegenüber der Analyse geologischer Proben. Die Analyse von Umweltproben mittels Funkenquellen ist zwar aufwendig und zeitraubend, sie erlaubt aber die simultane Bestimmung von etwa 60 bis 70 Elementen im ppb-Bereich. Das gilt für die Spurenanalyse von geothermalen Wässern, deren Analyse von geochemischem als auch von umweltanalytischem Interesse ist, wie auch für die Analyse von Oberflächenwässern. Vergleichende Untersuchungen an geothermalen Wässern

Tabelle 4. Massenspektrometrische Analysenergebnisse der Seltenen-Erden-Elementbestimmungen an Ostsee-Schwermineralfraktionen (in ppm) [26]

REE	REE-Elementkonzentration [ppm]				
	Granat	Ilmenit	Magnetit	Zirkon	Rutil
Y	690	85	50	4400	1100
La	125	13	42	145	235
Ce	280	28	87	330	565
Pr	37	3,0	15	50	54
Nd	130	13	51	220	225
Sm	40	3,1	9,3	85	55
Eu	2,5	0,6	1,4	18	6,5
Gd	32	2,7	5,6	115	55
Tb	9,0	0,6	0,9	30	11
Dy	87	6,4	7,4	310	110
Ho	24	1,7	1,2	100	29
Er	81	6,1	5,1	420	105
Tm	17	1,3	1,1	90	20
Yb	140	13	9,9	860	180
La	15	1,3	0,9	115	25

mit Funkenquellen-Massenspektrometrie und Neutronenaktivierungsanalyse ergaben erstaunlich gute Übereinstimmung der Analysenergebnisse für die Elemente Cs, W, Mo und As im ppb-Bereich [27].

Wird die SSMS mit einem physikalischen Anreicherungsverfahren kombiniert, erhält man die in Tabelle 5 zusammengestellten Nachweisgrenzen. Um Linieninterferenzen durch organische Bestandteile im Probenmaterial auszuschließen, wird dieses einer Niedrig-Temperatur-Veraschung unter-

Tabelle 5. Nachweisgrenzen einiger typischer Elemente in geothermalen Wässern für die Funkenquellen-Massenspektrometrie (SSMS) und die Neutronenaktivierungsanalyse (NAA) in ppb [27]

Element	Nachweisgrenze		Element	Nachweisgrenze	
	SSMS	NAA		SSMS	NAA
B	1,0	–	Sr	0,07	30
Ti	0,08	2	Rb	0,06	3,0
V	0,09	0,01	Mo	1,3	0,5
Cr	0,15	0,7	Cs	0,1	0,1
Mn	0,07	0,1	W	4	1,0
Fe	0,1	15	Ba	0,4	30
Cu	0,1	1,0	Zr	0,7	25
Zn	0,15	3	Ag	0,1	0,4
Ga	0,2	40	Cd	0,6	6,0
Ge	0,4	–	Sb	0,4	0,1
As	0,15	0,1	Sn	0,6	–
			Pb	1,3	–

zogen. Diese Veraschungsmethode ist besonders günstig in Hinblick auf eine Vermeidung von Verlusten der leichtverdampfbaren Spurenbestandteile im Probenmaterial.

Die vorteilhaften Eigenschaften der Funkenquellen-Massenspektrometrie — Multielement-Übersichtsanalyse und extreme Empfindlichkeit — machen diese Methode, trotz eines relativ hohen Zeitaufwandes von 5 h pro Analyse, zu einer bevorzugten Analysenmethode bei der Analyse

Tabelle 6. Nachweisgrenzen (NWG) ausgewählter Spurenelemente für Luftstaub- und Flugascheproben in ppm [28]

Element	NWG	Element	NWG	Element	NWG
P	0,11	Ge	0,67	Cs	0,11
Cl	0,63	As	0,14	Ba	0,52
K	0,08	Se	0,58	La	0,71
Ca	0,08	Br	0,31	Ce	0,67
Sc	0,43	Rb	0,11	Nd	2,2
Ti	0,33	Sr	0,28	Sm	0,87
V	0,26	Y	0,47	Eu	0,55
Cr	0,25	Zr	0,75	Tb	0,53
Mn	0,19	Nb	0,30	Yb	1,4
Fe	0,22	Mo	1,3	Lu	0,53
Co	0,19	Ag	0,27	Hf	1,3
Ni	18	Cd	3,0	W	1,7
Cu	0,30	In	0,15	Pb	0,83
Zn	0,36	Sn	0,64	Bi	0,69
Ga	0,20	Sb	0,61	Th	0,77
				U	0,63

von Flugasche und Luftstaub. So lassen sich mehr als 50 Spurenelemente in diesen Umweltproben mit einer mittleren relativen Standardabweichung von $\pm 20\%$ mit den in Tabelle 6 angegebenen Nachweisgrenzen bestimmen [28]. Aus Abb. 21 kann man die Richtigkeit solcher Analysen am Beispiel des Vergleichs der massenspektrometrischen Analysenergebnisse und der Zertifikatwerte einer Bodenstaubprobe (IAEA-SOIL 5-Standard) erkennen.

Spurenelemente besitzen einen nicht unbedeutenden Einfluß auf den Ablauf biologischer Prozesse. Dabei ist es günstig, wenn die Gesamtheit aller Spurenverunreinigungen gemessen werden kann. Naturgemäß bietet sich auch zur Lösung dieses Analysenproblems die Funkenquellen-Massenspektrometrie an. Dementsprechend wurden zahlreiche massenspektrometrische Untersuchungen zur Spurenanalyse in biologischem Probenmaterial durchgeführt. So wurden an Humanproben (Haare, Blutserum, Gewebeproben u. a.) und Pflanzenmaterial Übersichtsanalysen mit Nachweisgrenzen im ppb-Bereich durchgeführt. Ein sehr weitgespanntes Anwendungsgebiet für die massenspektrometrische Spurenanalyse ist die Analyse technischer Produkte, das sind z. B. Metalloxide, Sulfide, Chloride und Phosphide der Elemente, die als Zwischen- oder Endprodukt indu-

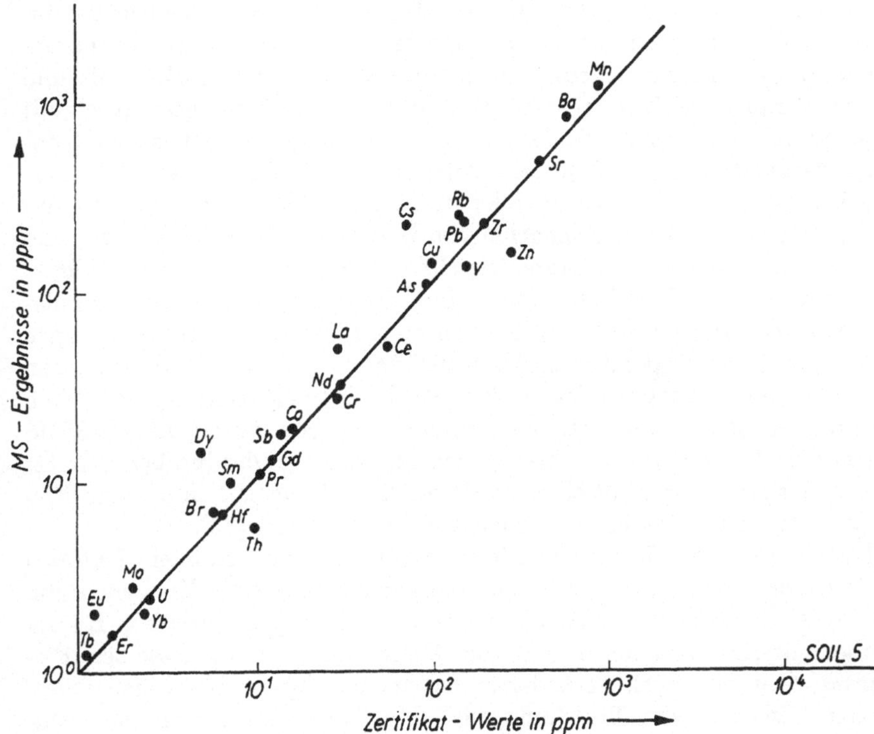

Abb. 21. Vergleich der SSMS-Ergebnisse und Zertifikatwerte für den IAEA-SOIL 5-Standard [29]

strieller chemischer oder physikalischer Prozesse entstehen und an die hohe Reinheitsforderungen gestellt werden, so z. B. Ausgangsmaterialien zur Kristallzüchtung, Halbleiterproduktion u. a. Probenvorbereitung, Analysenverfahren und Analysenergebnisse für dieses Probenmaterial entsprechen den oben gemachten Ausführungen zur Spurenanalyse nichtleitenden Probenmaterials.

4.4 Isotopenverdünnungsanalyse in Verbindung mit Funkenionisation (ID-SSMS)

Die Richtigkeit der Analysenergebnisse der Funkenquellen- und Laserionisations-Massenspektrometrie ist abhängig von der Verfügbarkeit geeigneter Standardproben mit gut gesicherten Elementkonzentrationswerten, mit denen die RSC-Werte bestimmt werden können. RSC-Werte können aber nur mit den für die SSMS üblichen relativen Standardabweichungen von $\pm 5\%$ bis 25% bestimmt werden. In diesen Grenzen bewegt sich dann auch die Richtigkeit der Analysenergebnisse. Die Richtigkeit und Reproduzierbarkeit der Spurenanalyse läßt sich durch die Anwendung der Isotopenverdünnungsanalyse mit stabilen Isotopen (IVA) wesentlich verbessern. Die Isotopenverdünnungsanalyse ist eine standardfreie Analysenmethode zur Absolutbestimmung von Spurenelementen.

Die IVA läßt sich mit der Funkenquellen-Massenspektrometrie kombinieren, so daß man ein Analysenverfahren zur Bestimmung von Spurenelementen in anorganischem Probenmaterial mit hoher Richtigkeit und hoher Empfindlichkeit erhält. Die Isotopenverdünnungsanalyse mit stabilen Isotopen wird seit langem zur massenspektrometrischen Konzentrationsbestimmung kleinster Probenmengen in Feststoffen mit thermischer Oberflächenionisation oder von Gasen mit Elektronenstoßionisation eingesetzt. Die Kombination von Isotopenverdünnungsanalyse und Funkenquellen-Massenspektrometrie (**I**sotope **D**ilution **S**park **S**ource **M**ass **S**pectrometry = ID-SSMS) erlaubt die genaue Bestimmung von geringsten Konzentrationen auch von Elementen mit hohen Ionisierungsenergien und hohen Siedetemperaturen, deren Bestimmung mit den obengenannten Methoden nicht möglich ist, wobei die Probenvorbereitung wesentlich vereinfacht ist. Als absolute Bestimmungsmethode wurde die ID-SSMS zuerst zur Bestimmung von Spurenelementen in Standardproben benutzt [30, 31], später zur Multielement-ID-SSMS, mit der 20 und mehr Elemente gleichzeitig bestimmt werden können, erweitert [32].

Das Prinzip der Isotopenverdünnungsanalyse mit stabilen Isotopen ist folgendes (Abb. 22): Zur Bestimmung der Menge bzw. Konzentration Q_P eines Elementes P mit der natürlichen Isotopenhäufigkeit H_P im Probenmaterial wird der Probe eine Menge Q_T (Tracer) desselben Elementes, aber mit stark veränderter Isotopenhäufigkeit H_T, hinzugefügt. In der Mischung von Probenmaterial und Tracer mißt man die resultierende Isotopenhäufigkeit H_x. Die Konzentration Q_P des zu analysieren-

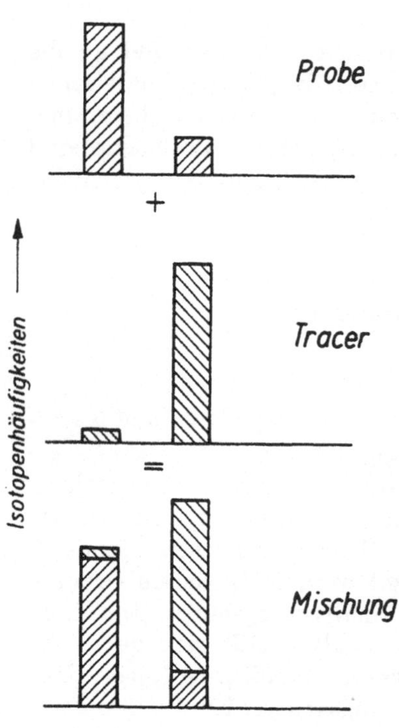

Abb. 22. Prinzip der Isotopenverdünnungsanalyse mit stabilen Isotopen

den Elementes P ergibt sich mit der Analysengleichung des IVA:

$$Q_P = Q_T \frac{H_T - H_x}{H_x - H_P} \cdot A$$

wobei A ein Umrechnungsfaktor ist, der sich bei der Umrechnung von der Anzahl der Atome in Gewichtseinheiten ergibt.

Diese Methode ist i. allg. auf die Bestimmung von Elementen mit zwei oder mehr Isotope beschränkt. Monoisotope Elemente, für deren Bestimmung nur die Massenlinie eines interferenzfreien Isotopes zur Verfügung steht, können mit einer speziellen Methode der ID-SSMS analysiert werden. Diese Methode beruht darauf, daß zur Bestimmung dieses Elementes ein in der Masse benachbartes polyisotopes Element mit etwa den gleichen physikalischen Eigenschaften als Internstandard dient. Beispielsweise ist es mit dieser Methode möglich, Konzentrationen des monoisotopen Elementes Niob in geologischem Probenmaterial in einem Konzentrationsbereich von 5 ppb bis 500 ppm mit Richtigkeiten und Reproduzierbarkeiten von 12% bis 4% zu bestimmen, wenn Zirkonium als Internstandard verwendet wird [33].

Die ID-SSMS-Methode wird derzeit am häufigsten zur Analyse geologischen Probenmaterials zur gleichzeitigen Bestimmung von etwa 20 Elementen eingesetzt. Dabei werden zwei Probenvorbereitungsverfahren angewendet. Bei der direkten Methode wird eine Tracerlösung mit Reinstgraphit gemischt, und mit dieser Graphit-Tracer-Mischung werden dann in der üblichen Weise Elektroden aus dem Probenmaterial und dieser Mischung gepreßt. Bei der zweiten Methode werden das Probenmaterial und der Tracer gleichzeitig mit Säure in Lösung gebracht, die Lösung eingedampft und der Rückstand mit Reinstgraphit zu Elektroden gepreßt [siehe Abb. 23].

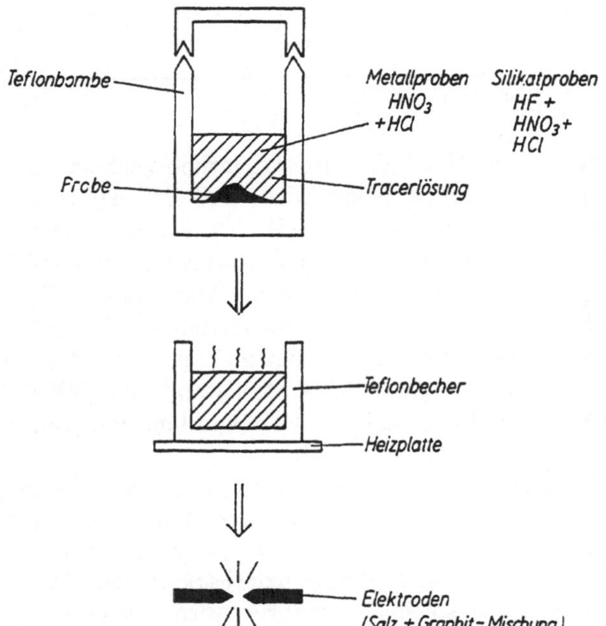

Abb. 23. Schema der Probenvorbereitung zur ID-SSMS [34]

In Tabelle 7 sind die Meßergebnisse für zwei geologische Standardproben, gemessen mit der ID-SSMS (Tracer dem Graphit zugemischt) und der SSMS, verglichen mit den Zertifikatwerten, zusammengestellt. Durch die ID-SSMS kann die Reproduzierbarkeit der Analysenergebnisse gegenüber der SSMS teilweise um etwa Faktor 2 verbessert werden. Jedoch sind die Unterschiede bezüglich der Richtigkeit der Analysenergebnisse gegenüber der SSMS nicht sehr groß, wenn die SSMS-Ergebnisse mit genau bestimmten RSC-Werten korrigiert werden können [36], d. h., der erhöhte analytische Aufwand der ID-SSMS ist nur dann sinnvoll, wenn keine oder unsichere RSC-Werte verfügbar sind.

Tabelle 7. Vergleich der Analysenergebnisse der Multielement-ID-SSMS und SSMS mit den Zertifikatwerten für einige Elemente im ZGI-GM- und ZGI-TB-Standard [35]

Konzentration in ppm

Element	ZGI-GM			ZGI-TB		
	ID-SSMS	SSMS	ZGI	ID-SSMS	SSMS	ZGI
Ti	1350 ± 85	890	1200	5480 ± 150	3800	5580
Fe	13500 ± 800	–	14140	49000 ± 1000	–	48440
Cu	15 ± 1,5	12	13	48 ± 2	41	50
Zn		29	40	90 ± 2	89	95
Sr	133 ± 10	160	133	175 ± 19	103	155
Zr	145 ± 6	145	145	171 ± 9	235	175
Nd	22 ± 3	26	(27)	49 ± 2,5	49	(50)
Sm	7,5 ± 0,5	6,8	6	8,5 ± 0,6	15	9
Eu	0,85 ± 0,1	1,0	0,6	1,8 ± 0,1	2,0	1,6
Dy	6,5 ± 0,5	7,3	(6)	10 ± 0,5	–	(4)
Er	1,6 ± 0,2	2,4	(2)	1,7 ± 0,2	2,3	(1)

Die Genauigkeit der Multielement-ID-SSMS wird wesentlich verbessert, wenn das Probenmaterial mit dem Tracer gelöst wird, weil sich dadurch eine homogenere Mischung beider Komponenten ergibt. So gelingt es mit dieser Methode, in geologischem Probenmaterial Spurenelemente mit etwa ±3% Standardabweichung bis in den ppb-Bereich zu bestimmen. Mit der Methode der ID-SSMS lassen sich alle Probenmaterialien, die mit Säuren gelöst werden können, analysieren. Als Beispiel dafür sind in Tabelle 8 die Ergebnisse der Spurenanalyse eines Stahlstandards (NBS 1161), die mit der ID-SSMS und der SSMS erhalten wurden, mit den zertifizierten Konzentrationswerten verglichen [34].

Wird die ID-SSMS mit einem Trenn- oder Anreicherungsverfahren kombiniert, z. B. indem die Abtrennung der zu analysierenden Elemente von der Matrix mittels Ionenaustausch vorgenommen wird, kann die Nachweisempfindlichkeit, Richtigkeit und Reproduzierbarkeit der ID-SSMS verbessert werden. Mit einem solchen Verfahren wird jedoch ein Vorteil der ID-SSMS, die einfache Probenvorbereitung, aufgegeben. So kann man die Seltenen Erden als Gruppe durch Ionenaustausch abtrennen und in der üblichen Weise analysieren, wobei als leitendes Trägermaterial statt Graphit Goldpulver verwendet wird, um Interferenzen durch Carbidionen zu vermeiden [37]. Eine weitere Verbesserung der Richtigkeit und Reproduzierbarkeit der Analysenergebnisse sowie niedrigere Nachweisgrenzen konnten durch eine als „Tip-Top-Technik“ bezeichnete ID-SSMS-Methode erreicht werden [38]. Bei diesem Verfahren wird die Proben-Tracer-Lösung auf die Stirnfläche einer Reinstgraphitelektrode stufen-

Tabelle 8. Vergleich der Analysenergebnisse der Spurenelementbestimmung in einem Stahlstandard (NBS 1161) ID-SSMS mit Lösungsmethode und direkter SSMS. Konzentrationswerte in Gw.-% [34]

Element	ID-SSMS		SSMS		NBS-Wert
	Konzentration	σ [%]	Konzentration	σ [%]	
P	0,051 ± 0,003	5,9	0,031 ± 0,005	16	0,053
V	0,024 ± 0,001	4,2	0,033 ± 0,004	12	0,024
Cr	0,119 ± 0,007	5,9	0,16 ± 0,01	6,3	0,13
Cu	0,327 ± 0,005	1,5	0,33 ± 0,02	6,1	0,34
As	0,024 ± 0,002	8,3	0,014 ± 0,002	11	0,028
Mo	0,313 ± 0,005	1,6	0,29 ± 0,04	14	0,30
W	0,0119 ± 0,0003	2,5	0,013 ± 0,002	15	0,12

weise in Mengen von 0,1 µl aufgegeben und eingedampft. Die Lösung dringt dabei bis zu 0,5 mm Tiefe in die Elektrodenoberfläche ein. Der Vorteil ist, daß geringste Probenmengen, z. B. 5—20 pg für Seltene Erden, für eine Spurenbestimmung ausreichend sind. So lassen sich mit dieser Methode Seltene Erdenelemente mit einer Richtigkeit und Reproduzierbarkeit zwischen 1% und 5% (für Probenmengen > 10 ng) bestimmen.

4.5 Spurenanalyse in radioaktivem Probenmaterial

Die Funkenquellen-Massenspektrometrie mit ihrer hohen Empfindlichkeit, die eine Spurenanalyse bei Probenmengeneinsatz von mg, für einzelne Elemente von pg- oder ng-Mengen, mit Nachweisgrenzen im ppb-Bereich erlaubt, ist eine ideale spurenanalytische Übersichtsanalysenmethode für radioaktives Probenmaterial. Hinzu kommt, daß durch die Anpassungsfähigkeit der SSMS radioaktives Material in fester, pulverförmiger oder flüssiger Form analysiert werden kann [39]. Die Probenvorbereitung zur Analyse unterscheidet sich nicht von den bereits beschriebenen Methoden. Lediglich die entsprechenden Strahlenschutzbestimmungen beim Umgang mit radioaktivem Material müssen eingehalten werden. Die Probenvorbereitung (Zerkleinerung des Probenmaterials, Mischen, Elektrodenpressen, Aufbringen von Lösungen auf Elektroden usw.) sollte zweckmäßigerweise in einem Laboratorium der entsprechenden Laborklasse erfolgen, da man i. allg. ein Massenspektrometer nur in Laboratorien für schwach radioaktive Strahlung unterbringen sollte. Um die Ionenquelle des Massenspektrometers ist eine spezielle „glove box“ anzuordnen, die eine Kontamination der Geräteumgebung ausschließt. Wegen der Kontamination des Massenspektrometers, die durch die Akkumulation radioaktiven Materials an den einzelnen Bauteilen des Gerätes mit der Zahl der durchgeführten Analysen ansteigt, sollte ein Funkenquellen-Massenspektrometer nur zur Analyse radioaktiven Materials Verwendung finden. Dies wird nicht dadurch eingeschränkt, daß etwa 90% der radioaktiven Kontamination im Ionisierungsraum und in der Ionenbeschleunigungsblende gemessen werden [40]; schwerer nachprüfbar und auch vermeidbar sind Kontaminationen des UHV-Systems (UHV-Ventile, Meßzellen, Pumpen usw.).

Im Unterschied zur Analyse nichtaktiven Probenmaterials wird die qualitative und quantitative Auswertung der Massenspektren durch Linieninterferenzen der Analysenlinien mit Linien radioaktiver Zerfallsprodukte erschwert. Massenspektrometrische Spurenanalysen wurden bisher an metallischem Uran, Plutonium, Technetium und Americium sowie Lösungen der Transurane ausgeführt. So können etwa 70 Elemente in metallischem Plutonium und Americium [41] und 65 Elemente in Tc-99-Verbindungen mit Nachweisgrenzen der Größenordnung von ppb bestimmt werden [40].

4.6 Verteilungsanalyse mittels Funkenionisations-Massenspektrometrie

Die Wechselwirkungsprozesse, die zur Ausbildung des Funkenplasmas führen, sind von Natur aus Oberflächeneffekte (Feldemission, lokale Aufheizung u. a.). Das bedeutet, daß man diese Prozesse auch zur Charakterisierung von Mikrovolumina des Probenmaterials nutzen kann. Die Realisierung dieses Gedankens führte zur Anwendung der SSMS zur lokalen Mikroanalyse von Festkörperoberflächen, wobei die Oberfläche lateral, punkt- oder linienweise oder aber in ihrer Tiefe untersucht werden kann. Die Funkenquellen-Massenspektrometrie kann nicht mit anderen physikalischen Analysenmethoden der Verteilungsanalyse, wie der Auger-Spektrometrie, den verschiedenen Methoden der Elektronen-Spektrometrie und der Ionen-Spektrometrie, voll konkurrieren. Die wesentlichen Vorteile der SSMS zur Verteilungsanalyse ergeben sich aus den bereits genannten, nämlich ihrer hohen Empfindlichkeit, der Nachweismöglichkeit nahezu aller Elemente gleichzeitig, der Möglichkeit einer halbquantitativen Analyse ohne die notwendige Kenntnis von Empfindlichkeitsfaktoren (innerhalb eines Richtigkeitsbereiches von 3) oder einer quantitativen Analyse mit Kenntnis der RSC-Werte.

Zur Durchführung einer Verteilungsanalyse mit SSMS muß die Ionenquellenanordnung verändert werden. Das Prinzip beruht darauf, daß die zu untersuchende Oberfläche aus elektrisch leitendem Material mittels einer Gegenelektrode abgetastet wird. Zwischen der Oberfläche und der feinen Spitze der Gegenelektrode brennt das Plasma. Eine Analyse nichtleitender Proben in Form dünner Filme oder Scheiben ist mit der in Abb. 24 schematisch dargestellten Anordnung möglich [42]. Die Abtastung der Probenoberfläche erfolgt durch die Bewegung der Probe, indem entweder in einem x-y-Koordinatensystem zeilenweise abgetastet wird oder die Probe rotiert. Die Verteilungsanalyse der SSMS wird sowohl als Punkt-für-Punkt-Analysen (Einzelfunken) als auch zur Konzentrationsprofil-Analyse von Oberflächen oder dünnen Filmen eingesetzt. Die

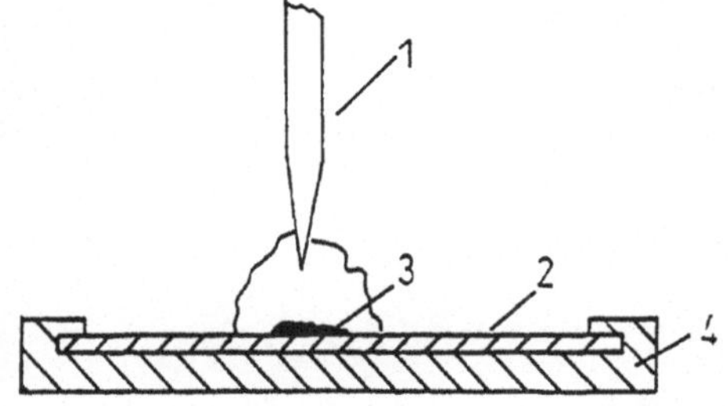

Abb. 24. Anordnung zur Verteilungsanalyse an einer dünnen nichtleitenden Probe mittels Einzelfunken [42]. *1* Gegenelektrode, *2* Probe, *3* Funkenerosionsbereich, *4* leitender Probenhalter

Grenzen dieses Verfahrens zur Verteilungsanalyse ergeben sich aus den kleinsten erreichbaren Kraterdurchmessern von etwa 25 μm und Kratertiefen von 0,1 μm. Nachweisgrenzen von einigen 0,1 ppm für Probenvolumina von etwa 300 $mm^2 \times 1$ μm konnten erreicht werden [43]. Diese Methode wurde zur Spurenanalyse von leitenden und nichtleitenden dünnen Filmen im Dickenbereich von 0,1 μm bis 10 μm angewendet.

5 Methoden und Anwendungen der Laserionisations-Massenspektrometrie

Der Anwendungsbereich der Laserionisations-Massenspektrometrie (LIMS) reicht von der Materialforschung und Produktionskontrolle, wobei ein Vorteil ist, daß leitende, halbleitende und nichtleitende Festkörperproben gleichermaßen analysiert werden können, über die Mikrolokalanalyse an diesen Probenmaterialien bis zur Strukturanalyse organischer Substanzen.

Eine Zusammenstellung der analytischen Anwendungsmöglichkeiten der LIMS kann [44] entnommen werden. Die Methoden zur Analyse von Spurenverunreinigungen mittels LIMS unterscheiden sich von denen der SSMS nur unwesentlich. Das betrifft sowohl die Ergebnisse der Ionisation, d. h. die Art und Häufigkeitsverteilung der im Laserplasma gebildeten Ionen, als auch der sich ergebenden Massenspektren und deren Auswertung zur qualitativen und quantitativen Spurenanalyse. Für letztere wird die für die SSMS angegebene Analysengleichung benutzt. Ein wesentlicher Vorteil der LIMS besteht jedoch darin, daß im Wechselwirkungsbereich der fokussierten Laserstrahlung mit der Probenoberfläche die Leistungsdichte eingestellt werden kann. Daraus und aus der Möglichkeit, unterschiedliche Wellenlängen der Laserstrahlung zu verwenden, ergeben sich günstige Bedingungen für eine Spurenanalyse, weil damit der Plasmaausbildungsprozeß optimierbar wird, indem die Wechselwirkung Laserstrahl—Festkörper den physikalischen Eigenschaften des Probenmate-

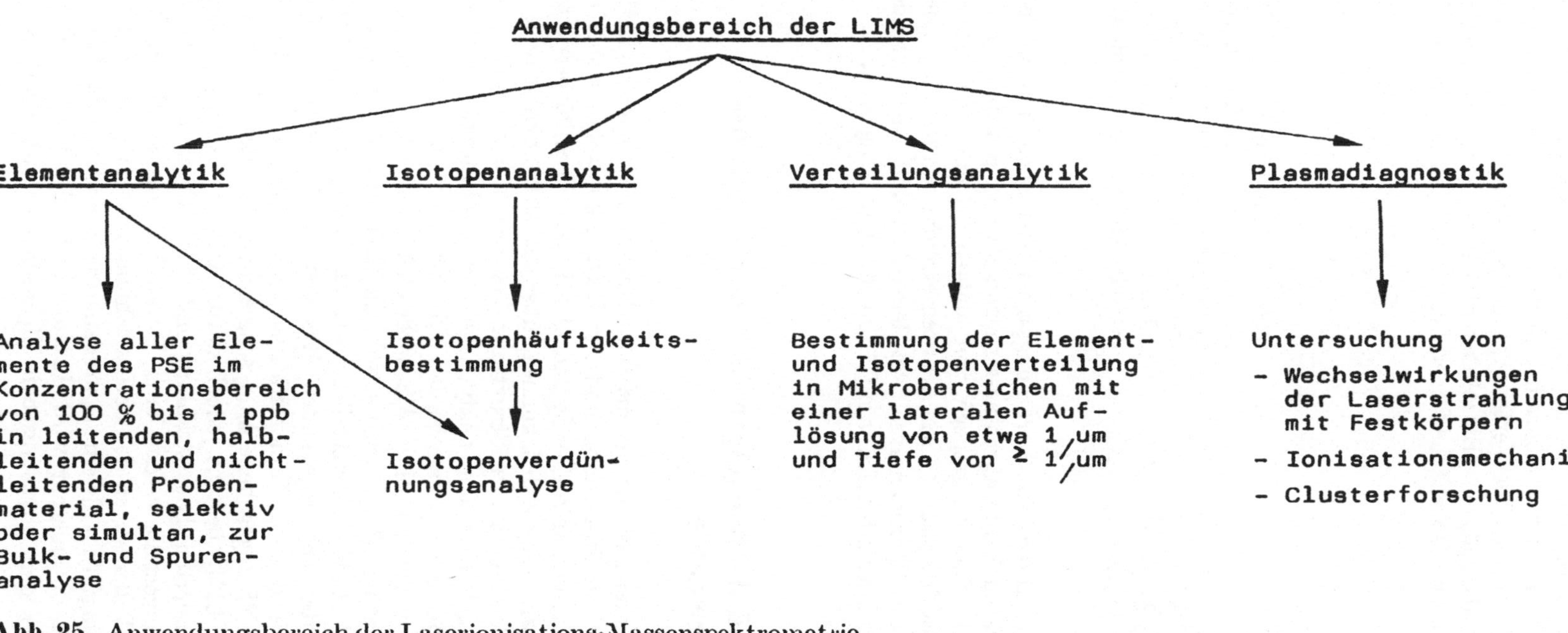

Abb. 25. Anwendungsbereich der Laserionisations-Massenspektrometrie

rials angepaßt werden kann. Die Anwendungsmöglichkeiten der LIMS können dem Schema in Abb. 25 entnommen werden. Der Anwendungsbereich der LIMS entspricht etwa dem der SSMS. Die Anforderungen an die Probenvorbereitung sind jedoch geringer, da auch halbleitendes und nichtleitendes Probenmaterial ohne besondere Vorbereitung in die Ionenquelle eingesetzt werden kann. Die Methoden der Isotopenverdünnungsanalyse entsprechen dem in Kapitel 4.4 besprochenen isotopenverdünnungsanalytischen Verfahren, bei dem das Probenmaterial zusammen mit dem Tracer gelöst wird. Die Proben-Tracer-Lösung wird auf der Oberfläche eines geeigneten Targets (Reinstmetall, Quarzglas) zur Trockne eingedampft. Diese Oberflächenbedeckung wird mittels fokussierter Laserstrahlung verdampft und ionisiert [45]. Die Spurenanalyse in Mikrobereichen (Verteilungsanalyse) wird begrenzt durch den kleinsten erreichbaren Laser-Focus (i. allg. 1 μm Durchmesser). Die LIMS kann somit nur als eine die bekannten Methoden der Mikroanalyse (z. B. SIMS, AES u. a.) ergänzende Methode angesehen werden. Vorteilhaft ist die Matrixunabhängigkeit und die für alle Elemente etwa gleiche Ionisationsempfindlichkeit der Laserionisation.

Wie bereits erwähnt, liegt die Anfangsenergie der im Laserplasma gebildeten Ionen zwischen einigen eV und einigen 100 eV bei Laserleistungsdichten bis etwa $5 \cdot 10^9\ \mathrm{W \cdot cm^{-2}}$. Die dadurch notwendige

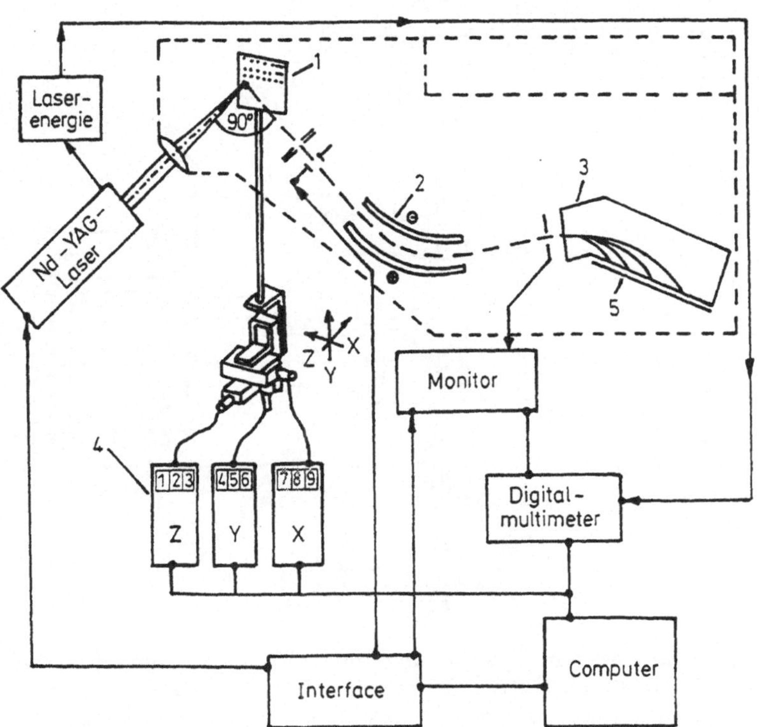

Abb. 26. Laserionisations-Massenspektrometer mit Mattauch-Herzog-Geometrie (Massenspektrometer vom Typ MS 702, AEI) *1* Target, *2* elektrischer Analysator, *3* magnetischer Analysator, *4* Schrittmotoren zur Steuerung der Targetbewegung [45]

Energiefokussierung zur Ionentrennung führte dazu, daß nur zwei Typen von Laserionisations-Massenspektrometern, die Massenspektrometer mit Mattauch-Herzog-Geometrie und die Time-of-Flight-Reflectron-Massenspektrometer diesen Anforderungen genügen. Auch ein Massenspektrometer, welches die ionentrennenden Eigenschaften eines magnetischen Sektorfeldes und eines Time-of-Flight-Massentrennsystem vereinigt, wurde mit Erfolg zur LIMS eingesetzt [49, 50].

Abbildung 26 zeigt das Schema eines Laserionisations-Massenspektrometers. Es handelt sich um ein mit einer Laserionenquelle modifiziertes Massenspektrometer vom Typ AEI-MS 7. Die Steuerung der Targetbewegung erfolgt mittels Schrittmotoren. Der Computer regelt und kontrolliert die Targetbewegung und den Laser auf der Grundlage der Messung des Totalionenstromes und der Laserenergie [45]. Das ionenoptische System einer Laserionenquelle ist in Abb. 27 dargestellt. Mit dieser Ionen-

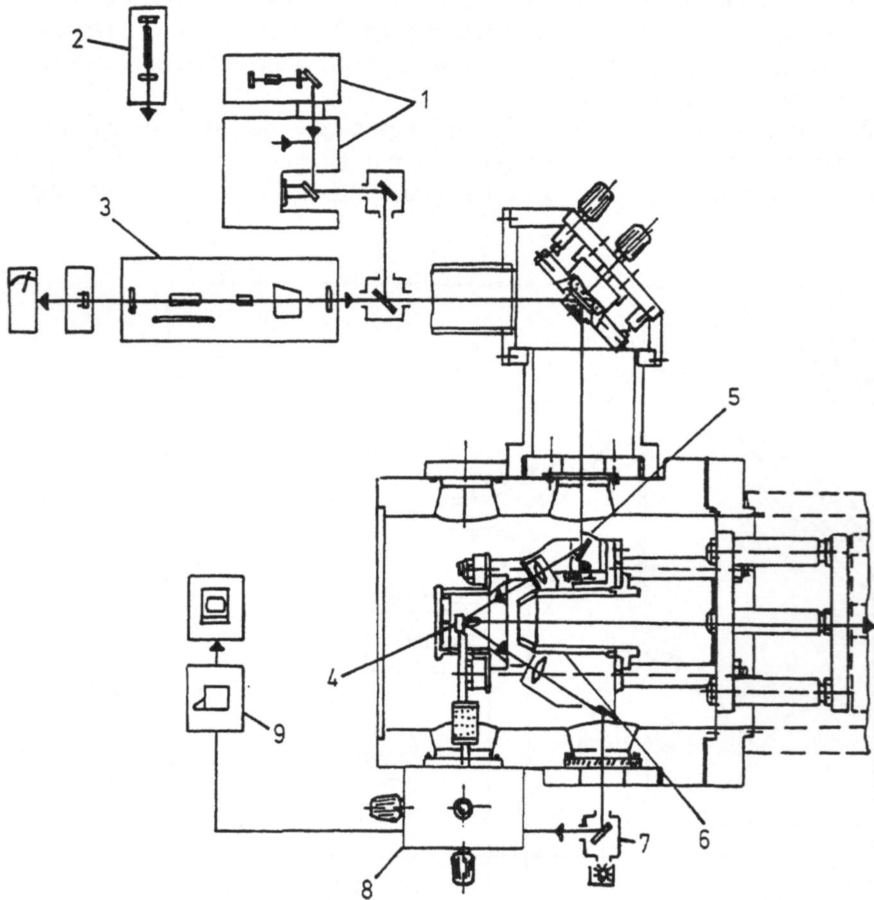

Abb. 27. Laserionenquelle zur Erweiterung eines Funkenquellen-Massenspektrometers mit Mattauch-Herzog-Geometrie (Massenspektrometer vom Typ MX 3301, SKB) *1* Laser-Mikroanalysator LMA 10 (C. Zeiß, Jena) für Einzelschußbetrieb, *2* He-Ne-Justierlaser, *3* Nd-YAG-Laser LTI 501 (Laser-Impulsfolgefrequenz des Lasers: 200 Hz – 50 kHz, Impulsbreite der Laserimpulse: 100 ns), *4* Probe, *5* Ablenkspiegel und Laserobjektiv, *6* Ionenoptik, *7* Beleuchtungs- und Probenbeobachtungssystem, *8* Targetbewegung, *9* Videobeobachtungseinrichtung [46]

quelle, kombiniert mit einem Laserionisations-Massenspektrometer mit Mattauch-Herzog-Geometrie, erreicht man ein Massenauflösungsvermögen von etwa 20000 [46]. Das bedeutet, daß die meisten Linieninterferenzen im Massenspektrum aufgelöst werden können.

Mit Time-of-Flight-Massenspektrometer (TOF-MS) läßt sich dagegen nur ein maximales Massenauflösungsvermögen von etwa 1000 erreichen. Dadurch kann die Nachweisempfindlichkeit der Spurenanalyse infolge Linieninterferenzen verschlechtert werden. Die bekanntesten Laser-TOF-MS sind die unter dem Namen LAMMA (**L**aser **M**icroprobe **M**ass **A**nalyzer, Fa. Leybold-Hereaus) bekannt gewordenen LAMMA 500- und LAMMA 1000-Geräte. Abbildung 28 zeigt eine schematische Darstellung des Laser-TOF-MS LAMMA 1000. Das Laserplasma wird mit Hilfe eines gütegeschalteten Nd-YAG-Laser (Wellenlänge $\lambda/4 = 265$ nm, Energie $= 100$ μJ/Laserimpuls) erzeugt. Die Leistungsdichte bei einem Spotdurchmesser von 3 μm kann über 3 Größenordnungen bis 10^{11} W $\cdot$ cm^{-2} eingestellt werden. Das LAMMA 500 arbeitet im Durchstrahlungsverfahren. Das bedeutet, daß dessen Anwendung auf dünne durchstrahlbare Proben beschränkt ist. Es ist besonders zur Spurenanalyse biologischen Probenmaterials oder von Mikropartikeln auf Trägerfilmen geeignet. Bei den Laserionisations-Massenspektrometern hat sich die in den Abbildungen 26 bis 28 dargestellte Auflichtkonzeption durchgesetzt, da mit ihr der weite und technisch interessantere Anwendungsbereich der nichtdurchstrahlbaren Proben der Spurenanalyse mittels LIMS erschlossen werden kann.

Zur quantitativen Spurenanalyse mit LIMS müssen zur Absicherung der Richtigkeit der Analysenergebnisse, wie bei der SSMS, relative Elementempfindlichkeitsfaktoren (RSC) eingeführt werden. Es liegt eine Vielzahl experimentell bestimmter RSC-Werte in den verschiedensten Matrices vor, die zeigen, daß für Leistungsdichten von einigen 10^9 W $\cdot$ cm^{-2} die RSC-Werte nahe dem Wert 1 liegen [45]. Unterhalb und oberhalb dieser Leistungsdichte können die RSC-Werte um etwa den Faktor 5 schwanken [47, 48].

Abbildung 29 zeigt, daß die meisten Elemente in einer geologischen Matrix mit etwa der gleichen Wahrscheinlichkeit ionisiert werden. Das bedeutet, daß unter diesen Bedingungen auch eine Spurenanalyse ohne eine Korrektur mit RSC möglich wäre. In Abhängigkeit von der Güte der Fokussierung der Laserstrahlung, ihrer Leistungsdichte und der Art des Probenmaterials lassen sich Kraterdurchmesser von 1 μm bis 1000 μm und Kratertiefen von 0,04 μm bis 1000 μm erreichen. Pro Laserschuß werden zwischen 10^{13} und 10^{17} Atome verdampft, und in Laserplasmen mit hoher Elektronendichte können bis zu 10^{15} Ionen pro Laserschuß gebildet werden.

Dieser hohe Ionisationsgrad ermöglicht eine hochempfindliche Spurenanalyse in Mikrobereichen des Probenmaterials. Ein eindrucksvolles Beispiel für die hohe Nachweisempfindlichkeit der LIMS-TOF-Methode mit dem LAMMA 500 (Transmissionsmode) sind die in Tabelle 9 zusammengestellten Nachweisgrenzen für die Bestimmung von dünnen Metallschichten auf organischen Folien [51]. Ähnliche Nachweisgrenzen lassen sich bei der Spurenelementbestimmung in biologischem Probenmaterial (Blut, menschliches Haar, Gewebeproben, Nervenfasern, einzelne Zellen

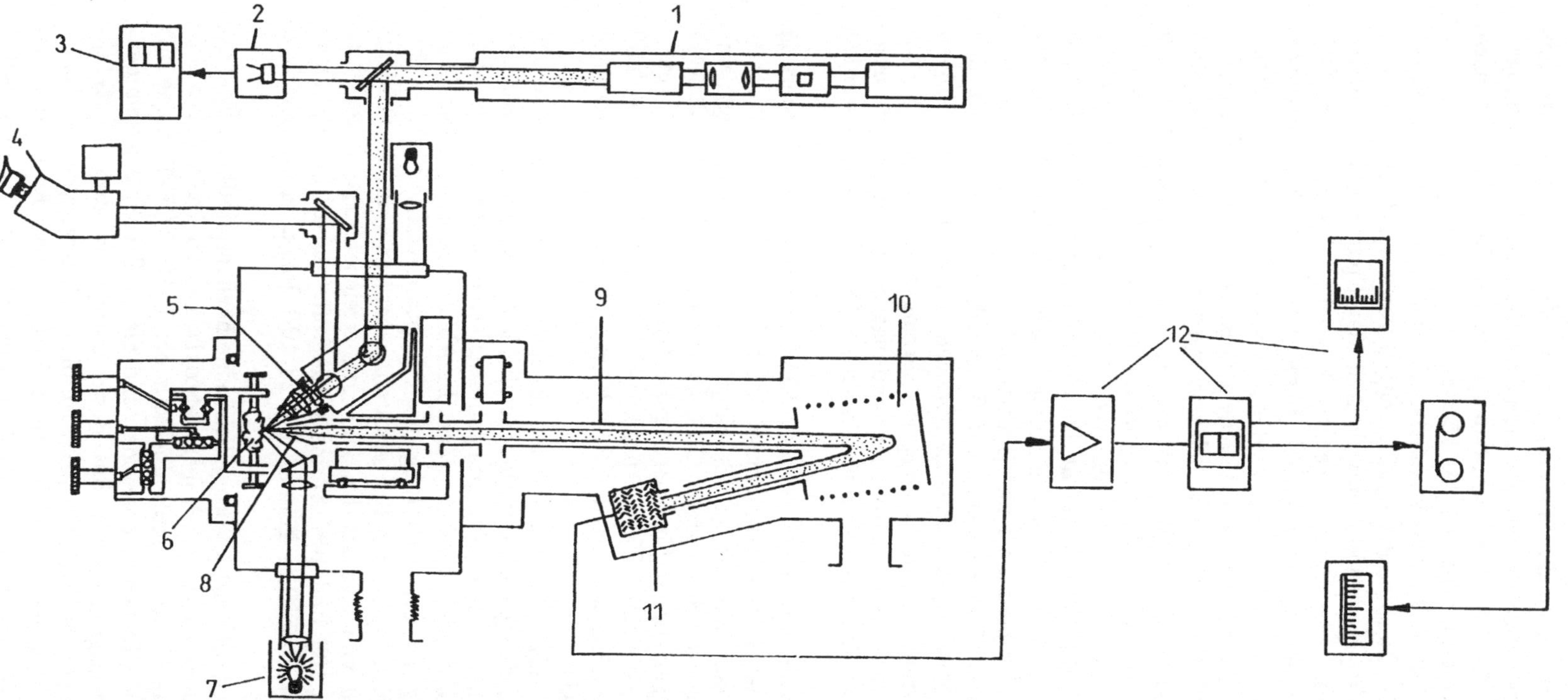

Abb. 28 Laserionisations-Massenspektrometer mit Reflektron-Time-of-Flight-Massentrennung (LAMMA 1000, Leybold-Heraeus) *1* Nd-YAG-Laser, *2* und *3* Laserenergiemessung mittels Photodiode, *4* Mikroskop, *5* Laserobjektiv, *6* Probe, *7* Beleuchtung, *8* Ionenoptik, *9* Ionenstrahl, *10* Reflektron, *11* Ionendetektor, *12* Datenerfassung

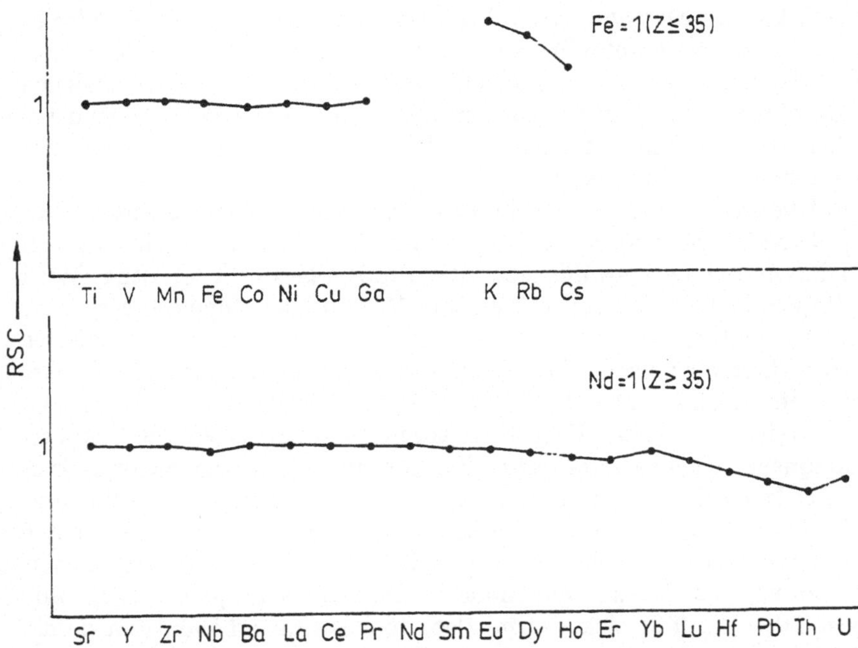

Abb. 29. RSC-Werte für Elemente im geologischem Probenmaterial bezogen auf Fe = 1 und Nd = 1 [45]

Tabelle 9. Nachweisgrenzen für Dünnschichtanalysen mit dem LAMMA 500 (Fa. Leybold-Heraeus) [51]

Element	Nachweisgrenze	
	absolut (g)	relativ (ppm)
Li	$1 \cdot 10^{-20}$	0,07
Na	$2 \cdot 10^{-20}$	0,2
K	$2 \cdot 10^{-19}$	0,1
Ca	$2 \cdot 10^{-19}$	1,0
Cu	$4 \cdot 10^{-18}$	20,0
Rb	$5 \cdot 10^{-20}$	0,5
Cs	$3 \cdot 10^{-20}$	0,3
Sr	$4 \cdot 10^{-19}$	20,0
Ag	$4 \cdot 10^{-18}$	1,0
Pb	$1 \cdot 10^{-19}$	0,6
U	$2 \cdot 10^{-18}$	20,0

u. a.) mit absoluten Nachweisempfindlichkeiten zwischen 10^{-18} bis 10^{-20} g oder 1000 Atome in einem Probenvolumen von etwa 10^{-13} cm^3 erreichen [52]. Besonders die physiologisch interessanten Elemente wie Na, K, Ca, Hg, Cd, Pb und Co können durch die Mikroanalysentechnik der LIMS mit den obengenannten Nachweisgrenzen bestimmt werden. LIMS-TOF-Massenspektrometer ermöglichen eine schnelle Umschaltung vom Nachweis positiv geladener Ionen auf den Nachweis negativ geladener Ionen.

Dadurch können Elemente mit hoher Elektronenaffinität (z. B. Cl oder F) mit hoher Nachweisempfindlichkeit bestimmt werden. Die gute Fokussierbarkeit der Laserstrahlung ermöglicht die Analyse von einzelnen Teilchen mit Durchmessern bis zu 0,2 μm herunter, z. B. von Aerosolteilchen bei der Analyse von Umweltproben, von Einschlüssen in metallischem oder geologischem Probenmaterial.

Zur Übersichts- und Durchschnittsanalyse von Spurenelementen muß ein größeres Probenvolumen erfaßt werden. Dies wird durch ein Scannen des fokussierten Laserstrahls über die Probenoberfläche erreicht. Wird eine Probenfläche von 1 cm^2 mit einigen 100000 Laserimpulsen gescannt, lassen sich Ladungsmengen bis zu einigen 10^{-7} As für ein hochexponiertes Massenspektrum erreichen. Mit dieser Exposition ergeben sich Nachweisgrenzen im Bereich von 10 ppb bis 100 ppb. Die Analysenzeit für eine Spurenanalyse mit diesen Nachweisgrenzen ist abhängig von der Impulsfolgefrequenz der Laserstrahlung. Für die am häufigsten angewandten Nd-YAG-Impulslaser mit Impulsfolgefrequenzen zwischen 50 Hz und 100 Hz beträgt die Analysenzeit einige Stunden. Dies ist vergleichbar mit den Analysenzeiten bei der Funkenquellen-Massenspektrometrie. Durch Verwendung von Lasern mit höherer Impulsfolgefrequenz, z. B. mit einigen 1000 Hz, läßt sich der mittlere Ionenstrom erhöhen und damit die Analysenzeit verkürzen. Ein bevorzugtes Anwendungsgebiet der LIMS ist die Spurenanalyse nichtleitenden und halbleitenden Proben-

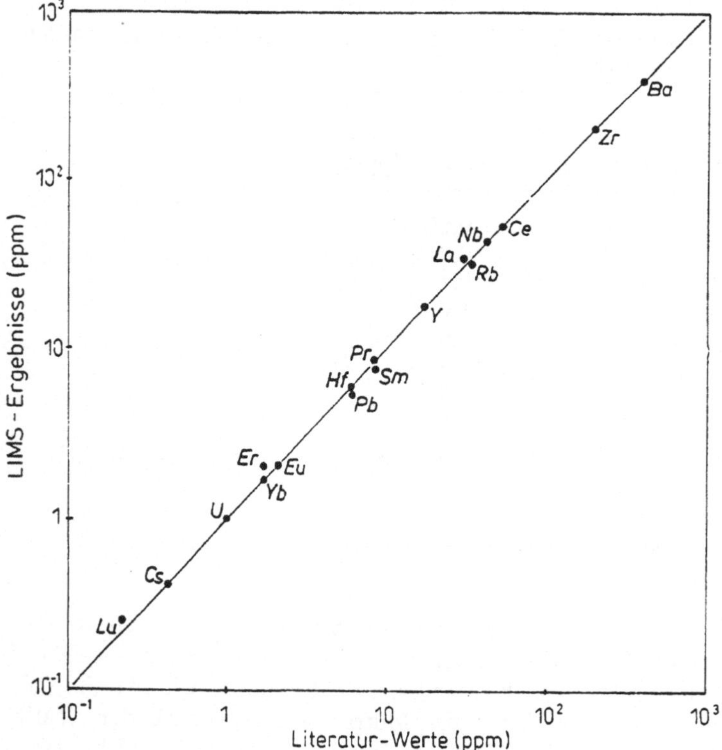

Abb. 30. Vergleich von LIMS-Analysenergebnissen mit Literaturwerten für eine Basaltprobe [45]

materials, wie Aluminiumoxide [53], halbleitende Verbindungen, z. B. GaAs, GaP, CdTe u. a. [54], Gläser [55], geologisches Probenmaterial [45, 56, 57] u. v. a. Die Nachweisgrenzen liegen elementabhängig im Mittel bei 10 ppb bis 100 ppb, wobei die Reproduzierbarkeit der Analysenergebnisse zwischen 10% und 25% schwankt. Abbildung 30 zeigt die gute Übereinstimmung der LIMS-Analysenergebnisse mit Literaturwerten für eine geologische Probe (Ozeanischer Basalt). Die Reproduzierbarkeit und Richtigkeit der Analysenergebnisse der Übersichtsanalysen hängen in starkem Maße von der Homogenität des Probenmaterials und von der Probenvorbereitung ab, d. h. das Probenmaterial muß möglichst als hochverdichtetes Target vorliegen. Locker gepreßte Proben neigen zum „Verspratzen“ größerer Teilchen, und der Ionisationsgrad im Laserplasma wird niedrig. Spurenanalysen lassen sich an einzelnen Mineralphasen oder Einschlüssen in Gesteinen mit Nachweisgrenzen von einigen 100 ppm durchführen [58].

6 Schlußbemerkungen

Das große analytische Potential der Funkenionisations- und Laserionisations-Massenspektrometrie ergibt sich aus ihren vorteilhaften Analyseneigenschaften, wie dem simultanen Nachweis nahezu aller Elemente des PSE, der hohen Nachweisempfindlichkeit, der einfachen Probenvorbereitung und der Möglichkeit, einen mikroskopisch engbegrenzten Probenbereich selektiv analysieren zu können. Im Vergleich zu anderen spurenanalytischen Methoden, wie der instrumentellen Neutronen-Aktivierungsanalyse, der Röntgenfluoreszenzanalyse und den verschiedenen Methoden der Emissionsspektralanalyse, erreicht die SSMS bezüglich der Zahl nachweisbarer Elemente in den verschiedensten Probenmaterialien die günstigsten Resultate. Sie nimmt beim Vergleich der erreichbaren Nachweisgrenzen eine mittlere Position ein, kann aber unter Anwendung spezieller Analysentechniken vergleichbare oder sogar niedrigere Nachweisgrenzen erreichen. Bei allen Einsatzgebieten der SSMS und LIMS ist die Richtigkeit und Reproduzierbarkeit der Analysenergebnisse im Vergleich zu den anderen Methoden signifikant geringer, auch wenn mit relativen Elementempfindlichkeitsfaktoren korrigiert werden kann. Jedoch bietet die ID-SSMS die Möglichkeit, die Richtigkeit und Reproduzierbarkeit der Analysenergebnisse so zu steigern, daß sich eine absolute spurenanalytische Methode ergibt. Diese Aussagen gelten prinzipiell auch für einen Vergleich der SSMS mit den anderen massenspektrometrischen Analysenverfahren zur Spurenanalyse anorganischen Probenmaterials, wie die Massenspektrometrie mit einer Glimm-Entladungs-Ionenquelle (Glow-Discharge-Mass Spectrometry — GD-MS) und die Massenspektrometrie mit einer Ionisation in einem induktiv gekoppelten Plasma (Inductively Coupled Plasma Mass Spectrometry — ICP-MS). Diese Methoden erlauben jedoch wegen des elektrischen Ionennachweises eine schnellere Bestimmung der Spurenelemente. Vergleicht man die LIMS mit den anderen spurenanalytischen Methoden, so bietet sie dann Vorteile, wenn nur geringe Probenmengen zur Verfügung stehen oder wenn eine gute Ortsauflösung für die Spurenanalyse gefordert wird.

Allen diesen Vorzügen der SSMS und LIMS steht jedoch der Nachteil der hohen Kosten für die Massenspektrometer, einer automatischen Fotoplattenauswertung und im Falle der LIMS für die Laser entgegen. Hinzu kommt, daß hochspezialisierte Fachkräfte zur Bedienung der Geräte erforderlich sind. Dies hat dazu geführt, daß weltweit nur etwa 200 Funkenquellen-Massenspektrometer und eine geringere Zahl von Laserionisations-Massenspektrometer im Einsatz sind. Diese Geräte werden jedoch zur Spurenanalyse in Form von Auftragsanalysen intensiv genutzt, so daß das Kostenproblem ohne Bedeutung ist. Die Entwicklung beider Methoden wird jedoch in verschiedenen Forschungsstellen sowohl instrumentell als auch verfahrensanalytisch weitergeführt.

Literatur

1. Dempster AJ (1936) Rev Sci Instr 7:46
2. Mattauch J, Herzog RFK (1934) Z Phys 89:786
3. Becker S, Dietze HJ (1983) Int J Mass Spectrom Ion Phys 51:325
4. Zahn H, Dietze HJ (1976) Int J Mass Spectrom Ion Phys 22:111
5. Ramendik GI (1986) ZfI-Mitt 115:39
6. Becker S, Dietze HJ (1985) Int J Mass Spectrom Ion Phys 67:57
7. Miechiels E, Gijbels R (1984) Anal Chem 56:1115
8. Dietze HJ (1975) „Massenspektroskopische Spurenanalyse", Akademische Verlagsgesellschaft Geest u Portig, KG Leipzig
9. Ahearn AJ (1972) Edt "Trace analysis by mass spectrometry", Academic Press, New York London
10. Mamyrin BA, Karataev VI, Shmikk DV, Zagalin VA (1973) Sov Phys-JETP 37:45
11. Heinen HJ, Wechsung R, Vogt H, Hillenkamp F, Kaufmann R (1979) in Laserspektroskopie, Springer-Verlag, Heidelberg, 257
12. Opauszky I, Kunstar M, Nyary I (1986) ZfI-Mitt 115:79
13. Kaiser H (1965) Fresenius Z Anal Chem 209:1
14. van Puymbroeck J, Verlinden J, Swenters K, Gijbels R (1984) Talanta 31:177
15. Dietze HJ (1969) Lüdke W Exp Techn Phys 17 289
16. Mai H (1965) J Sci Instr 42:339
17. Jackson PFS, Whitehead J, Vossen P (1967) Anal Chem 39:1737
18. Mai H (1970) in „Spurenanalyse in hochschmelzenden Metallen", Deutsch Verlag für Grundstoffindustrie, Leipzig, 61
19. Beske HE, Welter JM, Frerichs G, Melchers FG (1981) Fresenius Z Anal Chem 309:269
20. Wiedemann B, JW v Goethe-Universität, Frankfurt/Main, persönliche Mitteilung
21. Ehrlich G, Mai H (1966) Fresenius Z Anal Chem 218:1
22. Karpov JA, Alimarin I (1979) J Anal Khim 34:1089
23. Becker S, Dietze HJ (1983) Int J Mass Spectrom Ion Phys 51:325
24. Becker S, Dietze HJ (1985) Int J Mass Spectrom Ion Phys 67:57
25. Morrison GH, Kashuba AT (1969) Anal Chem 41:1842
26. Becker S, Dietze HJ (1986) Z angew Geol 32:299
27. Vandelanoote R, Blommaert W, Gijbels R, Van Grieken R (1981) Fresenius Z Anal Chem 309:291
28. Pilate A, Adams F (1981) Fresenius Z Anal Chem 309:295
29. Dietze HJ (1981) ZfI-Mitt 46:13

30. Owen LB, Faure G (1974) Anal Chem 46:1323
31. Powell LJ, Paulsen PJ (1984) Anal Chem 56:376
32. Knab HJ, Hintenberger H (1980) Anal Chem 52:390
33. Jochum KP, Seufert HM, Thirlwall MF (1990) Chem Geology 81:250
34. Jochum KP, Seufert M, Best S (1981) Fresenius Z Anal Chem 309:308
35. Dietze HJ (1979) Isotopenpraxis 15:46
36. Jochum KP, Seufert M, Knab HJ (1981) Fresenius Z Anal Chem 309:285
37. van Puymbroeck J, Gijbels R (1981) Fresenius Z Anal Chem 309:312
38. Rocholl A, Jochum KP, Seufert HM, Medinet-Best S (1988) Fresenius Z Anal Chem 331:140
39. Carter JA, Sites JR (1972) in Trace analysis by mass spectrometry, Edt Ahearn AJ, Academic Press, New York, 374
40. Dietze HJ, Becker S (1984) Isotopenpraxis 20:279
41. Johnson JJ, Kozy A, Morris RN (1969) Talanta 16:511
42. Derzhier VI, Ramendik GI, Liebich V, Mai H (1980) Int J Mass Spectrom Ion Phys 32:345
43. Ramendik GI, Tatsy YG, Chupakhin MS (1973) Zh Anal Khim 28:736
44. Conzemius RJ, Capellen IM (1980) Int J Mass Spectrom Ion Phys 34:197
45. Jochum KP, Matus L, Seufert HM (1988) Fresenius Z Anal Chem 331:136
46. Dietze HJ, Becker S (1985) Fresenius Z Anal Chem 321:490
47. Dietze HJ, Becker S (1985) ZfI-Mitt 101:5
48. Bingham RA, Salter PL (1976) Int J Mass Spectrom Ion Phys 21:133
49. Eloy F (1978) Microscopica Acta, Suppl 2: Microprobe analysis in biology and medicine, S. Hirzel-Verlag, Stuttgart
50. Eloy F, Lelen M, Unsöld E (1983) Int J Mass Spectrom Ion Phys 47:39
51. Heinen HJ, Wechsung E, Vogt H, Hillenkamp F, Kaufmann R (1979) In: Lasermassenspektrometrie, Springer-Verlag, 257
52. Wechsungen R, Heinen HJ, Meier S, Vogt H, Hillenkamp F, Kaufmann R, "Recent results of organic and inorganic analysis with laser microbrobe mass analysis", Firmenschrift der Fa. Leybold-Heraeus GmbH, Köln
53. Nyary L, Matus L, Opauszky I (1988) Proc of the 4th Conf on SSMS and SIMS, Donovaly, CSR
54. Graininger F, Roberts JA (1988) Semicond Sci Technol 3:802
55. Bingham RA, Salter PL (1976) Anal Chem 48:1735
56. Deloule E, Eloy JF (1982) Chem Geology 37:191
57. Bykovskii YA, Shurnalev GI, Gladskoi VV, Degtgarev VG, Nevolin VN (1978) Zh Tekh Fiz 48:282
58. Eloy JF (1985) Scan Electr Microscopy 11:563

30. Owen LE, [illegible] (1978) Anal Chem [illegible]
31. Dessy RE, [illegible] (1983) Anal Chem [illegible]
32. [illegible] (1980) Anal Chem [illegible]
33. [illegible]
34. [illegible] (1983) [illegible]
35. [illegible] (1978) [illegible]
36. [illegible] Anal Chem [illegible]
37. [illegible] (1981) Fresenius Z Anal Chem [illegible]
38. [illegible] (1983) Fresenius Z Anal Chem [illegible]
39. [illegible] Academic Press, New York, [illegible]
40. Dessy RE, [illegible]
41. [illegible]
42. [illegible]
43. [illegible]
44. [illegible]
45. [illegible]
46. [illegible] Fresenius Z Anal Chem [illegible]
47. [illegible]
48. [illegible]
49. [illegible]
50. [illegible]
51. [illegible]
52. [illegible]
53. [illegible]
54. [illegible]
55. [illegible]
56. [illegible]
57. [illegible]
58. [illegible]

On-line Trennung und Anreicherung mit Fließinjektion in der Spurenanalytik der Elemente

Bernhard Welz und Zhaolun Fang*

Abteilung Angewandte Forschung, Bodenseewerk Perkin-Elmer GmbH, D-88662 Überlingen

*Derzeitige Anschrift: Institute of Applied Ecology, Academia Sinica, Shenyang, China

1 Einführung

1.1 Vorteile der Fließinjektion

Traditionelle Trenn- und Anreicherungsverfahren sind üblicherweise zeit- und arbeitsaufwendig und umfassen mehrere Schritte, die oft mit einem wiederholten Überführen von Lösungen in andere Gefäße verbunden sind. Daraus resultiert besonders im Spurenbereich eine hohe Kontaminationsgefahr, die erhöhte Anforderungen an Labor und Personal stellt. Von führenden Analytikern wurde daher schon frühzeitig die Forderung nach Einsatz von Verbundverfahren in geschlossenen Systemen zur Verbesserung von Richtigkeit und Präzision in der Spurenanalytik der Elemente erhoben [1].

Das Prinzip der Fließinjektion (FI), das 1975 von Ruzicka und Hansen [2] eingeführt wurde, erfüllt die Bedingungen eines Verbundverfahrens in idealer Weise. Darüber hinaus bietet die FI als Verfahren zur Probenmanipulation eine Fülle neuer Möglichkeiten. On-line Trennungen und Anreicherungen haben dabei besondere Beachtung gefunden und demonstrieren wohl mit am besten den Erneuerungseffekt, den die FI im analytischen Labor im Vergleich zur herkömmlichen Praxis bewirkt hat. FI ist eine Technik, bei der analytische Signale unter thermodynamischen Ungleichgewichtsbedingungen kontrollierbar und reproduzierbar gemessen werden können. Es könnte als Nachteil angesehen werden, daß bei FI-Trennverfahren der Massentransfer zwischen den Phasen häufig nicht vollständig verläuft. In der Praxis hat sich diese Eigenschaft jedoch als großer Vorteil herausgestellt. Die hohe Reproduzierbarkeit, mit der unter Ungleichgewichtsbedingungen gemessen werden kann, ist z.B. die Basis für die kurzen Meßzeiten und damit den großen Probendurchsatz von FI-Verfahren und für die Erhöhung der Selektivität durch kinetische Diskriminierung.

Die wesentlichen Vorteile von FI-Trenn- und Anreicherungsverfahren im Vergleich zu klassischen Verfahren sind:

- hoher Probendurchsatz bei einem typischen Zeitbedarf von 10 bis 200 s pro Messung einschließlich des Anreicherungsschritts,
- eine um typischerweise den Faktor 5 bis 50 höhere Anreicherungseffizienz als bei konventionellen Verfahren,
- ein um 1 bis 2 Größenordnungen niedrigerer Proben- und Reagenzienverbrauch,
- eine geringe relative Standardabweichung, üblicherweise im Bereich 1 bis 3%,
- geringes Kontaminationsrisiko, da im geschlossenen und weitgehend inerten System gearbeitet wird,
- einfache Automation, die auch einen Einsatz zur kontinuierlichen Überwachung und Prozeßkontrolle ermöglicht,
- höhere Selektivität als bei klassischen Verfahren durch kinetische Diskriminierung,
- geringer Platzbedarf.

1.2 Fließinjektion und Flüssigchromatographie

FI und Flüssigchromatographie (HPLC) haben viele Gemeinsamkeiten, insbesondere wenn erstere für Trennungen mit gepackten Säulen eingesetzt wird. Trotzdem gehören die beiden Techniken eigentlich zwei verschiedenen Disziplinen an. Die HPLC wird zur Multikomponententrennung und -bestimmung in einer Probe eingesetzt. FI-Techniken dienen dagegen zum Abtrennen eines oder mehrerer Analyten von potentiell störenden Begleitsubstanzen, womit häufig auch eine Anreicherung verbunden ist. Die Trennvorgänge der FI ähneln eher einer Filtration oder Lösemittelextraktion. Dies gilt auch für FI-Trennsysteme mit gepackten Säulen. Ähnlich dem Sammeln eines Niederschlags auf einen Filter wird der Analyt auf der Säule sorbiert, während die Begleitsubstanzen diese passieren und verworfen werden. Anschließend wird der Analyt rasch und vollständig eluiert und on-line gemessen, ohne die chromatographischen Eigenschaften der Säule zu nutzen. Häufig wird das stärkste verfügbare Elutionsmittel verwendet, um kurze Elutionszeiten und hohe Anreicherungsfaktoren zu erhalten und um chromatographische Effekte möglichst zu unterdrücken.

Die Ausbildung thermodynamischer Gleichgewichte ist wesentlich für eine wirksame chromatographische Trennung. Mit FI werden dagegen Trennungen fast immer unter Ungleichgewichts-Bedingungen durchgeführt, außer das Gleichgewicht stellt sich spontan ein. Bei FI-Trennverfahren wird daher das Hauptaugenmerk nicht auf eine vollständige Trennung und Wiederfindung des Analyten gerichtet. Das hat jedoch keinen negativen Einfluß auf Richtigkeit und Präzision der Ergebnisse solange die Vorgänge reproduzierbar sind und das System richtig kalibriert wurde. Diese Unterschiede in der Zielsetzung und im Prinzip von HPLC und FI bedingen auch Unterschiede in den verwendeten Geräten und Baugruppen. FI-Systeme erzeugen einen viel geringeren Strömungswiderstand, selbst wenn gepackte Säulen verwendet werden. Die Säulen sind für den Einsatz in der FI viel kürzer und die Packungsmaterialien grobkörniger. Dies führt wiederum zu wesentlich geringeren Anforderungen an Pumpen und Ventile, so daß Hochdruckpumpen, wie sie in der HPLC verwendet werden, unnötig sind. Andererseits erfordert die Vielseitigkeit der FI oft Multifunktionsventile und Mehrkanalpumpen, mit denen sich dann auch relativ komplizierte Reaktionsabläufe einfach automatisieren lassen.

1.3 Begriffsdefinitionen

Im folgenden sollen einige wichtige Begriffe aufgeführt werden, die zur Charakterisierung von Trenn- und Anreicherungssystemen verwendet werden. Dabei werden auch die englischen Begriffe und Abkürzungen genannt, um die Verbindung zur Originalliteratur zu erleichtern. Wegen weiterer Einzelheiten sei auf die Monographie von Fang verwiesen [3].

- Anreicherungsfaktor (Enrichment Factor, EF)
  Im Prinzip stellt der Anreicherungsfaktor das Verhältnis zwischen der Analytkonzentration in der konzentrierten Meßlösung, c_M und der in der ursprünglichen Probenlösung, c_P, dar

$$EF = \frac{c_M}{c_P}.$$

  Da dieses Verhältnis oft schwer feststellbar ist, verwendet man praktisch meist das Verhältnis der Steigung der Bezugskurven vor und nach der Anreicherung. Dies ist jedoch nur zulässig, wenn sich die Detektorempfindlichkeit nicht gleichzeitig aufgrund veränderter Versuchsbedingungen ebenfalls ändert.
- Erhöhungsfaktor (Enhancement Factor, N)
  Dieser Faktor berücksichtigt Änderungen in der Detektorempfindlichkeit, z.B. den Einfluß organischer Lösemittel auf die Empfindlichkeit bei der Flammen-Atomabsorptionsspektrometrie (F AAS). Ein solcher Lösemitteleinfluß ist getrennt zu bestimmen und bei der Berechnung vom EF zu berücksichtigen. Die Kombination von Anreicherungs- und Erhöhungsfaktor wird oft mit dem Symbol EF* gekennzeichnet.
- Anreicherungseffizienz (Concentration Efficiency, CE)
  Das Produkt aus Anreicherungsfaktor EF und dem Probendurchsatz in Anzahl der Messungen pro Minute (Dimension min^{-1}). Diese Größe berücksichtigt den Zeitaufwand, der erforderlich ist, einen gewissen Anreicherungsfaktor zu erzielen und ist damit eine wichtige Vergleichszahl für die Wirksamkeit eines Verfahren.
- Verbrauchsindex (Consumptive Index, CI)
  Das Probenvolumen in ml, das erforderlich ist, um einen EF von 1 zu erzielen. Dieser Begriff gibt Auskunft darüber, wie wirkungsvoll ein gegebenes Probenvolumen bei der Anreicherung genutzt wird.
- Überführungsfaktor (Phase Transfer Factor, P)
  Hier handelt es sich um das Verhältnis der Masse Analyt im Konzentrat, m_K, zu der in der Probe, m_P.

$$P = \frac{m_K}{m_P}$$

  Dieser Faktor ist in der FI besonders wichtig, da hier der Analyt meist nicht quantitativ von dem einen Medium in das andere übergeführt wird.

2 Flüssig-flüssig-Extraktion

2.1 Allgemeines

Flüssig-flüssig-Extraktionen gehören zu den am häufigsten im analytischen Labor eingesetzten Trenn- und Anreicherungstechniken. Obgleich sich mit dieser Technik Spurenelemente sehr wirkungsvoll anreichern und störende Begleitsubstanzen abtrennen lassen, hat sie in den letzten Jahren deutlich an Popularität eingebüßt. Dies liegt einerseits an dem recht erheblichen Zeit- und Arbeitsaufwand, den diese Technik erfordert und andererseits an der Kontaminationsgefahr durch Laborgeräte und Chemikalien, speziell bei der Spurenanalytik der Elemente. Ein weiteres Problem entsteht durch den oft unangenehmen Geruch und die Toxizität organischer Lösemitteldämpfe. Diese unerwünschten Nachteile und Nebenwirkungen lassen sich weitgehend vermeiden, wenn die Verfahren auf FI übertragen werden. Die geschlossenen Extraktionssysteme arbeiten automatisch und reduzieren sowohl die Kontaminationsgefahr als auch das Freiwerden von organischen Lösemitteldämpfen auf ein Minimum.

Unabhängig von dem jeweiligen Verfahren bestehen flüssig-flüssig-Extraktionen üblicherweise aus drei Schritten:

- Definierte Volumina oder Volumenverhältnisse von zwei nicht mischbaren Phasen, einer organischen und einer wäßrigen, werden in ein Gefäß gebracht.
- Die beiden Phasen werden in innigen Kontakt miteinander gebracht, um den Analyt von einer Phase in die andere überzuführen.
- Trennen der beiden Phasen.

Bei FI-flüssig-flüssig-Extraktionen werden diese Schritte üblicherweise in drei speziellen Bauteilen durchgeführt:

- In einem Phasensegmentor mit entsprechenden Pumpen werden Segmente der organischen und der wäßrigen Phase in definiertem Verhältnis in Kontakt miteinander gebracht und durch einen gemeinsamen Auslaß abgegeben.
- In einer Extraktionsschlaufe wird der Analyt von der einen Phase in die andere übergeführt.
- In einem Phasenseparator wird der segmentierte Flüssigkeitsstrom geteilt, wobei einer der beiden Ströme aus einer einzigen Phase besteht, die für die Bestimmung verwendet wird.

Auf konstruktive Einzelheiten dieser Baugruppen kann in diesem Zusammenhang nicht eingegangen werden, es sei daher auf die umfangreiche Literatur zu diesem Thema verwiesen [3].

2.2 Anwendung in der F AAS

Die ersten Veröffentlichungen über flüssig-flüssig-Extraktionen mit FI stammen aus dem Jahre 1978 [4, 5]. In der Folgezeit hat das Verfahren vor allem in der UV/VIS-Spektroskopie breite Anwendung gefunden, und die Literatur ist entsprechend umfangreich. In der Mehrzahl der Arbeiten auf dem Gebiet der Atomspektrometrie werden F AAS-Detektoren eingesetzt. Übersichtsartikel hierzu wurden von Valcarcel und Gallego [6] und Tyson [7] veröffentlicht.

Die Kopplung eines FI-flüssig-flüssig-Extraktionssystems an ein F AA Spektrometer bereitet üblicherweise keine größeren Schwierigkeiten. Der Umstand, daß sich der Analyt in einem organischen Lösemittel befindet, bringt häufig eine willkommene zusätzliche Empfindlichkeitssteigerung um den Faktor 2 bis 3 verglichen mit wäßrigen Lösungen, und wenn gelegentlich Reste der wäßrigen Phase in den Detektor gelangen, so spielt das meist keine Rolle. Das einzige Problem ist die Anpassung der Fließrate des abgetrennten Extrakts (fast immer die organische Phase) an die Ansaugrate des Zerstäubers, die üblicherweise etwa eine Größenordnung höher ist. Dies ist besonders wichtig, wenn ein hohes Proben-zu-Extraktionsmittel-Verhältnis eingesetzt wird, um große Anreicherungsfaktoren zu erzielen. Die praktische Obergrenze für die Fließrate der Probenlösung liegt bei etwa 15 ml min^{-1}. Wenn ein Anreicherungsfaktor von 20 angestrebt wird, ergibt das für die Extraktionslösung eine Fließrate unter 0,8 ml min^{-1}. Derart geringe Zufuhrraten zum Zerstäuber würden sowohl die Empfindlichkeit als auch die Präzision der Messung sehr ungünstig beeinflussen. Wenn keine hohe Empfindlichkeitssteigerung erforderlich ist, so läßt sich dieses Problem durch Einspeisen von zusätzlichem Lösemittel über ein T-Stück kompensieren. In den meisten Fällen wurde jedoch eine Versuchsanordnung gewählt, wie sie in Abb. 1 schematisch dargestellt ist. Hier wird der abgetrennte Extrakt in der Schlaufe eines Injektionsventils gesammelt und anschließend unter optimalen Strömungsbedingungen an den Zerstäuber abgegeben. Dies kann über eine Trägerströmung (Wasser) erfolgen oder besser durch freies Ansaugen in einer Luftströmung, was zu einer weiteren Empfindlichkeitssteigerung führt [8].

Trotz der Vorteile, die die FI für die flüssig-flüssig-Extraktion zur Anreicherung von Spurenelementen bietet, wurden im Vergleich zur Anreicherung an Säulen nur relativ wenig Anwendungen für die F AAS beschrieben. Die wichtigsten Daten einiger dieser Arbeiten sind in Tabelle 1 zusammengefaßt. Trotz der zusätzlichen Empfindlichkeitssteigerung durch das organische Lösemittel sind Anreicherungseffizienz (CE) und Verbrauchsindex (CI) allgemein schlechter als bei Festphasenextraktionen (vgl. Tabelle 2). Die flüssig-flüssig-Extraktion dürfte jedoch weniger Störungen durch Begleitsubstanzen aufweisen, so daß eine eingehendere Untersuchung ihrer Anwendbarkeit für die Spurenanalyse in komplexen Proben durchaus lohnend erscheint.

2.3 Anwendung in der ICP OES

In der Literatur sind nur wenig Anwendungen für FI-flüssig-flüssig-Extraktion in der optischen ICP Atomemissionsspektrometrie (ICP OES) beschrieben

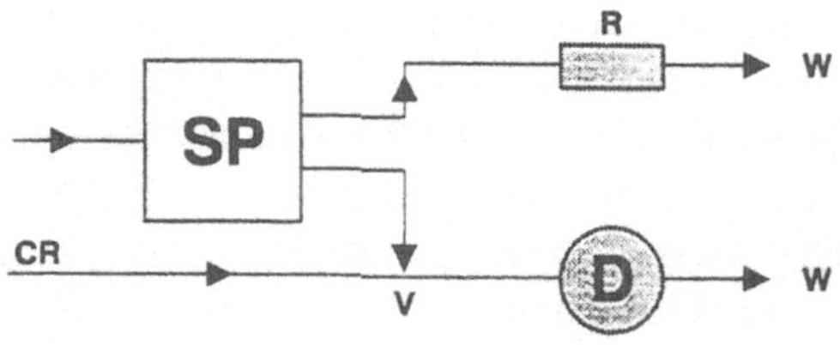

Abb. 1. System zur Kopplung einer on-line flüssig-flüssig-Extraktion mit F AAS. SP = Phasenseparator; R = Strömungswiderstand; CR = Trägergas oder -flüssigkeit; V = Sammelventil für den Extrakt; D = F AAS-Detektor; W = Abfall

Tabelle 1. Leistungsdaten einiger FI-on-line-flüssig-flüssig-Extraktionssysteme für F AAS

Analyt	Komplexbildner	Lösemittel	Probenvolumen (ml)	Phasenverhältnis	EF*	CE* (min^{-1})	CI (ml)	f[a] (h^{-1})	Literatur
Cu	APDC	IBMK	4,0	13	19	13	0,21	40	[9]
Zn	APDC	IBMK	4,0	10	16	11	0,25	40	[9]
Pb	APDC	IBMK	4,0	12	23	15	0,17	40	[9]
Ni	APDC	IBMK	4,0	10	18	12	0,22	40	[9]
In	HDEHP	IBMK	32	10	>10	>10	<0,2	60	[10]
Pb	KI	IBMK	12	20	60	60	0,20	60	[8]

EF* und CE* einschließlich Lösemitteleffekt; a) Meßfrequenz

Tabelle 2. Leistungsdaten einiger FI-on-line-Festphasenextraktionssysteme für F AAS

Analyt	Säulen-Füllmaterial	Eluens	EF	CE (min^{-1})	CI (ml)	f[a] (h^{-1})	Literatur
Cd, Pb, Zn	Chelex-100	$2\,mol\,l^{-1}$ HNO_3	13	6	0,15	27	[15]
Cu, Co, Cd, Ni, Pb, Zn	CPG-8Q	$1\,mol\,l^{-1}$ HNO_3	500	17	0,20	2	[28]
Ni, Cu, Pd, Cd	(2x)[b]122 Harz	$2\,mol\,l^{-1}$ HNO_3	20–28	13–19	0,18–0,25	40	[41]
Pb, Cd, Cu, Zu	(2x)[b] Chelex-100, 122 Harz; CPG-8Q	$2\,mol\,l^{-1}$ HNO_3	50–100	50–100	0,10–0,20	60	[25]
Pb	Aluminiumoxid	$2\,mol\,l^{-1}$ HNO_3	250	46	0,10	11	[42]
Cd, Fe(III), Cr(III), Cu, Mn(II), Pb, Zn	Muromac A-1	$2\,mol\,l^{-1}$ HNO_3	46–96	10–21	0,10–0,22	13	[27]
Cu, Cd, Pb	CPG-8Q	$2\,mol\,l^{-1}$ HCl	25–31	50–62	0,05–0,06	120	[29]
Cu, Pb Komplexe mit DDTC, Chinolin-8ol, PAN, PAR	C_{18} Silikagel	Ethanol	60(EF*)	~20(CE*)	~0,06	~20	[30]
Cd, Cu, Pb-DDTC	C_{18} Silikagel	Ethanol	19–25(EF*)	38–50	0,06–0,07	120	[31]
Au-Chlorokomplex	XAD-8	Ethanol	35(EF*)	35(CE*)	0,14	60	[34]

a) Meßfrequenz; b) Doppelsäulensystem

[11, 12]. Da die Ansaugrate von ICP-Zerstäubern viel geringer ist als die von AAS-Zerstäubern, bereitet die Ankopplung hinsichtlich der Fließraten viel weniger Schwierigkeiten. Plasmen reagieren jedoch wesentlich empfindlicher auf Änderungen des Lösemittels, so daß die wäßrige Phase viel sorgfältiger vom Extrakt abgetrennt werden muß. Um dieses Problem zu umgehen, kombinierten Menendez Garcia et al. [13] die on-line-flüssig-flüssig-Extraktion mit Hydriderzeugung und Gas-flüssig-Trennung zur Arsenbestimmung. Auf diese Weise wurde vermieden, daß Xylen, in das Arsen als AsI_3 extrahiert wurde, in größeren Mengen in das Plasma gelangte.

2.4 Anwendung in der ET AAS

Wegen der diskontinuierlichen Betriebsweise von Graphitrohröfen ist eine direkte Kopplung von FI-flüssig-flüssig-Extraktionen mit der Elektrothermischen AAS (ET AAS) als Detektor nicht praktikabel. Aus diesem Grund wurden die frühen Systeme stets off-line betrieben. In allen Fällen wurden die Spurenelemente als Dithiocarbamat-Komplexe in Freon 113 extrahiert. Nach der Phasentrennung wurde der Extrakt mit einer sauren Lösung von Quecksilber(II) segmentiert, das als stärkerer Komplexbildner die Analytelemente aus den Komplexen verdrängte. Nach einer zweiten Phasentrennung wurde die organische Phase verworfen und die wäßrige gesammelt und in den Graphitrohrofen eingebracht. Backstrom und Danielsson [14] haben das Verfahren dann verbessert und so programmiert, daß es parallel mit dem ET AAS-Programm abläuft. Dabei wurde die wäßrige Phase der Rückextraktion in der Probenschlaufe eines Injektionsventils gesammelt und mit einem Luftstrom in den kalten Graphitrohrofen transportiert. Das System wurde für die Bestimmung von Cd, Co, Cu, Fe, Ni und Pb eingesetzt, wobei ein EF von 50 bis 100 bei einer Meßfrequenz von $30\,h^{-1}$ erzielt wurde. Die Nachweisgrenzen lagen unter $5\,ng\,l^{-1}$ und die relativen Standardabweichungen bewegten sich im optimalen Meßbereich um 1,5 bis 2,7%.

3 Festphasenextraktion

3.1 Allgemeines

Nicht-chromatographische Trennverfahren auf der Basis von Ionenaustausch und Adsorption werden sehr verbreitet zur Erhöhung von Selektivität und Empfindlichkeit eingesetzt. Meist werden diese Verfahren jedoch off-line betrieben, was einen nicht unerheblichen Zeit- und Arbeitsaufwand mit sich bringt. Es ist daher nicht verwunderlich, daß die FI-on-line-Trennung und -Anreicherung von Spurenelementen durch Sorption in den letzten Jahren eines der aktivsten Forschungsgebiete der automatisierten Lösungsanalyse geworden ist. Das Interesse zeigt sich wohl am besten in dem exponentiellen Anstieg an Publikationen auf diesem Gebiet nach der ersten Veröffentlichung über FI-on-line-Anreicherung für F AAS von Olsen et al. [15] im Jahre 1983. Dies ist leicht verständlich, wenn man die Vorteile betrachtet, die eine on-line-Anreicherung an Säulen mit FI mit sich bringt. Die Technik ist viel einfacher zu handhaben als andere Trenn- und Anreicherungsverfahren und die Bauteile sind robuster. Ein weiterer Vorteil liegt in der großen Auswahl an Sorbentien, Komplexierungsmitteln und Eluentien, die zur Verfügung stehen.

Allerdings muß man auf einige Charakteristika beim Bau solcher FI-Anreicherungssysteme achten, wenn diese zu optimalen Ergebnissen führen sollen:

- Gepackte Säulen stellen in einem FI-System einen zusätzlichen Strömungswiderstand dar, dessen Größe von den geometrischen Abmessungen von Säule und Packungsmaterial und von der Strömungsrate der Flüssigkeit durch die Säule abhängt. Die Anforderungen an die Pumpenqualität sind daher höher als bei anderen Trennverfahren.
- Die Säule muß nach jeder Elution neu konditioniert werden, ein Schritt, der bei anderen Anreicherungstechniken nicht erforderlich ist.
- Jeder Trennschritt besteht aus einem Anreicherungs- und einem Elutionsschritt. Sowohl die Fließrate als auch die Art und Zusammensetzung der Flüssigkeit können sich dabei stark ändern, was bei einigen Detektoren zu Schwierigkeiten führen kann.

3.2 Dispersion bei FI-Festphasenextraktionen

Der erste Schritt einer FI-Festphasenextraktion ist das Anreichern des Analyten an einer Säule. Dies kann entweder geschehen, indem ein abgemessenes *Volumen* der Probenlösung auf die Säule gegeben wird oder indem die Probenlösung für eine vorgegebene *Zeit* über die Säule gepumpt wird. Beide Wege wurden in einer Reihe von Publikationen erfolgreich beschritten. Die auf Zeit basierenden Systeme sind jedoch einfacher und schneller, da die Probe nicht erst in eine Schlaufe eingebracht und dann mit einer Trägergasströmung auf die Säule gebracht werden muß. Die beim Transport mit einer Trägerlösung entstehende Dispersion erfordert eine weitere Verlängerung der Ladezeit und bewirkt eine schlechtere Effizienz. Andererseits sind die auf Zeit basierenden Systeme stärker abhängig von der Stabilität der Strömung und der Qualität der Pumpen. Die Dispersion bei Systemen mit vorgegebenem Volumen und die damit zusammenhängenden langen Anreicherungszeiten scheinen jedoch eindeutig das größere Problem zu sein, so daß Systeme mit zeitkontrollierter Anreicherung allgemein vorzuziehen sind.

Säulen mit inertem Packungsmaterial haben üblicherweise nur einen geringen Einfluß auf die Dispersion der Probe. Säulen mit aktiven Sorbentien können dagegen erheblich zur Dispersion das sorbierten Analyten beitragen. Unabhängig von den in Abschnitt 1.2 diskutierten Unterschieden zwischen HPLC und Festphasenextraktion mit FI ist letztere natürlich im Prinzip ein chromatographischer

Vorgang. Auf dieser Basis läßt sich auch die Dispersion des Analyten auf der Säule vorhersagen und erklären.

In der HPLC sind die Probenvolumina üblicherweise klein und die Probe findet sich zu Beginn als dünnes Band am einen Ende der Säule. Bei der Festphasenextraktion mit FI ist das Probenvolumen meist viel größer als das Säulenvolumen und das Probenband wird in unterschiedlichem Ausmaß in Strömungsrichtung dispergiert, in Abhängigkeit von dem Verteilungskoeffizient des Analyten zwischen der stationären Phase (Säulenfüllmaterial) und der mobilen Phase (Lösemittel der Probe). Der Analyt kann demnach durchbrechen, lange bevor die Säulenkapazität überschritten ist.

Ein wesentlicher Bestandteil der Effizienz der FI-on-line-Festphasenextraktion ist die on-line-Messung des Elutionssignals. Bei konventionellen Anreicherungen an Säulen wird üblicherweise die ganze Eluatfraktion gesammelt, die den Analyt enthält. Das gemessene Signal basiert dann auf einer homogenen Lösung mit einem mittleren Analytgehalt. Bei FI-Festphasenextraktionen wird dagegen sehr häufig das Peakmaximum des Eluktionspeaks verwendet, d.h. die Messung basiert auf der Teilfraktion mit der höchsten Analytkonzentration. Wegen dieser Besonderheit beim Einsatz von FI sind Dispersion und Form des Elutionspeaks von weit größerer Bedeutung als bei konventionellem Arbeiten. Aus diesem Grund sollte auch für das Überführen des Eluats z.B. in den Brenner eines F AAS eine möglichst kurze Leitung (≤ 20 cm) mit kleinem Innendurchmesser (0,33 mm) gewählt werden [16].

3.3 Parktische Überlegungen zum Bau und Betrieb eines Systems zur Festphasenextraktion

Größe und Form der Säule haben einen großen Einfluß auf die Leistungsfähigkeit eines FI-Festphasenextraktionssystems. In der Literatur sind Säulen mit Volumina von 15 bis 400 µl beschrieben je nach der jeweiligen Anwendung. Ganz generell sind die Säulen für FI-Festphasenextraktion wesentlich kleiner als die für konventionelle Anwendung. Allgemeine Richtlinien für den Bau von Säulen für FI-Festphasenextraktion zur Anwendung in der Atmospektrometrie wurden von Fang [17] gegeben: Bei gleichem Volumen geben längere Säulen mit kleinerem Durchmesser höhere Anreicherungsfaktoren und eine bessere Toleranz gegenüber Störungen. Gleichzeitig bilden solche Säulen aber auch einen größeren Strömungswiderstand, der die Fließrate beim Anreichern begrenzt. Für die F AAS und ICP OES scheinen Säulen mit einem Volumen von 100 µl und einem Verhältnis Länge zu Durchmesser von 10 bis 15 einen vernünftigen Kompromiß darzustellen. Solche Säulen werden zwar keine großen Probenvolumina und langen Anreicherungszeiten erlauben, die aber ohnehin nicht empfehlenswert sind, wenn gute CE- und CI-Werte erzielt werden sollen. Außerdem sind bei beiden Verfahren auch wegen der Betriebskosten für Flamme bzw. Plasma Wartezeiten von mehreren Minuten zwischen zwei Elutionen nicht sehr sinnvoll.

Für Anwendung in der ET AAS haben sich wegen des begrenzten Volumens, das in das Graphitrohr eingebracht werden kann, noch kleinere Säulen mit einem Volumen von 15 bis 20 µl bewährt, während für die Hydrid-AAS größere Volumina (≥25 µl) verwendet werden. Als besonders geeignet hat sich die in Abb. 2 gezeigte konische Säulenform erwiesen, da bei ihr die Dispersion des Analyten besonders gering ist, wenn von der dünnen Seite her beladen und in umgekehrter Richtung eluiert wird.

Der EF-Wert eines Anreicherungssystems hängt von dem Probenvolumen ab, das auf die Säule aufgebracht wird, und dieses wird von Anreicherungszeit und Fließrate bestimmt. Wegen der stärkeren Dispersion ist die Anreicherungszeit bei Anreichern auf Volumenbasis länger als bei Anreichern auf Zeitbasis. Durch Verwendung geknoteter Reaktoren (Abb. 3) läßt sich die Dispersion jedoch auf ein Minimum reduzieren. Xu et al. [18] haben schließlich eine Dispersion zwischen Probe und Elutionsmittel durch Einführen kleiner Luftsegmente völlig verhindert und dadurch einen um 40% höheren EF-Wert erreicht als bei einem vergleichbaren System ohne Luft.

Im Gegensatz zu konventionellen Säulen ist bei FI-Systemen die Kontaktzeit zwischen Probe und Sorbens oft kürzer als 1 s, woraus sich hohe kinetische Anforderungen an die Säulenpackung ergeben. Zu hohe Fließraten führen unausweichlich zu einem unvollständigen Austausch des Analyten wegen zu geringer Kontaktzeit zwischen Probe und Füllmaterial, auch wenn die Kapazitätsgrenze noch nicht erreicht ist. Bei einer vorgegebenen Anreicherungszeit erreicht die auf der Säule verbleibende Analytmenge (das maximale Analytsignal) bei zunehmender Fließrate der Probenlösung stets ein Maximum, jenseits dessen eine weitere Erhöhung der Fließrate wegen unzureichender Kontaktzeit zu einem Abfall im Analytsignal führt. Ein quantitativer Austausch des Analyten ist zwar in der FI nicht erforderlich, Systeme mit extrem niedrigen P-Werten sind jedoch anfälliger für Störungen. Beim Optimieren von Fließraten sollte daher nicht nur die Empfindlichkeit, sondern auch die Selektivität betrachtet werden, und die optimale Fließrate wird oft ein Kompromiß zwischen diesen beiden Faktoren sein. Werte um 4 bis 5 ml min^{-1} haben sich dabei häufig bewährt.

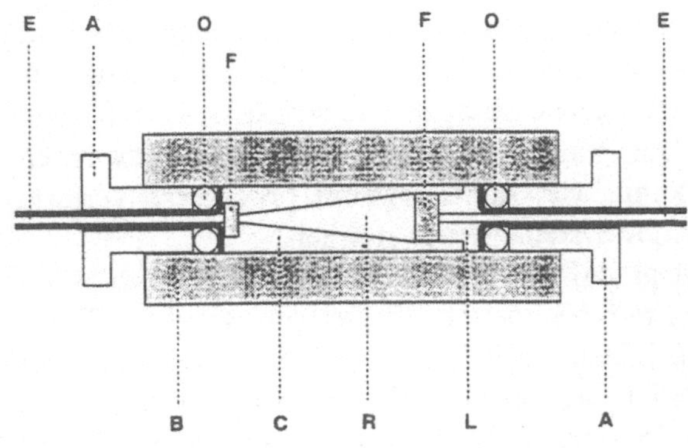

Abb. 2. Schematische Darstellung einer konischen Säule zur FI-on-line-Festphasenextraktion. A = Fittings; B = Gehäuse; C = konische Säule; E = PTFE-Schläuche; F = Filter; O = O-Ring-Dichtung; R = Sorbens

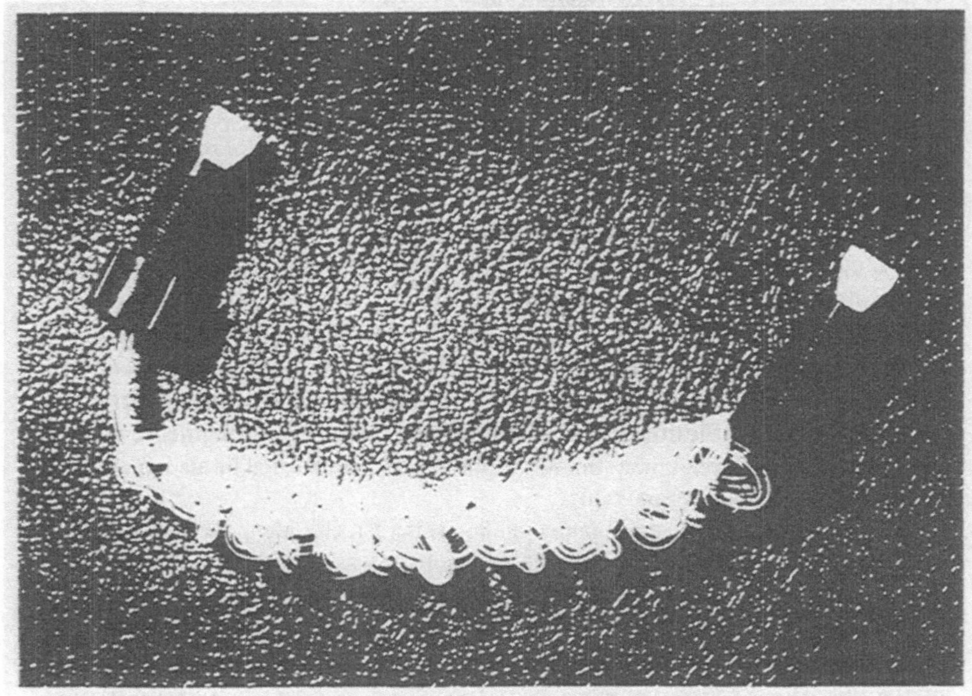

Abb. 3. Geknoteter Reaktor aus PTFE-Schlauch mit 0,5 mm Innendurchmesser und 1,5 mm Außendurchmesser

Bei konventionellem Arbeiten werden die Säulen üblicherweise vor dem Anreicherungsschritt mit einer Pufferlösung konditioniert und vor dem Eluieren mit destilliertem Wasser gewaschen, um restliche Probenlösung zu entfernen. Dieses Vorgehen wird in der FI üblicherweise bei Anreicherung auf Volumenbasis simuliert und trägt mit zu dem relativ hohen Zeitbedarf dieses Verfahrens bei. Fang et al. [19] haben eingehende Untersuchungen über die Wirksamkeit derartiger Waschschritte bei FI-Festphasenextraktion für F AAS angestellt. Sie kamen zu dem Ergebnis, daß Konditionieren und Waschen weder die Empfindlichkeit noch die Präzision verbesserte. Ohne einen Konditionierungsschritt kann zwar ein Durchbrechen des Analyten am Anfang des Anreicherungsschritts nicht verhindert werden, die Verluste sind aber reproduzierbar und das System wir einfacher und schneller. Das Einführen kleiner Luftsegmente zwischen Proben- und Elutionslösung kann, wie bereits erwähnt [18], diese Verluste vermeiden und die Effektivität des Systems weiter erhöhen.

Fang et al. [19] haben gezeigt, daß Analytverluste auftreten können, wenn die Säule nach dem Anreichern mit destilliertem Wasser gewaschen wird. Ein solcher Waschschritt brachte keinerlei Vorteile für die F AAS, war jedoch in der ET AAS unbedingt erforderlich, besonders, wenn die Probenlösung höhere Salzgehalte aufwies [20]. Trotz des kleinen Säulenvolumens verursachte z.B. bei der Analyse von Seewasser die restliche Probe eine nur schwer korrigierbare

Untergrundabsorption, wenn sie in das Graphitrohr gelangte. Bei einer genaueren Untersuchung und Optimierung dieses Waschschritts hat sich gezeigt, daß bei Wahl der geeigneten Säure und Säurekonzentration nicht nur Analytverluste weitgehend verhindert werden können, sondern auch auf der Säule zurückgehaltene Reagenzien und Matrixelemente wirkungsvoll entfernt werden können [21–24]. Weiterhin hat es sich als essentiell herausgestellt, daß die Strömungsrichtung für den Spülvorgang im Vergleich zum Beladen der Säule umgekehrt wird [21, 23]. Ein Waschschritt kann auch für Anwendungen in ICP OES notwendig werden, wenn die Matrix größere Störungen verursacht.

Bei on-line-Elution ist die Kinetik von wesentlich größerer Bedeutung als bei off-line-Verfahren. Schwache Elutionsmittel sind nicht für on-line-Anwendung geeignet, da eine zu langsame Elution zu schlechten EF- und CE-Werten führt. Das Elutionsmittel sollte auch das Säulenfüllmaterial nicht angreifen, da man von einem on-line-System erwartet, daß es über Tage oder Wochen ohne Säulenwechsel arbeitet. Konzentrierte Säuren oder Basen mögen wirkungsvolle Elutionsmittel sein, können aber Probleme verursachen, selbst wenn sie das Säulenfüllmaterial nicht angreifen. So könnte z.B. der Zerstäuber eines F AAS korrodieren, oder der Brenner eines ICP OES verstopfen. Umgekehrt können organische Lösemittel in der F AAS zu einer zusätzlichen Empfindlichkeitssteigerung führen, was oft sehr willkommen ist.

3.4 Säulen-Füllmaterialien

Der on-line-Betrieb für FI-Festphasenextraktion stellt einige besondere Anforderungen an das Säulen-Füllmaterial. So sollte das Material möglichst wenig quellen und schrumpfen, wenn es von der einen in die andere Form übergeführt oder das Lösemittel geändert wird. Das Material sollte mechanisch so stabil sein, daß es durch die relativ hohen Fließraten durch die Säule nicht beeinflußt wird. Faserige Sorbentien sind üblicherweise mechanisch nicht stabil genug. Die kinetischen Eigenschaften sollten so beschaffen sein, daß der Analyt leicht sorbiert und durch ein geeignetes Lösemittel rasch wieder eluiert wird. Sorbentien, die den Analyt so stark binden, daß sie zu seiner Entferung zerstört werden müssen, lassen sich selbstverständlich für ein on-line-Verfahren nicht verwenden.

Chelatisierende Ionenaustauscher waren bis jetzt die am häufigsten verwendeten Füllmaterialien für Anreicherungssäulen. Für die erste FI-on-line-Anreicherung für F AAS wurde Chelex-100 als Säulenfüllmaterial eingesetzt [15]. Obwohl das Material eine ganze Reihe von Schwermetallen zu komplexieren vermag, konnte es die Anforderungen an ein ideales Füllmaterial für on-line-Anwendung nicht ganz erfüllen [25]. Muromac A-1, ein japanisches Produkt mit der gleichen funktionellen Gruppe wie Chelex-100, soll frei sein von dem störenden Quellverhalten des letzteren Materials und wurde erfolgreich für on-line-Anreicherungen für F AAS und ICP OES eingesetzt [26, 27]. Der CPG-8Q Ionenaustauscher mit Chinolin-8-ol funktionellen Gruppen, azo-immobilisiert auf porösem Glas, ist das wohl am häufigsten für FI-Anreicherungen, hauptsächlich für F AAS verwendete Säulenfüllmaterial [17, 25, 28, 29]. Seine

Beliebtheit verdankt das Material seinen ausgezeichneten mechanischen und kinetischen Eigenschaften. Allerdings muß es gesiebt und von kleineren Teilchen abgetrennt werden, da sonst der Strömungswiderstand zu groß ist. Ein weiterer Nachteil ist die relativ geringe Austauschkapazität, die auch die geringe Toleranz gegenüber Störelementen erklärt. Ein Beispiel hierfür ist die unbefriedigende Wiederfindung für Cadmium in Seewasser [29].

Nichtpolare oder schwach polare Sorbentien lassen sich einsetzen, um Metallkomplexe geringer Polarität aus wäßriger Phase durch Umkehrphasen-Adsorption zu extrahieren. Die Metallkomplexe werden anschließend mit einem geeigneten Lösemittel wie Methanol oder Ethanol eluiert. Ruzicka und Arndal [30] haben als erste auf die Möglichkeiten hingewiesen, die das C_{18} Material (Octadecyl funktionelle Gruppen auf Silikagel immobilisiert) als Säulenfüllmaterial zum Anreichern von Schwermetallen für F AAS hat. Von den untersuchten Komplexbildnern, deren Metallkomplexe an C_{18} sorbiert werden, scheint Natrium-Dimethyldithiocarbamat (DDTC) meistversprechend zu sein. DDTC bildet mit den meisten Schwermetallen stabile Komplexe, vielfach sogar in stark saurem Medium, was für viele Anwendungen wichtig ist. Das DDTC-C_{18} System wurde erfolgreich zur Bestimmung von Blei, Cadmium und Kupfer in Seewasser-Matrix mit F AAS [31], sowie von Blei [20, 21, 24], Cadmium, Kupfer, Nickel [21, 24], Kobalt [22], Arsen [23] und Chrom [32] in Wasser und Seewasser mit ET AAS eingesetzt.

Polymere Sorbentien wie Amberlite XAD wurden erfolgreich für die Anreicherung einer Reihe von Spurenelementen für die Bestimmung mit ICP-MS [33], für die Anreicherung von Gold als Chloro-Komplex und die Bestimmung mit F AAS [34] eingesetzt. Stark basische Anionenaustauscher wurden zur Anreicherung von Se(VI) [35] und Zinn als Chloro-Komplex [36] für deren Bestimmung mit Hydrid-AAS verwendet. Tesfalidet und Irgum [37] berichteten über die Anwendung eines Anionenaustauschers in der Tetrahydroborat-Form für Hydrid-AAS. Die gepackte Zelle diente gleichzeitig zur Anreicherung des Analyten, zum Abtrennen kationischer Störelemente und nach dem Ansäuern als Reaktionsmedium zur Hydriderzeugung.

Aktiviertes Aluminiumoxid ist ein Sorbens, das sich durch Langzeitstabilität sowohl unter sauren als auch unter basischen Bedingungen auszeichnet. Es wurde speziell in saurer Form recht häufig als Säulenfüllmaterial für ICP OES-Anwendungen eingesetzt [38, 39], besonders für die Anreicherung von Oxianionen. Kürzlich wurde über die selektive Anreicherung von Cr(III) und Cr(VI) an aktiviertem Aluminiumoxid bei pH 7 bzw. 2, die Elution mit Salpetersäure bzw. Ammoniumhydroxid und die on-line Bestimmung der Spezies mit F AAS berichtet [40].

3.5 Festphasenextraktionssyseme für F AAS und ICP OES

Eine der Besonderheiten der F AAS- und ICP OES-Detektoren ist, daß gewisse Mindest-Fließraten für die Probenzufuhr erforderlich sind, um optimale Ergebnisse zu erzielen. Es ist daher nicht möglich, den Elutionsprozeß unabhängig zu optimieren, wenn ein FI-Festphasenextraktionssystem on-line mit einem dieser Detektoren gekoppelt wird. Die optimalen Zerstäuberansaugraten eines F AAS liegen bei 5 bis 10 ml min^{-1}. Derartige Fließraten sind eindeutig zu hoch für die Elution einer gepackten Säule. Die optimale Fließrate für eine Elution unter on-line-Bedingungen ist daher stets ein Kompromiß, wobei Werte um 2 bis 4 ml min^{-1} in der F AAS üblicherweise die beste Empfindlichkeit liefern. In der ICP OES liegen die optimalen Ansaugraten wesentlich niedriger als bei der F AAS und somit viel näher bei den optimalen Elutionsbedingungen. Für die on-line-Kopplung werden meist Fließraten von 1 bis 2 ml min^{-1} gewählt. Das einfachste FI-on-line-Festphasenextraktionssystem für F AAS ist schematisch in Abb. 4 gezeigt. Das erste System von Olsen et al. [15] war nach diesem Prinzip gebaut und bestand aus einer einzigen Leitung mit zwei Injektionsventilen und einer Säule, die in Reihe mit dem Detektor angeordnet war. Solche Systeme arbeiten mit definierten Proben- und Eluens-Volumina, die durch ein oder zwei Ventile sequentiell injiziert werden. Obgleich einfach im Aufbau sind solche Systeme nicht unbedingt auch einfach zu bedienen. Die größten Nachteile sind, daß die gesamte Matrix in den Detektor (den F AAS-Brenner) gelangt und daß die Strömung durch die Säule nicht umkehrbar ist.

Wie bereits in Abschnitt 3.2 erwähnt, sind Systeme, bei denen die Probenlösung für eine vorgegebene Zeit über die Säule gepumpt und die Strömungsrichtung für die Elution umgekehrt wird, wesentlich effizienter. In Abb. 5 ist ein Manifold gezeigt, in dem all diese Punkte berücksichtigt sind und zudem kleine Luftsegmente zwischen Probe und Eluens eingeführt wurden, um ein Vermischen der beiden Zonen zu verhindern [18]. Die EF- und CE-Werte dieses Systems werden lediglich von Doppelsäulen-Systemen übertroffen, die jedoch relativ aufwendige Multifunktionsventile erfordern und im Aufbau recht kompliziert werden [25, 41]. FI-Manifolds für Festphasenextraktion und F AAS-Bestimmung lassen sich normalerweise problemlos für ICP-Messungen einsetzen. Die einzige Änderung ist meist, daß die Fließraten für die Elution erniedrigt werden. Leistungsdaten einiger ausgewählter Systeme zur FI-Festphasenextraktion für F AAS und ICP OES sind in den Tabellen 2 und 3 zusammengestellt.

3.6 Festphasenextraktionssysteme für Hydrid- und Kaltdampf-AAS

Zhang et al. [35] und Fang et al. [48] haben ein Festphasenextraktionssystem für Hydrid- und Kaltdampf-AAS beschrieben, das mit zwei Säulen arbeitet.

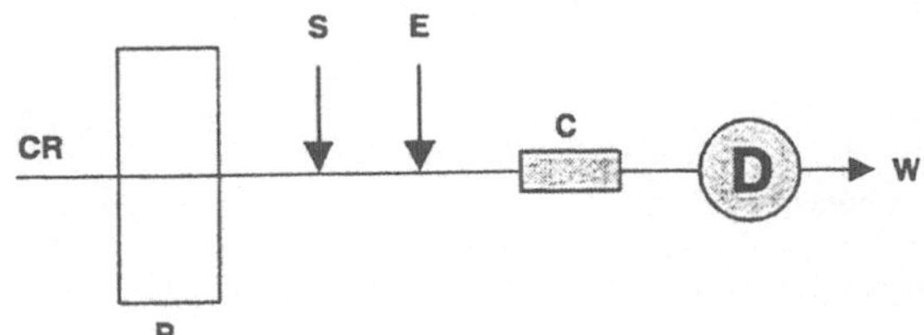

Abb. 4. Einfachstes System für FI-on-line-Festphasenextraktion. CR = Trägerlösung; P = Schlauchpumpe; S = Probeneinspritzventil; E = Eluens-Einspritzventil; C = gepackte Säule; D = Detektor; W = Abfall

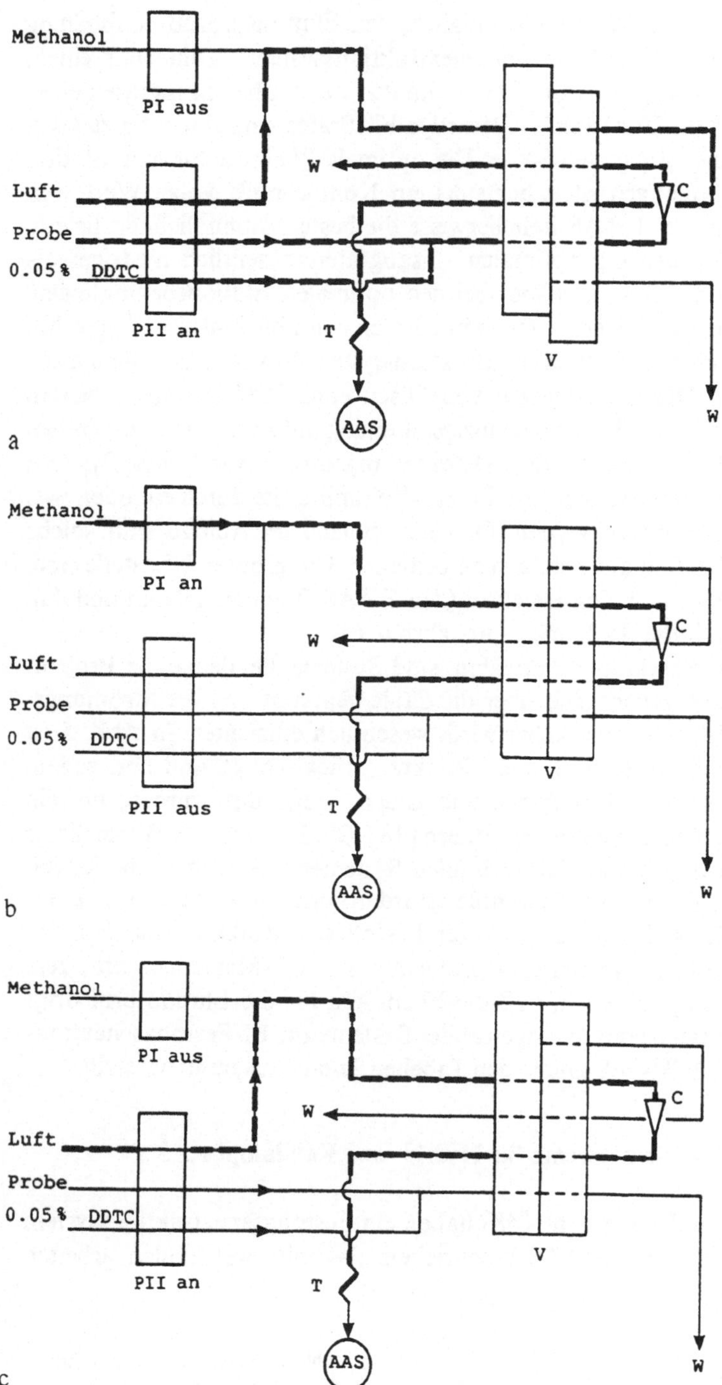

Abb. 5. FI Manifold für on-line-Festphasenextraktion für F AAS. PI, PII = Schlauchumpen; C = konische Säule mit C_{18} Sorbens; T = Transportschlaufe; AAS = F AAS-Detektor; V = Ventil; W = Abfall. a) Anreichern und Einbringen eines Luftpolsters; b) Eluieren; c) Einbringen eines Luftpolsters

Tabelle 3. Leistungsdaten einiger FI-on-line-Festphasenextraktionssysteme für ICP OES

Analyt	Säulen-Füllmaterial	Eluens	EF	CE (min^{-1})	CI (ml)	f[a] (h^{-1})	Literatur
Ba, Be, Cd, Co, Cu, Mn, Ni, Pb	Chelex-100	2 mol l^{-1} HNO_3	10–30	5–15	1–3	30	[43, 44]
Al, Cr(III), Fe(III), Ti, V	Muromac A-1	2 mol l^{-1} HNO_3	34–113	10–32	0,1	17	[45]
Sc etc., 22 Elemente	PDTC, CPPI chelatis. Harze	2 mol l^{-1} HNO_3	65(Sc)	3,3	0,6	3	[46]
Bi, Ce, Co, Ni, V	CPG-8Q	2 mol l^{-1} HCl	24–41	24–41	0,3–0,5	60	[47]

a) Meßfrequenz

Tabelle 4. Leistungsdaten einiger FI-on-line-Festphasenextraktionssysteme für Hydrid- und Kaltdampf-AAS

Analyt	Säulen-Füllmaterial	Eluens	EF	CE (min^{-1})	CI (ml)	f[a] (h^{-1})	Literatur
Se(VI)	(2x)[b]D-201 stark basischer Anionenaustauscher	1 mol l^{-1} HCl	15	18	0,7	50	[35]
Bi(III)	(2x)[b]CPG-8Q	2 mol l^{-1} HCl	30	25	0,5	50	[35]
Sn(IV)-Chlorokomplex	D-201, Dowex 1-8X stark basischer Anionenaustauscher	0,1 mol l^{-1} HNO_3	4	5	0,75	70	[36]
Hg(II)	(2x)[b]CPG-8Q, 501 chelatis. Harz	2 mol l^{-1} HCl in 0,5% Thioharnstoff	20	20	0,75	60	[47]

a) Meßfrequenz; b) Doppelsäulensystem

On-line-Festphasenextraktionssysteme für F AAS lassen sich meist problemlos mit dem Manifold für die FI-Hydriderzeugung kombinieren. Säurekonzentration und Fließraten für die Elution z.B. von Selen von einer Anionenaustauschersäule sind weitgehend kompatibel mit den Bedingungen für eine Hydriderzeugung. Ein ähnliches Anreicherungssystem wurde auch für die Bestimmung von Quecksilber mit der Kaltdampf-AAS verwendet [47]. Die Leistungsdaten einiger Systeme zur Festphasenextraktion für die Hydrid- und Kaltdampf-AAS sind in Tabelle 4 zusammengestellt. Das von Tesfalidet und Irgum [37] vorgeschlagene kombinierte System zur Anreicherung und in-situ-Hydriderzeugung soll später noch ausführlicher behandelt werden (siehe Abschnitt 5.2).

3.7 Festphasenextraktionssysteme für ET AAS

Einige Eigenarten der ET AAS stellen spezielle Anforderungen an die Konstruktion und den Betrieb der Anreicherungssysteme. Im Gegensatz zur F AAS und ICP OES, die von Natur aus Durchflußdetektoren sind, werden Graphitrohröfen praktisch ausschließlich diskontinuierlich betrieben. Das Anreichern und Eluieren des Analyten kann daher nicht wie bei der F AAS kontinuierlich erfolgen. Vielmehr laufen diese Vorgänge sinnvollerweise parallel zum Temperaturprogramm das Graphitrohrofens ab und werden mit diesem synchronisiert. Das Probenvolumen, das man problemlos und reproduzierbar in einen Graphitrohrofen einbringen kann, liegt bei einer ethanolischen Lösung unter 50 µl. Da selbst bei einem Säulenvolumen von 15 µl etwa 200–300 µl Ethanol erforderlich sind, um den Analyten vollständig zu eluieren, kann nur ein Teil des Eluats in das Graphitrohr dosiert werden. Würde man das gesamte Eluatvolumen in einem Gefäß sammeln und ein Aliquot davon in das Graphitrohr einbringen, so hätte dieses Vorgehen einige Nachteile. Hierzu gehören die Kontaminationsgefahr, der Zeitaufwand und die unvermeidliche Verdünnung. Bei einem Eluatvolumen von 200 µl und einem Dosiervolumen von 40 µl gelangen nur 20% der angereicherten Analytmasse in den Detektor. Um diese Probleme zu umgehen, haben Fang et al. [20] ein Verfahren entwickelt, das sich die zeitlich inhomogene Verteilung des Analyten über das Eluatvolumen zunutze macht. Wie in Abb. 6 gezeigt, ist die Hauptmasse des Analyten in einem relativ kleinen Eluatvolumen konzentriert, während der erste und letzte Teil des Eluats nur geringe Mengen Analyt enthalten. In dem in Abb. 7 gezeigten FI-Manifold läßt sich durch genaue zeitliche Kontrolle des Elutionsvorgangs das Aliquot mit der höchsten Analytkonzentration direkt in das Graphitrohr dosieren (40 µl enthalten etwa 50% der Analytmasse), während der Rest des Eluats beiderseits des Peaks verworfen wird.

Bestimmungen mit ET AAS sind anfälliger für Matrixstörungen als die mit F AAS, wenn nicht bestimmte Maßnahmen ergriffen werden. Bei der F AAS spielt es üblicherweise keine Rolle, wenn der Rest Probenlösung, der nach dem Anreichern in der Säule bleibt, während des Eluierens in das Zerstäuber-Brenner-System gelangt. Bei der ET AAS kann dies jedoch zu schwerwiegenden

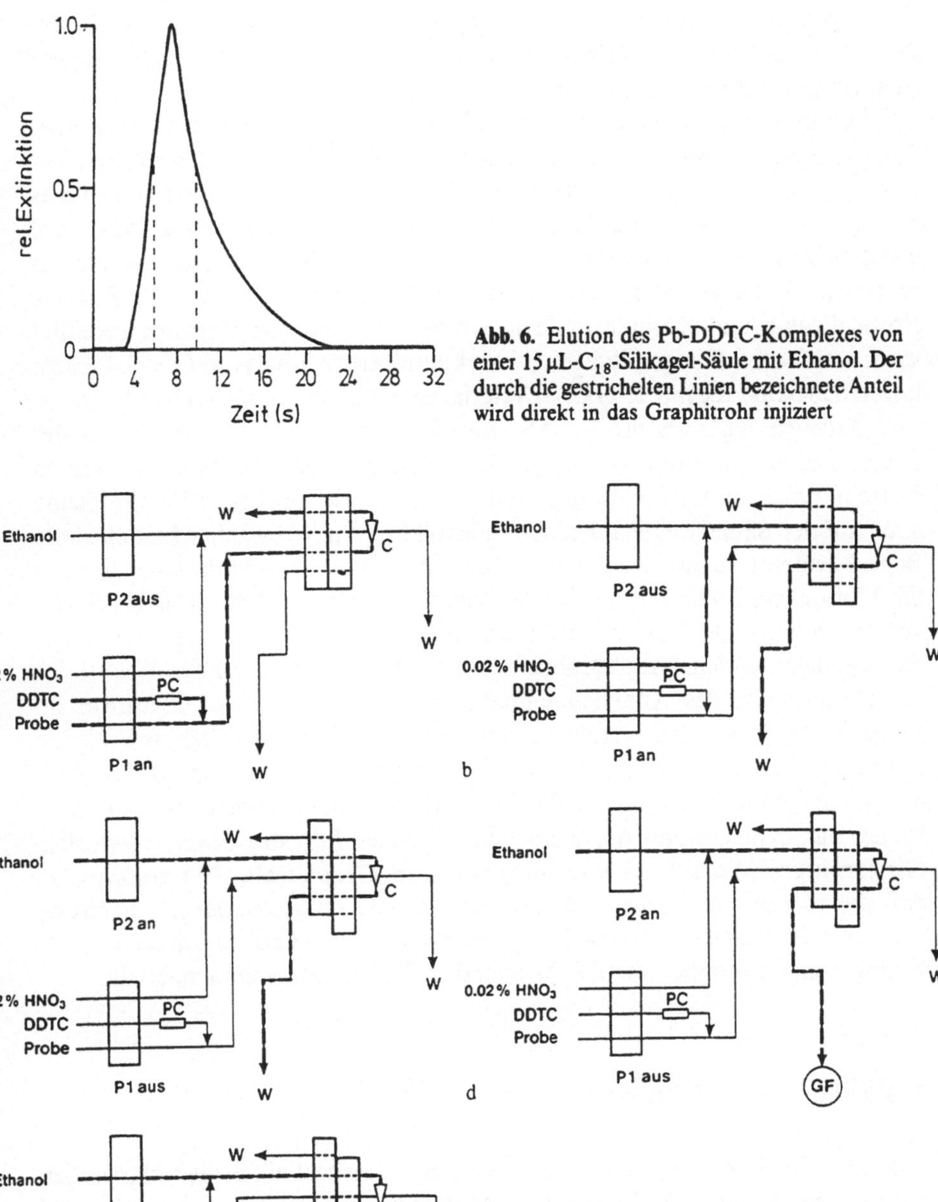

Abb. 6. Elution des Pb-DDTC-Komplexes von einer 15 µL-C_{18}-Silikagel-Säule mit Ethanol. Der durch die gestrichelten Linien bezeichnete Anteil wird direkt in das Graphitrohr injiziert

Abb. 7. FI-Manifold für on-line Festphasenextraktion für ET AAS. P1, P2 = Schlauchpumpen; PC = Vorsäule; C = konische Säule mit C_{18}-Sorbens; GF = ET AAS-Detektor; W = Abfall. a) Anreichern; b) Waschen; c) Voreluieren; d) Eluat in das Graphitrohr dosieren; e) Säule reinigen

Störungen insbesondere durch Untergrundabsorption führen. Aus diesem Grund ist bei der ET AAS ein Waschschritt, der die restliche Probenlösung vor dem Elutionsschritt entfernt, meist unverzichtbar.

Der in Abb. 7 gezeigte FI-Manifold berücksichtigt all diese Aspekte einer Festphasenextraktion und Anreichung für die ET AAS. Das System ist computergesteuert, was bei der Vielzahl der Schritte – bei einigen Systemen sind es bis zu sieben [21, 24] – und der erforderlichen genauen Zeitüberwachung wohl unerläßlich ist. Trotz des wesentlich komplizierteren Programmablaufs und des größeren Zeitaufwands ist der Aufbau praktisch identisch dem für F AAS. Probenlösung und Komplexbildner, der on-line über eine Vorsäule gereinigt wird, werden on-line gemischt und der komplexierte Analyt auf einer kleinen konischen Säule, die mit 15 µl C_{18}-Material gefüllt ist, gesammelt. Die Fließraten sind dabei geringer als für F AAS, um die Dispersion des Analyten auf der Säule so gering wie möglich zu halten. Die Säule wird dann mit einer verdünnten Säure in umgekehrter Richtung gespült, um außer der restlichen Probenlösung auch auf der Säule festgehaltene Komplexbildner und schwächer komplexierte Begleitelemente zu entfernen (siehe Abschnitt 3.3). Im Anschluß daran beginnt die Elution mit Methanol, wobei, wie bereits erwähnt, der erste Teil des Eluats verworfen wird. Die Elution wird nach einer vorgegebenen Zeit unterbrochen, die Kapillare in den Graphitrohrofen eingeführt und der Teil des Eluats, der die Hauptmasse des Analyten enthält, direkt auf eine L'vov-Plattform im Graphitrohr dosiert. Bei ausreichend langsamer Elution läßt sich diese Fraktion mit einer Präzision erfassen, die der einer üblichen Bestimmung mit ET AAS entspricht. Daraufhin wird die Elution nochmals unterbrochen, die Kapillare wieder aus dem Graphitrohr genommen und der Rest des Eluats verworfen. Gleichzeitig wird das Temperaturprogramm des Graphitrohrofens gestartet, so daß die thermische Vorbehandlung und Atomisierung parallel zur nächsten Anreicherung ablaufen können. Einige charakteristische Leistungsdaten von FI-Festphasenextraktionen für ET AAS sind in Tabelle 5 zusammengestellt.

4 Fällung und Mitfällung

Fällungsreaktionen gehören zu den ältesten Trenntechniken der klassischen chemischen Analyse. Fällungen und Mitfällungen sind jedoch oft zeit- und arbeitsaufwendig und erfordern einiges Geschick. Dies gilt besonders für Mitfällungen, die zudem ein hohes Kontaminationsrisiko mit sich bringen und nur sehr schwer automatisierbar sind.

Der erste Versuch, eine Fällungsreaktion mit FI-Technik zu automatisieren, wurde 1986 unternommen. Petersson et al. [50] beschrieben eine indirekte Bestimmung von Sulfid mit F AAS nach Fällung als Cadmiumsulfid. In diesem Fall wurde allerdings der Niederschlag nicht gesammelt, sondern die Suspension durch eine Ionenaustauschersäule geschickt. Die ersten Versuche, Niederschläge on-line zu sammeln und wieder zu lösen, wurden von Martinez-Jimenez et al.

Tabelle 5. Leistungsdaten von FI-on-line-Festphasenextraktionssystemen für ET AAS mit C_{18} als Säulenfüllmaterial

Analyt	Komplex-bildner	Eluens	EF	CE (min^{-1})	CI (ml)	f[a] (h^{-1})	Nachweisgrenze ($ng\,l^{-1}$)	Literatur
Pb	DDTC	Ethanol	26	10,4	0,10	24	3	[20]
Cd, Cu, Ni, Pb	DDTC	Ethanol	17–27	6,2–9,9	0,11–0,18	22	Cd 0,8, Cu 20, Ni 40, Pb 7	[21]
Cd, Pb, Cu, Fe, Co, Ni	APDC	Acetonitril	20(Cd) 225(Co)	–	0,08(Co)	7(Co)	Cd 0,4, Cu 10, Co 1, Fe 25, Ni 9, Pb 4	[49]
Co	DDTC	Ethanol	42	11	0,13	17	6	[22]
			210	18	0,13	5	1,7	
As(III), As(III)+(V)	DDTC	Ethanol	7,6	3,8	0,4	30	110–150	[23]
Cd, Cu, Ni, Pb	DDTC	Ethanol	19–31	7,3–11,9	0,09–0,16	23	Cd 0,6, Cu 8,5 Ni 21, Pb 4	[24]
Cr(VI), Cr(III)+(VI)	DDTC	Ethanol	12	4,4	0,24	22	Cr(VI) 16, Cr(III)+(VI) 18	[32]

a) Meßfrequenz

[51, 52] unternommen. In einer Reihe von Publikationen wurde die Technik dann zur indirekten Bestimmung organischer Bestandteile und zur Anreicherung von Spurenelementen, meist in Verbindung mit F AAS eingesetzt. Das Thema ist in einigen Übersichtsartikeln [53, 54] und in der Monographie von Fang [3] ausführlich behandelt.

Das größte Problem bei dieser Technik scheinen die Filter zu sein, deren Strömungswiderstand mit zunehmender Niederschlagsmenge erheblich ansteigen kann. Auf ein regelmäßiges Reinigen der Filter kann meist nicht verzichtet werden, was bei einem echten on-line Betrieb natürlich störend wirkt. Dieses Problem wurde von Fang et al. [55] elegant gelöst, indem der Niederschlag einer Mitfällungsreaktion von Eisen(II) und Hexamethylen-Dithiocarbaminat (HMDTC) praktisch quantitativ in einem geknoteten Reaktor gesammelt wurde. Der Reaktor wurde aus 150 cm Micro-line-Schlauch mit einem Innendurchmesser von 0,5 mm und einem Außendurchmesser von 1,5 mm hergestellt (vgl. Abb. 3), wobei sich später herausstellte, daß ein PTFE-Schlauch gleicher Dimension identische Ergebnisse liefert.

Es ist anzunehmen, daß die dauernd wirksame Zentrifugalkraft als Ergebnis von Sekundärströmungen in der Trägerströmung durch den geknoteten Reaktor das Präzipitat an der Schlauchwandung ablagert. Diese Annahme wird durch die Tatsache unterstützt, daß gerade oder konventionell gewickelte Reaktoren aus den gleichen Materialien den Niederschlag weit weniger effektiv zurückgehalten haben. Ein weiterer Grund für die starke Haftung des Niederschlags an der Schlauchwand mag in der hydrophoben Natur von Schlauchmaterial und Niederschlag liegen. Es ist daher nicht anzunehmen, daß alle Arten von Niederschlägen gleichermaßen gut gesammelt werden können. Inzwischen wurde jedoch festgestellt, daß auch Dithizon und Ammonium-pyrrolidindithiocarbamat (APDC) Niederschläge bilden, die in einem geknoteten Reaktor gesammelt werden können [3].

In der ersten Arbeit von Fang et al. [55] wurde das in dem geknoteten Reaktor gesammelte Präzipitat aus der Mitfällung on-line in Isobutyl-methyl-Keton (IBMK) gelöst und in den Brenner eines F AAS zur Bestimmung von Blei eingeleitet. Später wurde dann gezeigt, daß sich eine Reihe weiterer Elemente nach dem gleichen Prinzip bestimmen lassen [56] und daß das Verfahren auch für ET AAS als Detektor anwendbar ist [57]. Der Manifold für die on-line Mitfällung ohne Filtration ist schematisch in Abb. 8 gezeigt.

5 Gas-flüssig-Trennungen

Obgleich vereinzelt andere Verfahren in der Literatur erwähnt wurden, beschränken sich Gas-flüssig-Trennungen in der Spurenanalytik der Elemente praktisch auf die Erzeugung gasförmiger Hydride (Hydrid-Technik) und auf das Austreiben von elementarem Quecksilber nach seiner Reduktion (Kaltdampf-Technik). Inwieweit mit der Trennung auch eine Anreicherung verbunden

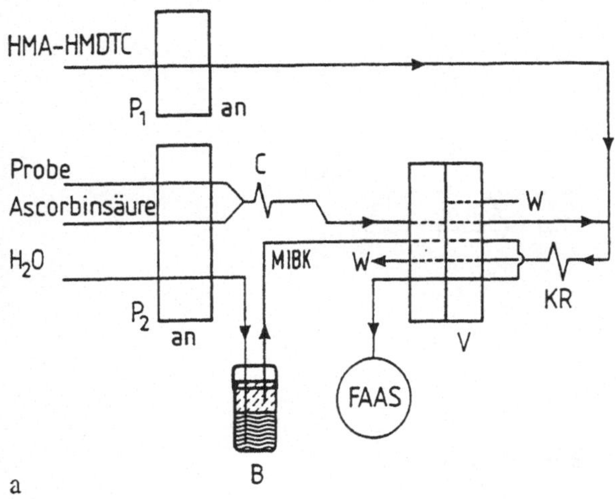

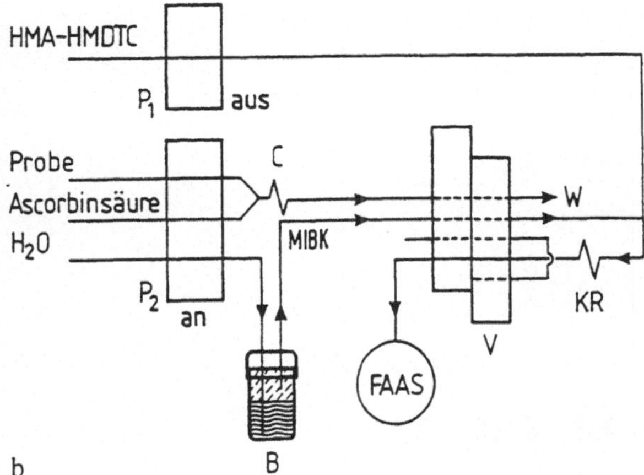

Abb. 8. FI-Manifold zur Anreicherung durch on-line-Mitfällung ohne Filtrieren, P1, P2 = Schlauchpumpen; C = Reaktionsschlaufe; KR = geknoteter Reaktor; V = Ventil; B = Verdrängungsgefäß; W = Abfall. a) Mitfällung; b) Lösen des Niederschlags

ist, hängt stark von den Versuchsbedingungen und dem Geräteaufbau ab. Unabhängig davon sind einige Anordnungen in der Literatur beschrieben, bei denen der Gas-flüssig-Trennung eine on-line Anreicherung nachgeschaltet ist. In diesem Zusammenhang soll lediglich kurz auf die Verbesserungen eingegangen werden, die der Einsatz von on-line FI-Techniken auf diesem Gebiet gebracht hat.

5.1 FI-Hydridsysteme

Die Hydrid-AAS ist zweifellos eine der populärsten Techniken zur Bestimmung von Elementen wie Antimon, Arsen, Bismut, Selen, Tellur und Zinn im Spurenbereich. Die hohe Empfindlichkeit des Verfahrens resultiert jedoch weitgehend aus dem Einsatz großer Probenvolumina im Bereich 10 bis 50 ml pro Bestimmung, der auch einen hohen Reagenzienbedarf nach sich zieht. Zudem ist die Technik relativ zeit- und arbeitsaufwendig.

Tabelle 6. Leistungsdaten einiger FI-on-line-Hydrid-AAS-Systeme

Analyt	Proben	Probenvolumen (µl)	Meßfrequenz (h^{-1})	Nachweisgrenze ($\mu g\,l^{-1}$)	Literatur
Bi	wäßrig	700	180	0,08	[58]
Se	Weizenmehl, Blätter, Böden, Flugstaub	400	250	0,06	[59]
As	Reismehl, Böden, Abwasser	400	220	0,10	[60]
Se	Geologisch	200	50	0,2	[61]
As, Se, Te, Sb, Bi	Weizenmehl, Blätter, Flugstaub	500	120	0,08–0,6	[62]
As	Wasser	1000	150	0,07	[63]
As, Se, Sb, Te, Bi, Sn	Böden, Schlamm, Seewasser, Blut, Urin etc.	500	180	0,06–0,27[a]	[64]

a) charakteristische Konzentration

Astrom [58] hat als erster ein FI-System für Hydrid-AAS und die Bestimmung von Bismut eingesetzt. Mit nur 700 µl Probenlösung erzielte er eine hohe Empfindlichkeit und eine Meßfrequenz von $180\,h^{-1}$. Dieser Arbeit folgten bald weitere Anwendungen, von denen die wichtigsten in Tabelle 6 zusammengefaßt sind, sowie die Kombination mit ICP OES.

Der grundsätzliche Aufbau eines FI-Manifold für Hydrid-AAS hat sich seit den ersten Veröffentlichungen kaum geändert. Ein typisches Beispiel ist in Abb. 9 gezeigt. Die angesäuerte Probenlösung wird in eine Trägerlösung – Wasser oder eine verdünnte Säure – eigespritzt und mit Natriumtetrahydroboratlösung gemischt. Dem Reaktionsgemisch wird ein Inertgas zugeführt, bevor es in den Gas-flüssig-Separator gelangt, von wo aus die Gasphase in den Quarzrohratomisator geleitet wird. Zu den Besonderheiten des Verfahrens gehört, daß eine relativ hohe Gesamtfließrate von 6 bis $10\,ml\,min^{-1}$ verwendet wird, um die durch die Wasserstoffentwicklung hervorgerufenen Unregelmäßigkeiten in der Strömung zu minimieren. Die Wasserstoffentwicklung verhindert auch weitge-

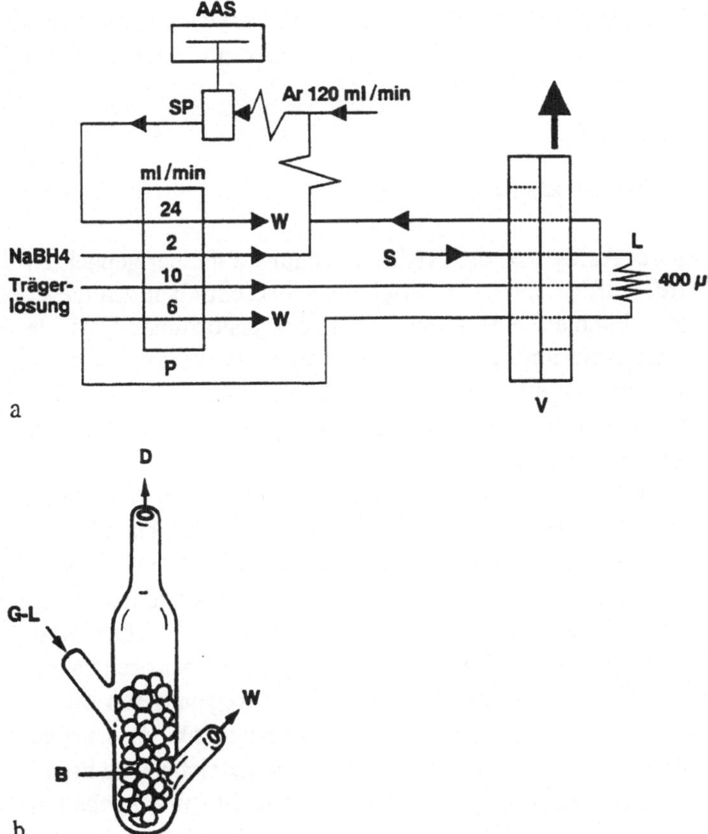

Abb. 9. (a) FI-Manifold für automatische on-line-Hydrid-AAS. V = Injektionsventil; L = Probenschlaufe; P = Schlauchpmpe; S = Probe; W = Abfall; SP = Gas-flüssig-Separator. (b) Gas-flüssig-Separator im Detail. G–L = Gas-flüssig-Gemisch, B = Glasperlen; D = Auslaß zum AAS-Detektor

hend eine Dispersion nach dem Zuführen der Tetrahydroboratlösung, so daß Länge und Innendurchmesser von Reaktionsschlaufen keinen wesentlichen Einfluß auf die Signalform haben. Die Probenvolumina liegen üblicherweise bei 500 µl und sind damit viel größer als in der FI üblich. Diese Volumina sind erforderlich, um ähnliche Empfindlichkeiten zu erzielen wie mit den herkömmlichen manuellen Systemen, die allerdings mit noch wesentlich größeren Volumina arbeiten [64]. Wegen der Miniaturisierung fast aller Bauteile und der Verkleinerung der Totvolumina ist die absolute Empfindlichkeit von FI-Hydridsystemen um 1 bis 2 Größenordnungen besser als die von herkömmlichen manuellen Systemen. Ein weiterer signifikanter Vorteil von FI-Hydridsystemen ist die im Vergleich mit manuellen Systemen wesentlich größere Toleranz gegenüber Schwermetallionen. Hierfür gibt es mindestens zwei wichtige Gründe. Die Reaktionszeiten lassen sich in einem FI-System durch Fließraten und Schlauchlängen exakt kontrollieren und so steuern, daß die (schnelle) Hydriderzeugung begünstigt und die (langsamere) Reduktion der Störionen weitgehend unterdrückt wird. Eine derartige kinetische Diskriminierung ist in manuellen, diskontinuierlich arbeitenden Systemen nicht möglich. Außerdem lassen sich in FI-Systemen wesentlich niedrigere Tetrahydroboratkonzentrationen verwenden, so daß einige Störionen nicht oder nur sehr langsam reduziert werden.

5.2 FI-Systeme zur Hydridanreicherung

FI-Systeme, bei denen der Analyt vor der Hydriderzeugung auf einer gepackten Säule angereichert wird, wurden bereits in Abschnitt 3.6 beschrieben. An dieser Stelle soll daher hauptsächlich auf eine Anreicherung der gasförmigen Hydride nach ihrer Erzeugung und Abtrennung eingegangen werden. Weiterhin soll noch etwas ausführlicher auf das bereits erwähnte (siehe Abschnitte 3.4 und 3.6) integrierte Trenn-, Anreicherungs- und Reaktionssystem von Tesfalidet und Irgum [37, 65] eingegangen werden.

In der ersten Arbeit haben die Autoren eine mit einem stark basischen Anionenaustauscherharz gepackte Säule in die Tetrahydroboratform übergeführt, idem sie das Natriumsalz durch die Säule schickten. Nach einem Waschschritt wurde die angesäuerte Probenlösung injiziert, die die Hydriderzeugung einleitete. Daraufhin wurde die Säule wieder regeneriert. Das Verfahren war relativ langsam und die Empfindlichkeit nicht besonders gut. Die Autoren haben daher das Verfahren modifiziert und die Säule nach dem Regenerieren durch Tetrahydroborat mit einer *neutralen* Probenlösung beladen. Damit wurden Analytanionen (z.B. Arsenit, Arsenat etc.) auf der Säule angereichert, während potentiell störende Kationen (z.B. Kupfer, Nickel etc.) nicht zurückgehalten wurden. Nach Abschluß des Anreicherungsschritts wurde eine verdünnte Säurelösung über die Säule geschickt, die die Hydriderzeugung initiierte und die gesammelten Analyten spontan freisetzte. Das System zeigte eine größere

Toleranz für Störionen, die auf einer verbesserten kinetischen Diskriminierung beruhte. Probendurchsatz und Empfindlichkeit bedürfen jedoch einer weiteren Optimierung.

Holak [66], der erstmals die Hydridentwicklung für die Bestimmung von Arsen mit AAS einsetzte, hat bereits versucht, die Empfindlichkeit des Verfahrens zu erhöhen, indem er das Arsin in einer mit flüssigem Stickstoff gekühlten Falle sammelte, bevor er es in den Atomisator leitete. Obwohl dieses Verfahren von einzelnen Autoren immer wieder beschrieben wurde, konnte es sich bis heute nicht durchsetzen, vermutlich, weil es mit einem relativ hohen Arbeitsaufwand verbunden ist. Zhang et al. [67] und Sturgeon et al [68] haben unabhängig voneinander ein anderes Prinzip vorgeschlagen, wobei die gasförmigen Hydride in ein Graphitrohr eingeleitet und dort sorbiert werden. Durch Konditionieren der Graphitoberfläche mit Palladium oder Iridium und Optimieren der Graphitrohrtemperatur während des Anreicherns lassen sich verschiedene Elemente praktisch quantitativ sammeln. Nach dem Anreicherungsschritt werden die Elemente durch rasches Erhitzen des Graphitrohrs atomisiert und bestimmt. Dieses Verfahren scheint recht aussichtsreich zu sein und wurde auch schon mit einem FI-Hydridsystem erfolgreich gekoppelt und zur Bestimmung von Hydridbildnern in Oberflächenwässern eingesetzt [69].

5.3 FI-Kaltdampf-AAS-Systeme

Im Prinzip lassen sich FI-Hydrid-AAS-Systeme wie das in Abb. 9 gezeigte direkt oder nach geringfügigen Änderungen für die Quecksilberbestimmung mit Kaltdampf-AAS einsetzen. In der Praxis wird dieser Weg auch üblicherweise beschritten. Falls die im Direktverfahren erzielbare Nachweisgrenze von ca. 0,1 $\mu g\,l^{-1}$ nicht ausreichend ist, läßt sich die Empfindlichkeit des Systems leicht durch eine on-line-Anreicherung an einem Goldnetz erhöhen. Das durch Amalgambildung gesammelte Quecksilber läßt sich durch Erhitzen des Goldadsorbers rasch freisetzen. Mit dieser Amalgamtechnik lassen sich je nach Anreicherungszeit Nachweisgrenzen für Quecksilber von 0,01 $\mu g\,l^{-1}$ oder besser erzielen [70].

De Andrade et al. [61] entwickelten einen Gasdiffusionsseparator mit integrierter Absorptionszelle für die Quecksilberbestimmung, die später von Fang et al. [47] und Zhu und Fang [71] modifiziert wurde. Das Reaktionsgemisch aus Proben- und Tetrahydroborat-Lösung, das auch Wasserstoffgas und den Quecksilberdampf enthält, wurde in den Gasdiffusionsseparator geleitet, dessen Akzeptorkanal zu einer Absorptionszelle erweitert war, in der die Strahlungsabsorption gemessen wurde. Mit 400 µl Probe wurde eine Nachweisgrenze von 0,06 $\mu g\,l^{-1}$ und eine Meßfrequenz von 200 h^{-1} erzielt. Später wurde das System weiter miniaturisiert und auch die Reaktionsschlaufe integriert, wie in Abb. 10 gezeigt ist. Außerdem wurde es mit einer on-line-Anreicherung an einer gepackten Säule kombiniert, um die Empfindlichkeit weiter zu steigern, was allerdings auf Kosten des Probendurchsatzes ging.

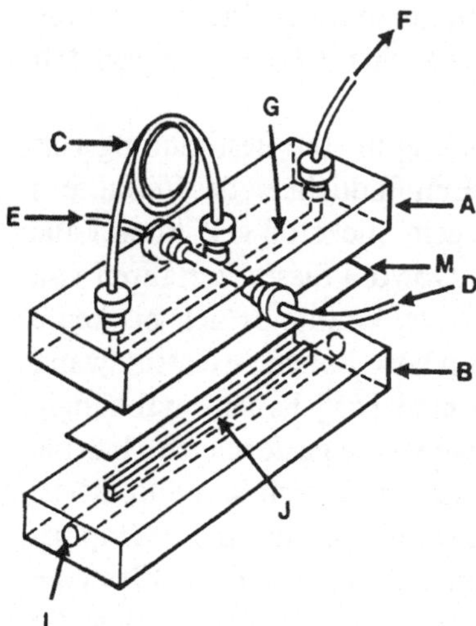

Abb. 10. Integriertes FI-Reaktions-Trenn- und Detektionssystem zur Quecksilberbestimmung mit Kaltdampf-AAS [47]. A, B = Plexiglas-Blöcke; C = Reaktionsschlaufe; D = Angesäuerte Proben- und Trägerlösung; E = Tetrahydroboratlösung; G = Eingefräster Kanal für Reaktionsmischung; F = Abfall; M = mikroporöse PTFE-Membran; I = Meßstrahlung; J = Spalt für Gasdiffusion in den Meßstrahl

6 Anwendungsbeispiele

6.1 Spurenelemente in Wasser

Je nach Art der Proben hinsichtlich Spurenelement- und Gesamtsalzgehalt steht bei der Wasseranalyse die Anreicherung oder die Abtrennung im Vordergrund des Interesses. Bei der Analyse von unkontaminiertem Seewasser sind allerdings beide Aspekte gleichermaßen von Bedeutung. Der Gehalt an zahlreichen Spurenelementen ist in diesen Proben oft unter der Nachweisgrenze selbst so empfindlicher Verfahren wie ET AAS und ICP-MS. Dazu kommt, daß die hohe Konzentration (ca. 3,5%) an Natriumchlorid und anderen Alkali- und Erdalkalisalzen die Spurenbestimmung mit diesen Verfahren oft erheblich stört. Trenn- und Anreicherungsschritte sind daher für diese Art Proben unumgänglich, wobei manuelle Verfahren ofte große Mengen an Analysenprobe (bis 1 l) und Reagenzien sowie Reinraumbedingungen erfordern und sehr zeitaufwendig sind.

Die in Abb. 11 gezeigten Atomisierungssignale für Blei geben einen guten Einblick in die Leistungsfähigkeit der on-line-FI-Festphasenextraktion. Die Messungen wurden mit dem in Abb. 7 gezeigten System mit DDTC als Komplexbildner, einer C18-Säule und ET AAS als Detektor durchgeführt [21]. Neben der höheren Empfindlichkeit, die mit einer Anreicherungszeit von nur 1 min erreicht werden kann, fallen insbesondere die niedrigen Blindwerte auf, die nur in einem geschlossenen Verbundsystem erreicht werden können. Weiterhin ist zu beachten, daß selbst Seewasserproben praktisch keine Untergrundabsorption mehr verursachen, was auf die Vollständigkeit der Abtrennung aller Begleitsubstanzen hinweist. Dies wird weiter durch die in Tabelle 7 gezeigten Analysenergebnisse für vier Elemente in entionisiertem Wasser und

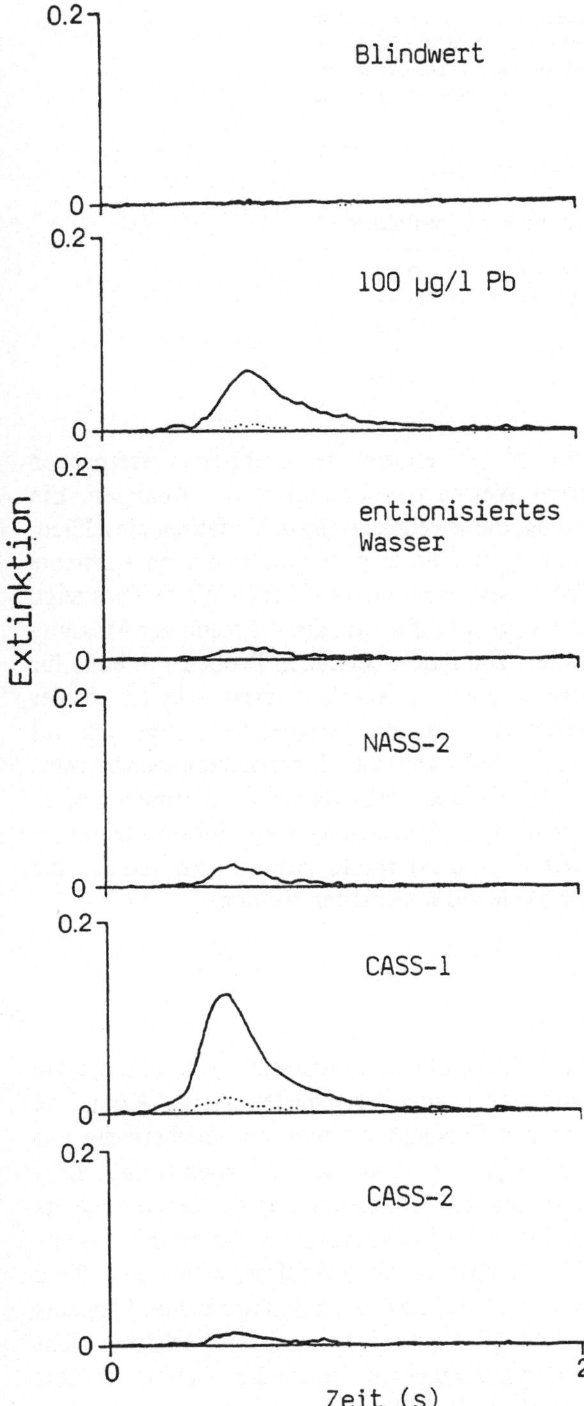

Abb. 11. Atomisierungssignale für Blei nach Festphasenextraktion und ET AAS-Bestimmung. Blindwert, Bezugslösung, entionsiertes Wasser und drei Seewasserproben nach 1 min Anreicherung

Tabelle 7. Bestimmung von vier Elementen in entionisiertem Wasser und in dem Seewasser-Referenzmaterial NASS-2 mit Festphasenextraktion (DDTC-C_{18}-Ethanol) und ET AAS-Detektion. Alle Werte in ng l^{-1}; Mittelwerte von 10 Einzelbestimmungen und Standardabweichung

Element	Entionisiertes Wasser	NASS-2 Seewasser	
		gefunden	zertifiziert
Cd	2,4±0,3	28,4±0,9	29±4
Cu	34±5	101±4	106±11
Ni	73±12	282±14	257±27
Pb	18±2	41±2	39±6

in Seewasser erhärtet. Zunächst zeigt der Vergleich der für die Seewasserproben gefundenen mit den zertifizierten Werten die Richtigkeit der Analysen. Ein Vergleich der Standardabweichung, die jeweils das ganze Verfahren einschließlich Anreicherung und Bestimmung umfaßt, zeigt für die einzelnen Elemente für entionisiertes Wasser und Seewasser praktisch die gleichen Werte. Dies zeigt, daß die Seewassermatrix de facto keinen Einfluß auf die Präzision der Messung hat und daß das gesamte Verfahren, zumindest bei diesen Proben, mit einer für diesen Spurenbereich ausnehmend guten Wiederholbarkeit arbeitet. Außer Seewasser, das für diese Anwendung besonders geeignet ist, lassen sich mit diesem Verfahren analog auch andere Substanzen analysieren, bei denen Schwermetallspuren in einer Alkali- oder Erdalkalisalz-Matrix zu bestimmen sind. Beispiele hierfür wären Reinstchemikalien, Solelösungen etc. Voraussetzung für die Bestimmung ist, daß der Analyt komplexiert und sorbiert wird und daß die Hauptbestandteile nicht auf der Säule zurückgehalten werden.

6.2 Speziesbestimmung

Da bei Elementen, die in unterschiedlichen Oxidationsstufen vorkommen, diese unterschiedlich reaktiv sind und daher auch verschieden starke Komplexe bilden, wird in Abhängigkeit von den Versuchsbedingungen üblicherweise nur eine der Oxidationsstufen bei der Festphasenextraktion sorbiert und erfaßt. Dies könnte als Nachteil angesehen werden, da die Bestimmung des Gesamtgehalts an diesem Element zusätzliche Schritte der Probenvorbereitung erfordert (siehe Abschnitt 6.3) oder aber den Einsatz eines anderen Analysenverfahrens. Diese Eigenschaft bietet aber auch den Vorteil, daß eine Oxidationsstufe eines Elements selektiv erfaßt werden kann, eine Möglichkeit, die bei anderen Verfahren nicht oder nur mit Einschränkungen und zusätzlichem Aufwand erreichbar ist. Das in Abschnitt 3 ausführlich beschriebene Festphasenextraktionssystem DDTC-C_{18}-Ethanol bietet in diesem Zusammenhang den weiteren Vorteil, daß die am stärksten toxisch wirkenden und damit umweltanalytisch am meisten interessierenden Oxidationsstufen die stabilsten Komplexe bilden und am leichtesten sorbiert und damit direkt bestimmt werden können. Dies trifft beispielsweise zu für Arsen(III), Chrom(VI), Selen(IV) und Zinn(II) [23, 32, 72].

Für die Chrom-Speziesbestimmung hat sich aktiviertes Aluminiumoxid als besonders geeignetes Säulenfüllmaterial erwiesen, da auf diesem, in Abhängigkeit vom pH-Wert, beide Chrom-Spezies, Cr(III) und Cr(VI), selektiv sorbiert und anschließend direkt mit F AAS bestimmt werden können [40]. Wie Abb. 12 zu entnehmen ist, läßt sich Cr(III) optimal bei pH 7 anreichern, während unter diesen Bedingungen Cr(VI) nicht meßbar an der Säule zurückgehalten wird. Umgekehrt läßt sich Cr(VI) im sauren Bereich von pH 2 bis 3 abtrennen, ohne daß unter diesen Bedingungen Cr(III) mit erfaßt wird. Neben dem pH-Wert ist allerdings auch die chemische Zusammensetzung der Pufferlösung für das Retentionsverhalten von Aluminiumoxid wichtig. Für die Sorption von Cr(VI) hat sich ein KCl/HCl-Puffer von pH 2 und für die Sorption von Cr(III) ein $NaOH/KH_2PO_4$-Puffer von pH 7 am besten bewährt. Zur Elution der beiden Spezies wurde eine Ammoniumhydroxid-Lösung bzw. verdünnte Salpetersäure verwendet.

Der FI-Manifold zur Chrom-Speziesbestimmung und seine Funktionsweise sind in Abb. 13 gezeigt. Im ersten Schritt wird die Probe on-line mit der Pufferlösung gemischt und über die Aluminiumoxidsäule geleitet (Abb. 13a, Pl aktiviert). Im zweiten Schritt wird die in der Säule und den Verbindungsleitungen verbliebene Probe durch Pufferlösung verdrängt (Abb. 13a, P2 aktiviert), damit bei der anschließenden Elution keine Probenbestandteile in den Detektor gelangen, die nicht an der Säule sorbiert waren. Dies ist wichtig, da der F AAS-Detektor nicht zwischen Cr(III) und Cr(VI) unterscheiden kann. Im dritten Schritt wird die Säule eluiert, indem das Ventil umgeschaltet wird (Abb. 13b, P2 aktiviert). Das Eluat wird direkt in den Zerstäuber des F AAS-Detektors eingeleitet und das Chromsignal gemessen. Im vierten Schritt werden schließlich

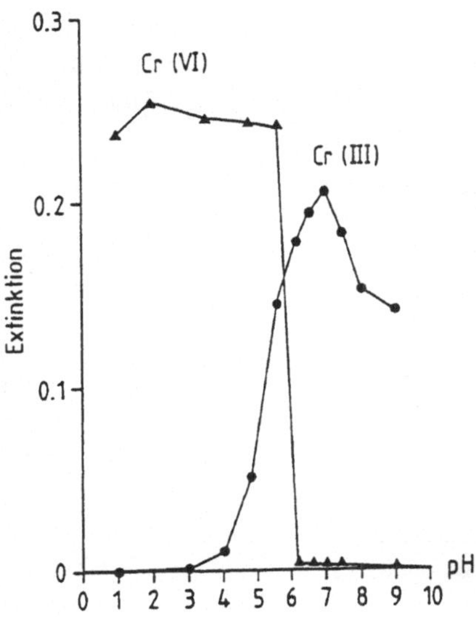

Abb. 12. Retentionsverhalten von aktiviertem Aluminiumoxid für Chrom(III) und Chrom(VI) in Abhängigkeit vom pH-Wert der Pufferlösung

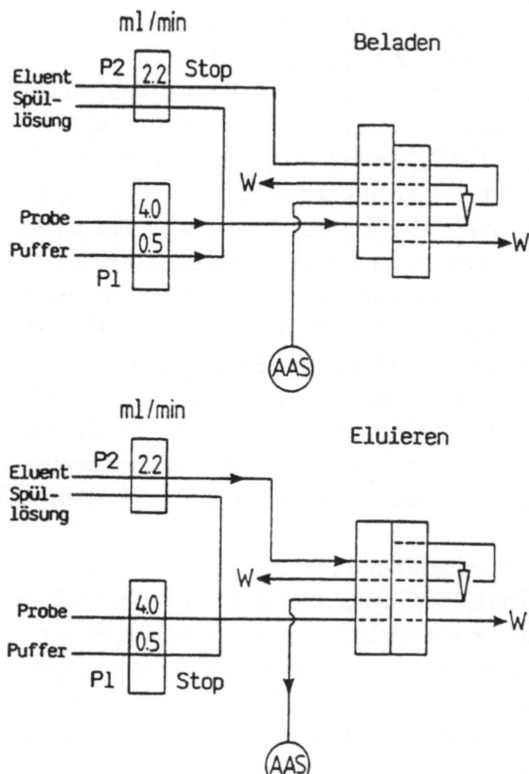

Abb. 13. Manifold und Funktionsweise des FI-Systems zur on-line Festphasenextraktion von Chrom(III) und Chrom(VI) an aktiviertem Aluminiumoxid für F AAS, P1, P2 = Schlauchpumpen; W = Abfall

die Säule gespült und die Zuleitungen mit neuer Probe gefüllt (Abb. 13b, P1 und P2 aktiviert).

In Tabelle 8 sind einige Leistungsdaten der on-line Chrom-Speziesbestimmung zusammengestellt. Hervorzuheben ist die deutliche Empfindlichkeitssteigerung um den Faktor 25 bei einer relativ kurzen Anreicherungszeit von nur 35 s. Dadurch wird die Chrom-Speziesbestimmung mit F AAS möglich und auch vom Probendurchsatz her sinnvoll. Die kurzen Durchlaufzeiten haben aber für die Speziesbestimmung noch eine besondere Bedeutung. Eines der

Tabelle 8. Leistungsdaten für die selektive on-line Festphasenextraktion von Cr(III) und Cr(VI) an einer Säule mit aktiviertem Aluminiumoxid, einer Anreicherungszeit von 35 s und Bestimmung mit F AAS

Species	Cr(III)	Cr(VI)
Optimaler Arbeitsbereich ($\mu g\,l^{-1}$)	10–200	10–200
Anreicherungsfaktor, EF	25	25
Anreicherungseffizienz, CR (min^{-1})	43	43
Nachweisgrenze, 3σ ($\mu g\,l^{-1}$)	1,0	0,8
Wiederholbarkeit (%)[a]	1,0	1,1
Meßfrequenz (h^{-1})	55	55

a) Rel. Standardabweichung von 11 Bestimmungen einer Bezugslösung mit 100 $\mu g\,l^{-1}$ Cr.

größten Probleme bei dieser Analytik ist, daß sich die natürlichen Gleichgewichte mit der Probennahme, besonders aber mit der Zugabe von Reagenzien, zu verändern beginnen. Bei dem hier beschriebenen FI-Verfahren erfolgt die Pufferzugabe und damit die Veränderung des natürlichen pH der Probe nur Sekundenbruchteile vor der Sorption an der Säule. Damit wird die Gefahr einer Gleichgewichtsveränderung auf ein Minimum reduziert und die höchstmögliche Richtigkeit erzielt.

6.3 Spurenelementbestimmung in biologischen Materialien

Die zuverlässige Bestimmung von Spurenelementen in biologischen Materialien (Körperflüssigkeiten, Gewebe etc.) im sog. Normalbereich und zur Feststellung von Mangel oder Intoxikation stellt für den Analytiker oft noch eine große Herausforderung dar. Eine on-line-Anreicherung und -Abtrennung der Spurenelemente von der Hauptmasse der Begleitsubstanzen könnte hier einen Durchbruch bringen. Die hohen Gehalte an Eisen und gelegentlich auch Kupfer in biologischen Materialien können aber wegen der Stabilität der Komplexe, die diese Elemente bilden, Schwierigkeiten bereiten, da diese z.B. schwächer komplexierte Spurenelemente von der Säule verdrängen können. Ein Beispiel hierfür ist die Bestimmung von Cadmium in biologischen Materialien durch Festphasenextraktion mit DDTC-C_{18} und F AAS-Detektor [18].

Während der Einfluß von Eisen durch Erhöhen der Säurekonzentration weitgehend kontrolliert werden konnte, störten schon relativ geringe Kupferkonzentrationen erheblich. Erhöhte Cadmiumgehalte in Urin ließen sich zwar noch richtig bestimmen, die Analyse von Lebergewebe war jedoch aufgrund der erwähnten Störungen nicht mehr möglich. Die Grenze für eine störfreie Bestimmung war erreicht, wenn die Kupferkonzentration die von Cadmium um mehr als drei Zehnerpotenzen überstieg [18]. Weit weniger anfällig gegenüber Störungen durch Eisen und Kupfer erwies sich die von Fang et al. [55] vorgeschlagene on-line Mitfällung mit dem HMDTC-Eisen(II) Komplex. Das Prinzip der partiellen Matrixfällung mit diesem Reagenz wurde ursprünglich von Eidecker und Jackwerth [73, 74] als off-line Verfahren zur Multielementanreicherung aus Eisen und eisenhaltigen Böden und Sedimenten eingeführt. Der Manifold für die on-line Mitfällung ohne Filtration und Sammeln des Niederschlags in einem geknoteten Reaktor wurde schon in Abb. 8 gezeigt und seine Funktion in Abschnitt 4 besprochen. Mit diesem Verfahren ließen sich Blei [55], Cadmium, Kobalt und Nickel [56] störungsfrei in Proben wie Vollblut, Lebergewebe und Pflanzenmaterial bestimmen.

Die on-line Mitfällung ist ein weiteres Beispiel dafür, daß mit FI unter thermodynamischen Ungleichgewichtsbedingungen mit guter Präzision gemessen werden kann. Bei dem von Eidecker und Jackwerth [73, 74] beschriebenen Verbundverfahren wird die Suspension 15 min nach Zugabe des Fällungsmittels umgeschwenkt und nach weiteren 5 min der koagulierte schwarze Niederschlag durch ein Membranfilter abfiltriert. Bei dem FI-on-line-Verfahren durchläuft die Suspension den geknoteten Reaktor von 150 cm Länge und 0,5 mm Innendurchmesser in wenig mehr als 3 s. In dieser kurzen Zeit wurden zwischen 90% (Blei) und 49% (Nickel) des jeweiligen Analyten im Präzipitat gesammelt [56]. Daß diese unvollständige Mitfällung keinen Einfluß auf die Präzision der Messung hat, zeigen die in Tabelle 9 zusammengestellten Leistungsdaten des Verfahrens. Die Wiederholbarkeit des on-line-Gesamtverfahrens ist mit einer relativen Standardabweichung von 1,5 bis 2,5% der des off-line-Verbundverfahrens zumidest ebenbürtig. Der Zeitaufwand ist jedoch bei einer Meßfrequenz von 72 h^{-1} um weit mehr als eine Größenordnung geringer, so daß sich das voll automatisierte Verfahren durchaus für einen routinemäßigen Einsatz eingnet.

6.4 On-line-Probenvorbehandlung

Eine on-line-Anreicherung durch Extraktion oder Mitfällung etc. erfordert üblicherweise, daß der Analyt in einer bestimmten Form (z.B. Oxidationsstufe) vorliegt. Nachdem diese Voraussetzung in einer natürlichen Probe nicht unbedingt erfüllt ist, muß der Anreicherung oft eine entsprechende Probenvorbehandlung vorausgehen. Eine off-line-Probenvorbehandlung vor einer automatisierten on-line-Weiterbehandlung bis zur Spurenbestimmung stellt sicherlich das schwächste Glied in der Kette dar. Eine off-line-Probenvorbehandlung wird nicht nur zum zeitbestimmenden Schritt, sondern auch zur wesentlichen Kontaminationsquelle und damit zu der Größe, die Präzision und Richtigkeit am stärksten beeinflussen kann. Aus diesem Grund soll hier – obwohl es nicht streng zum Thema gehört – kurz auf die Bemühungen eingegangen werden, auch die Probenvorbehandlung in den on-line-FI-Anreicherungsprozeß mit einzubeziehen.

Ein erster Versuch, einen Probenaufschluß mit einer Anreicherung und der Spurenelementbestimmung on-line zu automatisieren, wurde von Welz et al. [75] beschrieben. Wasserproben und Urin wurden on-line einem Mikrowellenaufschluß unterworfen, Quecksilber nach Zugabe von Natriumtetrahydroborat

Tabelle 9. Leistungsdaten für die on-line-Mitfällung mit dem HMDTC-Fe(II) Komplex ohne Filtration, Lösen des Niederschlags in IBMK und Bestimmung mit F AAS

	Pb	Cd	Co	Ni
Anreicherungszeit (s)	30	40	40	40
Probenverbrauch (ml)	2,5	3,0	3,0	3,0
Meßfrequenz (h^{-1})	90	72	72	72
Anreicherungsfaktor, EF	44	52	43	52
Wirksamkeit der Mitfällung (%)	90	70	51	49
Opt. Arbeitsbereich ($\mu g\,l^{-1}$)	10–50	2–10	10–50	10–50
Wiederholbarkeit (%)[a]	2,7	1,5	2,7	1,8
Nachweisgrenze, 3σ ($\mu g\,l^{-1}$)	2,0	0,15	1,3	1,5

a) Rel. Standardabweichung von 11 Bestimmungen; 10 $\mu g\,l^{-1}$ Cd bzw. 50 $\mu g\,l^{-1}$ Pb, Co und Ni

ausgetrieben, auf einem Goldnetz gesammelt und nach Erhitzen mit Kaltdampf-AAS bestimmt. Die Wiederfindungsrate für eine Reihe von quecksilberorganischen Verbindungen, die den Urin- und Wasserproben zugegeben wurden, lag bei 94 bis 111%. Die Meßfrequenz einschließlich Aufschluß, Anreicherung und Bestimmung lag bei $24\,h^{-1}$. Tsalev et al. [76] haben das Verfahren dann ausgedehnt auf Arsen-, Bismut-, Blei- und Zinn-organische Verbindungen und die Bestimmung der Elemente mit Hydrid-AAS. In dieser Arbeit wurde zwar noch keine on-line Anreicherung eingesetzt, dies ließe sich jedoch problemlos nach dem von Sinemus et al. [69] beschriebenen Verfahren bewerkstelligen.

Ein andere Art der on-line Probenvorbehandlung wurde von Sperling et al. [23] in Form einer on-line Reduktion von Arsen(V) zu Arsen(III) beschrieben. Wie schon in Abschnitt 6.2 erwähnt, bilden die verschiedenen Oxidationsstufen eines Elements üblicherweise unterschiedlich starke Komplexe und werden daher z.B. bei der Festphasenextraktion auch nicht in gleichem Maße sorbiert. Dies läßt sich zur selektiven Bestimmung einzelner Oxidationsstufen einsetzen, steht aber einer Bestimmung des Gesamtgehalts an dem jeweiligen Element im Wege.

Sperling et al. [23] fanden, daß Arsen(III) über den Bereich von pH 0,5 bis 4,3 mit DDTC einen Komplex bildet und quantitativ an C_{18} sorbiert wird. Da Arsen(V) unter diesen Bedingungen keinen Komplex bildet und damit auch nicht angereichert wird, muß zur Bestimmung von Gesamtarsen ein Redutionsschritt vorgeschaltet werden. Die in der Literatur beschriebenen Reagenzien und Verfahren waren für eine on-line Reduktion nicht geeignet. Die Autoren fanden schließlich, daß eine Mischung aus Kaliumiodid, Natriumthiosulfat und Natriumsulfit in Salzsäure Arsen(V) innerhalb von weniger als 5 s quantitativ zu Arsen(III) reduzierte. Bedingung für diese kurze Reaktionszeit war auch, daß Probe und Reduktionsmittel in einem geknoteten Reaktor (siehe Abb. 3) intensiv durchmischt wurden. Der von den Auoren verwendete Manifold für die on-line Reduktion von Arsen(V) ist in Abb. 14 schematisch gezeigt. Die Probenlösung wurde on-line angesäuert, mit dem Reduktionsmittel versetzt und durch den geknoteten Reaktor geschicht. Darauf wurde der Komplexbildner zugemischt und der Analyt auf der Säule angereichert. Mit der gleichen Anordnung ließ sich auch selektiv Arsen(III) anreichern, indem statt $5\,mol\,l^{-1}$ HCl nur $0{,}25\,mol\,l^{-1}$ HCl zum Ansäuern verwendet und die Leitung für das Reduktionsmittel verschlossen wurde. Die Spül- und Elutionsschritte sowohl für Arsen(III) als auch für Gesamtarsen waren weitgehend analog Abb. 7 und den Ausführungen in Abschnitt 3.7. Die Wiederfindung von zugesetztem Arsen(V) lag bei 98%, und die in Seewasserproben gemessenen Werte stimmten gut mit den zertifizierten überein.

7 Schlußbetrachtung

Die on-line-Trennung und -Anreicherung mit Fließinjektion in der Spurenanalytik der Elemente hat sich in rund einem Jahrzehnt zu einem außergewöhnlich

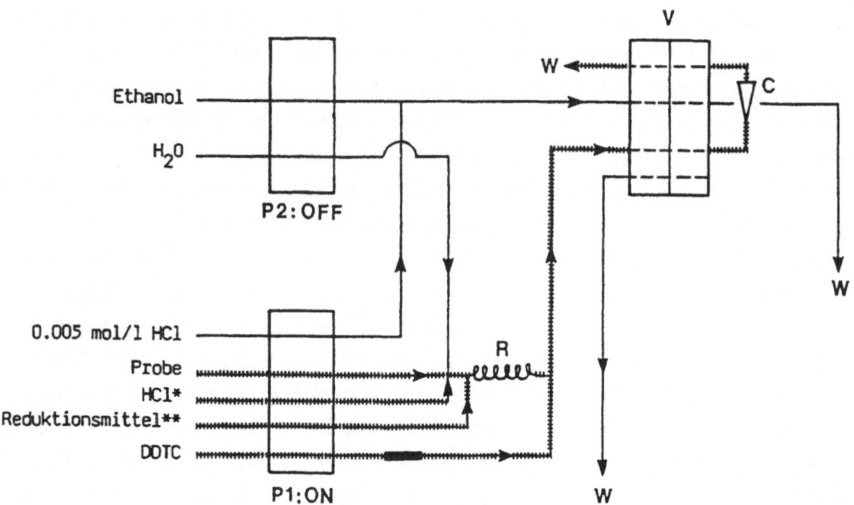

Abb. 14. Manifold des FI-Systems zur on-line Reduktion von Arsen(V) zu Arsen(III und on-line Festphasenextraktion für ET AAS, Ventilstellung für Probenanreicherung. P1, P2 = Schlauchpumpen; R = geknoteter Reaktor; C = konische Mikrosäule mit 15 µl C_{18} Füllmaterial; V = Injektionsventil; W = Abfall

leistungsfähigen Bereich der Automation entwickelt, wobei die Anreicherungen an gepackten Säulen den weitaus größten Anteil hatten [77]. Die Tatsache, daß in der FI mit hoher Reproduzierbarkeit unter thermodynamischen Ungleichgewichtsbedingungen gearbeitet werden kann, hat wesentlich zu der Schnelligkeit des Verfahrens und zu dem hohen Probendurchsatz beigetragen. Die Probe befindet sich im geschlossenen System und kommt nur mit wenigen cm^2 weitgehend inerter Kunststoffoberflächen in Berührung, wodurch Austauschreaktionen sehr unwahrscheinlich werden. Die Möglichkeit, Reagenzien on-line zu reinigen, trägt ebenfalls zu der geringen Kontaminationsgefahr und kleinen Blindwerten bei. Die Aussicht, daß auch Probenvorbereitungsschritte on-line mit der Anreicherung und Elementbestimmung gekoppelt werden können, eröffent schließlich neue Perspektiven der Automation, die nicht nur der Zeitersparnis und Arbeitserleichterung dienen, sondern zusätzlich die Zuverlässigkeit in der Spurenanalytik der Elemente erhöhen.

8 Literatur

1. Tölg G (1979) Fresenius Z Anal Chem 294: 1
2. Ruzicka J, Hansen EH (1988) Flow Injection Analysis. 2nd Edn, John Wiley & Sons, New York
3. Fang ZL (1992) Flow Injection Separation and Preconcentration, VCH Verlagsgesellschaft, Weinheim
4. Karlberg B, Thelander S (1978) Anal Chim Acta 98: 1
5. Bergamin HF°, Medeiros JX, Reis BF, Zagatto EAG (1978) Anal Chim Acta 101: 9

6. Valcarcel M, Gallego M (1989) In: Burguera JL (ed) Flow Injection Atomic Spectroscopy, Chapt 5, Marcel Dekker, New York
7. Tyson JF (1991) Spectrochim Acta Rev 14:169
8. Fang ZL, Zhu ZH, Zhang SC, Xu SK, Guo L, Sun LJ (1988) Anal Chim Acta 214:41
9. Nord L, Karlberg B (1983) Anal Chim Acta 145:151
10. Coello J, Danielsson LG, Hernandez-Cassou S (1987) Anal Chim Acta 201:325
11. Kumamaru T, Nitta Y, Nakata F, Matsuo H, Ikeda M (1985) Anal Chim Acta 174:183
12. Yamamoto M, Obata Y, Nitta Y, Nakata F, Kumamaru T (1988) J Anal At Spectrom 3:441
13. Menendez Garcia A, Sanchez Uria E, Sanz-Medel A (1990) Anal Chim Acta 234:133
14. Backstrom K, Danielsson LG (1990) Anal Chim Acta 232:301
15. Olsen S, Pessenda LCR, Ruzicka J, Hansen EH (1983) Analyst 108:905
16. Fang ZL, Welz B, Sperling M (1991) J Anal At Spectrom 6:179
17. Fang ZL (1991) Spectrochim Acta Rev 14:235
18. Xu SK, Sperling M, Welz B (1992) Fresenius J Anal Chem 344: 535
19. Fang ZL, Xu SK, Zhang SC (1987) Anal Chim Acta 200:35
20. Fang ZL, Sperling M, Welz B (1990) J Anal At Spectrom 5:639
21. Sperling M, Yin XF, Welz B (1991) J Anal At Spectrom 6:295
22. Sperling M, Yin XF, Welz B (1991) J Anal At Spectrom 6:615
23. Sperling M, Yin XF, Welz B (1991) Spectrochim Acta Part B 46:1789
24. Welz B, Yin XF, Sperling M (1992) Anal Chim Acta 261:477
25. Fang ZL, Ruzicka J, Hansen EH (1984) Anal Chim Acta 164:23
26. Kumamaru T, Matsuo H, Okamoto K, Ikeda M (1986) Anal Chim Acta 181:271
27. Hirata S, Honda K, Kumamaru T (1989) Anal Chim Acta 221:65
28. Malamas F, Bengtsson M, Johansson G (1984) Anal Chim Acta 160:1
29. Fang ZL, Welz B (1989) J Anal At Spectrom 4:543
30. Ruzicka J, Arndal A (1989) Anal Chim Acta 216:243
31. Fang ZL, Guo TZ, Welz B (1991) Talanta 38:613
32. Sperling M, Yin XF, Welz B (1992) Analyst 117:629
33. Plantz MR, Fritz JS, Smith FG, Houk RS (1989) Anal Chem 61:149
34. Xu SK, Sun LJ, Fang ZL (1991) Anal Chim Acta 245:7
35. Zhang SC, Xu SK, Fang ZL (1989) Quim Anal 8:191
36. Fang ZL, Sun LJ, Hansen EH, Olesen JE, Henricksen LM (1992) Talanta 39:383
37. Tesfalidet S, Irgum K (1989) Anal Chem 61:2079
38. Cook IG, McLeod CW, Worsfold PJ (1986) Anal Proc 23:5
39. Cox AG, Cook IG, McLeod CW (1985) Analyst 110:331
40. Sperling M, Xu SK, Welz B (1992) Anal Chem 64: 3101
41. Fang ZL, Xu SK, Zhang SC (1984) Anal Chim Acta 164:41
42. Zhang YA, Riby P, Cox AG, McLeod CW, Date AR, Cheung YY (1988) Analyst 113:125
43. Hartenstein SD, Christian GD, Ruzicka J (1985) Can J Spectrosc 30(6):144
44. Hartenstein SD, Ruzicka J, Christian GD (1985) Anal Chem 57:21
45. Hirata S, Umezaki Y, Ikeda M (1986) Anal Chem 58: 2602
46. Wang XR, Barnes RM (1989) J Anal At Spectrom 4: 509
47. Fang ZL, Xu SK, Wang X, Zhang SC (1986) Anal Chim Acta 179: 325
48. Fang ZL, Zhu ZH, Zhang SC, Xu SK, Guo L, Sun LJ (1988) Anal Chim Acta 214: 41
49. Porta V, Abollino O, Mentasti E, Sarzanini C (1991) J Anal At Spectrom 6: 119
50. Petersson BA, Fang ZL, Ruzicka J, Hansen EH (1986) Anal Chim Acta 184: 165
51. Martinez-Jimenez P, Gallego M, Valcarcel M (1987) J Anal At Spectrom 2: 211
52. Martinez-Jimenez P, Gallego M, Valcarcel M (1987) Anal Chem 59: 69
53. Valcarcel M, Luque de Castro MD (1987) J Chromatogr 393: 3
54. Valcarcel M, Gallego M (1989) In: *Flow Injection Atomic Spectroscopy*, Herausg. Burguera JL, Marcel Dekker, New York
55. Fang ZL, Sperling M, Welz B (1991) J Anal At Spectrom 6: 301
56. Welz B, Xu SK, Sperling M (1991) Appl Spectrosc 45: 1433
57. Fang ZL, Dong LP (1992) J Anal At Spectrom 7: 439
58. Astrom O (1982) Anal Chem 54: 190
59. Wang X, Fang ZL (1986) Fenxi Huaxue 14: 738
60. Marshall GD, van Staden JF (1990) J Anal At Spectrom 5: 675
61. De Andrade JC, Pasquini C, Baccan W, van Loon JC (1983) Spectrochim Acta Part B 38: 1329
62. Yamamoto M, Yasuda M, Yamamoto Y (1985) Anal Chem 57: 1382

63. Yamamoto M, Yasuda M, Yamamoto Y (1985) J Flow Injec Anal 2: 134
64. Welz B, Schubert-Jacobs M (1991) At Spectrosc 12: 91
65. Tesfalidet S, Irgum K (1991) Fresenius J Anal Chem 341: 532
66. Holak W (1969) Anal Chem 41: 1712
67. Zhang L, Ni ZM, Shan XQ (1989) Spectrochim Acta Part B 44:339
68. Sturgeon RE, Willie SN, Sproule GI, Robinson PT, Berman SS (1989) Spectrochim Acta Part B 44:667
69. Sinemus HW, Kleiner J, Stabel HH, Radziuk B (1992) J Anal At Spectrom 7:433
70. Welz B, Schubert-Jacobs M (1988) Fresenius Z Anal Chem 331:324
71. Zhu ZH, Fang ZL (1987) Anal Chim Acta 198:25
72. Sperling M, Yin XF, Xu SK, Welz B (1991) In: Welz B (Hrsg) CAS 6. Colloquium Atomspektrometrische Spurenanalytik. Bodenseewerk Perkin-Elmer GmbH: 215
73. Eidecker R, Jackwerth E (1987) Fresenius Z Anal Chem 328:496
74. Eidecker R, Jackwerth E (1988) Fresenius Z Anal Chem 331:401
75. Welz B, Tsalev DL, Sperling M (1992) Anal Chim Acta 261:91
76. Tsalev DL, Sperling M, Welz B (1992) Analyst 117: 1735
77. Carbonell V, Salvador A, de la Guardia M (1992) Fresenius J Anal Chem 342:529